Multisim 及其在电子设计中的应用

(第二版)

蒋卓勤　黄天录　邓玉元　主编

西安电子科技大学出版社

内 容 简 介

本书分上、下两篇，共10章。上篇介绍了仿真软件Multisim的安装和使用，重点介绍了其中的元器件库、仪表库和仿真分析方法的使用。下篇介绍了仿真软件Multisim在电路分析、模拟电子线路、数字逻辑电路、高频电子线路和电子设计中的应用，并通过大量的实例引导读者学习具体的使用方法。

Multisim软件历经多次升级改版，目前已到了Multisim 11版本，但其基本操作方法和软件风格均保持不变，在Multisim 2001版本中设计的实例仿真图与新版本兼容。为了方便新老用户使用，本书在上篇的各章节中保留了老版本Multisim 2001的内容，并补充了新版本的内容；在下篇第10章采用了新版本Multisim 11对综合设计实例进行仿真设计。

Multisim仿真软件为电子技术提供了一种先进的教学手段和设计方法，本书力求通过大量的实例来帮助读者尽快掌握Multisim仿真软件的使用方法，以达到学了就能用、就会用的目的。

本书可作为高等学校电子信息类专业的仿真实验教材和参考书，对于从事电子设计的工程技术人员也可提供有益的帮助。

图书在版编目(CIP)数据

Multisim及其在电子设计中的应用／蒋卓勤，黄天录，邓玉元主编. —2版.

—西安：西安电子科技大学出版社，2011.6(2013.2重印)

ISBN 978-7-5606-2563-8

Ⅰ. ① M… Ⅱ. ① 蒋… ② 黄… ③ 邓… Ⅲ. ① 电子电路—电路设计：计算机辅助设计—应用软件，Multisim Ⅳ. ① TN702

中国版本图书馆CIP数据核字(2011)第052939号

策　　划　陈宇光
责任编辑　阎　彬　陈宇光
出版发行　西安电子科技大学出版社(西安市太白南路2号)
电　　话　(029)88242885　88201467　　邮　　编　710071
网　　址　www.xduph.com　　电子信箱　xdupfxb001@163.com
经　　销　新华书店
印刷单位　西安文化彩印厂
版　　次　2011年6月第2版　　2013年2月第7次印刷
开　　本　787毫米×1092毫米　1/16　印张　19
字　　数　443千字
印　　数　20 001～23 000册
定　　价　36.00元

ISBN 978－7－5606－2563－8／TN・0597

XDUP 2855002-7

第二版前言

本书第一版出版至今已近8年，曾多次重印，取得了较好的应用效果。在这近8年时间里，Multisim 仿真软件经历了几次大的改版和升级：2003 年底加拿大 IIT 公司推出了 Multisim 7，随后升级到 Multisim 8；2005年IIT公司被美国国家仪器(NI公司)兼并，同年NI推出 Multisim 9(Multisim 与 Ultiboard 组成电路设计套件)；通过不断完善，目前升级到 Multisim 11 版本。Multisim 11 在保留老版本软件原有功能和操作习惯的基础上，功能更加强大，元器件库、仪器仪表库和仿真手段更加丰富，也更贴近实际。为使读者更好地使用该软件工具，作者对第一版进行了较大的修订。为了照顾新老读者，本次修订既保留了上版的部分内容，又新增了当今最新版本的内容，所以本书给出的部分电路图中元器件符号及参数形式有差异。

全书共分10章。对于软件新增的功能和操作，在上篇中予以介绍：第1章的1.3节介绍 Multisim 11 的特点及其安装；第2章的2.3节介绍 Multisim 11 的操作界面；第3章的3.3节介绍 Multisim 11 新增的元件库；第4章的4.6和4.7节介绍 Multisim 11 与 2001 版本相比新增的仿真仪器仪表，尤其对新版本中具有3D界面的仿安捷伦 33120A 函数信号发生器、仿安捷伦 34401A 万用表、仿安捷伦 54622D 示波器、仿泰克 TDS 2024 示波器和 NI 的 LabVIEW 虚拟仪器仪表的使用方法进行了详细的介绍；第5章的5.7节介绍 Multisim 11 新增的分析方法。在下篇的修订中重点对第6、9章内容进行了调整，在第6章的6.9节新增 3D 器件及面包板的使用；同时为适应电子技术的综合设计以及广大师生参加电子设计竞赛、毕业设计等需要，结合近几年作者指导全国大学生电子竞赛和陕西省大学生电子设计竞赛的经验，新增了第 10 章，通过两个典型题目的设计与仿真，详细介绍了 Multisim 在电子设计中的综合应用。

在本书的修订过程中，参考了国内出版的一些相关教材，从中得到许多启发和教益；同时广泛吸收一线教师在使用过程中取得的成功经验并对发现的不足加以改进，使本书更加贴近实际、面向应用，突出了应用软件的工程使用意识，凸显学以致用的编写理念。

本书第1、2章由蒋卓勤、郭丽修订，第3、9章由张滢、丁海洋修订，第4、8章由黄天录修订，第5、7章由邓玉元修订，第6章由孔凡东、李迎春修订，第10章由蒋卓勤、黄天录、李迎春、钱聪、程荣贵、潘健、贺少华、王晓晖编写。蒋卓勤、黄天录负责全书的修订与统稿。

在本书的修订过程中得到了NI公司和西安电子科技大学出版社的大力支持，作者在此深表谢意！书中若有不妥之处，恳请读者批评指正。

Multisim 软件的最新官方版本以及相应的学习和教学课件可以通过附录中的网址下载得到。若有问题，还可与作者联系。作者的联系方式：xthtl@126.com。

作　者

2010年12月

第一版前言

电子设计自动化(Electronic Design Automation, EDA)技术是现代电子技术和信息技术发展的重大成果。EDA 技术的发展和应用推动了电子工业的飞速发展，丰富了我们的日常生活。EDA 技术为电子工程师提供了理想的设计工具，它是电子工程师和电子工程类专业学生必须掌握的一项基本技术。

EDA 的工具软件种类繁多。本书介绍的 Multisim 2001 是一个用于电路设计和仿真的 EDA 工具软件，它是加拿大 Interactive Image Technologies(IIT)公司于 1988 年推出的电子线路仿真和设计 EDA 软件 Electronic WorkBench(简称 EWB)的升级版。EWB 以其强大的功能在我国得到广泛的推广应用，尤其是高等院校普遍将其作为电子线路的仿真实验平台和电子系统的仿真设计工具。Multisim 2001 与 EWB 相比在功能上有了较大的改进，提供了标准的实际元(器)件库、RF 库、功能强大品种齐全的仿真仪器和能满足各种需求的分析方法。Multisim 2001 的开放式元件库和仿真结果的输出可与多种 EDA 软件匹配。Multisim 2001 的仿真器本身是一个完整的系统设计工具，结合 SPICE、VHDL、Verilog 可对模拟、数字和 RF 电路进行仿真。Multisim 2001 应用于开发电子系统或 IC 设计时，可以降低产品的成本，缩短开发周期，提高系统的可靠性；另外，Multisim 2001 也被广泛用作高等院校“电路分析”、“模拟电子线路”、“数字电路”和“通信电子线路”等课程的仿真设计平台。Multisim 2001 使得电子技术理论课的教学更加生动活泼，课堂的实验演示更加灵活方便。

基于科研和教学的需要，作者结合自己的实践编写了本书。本书的编写目的是帮助读者迅速掌握 Multisim 2001，并在教学和科研中发挥其作用，提高应用 EDA 软件的水平。

本书共分为两篇。上篇是 Multisim 2001 使用指南，包括第 1～5 章，主要介绍软件的安装和基本操作，并通过大量的示例引导初学者入门。下篇为 Multisim 在电子设计中的应用，包括 6～9 章。主要通过实例介绍 Multisim 2001 在电子系统设计和仿真中的应用，这些实例还可作为“电路分析”、“模拟电子线路”、“数字逻辑电路”和“通信电路”等课程的电路仿真实验。

需要说明的是：在本书中，为了与 Multisim 2001 仿真软件一致，有些标识未采用国标，如电压 V1 在 Multisim 2001 中用 vv1 表示，电路中的电源 VCC 在仿真结果中用 vccvcc 表示，等等。

本书由蒋卓勤、邓玉元主编，蔡传波、黄天录、张滢和车战波也参加了编写。本书的第 1 章由蒋卓勤编写，第 2、6 章由车占波、蔡传波编写，第 3、9 章由张滢编写，第 4、8 章由黄天录编写，第 5、7 章由邓玉元、蒋卓勤编写。蒋卓勤、邓玉元负责全书统稿。本书在编写过程中得到了北京掌宇公司、西安通信学院电子技术教研室和教保科同仁的大力支持，作者在此深表谢意。

限于作者水平，加之时间仓促，书中不妥之处，恳请读者批评指正。

作　者

2003 年 5 月

目　　录

上篇　Multisim 使用指南

第 1 章　概述......3
1.1　Multisim 2001 的特点......3
1.2　安装 Multisim 2001......4
1.2.1　安装环境要求......4
1.2.2　安装 Multisim 2001 程序......5
1.3　Multisim 11 介绍......9
1.3.1　Multisim 11 的新特性......10
1.3.2　Multisim 11 的安装......11
习题......19
第 2 章　Multisim 基本操作......20
2.1　Multisim 2001 窗口界面......20
2.1.1　菜单栏......20
2.1.2　工具栏......23
2.1.3　元件库......24
2.1.4　仪表工具栏......24
2.1.5　电路窗口......24
2.2　电路的连接......24
2.2.1　基本界面的定制......24
2.2.2　创建一个电路......27
2.3　Multisim 11 窗口界面......32
2.3.1　菜单栏......33
2.3.2　工具栏......39
2.3.3　元件工具栏......40
2.3.4　仪表工具栏......40
2.3.5　状态栏和项目栏......41
习题......41
第 3 章　元器件库与元器件编辑......43
3.1　Multisim 元器件库......43
3.1.1　电源库......43
3.1.2　基本元件库......45
3.1.3　二极管库......47
3.1.4　晶体管库......47

3.1.5 模拟元件库......49
3.1.6 TTL 元件库......49
3.1.7 CMOS 元件库......50
3.1.8 其他数字元件库......51
3.1.9 混合器件库......51
3.1.10 指示器件库......51
3.1.11 其他器件库......52
3.1.12 控制器件库......52
3.1.13 射频器件库......52
3.1.14 机电类元件库......53
3.2 编辑元件......53
3.2.1 编辑仿真器件......53
3.2.2 创建仿真元件......56
3.2.3 复制、删除仿真元件......59
3.2.4 使用元件符号编辑器......60
3.3 Multisim 11 中的元件库......61
习题......71
第 4 章 虚拟仿真仪器......72
4.1 虚拟仿真仪器简介......72
4.2 电路分析中常用的虚拟仿真仪器......74
4.2.1 数字万用表......74
4.2.2 示波器......76
4.2.3 函数信号发生器......79
4.2.4 瓦特表......81
4.3 模拟电路中常用的虚拟仿真仪器......82
4.3.1 波特图仪......82
4.3.2 失真分析仪......84
4.4 数字电路中常用的虚拟仿真仪器......86
4.4.1 字信号发生器......86
4.4.2 逻辑分析仪......89
4.4.3 逻辑转换仪......91
4.5 高频电路中常用的虚拟仿真仪器......95
4.5.1 频谱分析仪......95
4.5.2 网络分析仪......97
4.6 Multisim 11 中增加的虚拟仿真仪器仪表......103
4.6.1 4 通道示波器......104
4.6.2 频率计......107
4.6.3 伏安特性分析仪......108
4.6.4 仿安捷伦 33120A 函数信号发生器......113

4.6.5 仿安捷伦 34401A 万用表......115
4.6.6 仿安捷伦 54622D 示波器......118
4.6.7 仿泰克 TDS 2024 示波器......124
4.6.8 测量探针......129
4.6.9 LabVIEW 仪器......132
4.6.10 电流探针......133
4.7 Multisim 11 中的电压表和安培表......135
4.7.1 电压表......135
4.7.2 安培表......137
习题......138
第 5 章 仿真分析法......139
5.1 基本仿真分析法......139
5.1.1 直流工作点分析......139
5.1.2 瞬态分析......142
5.1.3 交流分析......145
5.2 扫描分析法......146
5.2.1 直流扫描分析......146
5.2.2 参数扫描分析......148
5.2.3 温度扫描分析......149
5.3 统计分析......151
5.3.1 最坏情况分析......151
5.3.2 蒙特卡罗分析......154
5.4 电路性能分析......155
5.4.1 噪声分析......155
5.4.2 失真分析......156
5.4.3 极-零点分析......157
5.4.4 传递函数分析......159
5.5 其他分析法......160
5.5.1 傅立叶分析......160
5.5.2 灵敏度分析......162
5.5.3 批处理分析......164
5.5.4 用户自定义分析......165
5.6 后处理器......165
5.6.1 后处理器功能介绍......166
5.6.2 后处理器的使用......167
5.7 Multisim 11 与 Multisim 2001 在分析法中的差异及 Multisim 11 新增分析法......169
5.7.1 Multisim 11 与 Multisim 2001 在分析法中的差异......169
5.7.2 Multisim 11 新增分析法......173
习题......178

下篇　Multisim 在电子设计中的应用

第 6 章　Multisim 在电路分析中的应用............181
6.1　叠加定理的验证............181
6.2　戴维南定理的应用............182
6.3　互易定理的验证............183
6.4　一阶电路的响应............184
6.4.1　电容器充放电—零状态与零输入响应............184
6.4.2　电容器充放电——阶电路的全响应............185
6.5　微分电路和积分电路............187
6.6　最大功率传输定理............188
6.7　简单谐振电路............189
6.7.1　简单串联谐振电路............189
6.7.2　简单并联谐振电路............190
6.8　理想变压器电路............191
6.9　利用面包板与 3D 元器件搭建电路图............192
习题............194
第 7 章　Multisim 在模拟电子线路中的应用............196
7.1　三极管输出特性曲线测试............196
7.2　单级共射放大电路............198
7.3　差动放大电路............201
7.4　共射放大电路频率特性............204
7.5　负反馈放大电路............207
7.6　非正弦波产生电路............209
7.7　整流与滤波............212
7.8　正弦波振荡电路............215
习题............217
第 8 章　Multisim 在数字逻辑电路中的应用............219
8.1　数字逻辑电路的创建............219
8.2　全加器及其应用............220
8.3　译码器及其应用............222
8.4　数据选择器及其应用............223
8.5　组合逻辑电路的冒险现象............225
8.6　触发器............226
8.7　同步时序电路分析及设计............229
8.8　集成异步计数器及其应用............231
8.9　集成同步计数器及其应用............233
8.10　移位寄存器及其应用............236

8.11 电阻网络 DAC 设计 237
8.12 555 定时器及其应用 238
8.13 数字电路综合设计——数字钟 240
8.14 数字电路综合设计——数字式抢答器 245
8.15 数字电路综合设计——数字频率计 247
习题 250
第 9 章 Multisim 在高频电路中的应用 251
9.1 三端式振荡器 251
9.2 用乘法器实现 AM 调幅 252
9.3 二极管平衡调幅 253
9.4 DSB 信号的乘法器调制与解调 255
9.5 高频功率放大器 258
9.6 振幅鉴频器 258
9.7 双调谐小信号调谐放大器 259
9.8 混频电路 260
9.9 二极管包络检波器 261
9.10 非线性电路的时变分析法 263
习题 264
第 10 章 Multisim 在大学生电子竞赛中的应用 265
10.1 低频功率放大器(2009 年全国大学生电子竞赛—高职高专组 G 题) 265
10.1.1 低频功率放大器的设计要求及评分标准 265
10.1.2 低频功率放大器设计与 Multisim 仿真 266
10.2 信号波形合成实验电路(2010 年 TI 杯模拟电子系统专题邀请赛 C 题) 274
10.2.1 信号波形合成实验电路试题 274
10.2.2 信号波形合成电路设计与 Multisim 仿真 276
附录 网络资源 290
参考文献 291

上　篇

Multisim 使用指南

第1章 概　　述

计算机技术的发展以及对电子系统设计的新需求，推动了电子线路的设计方法和手段的不断进步。电子设计自动化(Electronic Design Automation，EDA)工具代表着现代电子系统设计的技术潮流。EDA 软件不仅为电子工程师提供了功能强大的设计工具，也为大专院校提供了先进的教学手段和方法。利用 EDA 工具设计电子产品不仅缩短了产品的设计周期，同时也降低了产品成本。将 EDA 软件应用于教学，为提高大专院校学生的综合素质和设计能力提供了很大的帮助。对于电子工程师、电子工程类专业的教师和学生来说，能够熟练应用 EDA 也是非常重要的。

本书介绍优秀 EDA 软件 Multisim 的应用。本章前两节介绍 Multisim 2001 的特点和安装步骤，第三节重点介绍 Multisim 11(教育版)的特点和安装步骤。

1.1 Multisim 2001 的特点

Multisim 2001 是 Electronics WorkBench(简称 EWB)的升级版本。IIT 公司早在 20 世纪 80 年代后期就推出了用于电路仿真与设计的 EDA 软件 EWB。随着技术的发展，EWB 也经过了多个版本的演变，目前国内常见的版本有 4.0d 和 5.0c。从 6.0 版本开始，IIT 公司对 EWB 进行了较大规模的改动，仿真设计模块改名为 Multisim，Electronics WorkBench Layout 模块被重新设计并更名为 Ultiboard。Ultiboard 模块是以从荷兰收购来的 Ultimate 软件为核心开发的新的 PCB 软件。为了加强 Ultiboard 的布线能力，IIT 公司还开发了一个 Ultiroute 布线引擎。最近 IIT 公司又推出了一个专门用于通信电路分析与设计的模块——Commsim。Multisim、Ultiboard、Ultiroute 及 Commsim 是现今 EWB 的基本组成部分，能完成从电路的仿真设计到电路版图生成的全过程。这些模块彼此相互独立，可以单独使用。目前，这 4 个 EWB 模块中最具特色的首推 EWB 仿真模块 Multisim。

针对不同的用户需要，Multisim 2001 发行了多个版本，包括增强专业版(Power Professional)、专业版(Professional)、个人版(Personal)、教育版(Education)、学生版(Student)和演示版(Demo)等。各版本的功能和价格有着明显的差异。目前我国用户所使用的 Multisim 2001 以教育版为主，因此本书将对 Multisim 2001 教育版进行较全面的介绍。

Multisim 2001 与其他电路仿真软件相比，具有如下一些优点。

1. 系统高度集成，界面直观，操作方便

Multisim 2001 将原理图的创建、电路的测试分析和结果的图表显示等全部集成到同一个电路窗口中。整个操作界面就像一个实验工作台，有存放仿真元件的元件箱，有存放测试仪表的仪器库，还有进行仿真分析的各种操作命令。测试仪表和某些仿真元件的外形与实物非常接近，操作方法也基本相同，因而该软件易学易用。

2. 具有数字、模拟及数字/模拟混合电路的仿真能力

在电路窗口中既可以分别对数字或模拟电路进行仿真，也可以将数字元件和模拟元件连接在一起进行仿真分析。

3. 电路分析手段完备

Multisim 2001 除了提供 11 种常用的测试仪表来对仿真电路进行测试之外，还提供了电路的直流工作点分析、瞬态分析、傅立叶分析、噪声和失真分析等 15 种常用的电路仿真分析方法。这些分析方法基本能满足一般电子电路的分析设计要求。

4. 提供多种输入输出接口

Multisim 2001 可以输入由 PSpice 等其他电路仿真软件所创建的 SPICE 网表文件，并自动形成相应的电路原理图。也可以把 EWB 环境下创建的电路原理图文件输出给 Protel 等常见的 PCB 软件进行印刷电路设计。为了拓宽 EWB 软件的 PCB 功能，IIT 也推出了自己的 PCB 软件——Electronics WorkBench Layout，可使 EWB 电路图文件更直接方便地转换成 PCB。正因为如此，EWB 一经推出即受到广大电路设计人员的喜爱，特别是在教育领域得到了更广泛的应用。

5. 提供射频电路仿真功能

Multisim 2001 具有射频电路仿真功能，这是目前众多通用电路仿真软件所不具备的。

6. 使用灵活方便

在 Multisim 2001 中，与现实元件对应的元件模型十分丰富，增强了仿真电路的实用性。元件编辑器给用户提供了自行创建或修改所需元件模型的工具。元件之间的连接方式灵活，允许连线任意走向，允许把子电路当作一个元器件使用，从而增大了电路的仿真规模。另外，根据电路图形的大小，程序能自动调整电路窗口尺寸，不再需要人为设置。

专业版的 Multisim 除了具有上面提到的优点和功能外，还支持 VHDL 和 Verilog 语言的电路仿真与设计。

1.2 安装 Multisim 2001

用户在使用 Multisim 2001 之前，必须首先将其安装到自己的计算机上。与一般应用软件的安装不同，初次安装 Multisim 2001 时需 3 个阶段。为了帮助读者正确安装和使用 Multisim 2001，本节将详细介绍安装的全过程。

1.2.1 安装环境要求

Multisim 2001 的安装环境要求如下：

操作系统：Windows 95/98/2000/NT 4.0，Windows XP。

CPU：Pentium 166 或更高档次的 CPU。

内存：至少 32 MB(推荐 64 MB 或更高，最好在 128 MB 以上)。

显示器分辨率：至少 800 像素 × 600 像素。

光驱：配备 CD-ROM 光驱(没有光驱时可通过网络安装)。

硬盘：可用空间至少 200 MB。

以下将以 Multisim 2001 教育版在 Windows 98 环境下的安装为例，逐步介绍安装过程。在不同版本的 Windows 操作系统下安装提示信息和过程略有不同，但只要按提示操作即可顺利安装。

1.2.2 安装 Multisim 2001 程序

安装 Multisim 2001 的第一个阶段为升级 Windows 系统文件，其操作步骤如下：

(1) 进入 Windows 系统，将 Multisim 2001 的系统光盘放入光驱内，系统将自动启动安装程序。安装程序的启动画面如图 1-1 所示。图中右下角显示的是安装程序检查机器的系统环境是否满足安装 Multisim 的要求。

图 1-1　Multisim 2001 安装程序的启动画面

(2) 检查完成后，屏幕出现简单的安装程序操作说明，如图 1-2 所示。阅读完后请点击 Next 按钮以继续安装过程。

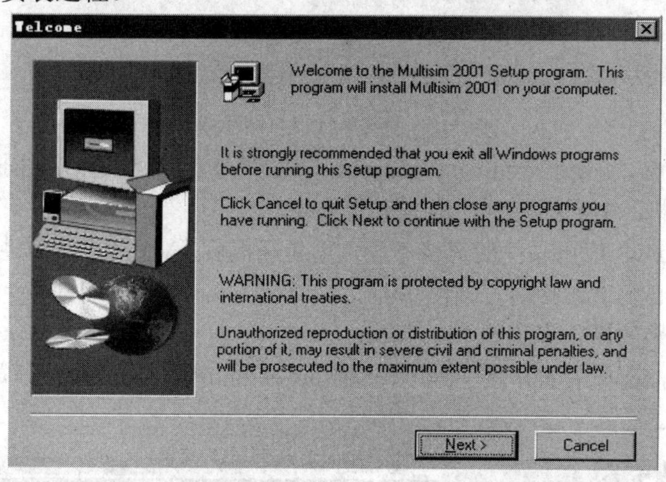

图 1-2　Multisim 2001 安装程序操作说明

(3) 点击 Next 按钮之后，将出现一个版权声明对话框，如果愿意遵守其声明，点击 Yes 按钮后即继续进行安装，如图 1-3 所示。

(4) 在继续安装 Multisim 之前需升级 Windows 系统文件，在图 1-4 所示的对话框中点击 Next 按钮，则自动更新系统文件。

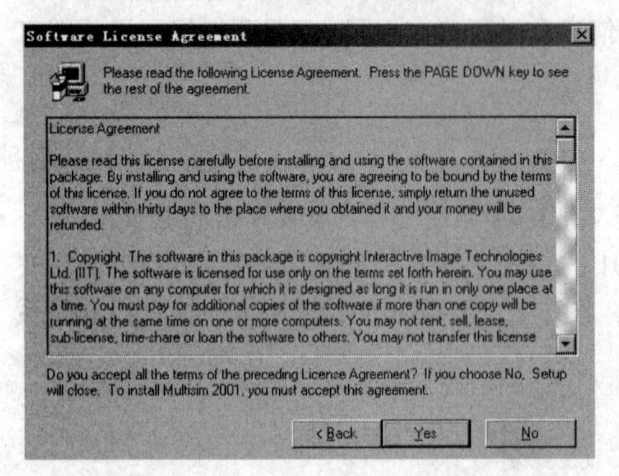

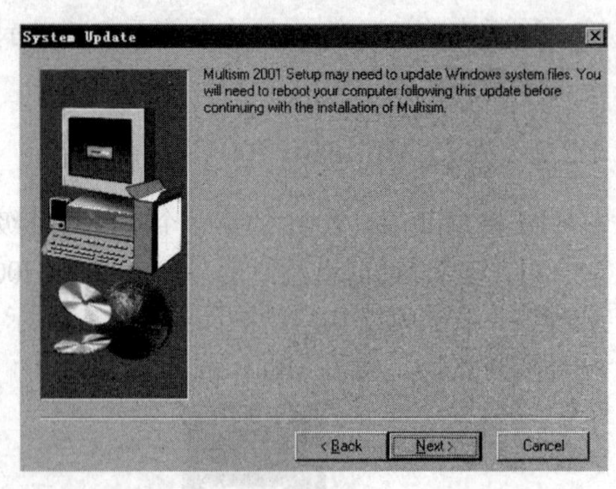

图 1-3　Multisim 2001 版权声明对话框　　　　图 1-4　Multisim 2001 安装程序提示

(5) 当系统文件更新完成后，出现图 1-5 所示的对话框。该对话框提示需重新开机后才能进行下一阶段的安装，选择“Yes，I want to restart my computer now”选项，再点击 Finish 按钮即可重新启动计算机。

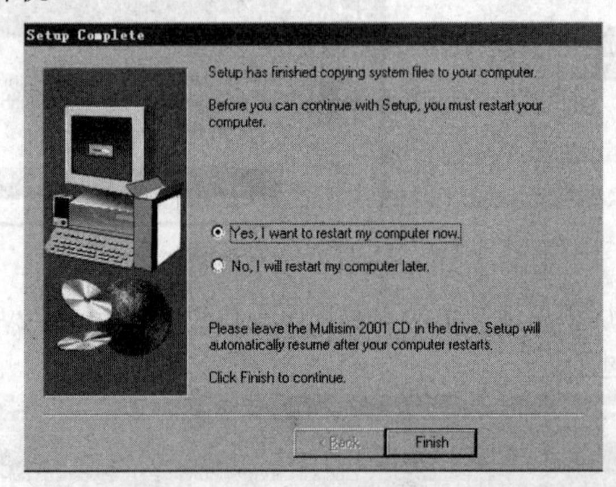

图 1-5　系统文件更新的对话框

如果选择“No，I will restart my computer later”选项，再点击 Finish 按钮，系统就不会重新启动计算机，但同样可进行第二阶段安装。

与许多 Windows 应用软件的风格不同，重新开机后，Multisim 的安装程序并不会自动执行安装过程，必须重新启动安装程序。

第二阶段安装的操作步骤如下：

(1) 执行 Windows 中的开始→程序→Startup→Continue Setup 命令，如图 1-6 所示，安装程序重新启动。

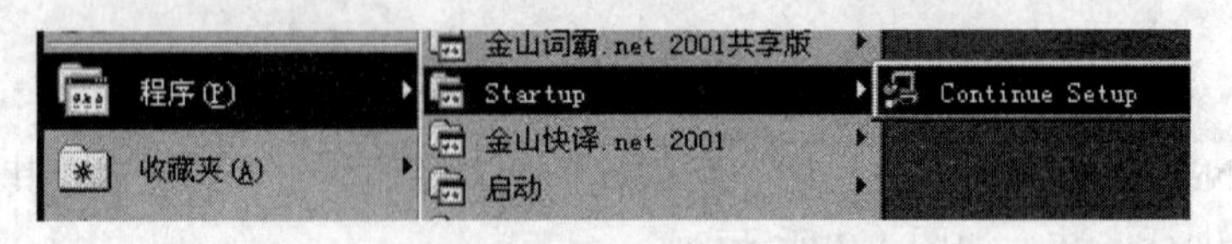

图 1-6　安装程序重新启动

安装程序启动后，第一阶段安装过程中出现过的安装界面、简要安装说明及版权声明等界面或对话框还会依次出现，安装者只要点击其中的Next或Yes按钮，直到图1-7所示的User Information对话框出现。

(2) 在图1-7所示对话框的Name栏中输入用户姓名，Company栏中输入所属公司或单位名称，Serial栏中键入软件序列号。该序列号可以在安装光盘包装盒上找到(包括2个开头字母及18个阿拉伯数字，2个字母反映所用软件的版本，如ed表示教育版，en表示教育网络版，pP则表示增强专业版)。点击Next按钮，如果序列号正确，将出现一个对话框，告知序列号验证正确。点击Next按钮继续下一步。

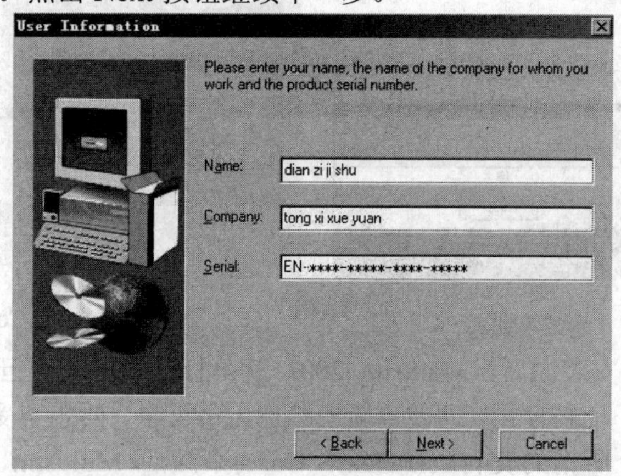

图1-7　User Information对话框

(3) 在Enter Information对话框中，要求输入功能码(Feature Code)。并非所有版本的Multisim都有功能码，如教育版就没有。用户可忽略此项，直接点击Next按钮跳过。忽略功能码输入后，系统的使用会受到一些限制。

(4) 在Choose Destination Location对话框(如图1-8所示)中，选择安装的路径。默认路径为C:\Multisim，点击Browse按钮可进行改动(如D:\Multisim)，改动完成后再点击Next按钮继续执行。

(5) 在Select Program Folder对话框中指定程序文件夹的名称，如图1-9所示。默认名称为Multisim 2001，一般情况下不需要改动。点击Next按钮后，安装程序继续执行。

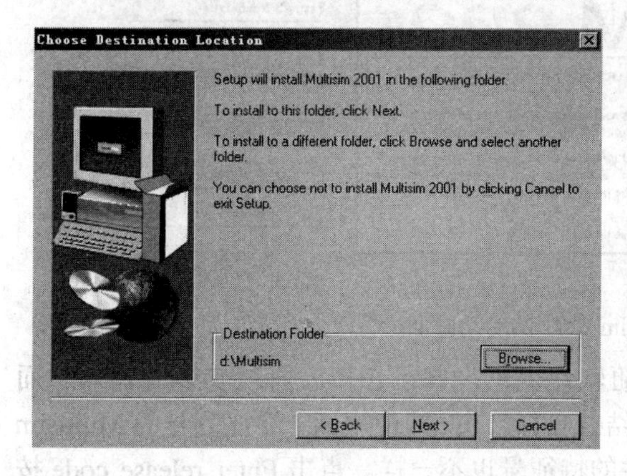

图1-8　Choose Destination Location对话框

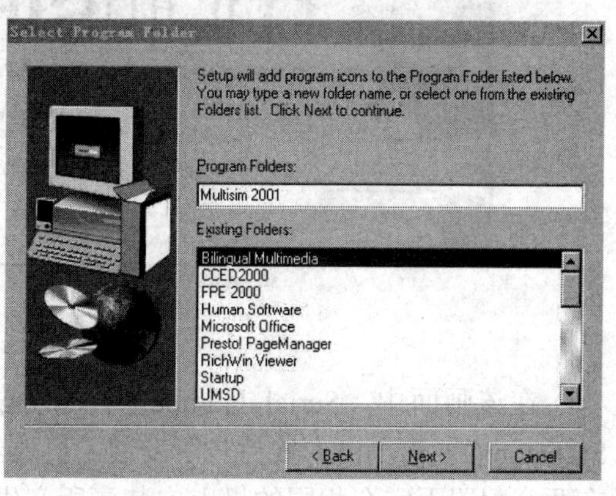

图1-9　Select Program Folder对话框

此时，安装程序将开始复制文件，并在屏幕上显示复制过程的进展情况，如图 1-10 所示。

(6) 文件复制完毕后，点击 OK 按钮，安装程序显示出 Setup Complete(安装完成)对话框(如图 1-11 所示)，点击其中的 Finish 按钮后，第二阶段安装结束。

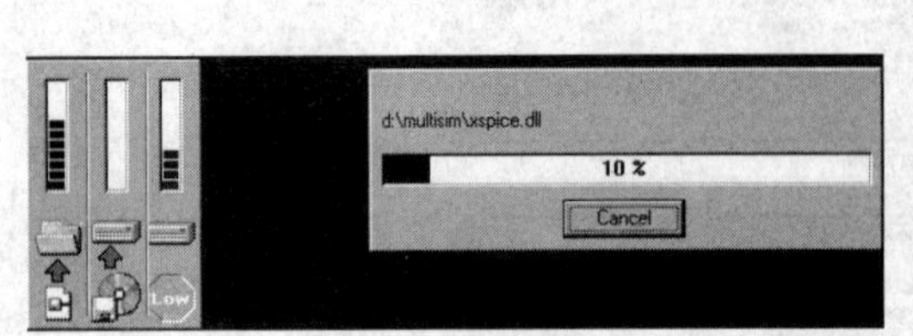

图 1-10　复制文件

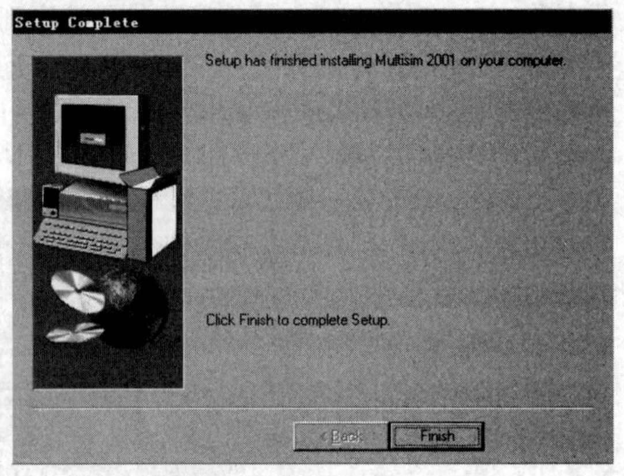

图 1-11　Setup Complete 对话框

完成第二阶段的安装之后，Multisim 2001 就可打开使用了，但有使用时间限制(只有 15 天)，时间一到就不能再使用，即便重新安装也无济于事。要想不受时间限制一直使用下去，还需要输入一个所谓的交付码(Release Code)来激活 Multisim 2001，这一点类似于 Windows XP 的安装。这个交付码需要到 EWB 网站注册后，由 IIT 公司用 E-mail 形式交付给用户使用，也可由代理商提供。

输入交付码的操作过程如下：

(1) 回到 Windows 桌面，点击开始→程序命令下 Multisim 2001 中的 Multisim 2001 项，出现 Multisim 2001 的启动画面，如图 1-12 所示。

图 1-12　Multisim 2001 的启动画面

在该画面中，Serial Number(序列号)随软件提供，并已在第一阶段安装时输入。而 Signature(特征号)由本软件与所安装的机器结合自行产生，即便用同一个序列号的 Multisim 在两个配置不完全相同的机上安装，所产生的特征号也不一样。点击 Enter release code 按钮，出现图 1-13 所示窗口。

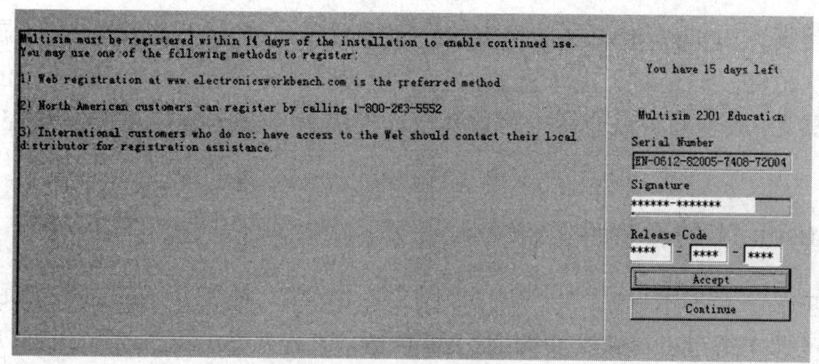

图1-13　输入 Release Code

(2) 输入由软件代理商提供的 Release Code(或通过上网获取的 Release Code)，点击 Continue 按钮即可进入 Multisim 2001。

1.3　Multisim 11 介绍

近年来随着电子技术的飞速发展，Multisim 软件进行了不断的升级。IIT 公司继 Multisim 2001 版本之后，2003 年对 Multisim 2001 进行了较大的改进，将其升级到了 Multisim 7 版本，增加了 3D 元件以及仿安捷伦的万用表、示波器、函数信号发生器等仿实物的虚拟仪表，使得虚拟电子工作平台更加接近实际的实验平台。随后在 2004 年 IIT 又推出了 Multisim 8.0 版本，该版本又进一步改进了 Multisim 7 软件的不足，进一步扩充了元器件数据库，并且增加了瓦特计、失真仪、频谱分析仪和网络分析仪等测试仪器。

2005 年以后，IIT 公司隶属于美国国家仪器公司(National Instrument，NI)。NI 公司在 2005 年 12 月推出了 Multisim 9 版本，包括 Ultiboard 9 和 Ultiroute 9，这些产品都是 Multisim 9 系列设计套件的组成部分。Multisim 9 最大的改变就是将 Multisim 的计算机仿真与虚拟仪器技术(LabVIEW)进行了完美的结合，这样可以很好地解决理论教学与实际动手实验相脱节的问题。2007 年初该公司又推出了 NI Multisim 10 版本。

2010 年 1 月 NI 公司下属的 Electronics Workbench Group 又推出了 NI Multisim 11。该版本是 NI 公司电子线路仿真软件的最新版本，它包含了电路仿真设计模块 NI Multisim 11、制版设计模块 NI Ultiboard 11、布线引擎模块 Ultiroute 和通信电路分析与设计模块 Commsim 四个部分，能够完成从电路的仿真设计到电路版图生成的全过程。Multisim、Ultiboard、Ultiroute 及 Commsim 四个部分相互独立，可以分别使用。针对不同用户的需要，NI 公司分别推出了增强专业版(Power Professional)、专业版(Professional)、个人版(Personal)、教育版(Education)、学生版(Student)和演示版(Demo)等多个版本，各版本的功能和价格有着明显的差异。其中 NI Multisim 11 教育版专注于教学，内有电路教程和课件，可以帮助教育工作者用互动操作的方式研究电路行为，深化电路理论。NI Multisim 11 专业版可以帮助工程师优化电路设计，减少错误和原型重复。NI Multisim 11 可以与新的 NI Ultiboard 11(PCB 设计模块)软件结合，为工程师提供高性价比、端对端的原型平台。NI Multisim 11 也可以与 NI LabVIEW 测量软件结合，帮助工程师明确自定义分析，改进设计验证。

NI 公司推出的 Multisim 11 软件的功能已经远远超过了早期的 Multisim 2001 版本，也就是说，Multisim 软件现在已经不仅仅局限于电子电路的虚拟仿真，其在 LabVIEW 虚拟仪器、单片机仿真、VHDL 和 Verilog 仿真等技术方面都有更多的创新和提高，属于 EDA 技术的更高层次范畴。但是对于电子行业的初学者来说，对该软件的应用重点还是在电子电路的虚拟仿真上，故本书重点介绍电路仿真设计模块 NI Multisim11 在电子电路仿真方面的深入应用。

1.3.1 Multisim 11 的新特性

Multisim 从本质上来说是理论教学与工程设计的统一环境，它的简易捕捉与交互仿真功能使其非常便于学习。最新发布的 NI Multisim 11 又引进了多个新特性和功能，目的是继续强化设计、捕捉和仿真功能，能够使用户更快捷轻松地捕捉设计、仿真行为和定义板卡布局。具体来讲，改进后的 Multisim 11 相对于 Multisim 2001 版本来说主要的新增功能如下：

(1) 新型的基于原理图的可编程设计。在 NI Multisim 11 中复杂的 VHDL 被简化了，利用 NI Multisim 11 捕捉并仿真的原理电路可以直接生成原始的 VHDL 文件，简化了数字电路 VHDL 语言的教学。

NI Multisim 11 可以创建 VHDL 网表，而无需重新绘制和捕捉电路，从而节省了时间。这一额外步骤对于学生来说虽然没有附加的教学价值，但是新的改进排除了故障的风险，因为生成这一文件的电路与仿真和故障诊断中的电路是完全相同的。VHDL 代码可直接下载到目标的可编程逻辑器件上，生成的 VHDL 文件也可以直接用于其他的 EDA 软件如 Xilinx ISE 中，便于可编程器件的开发和应用，这一新特性可以移除多余的抽象层和不必要的数据冗余。

(2) 更加丰富的元器件库。元器件库包含了世界主流制造商提供的超过 16 000 种元器件。尽管元器件库很大，但由于元器件都被清晰地分了类，所以可以方便地找到所需要的元器件，同时能方便地对元器件的各种参数进行编辑修改。这些主流制造商主要有美国模拟器件公司、美国国家半导体公司、微芯科技公司和德州仪器公司。

(3) 提供更加丰富实用的电路分析方法。为了更好地掌握电路的性能，进行深入的电路分析，NI Multisim 11 提供了 20 种强大的分析功能，包括直流工作点分析、交流分析、瞬态分析、傅立叶分析、噪声分析、失真分析、参数扫描分析、温度扫描分析、极点—零点分析、传输函数分析、灵敏度分析、最坏情况分析和蒙特卡罗分析等，利用这些分析功能，学生可以了解不同的配置和元件的选择，以及噪声和信号源是如何影响电路设计的。在 NI Multisim 11 中新增了 NI Graphier View，利用这个改进后的界面，用户可以直观地了解电路行为，观察得到的数据。用户界面经过改进后更易于显示数据，并配有标签注释，能够导出各种文件格式。

(4) 方便快捷的查询功能。NI Multisim 11 新增了 NI 范例查找器，通过使用关键词以及按照主题浏览，可以快速方便地定位范例文件，从而帮助学生和初学者节省时间。

(5) 更强的模拟仿真功能。NI Multisim 11 除保留了上一版本原有的 19 种分析外，还新增了 AC 单频分析(Single Frequency AC Analysis)功能，该功能可创建某个特定频率下电压、电流和电源相量的文本输出；用户可以在主分析窗口中选择设备电流与功率作为分析输出。以前版本的 Multisim 都需要对这些值进行高级的设置，现在则免去了这些繁琐的设置，简化了仿真。另外还可以将开关、电位计、可变电容和电感的设定值发送到分析引擎。

(6) 优秀的模拟 SPICE 仿真。对于想要学习 SPICE 的用户来说，NI Multisim 11 提供了更多的设计帮助，对复杂 SPICE 仿真进行了抽象化，让用户不再担心 SPIC 的复杂句法。NI Multisim 11 新增了 SPICE 网表查看器，并且改进了 SPICE 的建模机制，以改善用户在仿真过程中的体验，从而能够进行更好、更精确的仿真。

(7) 强大的 LabView 自定义仪器。借助强大的 LabView 编程，NI Multisim 11 提供了可以将仿真扩展到自定义虚拟仪器整合的独特功能，为 AC 分析和 DC 扫描分析提供了最新的支持，从而进一步扩展了 LabView 的仿真技术应用。

(8) 新型的向前及向后注释系统。NI Multisim 11 提供了一个全新的向前和向后注释系统，该系统可以跟踪和控制 Multisim 与 Ultiboard 之间的变化，让用户直接看到并控制设计原理与物理布局之间的变化。向前与向后注释在 Multisim 和 Ultiboard 中都可以激活，从而确保了设计的同步和透明，而且注释过程中得到的注释文件可以让用户保存并共享。

从以上 NI Multisim 11 的新特性可以看出，NI Multisim 11 提供了持续改进的电路教学环境，更加直观和易用，让仿真更真实，也更强大，将电路的行为进一步可视化，并且做到了与 NI 教学实验室的虚拟仪器套件 NI ELVIS Ⅱ 硬件的无缝集成。

1.3.2 Multisim 11 的安装

Multisim 11 教育版的安装步骤与一般的 Windows 软件不同，而且 Multisim 11 和 Multisim 2001 在安装过程和激活方面也有很大不同。具体安装一般需要三个阶段，下面以单机教育版为例来说明 Multisim 11 的安装过程。

安装 Multisim 11 的第一个阶段为解压缩 Multisim 系统文件，其操作步骤如下：

(1) 在 Windows 系统下，将 Multisim 11 的系统光盘放入光驱内，系统将自动启动安装程序。安装程序的启动画面如图 1-14 所示。当对话框询问是否可以开始安装 Multisim 11 的过程时，选择确定即可。

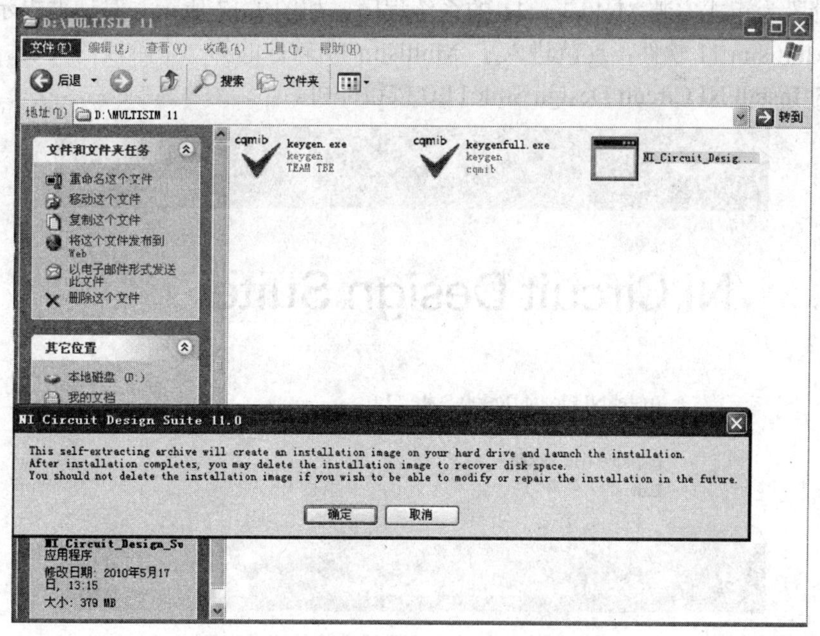

图 1-14　Multisim 11 软件安装窗口

(2) 解压缩时，先后出现程序解压缩进程、解压缩文件等对话框，如图 1-15 所示，最后出现解压缩文件完成对话框，如图 1-16 所示。

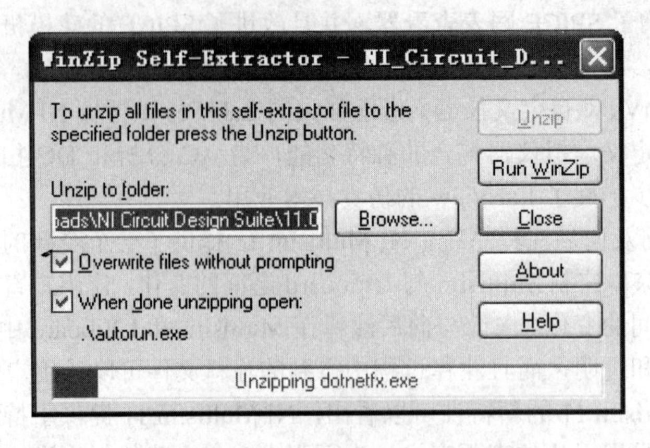

图 1-15　Multisim 11 软件安装的解压缩窗口

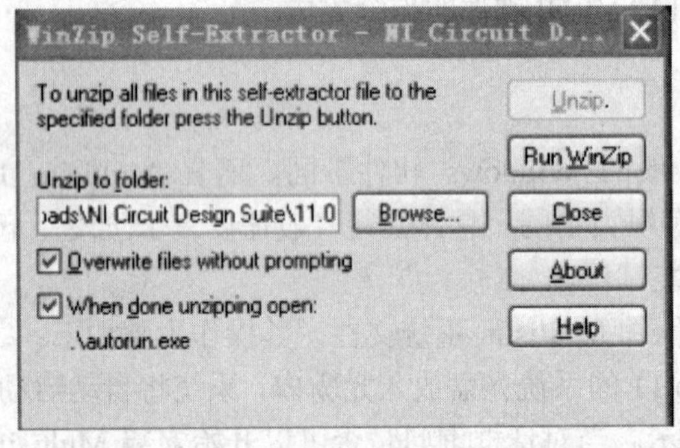

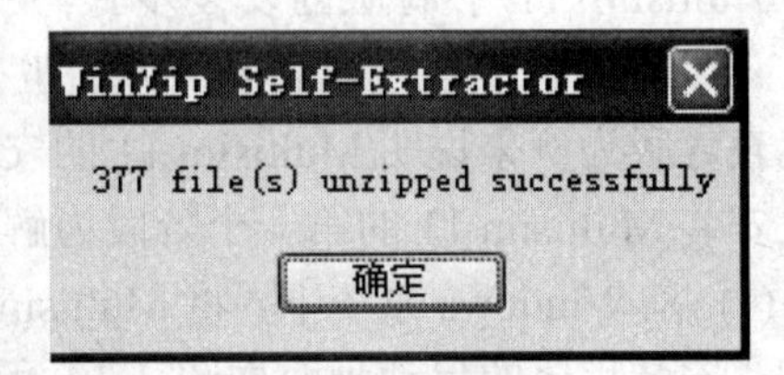

图 1-16　解压缩文件完成对话框图

第二阶段为正式安装 Multisim 11 的系统程序，如图 1-17 所示。对话框提示是否需要开始安装 Multisim 11 软件，这就进入了 Multisim 11 软件的第二个阶段的安装。这时只要单击其中的 Install NI Circuit Design Suite11.0 按钮即可。

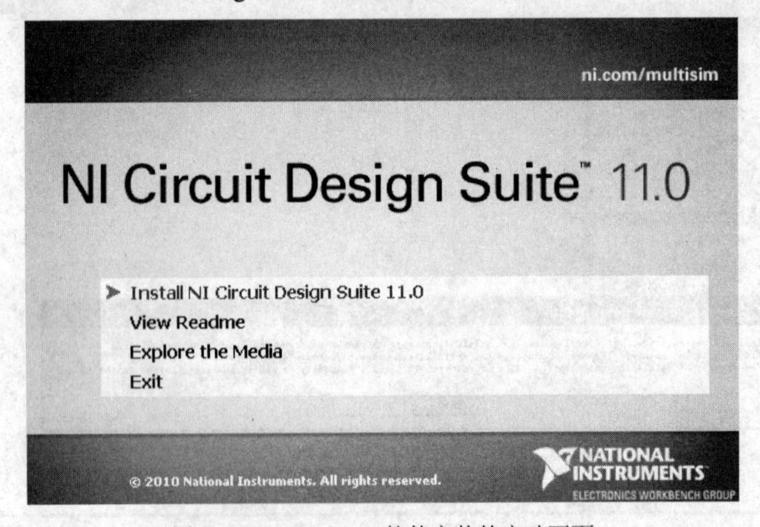

图 1-17　Multisim 11 软件安装的启动画面

第二阶段的安装过程如下：

(1) 选择 Install NI Circuit Design Suite 11.0 按钮后出现软件安装初始化窗口，如图 1-18 所示。安装初始化完成后会有 User Information 对话框出现。

图 1-18　Multisim 11 软件安装的初始化窗口

(2) User Information 对话框如图 1-19 所示。在此对话框中的 Name 文本框中输入用户姓名，在 Company 文本框中输入所属的公司或者单位名称，在 Serial 文本框中输入软件的序列号(该序列号可以在软件包装盒上找到)，单击 Next 按钮继续安装。

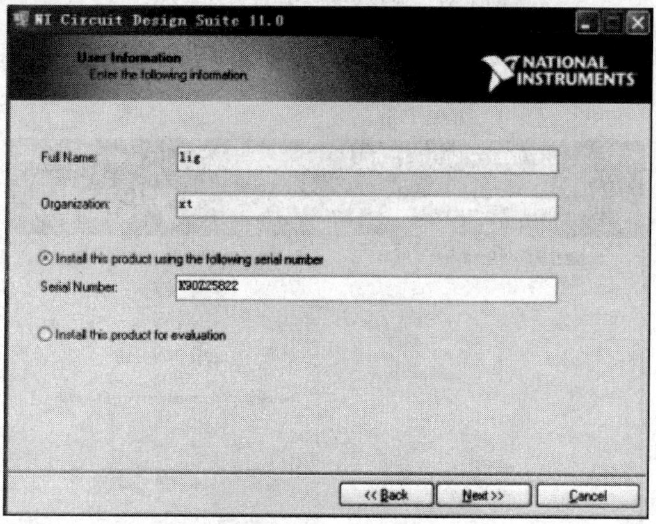

图 1-19　User Information 对话框

(3) 在出现的 Select Destination Directory 对话框中选择安装的路径，如图 1-20 和图 1-21 所示。默认路径为 C:\NI Multisim 11，点击 Browse 按钮可以进行改动(如 D:\NI Multisim 11)，改动完成后再点击 Next 按钮继续进行安装。

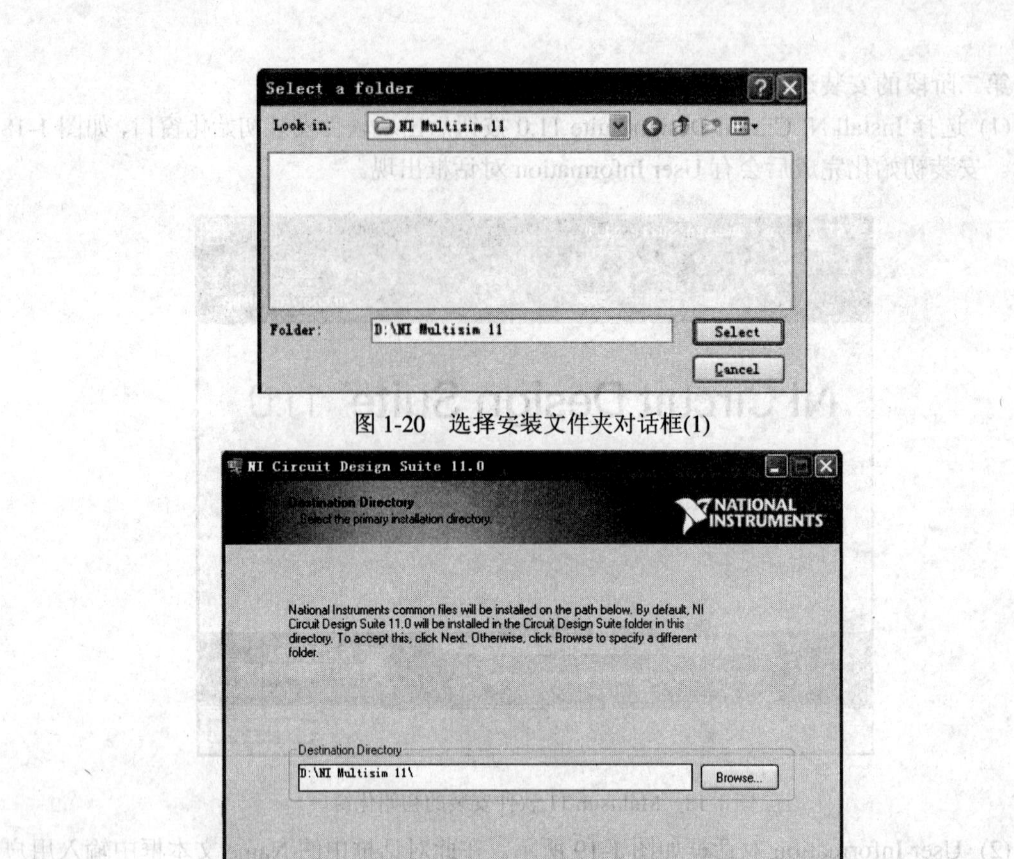

图 1-20　选择安装文件夹对话框(1)

图 1-21　选择安装文件夹对话框(2)

(4) 在出现的选择安装参数对话框(如图 1-22 所示)中点击 Next 按钮后，安装程序将继续执行。

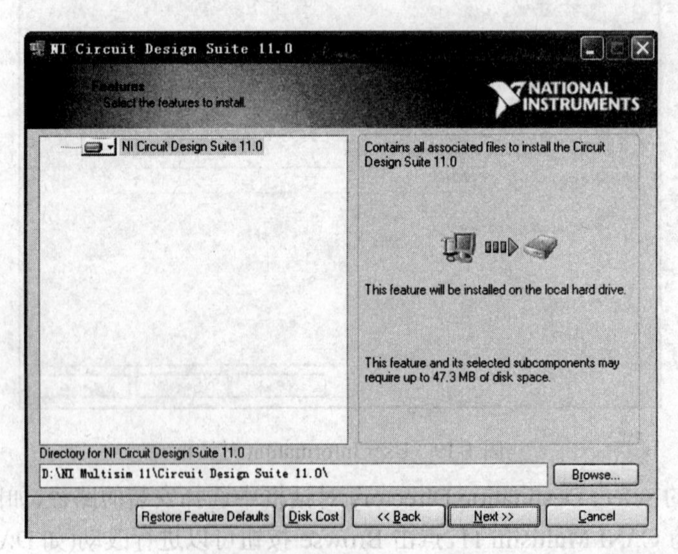

图 1-22　选择安装参数对话框

(5) 在出现的 Product Notifications 对话框(如图 1-23 和图 1-24 所示)中，如果计算机已连接互联网，则出现连接服务器状态条，会显示所安装程序的最新产品说明。点击 Next 按钮后，安装程序继续执行。

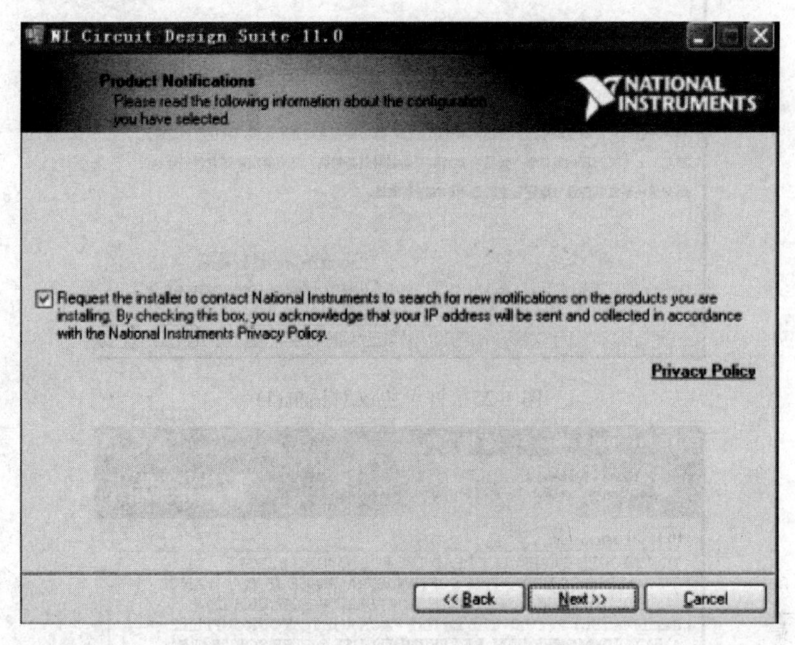

图 1-23　产品说明对话框

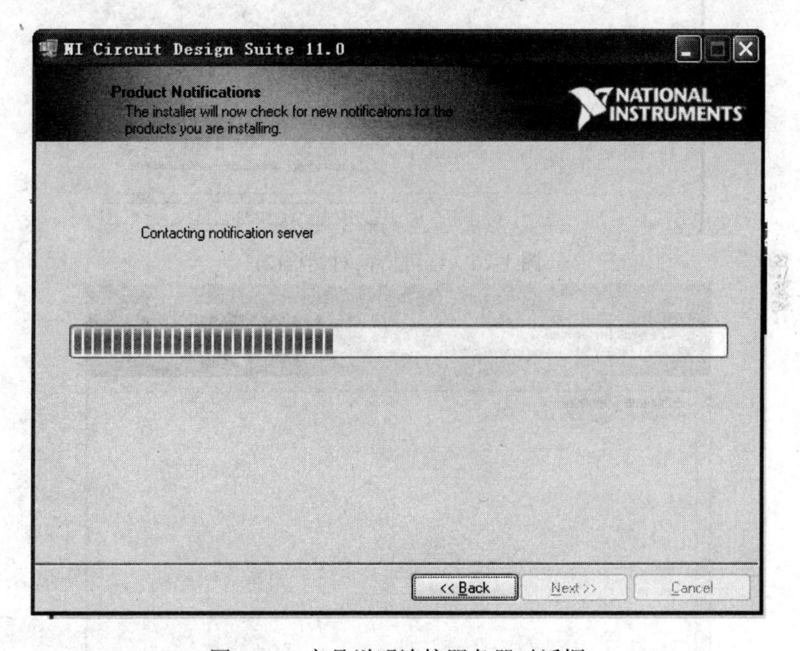

图 1-24　产品说明连接服务器对话框

(6) 随后出现许可协议对话框，如图 1-25 和图 1-26 所示。选择“接受协议”后开始进入安装窗口，如图 1-27 所示。此时只需点击 Next 按钮后继续安装就可以了。

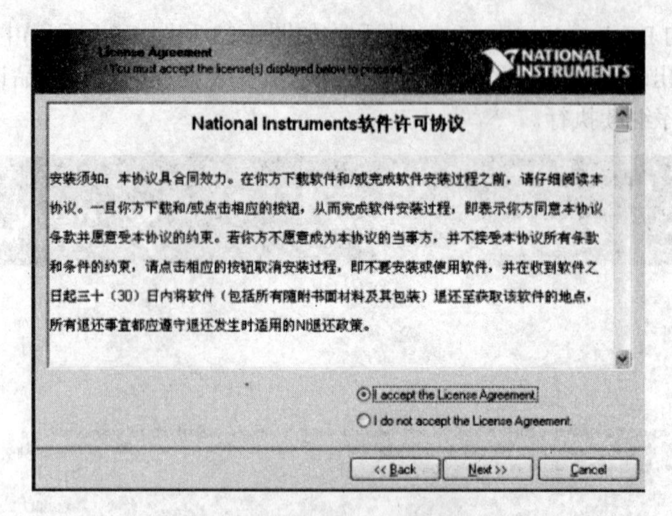

图 1-25　许可协议对话框(1)

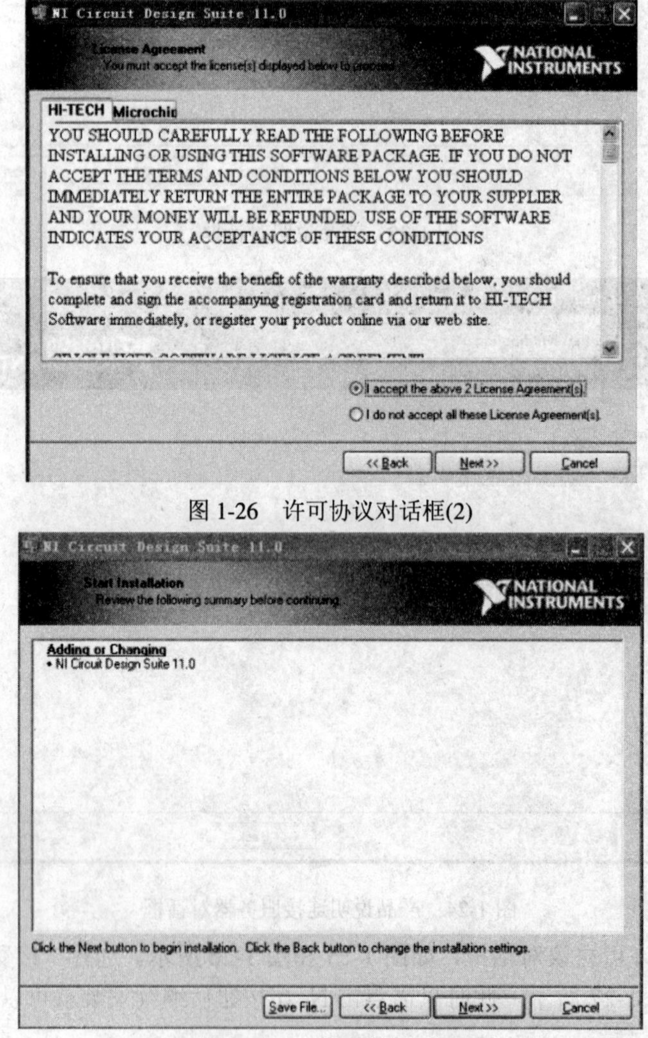

图 1-26　许可协议对话框(2)

图 1-27　开始安装对话框

(7) 安装程序开始复制文件，并在屏幕上显示复制过程的进展情况，如图 1-28 所示。

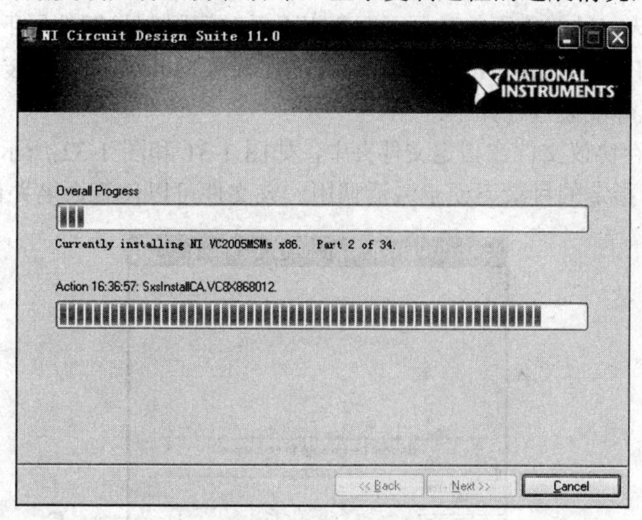

图 1-28　复制文件

(8) 等待一段时间，当文件复制完毕后，会出现对话框表示安装完成，如图 1-29 所示，点击 Next 按钮继续后续过程。

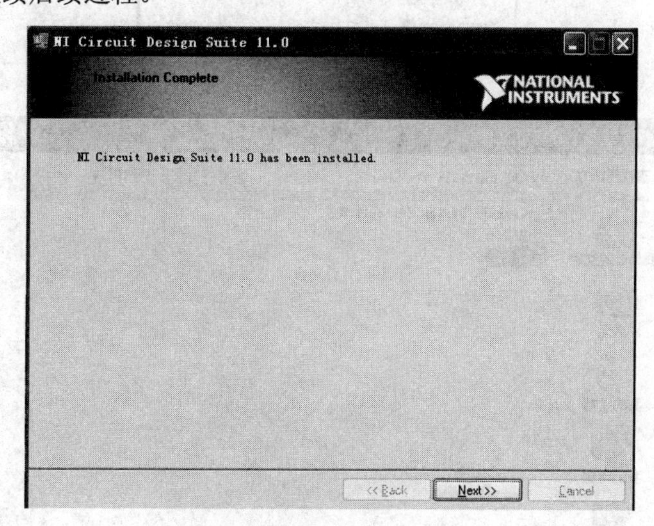

图 1-29　安装完毕对话框

(9) 此时 Multisim 11 安装的主要过程已经完成，系统会提示是否需要重新启动计算机，如图 1-30 所示。选择“Restart”即可。此时程序安装的第二阶段结束。

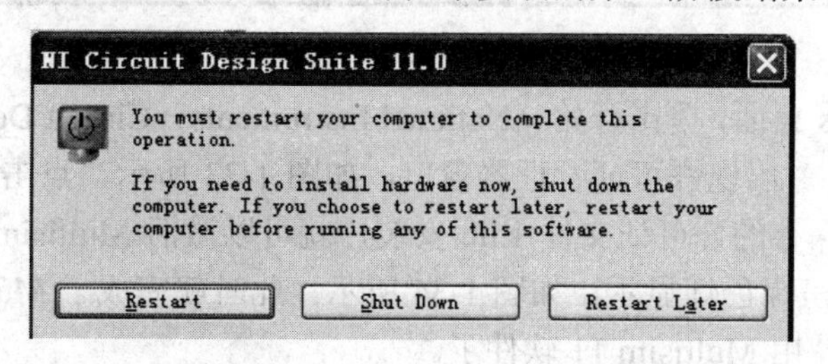

图 1-30　安装完毕重新启动对话框

完成第二阶段的安装之后，重新启动计算机后就可以使用 Multisim 11 软件了，但是其使用期限只有 30 天，过期就不能使用了。要想不受时间限制长期使用下去，还必须通过许可证文件(License File)来激活 Multisim 11，该过程就是 Multisim 11 安装的第三阶段。

第三阶段的具体安装过程如下：

(1) 生成并保存协议文件在指定文件夹中，如图 1-31 和图 1-32 所示。将协议文件 1.lic 保存在安装者自行指定的目录下便于激活调用。该文件可以任意命名并保存。

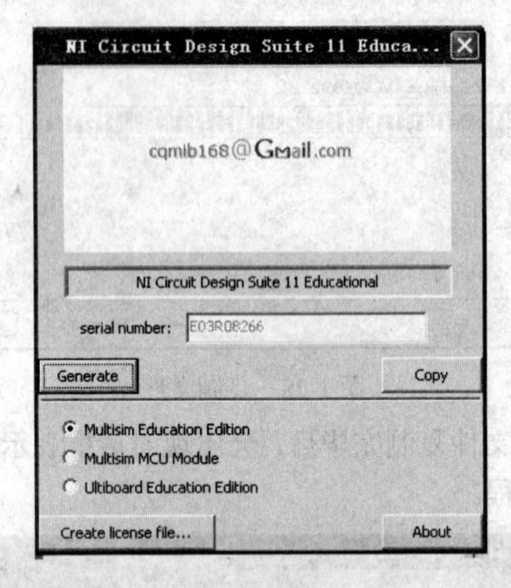

图 1-31　许可证文件生成窗口

图 1-32　许可证文件保存窗口

(2) 在 Windows 桌面，单击开始→National Instruments→Circuit Design Suite 11.0→“NI License Magnager”，出现许可证管理器窗口，如图 1-33 所示。点击选项菜单下的安装许可证文件，将刚才保存的许可证文件 1.lic 安装，就可以激活 Multisim 11 程序。激活后的 Multisim 11 教育版呈绿色灯显示，如图 1-34 所示。此时就完成了 Multisim 11 第三个阶段的激活，可以正式使用 Multisim 11 软件了。

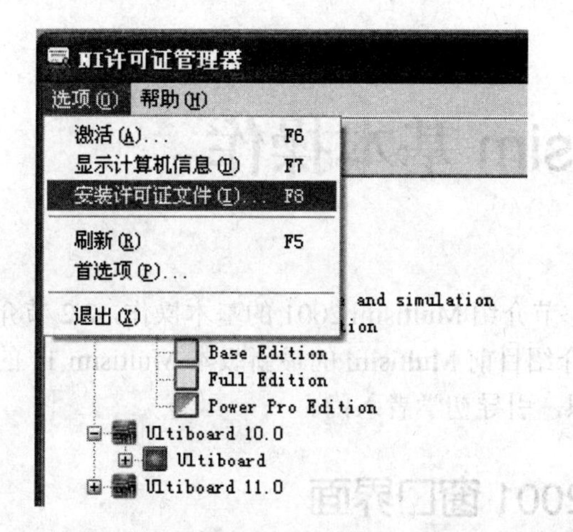

图 1-33 安装许可证文件保存窗口

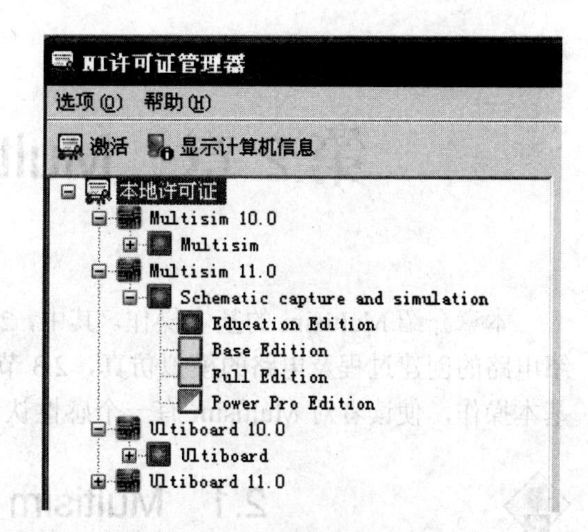

图 1-34 激活窗口

(3) 在 Windows 桌面单击开始→程序→Multisim 11，即出现 Multisim 11 的启动画面，如图 1-35 所示。当然为了启动方便，可以将其设为快捷方式，置于桌面。

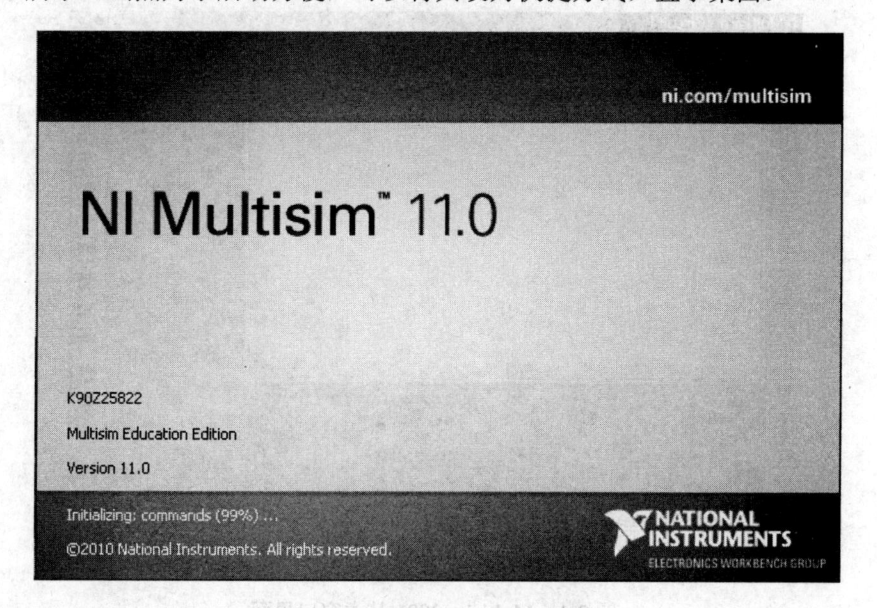

图 1-35 Multisim 11 的启动画面

习　题

1. Multisim 2001 与其他电路仿真软件相比具有哪些优点？
2. 在第一次使用 Multisim 2001 时，需要注意什么？
3. Multisim 2001 分为哪些版本？每个版本有什么不同？
4. 安装 Multisim 2001 需要什么环境？
5. 简述 Multisim 11 的新特性。
6. 第一次安装 Multisim 11 时，如何对软件进行激活？

第 2 章　Multisim 基本操作

本章介绍 Multisim 的基本操作。其中，2.1 节介绍 Multisim 2001 的基本操作，2.2 节介绍电路的创建过程及电路的模拟仿真，2.3 节介绍目前 Multisim 的最新版本 Multisim 11 的基本操作，使读者对 Multisim 有一个感性认识，引导初学者入门。

2.1　Multisim 2001 窗口界面

从开始菜单程序项中运行 Multisim 2001 主程序后，在计算机显示器上出现它的基本界面，如图 2-1 所示。

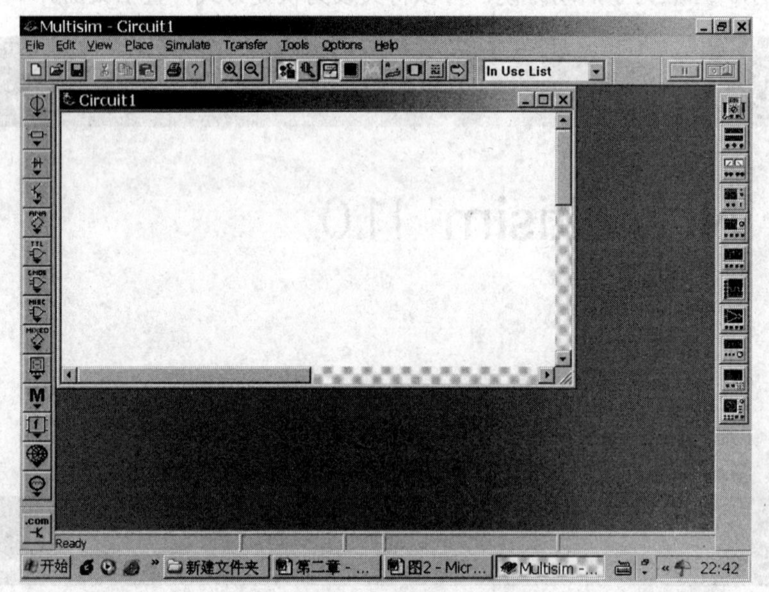

图 2-1　Multisim 2001 基本窗口界面

从图 2-1 中可以看到，在窗口界面中主要包含了以下几个部分：菜单栏(Menus)、工具栏(System)、元件库(Component Bars)、仪表工具栏(Instruments Toolbar)、电路窗口(Circuit Window)等。下面对上述各部分分别进行介绍。

2.1.1　菜单栏

菜单栏如图 2-2 所示，在菜单栏中包括了 9 个菜单项。

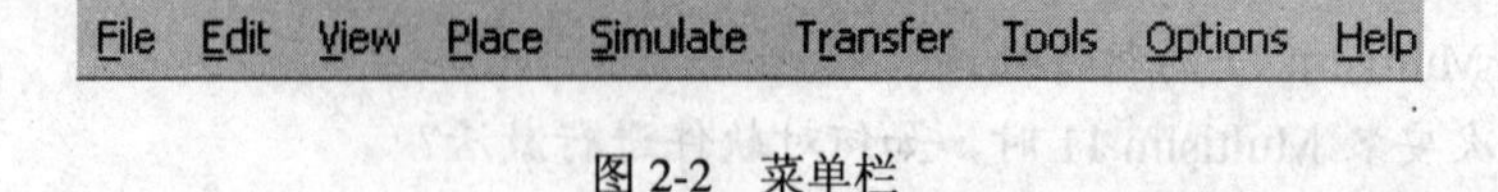

图 2-2　菜单栏

(1) File：主要用于管理所创建的电路文件，如图 2-3 所示。其中包含 Open、New、Save、Print 等与 Windows 相同的基本文件操作命令；另有 Recent Files 和 Recent Projects 菜单项，使用户可以方便地调出最近使用过的文件和项目。

文件(File)菜单中有关打印的几个选项是 Multisim 特有的，其中：

Print Circuit：打印当前工作区的电原理图，其中包括 Print(打印)、Print Preview(打印预览)和 Print Circuit Setup(打印电路设置)命令。

Print Reports：列表打印当前工作区内所编辑的电路图中的元器件或元件库(Database Family List)或元器件的详细资料(Component Detail Report)。

Print Instruments：选择打印当前工作区内的仪表波形图。

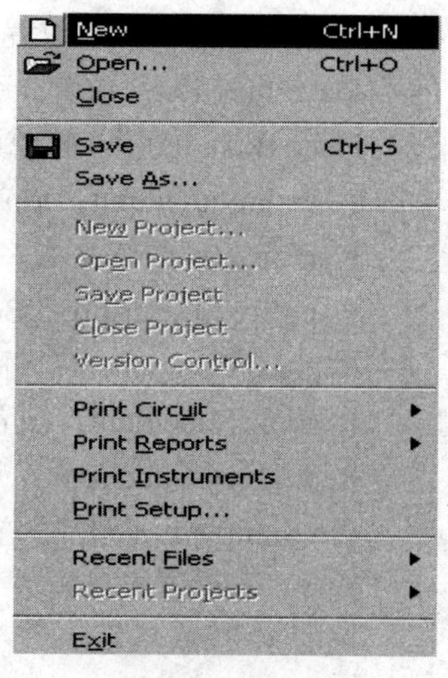

图 2-3　File 菜单

(2) Edit：包含一些最基本的编辑操作命令，如 Cut、Copy、Paste、Undo 等命令；还包含元件的位置操作命令，如可以使元件进行旋转和对称操作的 Flip Horizonal、Flip Vertical、90 Clockwise、90 CounterCW 等命令。

(3) View：包括调整窗口视图的命令，用于添加或去除工具条、元件库栏、状态栏，在窗口界面中显示网格，以提高在电路搭接时元件间的位置准确度，放大或缩小视图的尺寸以及设置各种显示元素等。View 菜单如图 2-4 所示，其中：

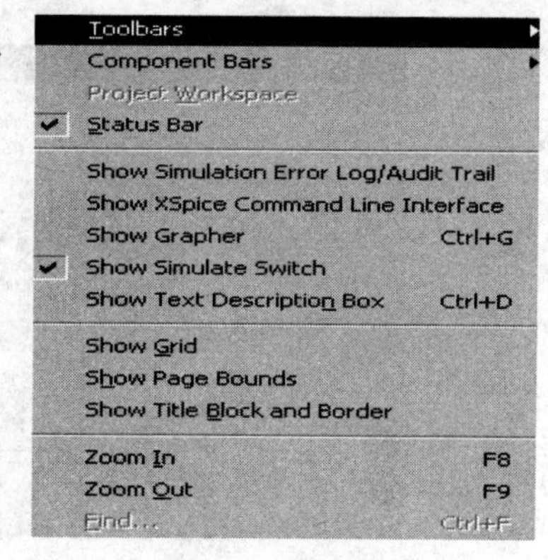

图 2-4　View 菜单

Toolbars：选择工具栏。

Component Bars：选择元件库。

Status Bar：显示状态栏。

Show Simulation Error Log/Audit Trail：显示仿真的错误记录/检查仿真踪迹。

Show XSpice Command Line Interface：显示 XSpice 命令行界面。

Show Grapher：显示图表。

Show Simulate Switch：显示仿真开关。

Show Text Description Box：显示文本描述框。

Show Grid：显示栅格。

Show Page Bounds：显示纸张边界。

Show Title Block and Border：显示标题栏和边界。

Zoom In：放大显示视图。

Zoom Out：缩小显示视图。

Find：查找电原理图中的元件。

(4) Place：通过本菜单中的各项命令可在窗口中放置节点(Juction)、元器件(Componet)、总线(Bus)、输入/输出端(Input/Output)、文本(Text)和子电路(Subcircuit)等对象(如图 2-5 所示)，其中：

Place Component：放置一个元件。

Place Junction：放置一个节点。

Place Bus：放置一根总线。

Place Input/Output：放置一个输入/输出端。

Place Text：放置文本。

Place Text Description Box：放置一个文本描述框。

Replace Component：替换元件。

Place as Subcircuit：放置一个子电路。

Replace by Subcircuit：用一个子电路替代。

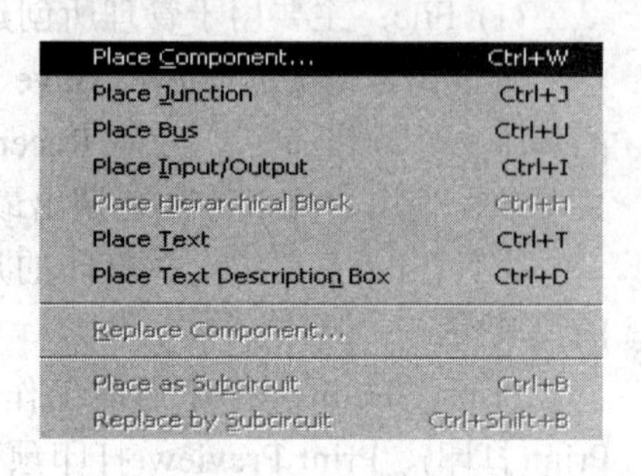

图 2-5　Place 菜单

(5) Simulate：提供了仿真所需的各种设备及方法(如图 2-6 所示)，其中：

Run：运行仿真开关。

Pause：暂停开关。

Instruments：提供了仿真所需的各种仪表。

Analyses：给出了各种仿真分析的方法，其级联菜单见图 2-7。

Postprocess：打开后处理器对话框。

Auto Fault Option：自动设置电路故障。

Global Component Tolerance：全局元件容错设置。

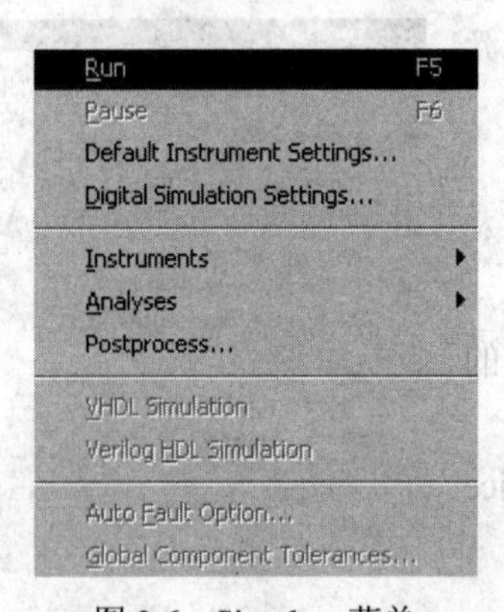

图 2-6　Simulate 菜单

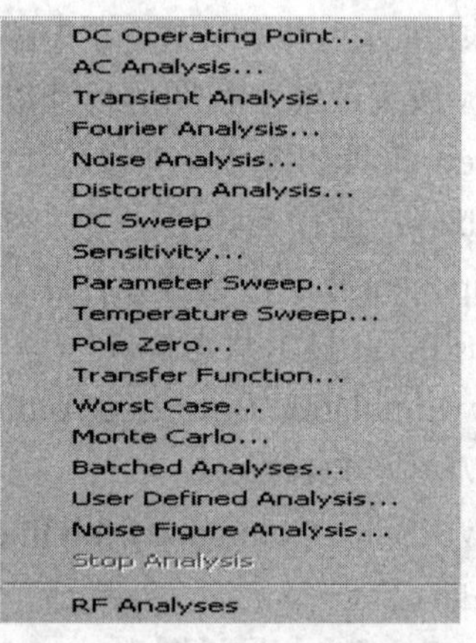

图 2-7　Analyses 级联菜单

(6) Transfer：可将所搭电路及分析结果传输给其他应用程序，如 PCB 和 MathCAD、Excel 等(如图 2-8 所示)，其中：

Transfer to Ultiboard：传送到 Ultiboard。

Transfer to other PCB Layout：传送给其他 PCB 版图软件。

Backannotate from Ultiboard：从 Ultiboard 返回的注释。

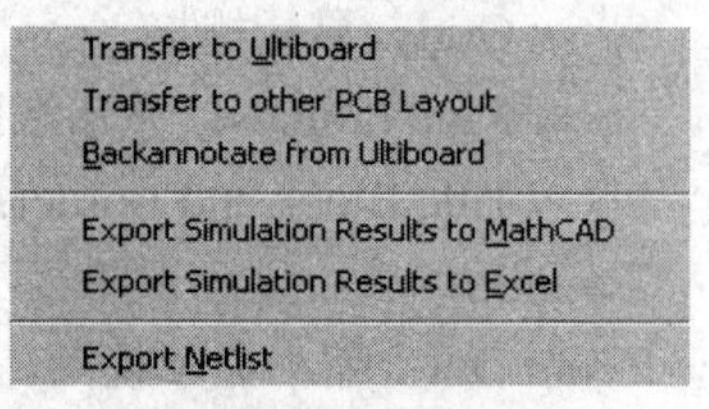

图 2-8　Transfer 菜单

Export Simulation Results to MathCAD：将仿真分析的结果输出到 MathCAD。

Export Simulation Results to Excel：将仿真分析的结果输出到 Excel。

Export Netlist：输出网表。

(7) Tools：用于创建、编辑、复制、删除元件，可管理、更新元件库等(如图 2-9 所示)，其中：

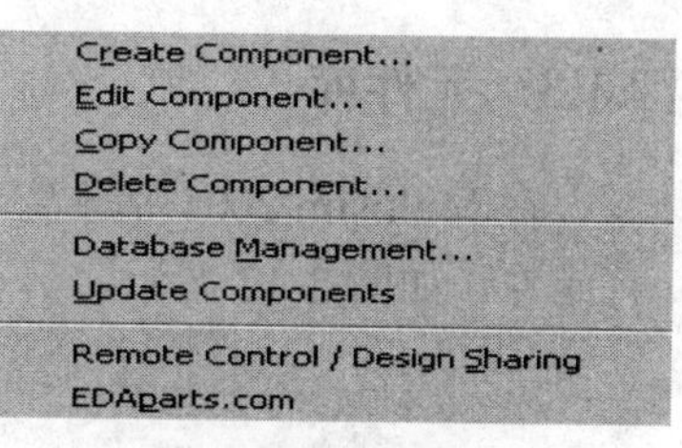

图 2-9　Tools 菜单

Create Component：打开创建元件对话框。

Edit Component：打开元件编辑对话框。

Copy Component：打开拷贝元件对话框。

Delete Component：打开删除元件对话框。

Database Management：打开元件库管理对话框。

Update Component：升级元件。

Remote Control/Design Sharing：远程控制/设计共享。

EDAparts.com：连接 EDAparts.com 网站。

(8) Options：可对程序的运行和界面进行设置(如图 2-10 所示)，其中：

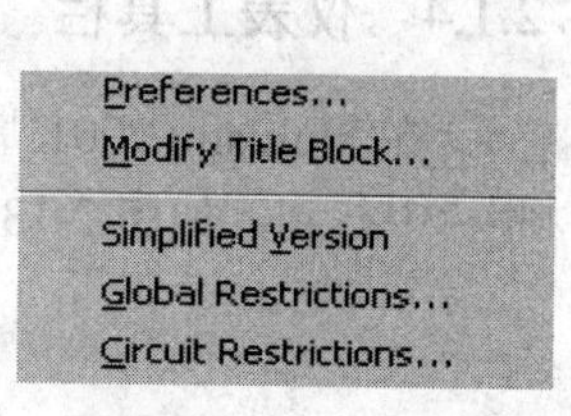

图 2-10　Options 菜单

Preferences：打开参数选择对话框。

Modify Title Block：修改标题块内容。

Simplified Version：简化版本。

Global Restrictions：全局限制设置。

Circuit Restrictions：电路限制。

(9) Help：提供帮助文件，按下键盘上的 F1 键也可获得帮助。

2.1.2　工具栏

工具栏如图 2-11 所示。

图 2-11　工具栏

工具栏在菜单栏的下方，可分为左半部分的系统工具栏和右半部分的设计工具栏。系统工具栏中是常用的基本功能按钮，其功能与 Windows 的同类按钮类似，这里不再详细叙述。值得注意的是设计工具栏，该工具栏从右至左为：

In Use List：记录用户在进行电路仿真中最近用过的元件和分析方法，以便用户可随时调出使用。

传输(Transfer)按钮：与其他程序如 Ultiboard 进行通信，也可将仿真结果输出到像 MathCAD 和 Excel 这样的应用程序。

报告(Reports)按钮：打印相关电路的报告。

VHDL/Verilog 按钮：使用 VHDL 模型进行设计。

后分析器(Postprocessor)按钮：对仿真结果进行进一步的操作。

分析(Analysis)按钮：选择要进行的分析。

仿真(Simulate)按钮：确定开始、暂停或结束电路仿真。

仪表(Instruments)按钮：给电路添加仪表或观察仿真结果。

振荡器：选择振荡器件。

元件编辑器(Component Editor)按钮：调整或增加元件。

2.1.3　元件库

在 Multisim 2001 基本窗口的最左边是元件库，它提供了用户在电路仿真中所用到的所有元件，如图 2-12 所示。

图 2-12　元件库

元件库从左到右分别为电源库、基本元件库、二极管库、晶体管库、模拟元件库、TTL 元件库、CMOS 元件库、其他数字元件库、混合芯片库、指示部件库、其他部件库、控制部件库、射频器件库和机电类元件库。

2.1.4　仪表工具栏

在 Multisim 2001 基本窗口的最右边一栏是仪表工具栏，用户所用到的仪器仪表都可在此栏中找到，如图 2-13 所示。

图 2-13　仪表工具栏

仪表工具栏从左到右分别为数字万用表、函数信号发生器、示波器、波特图仪、字信号发生器、逻辑分析仪、瓦特表、逻辑转换仪、失真分析仪、网络分析仪和频谱分析仪。

2.1.5　电路窗口

在图 2-1 中，中间的窗口就是用户所用到的电路仿真操作窗口，用户大量的工作在此窗口上完成。

2.2　电路的连接

本节通过一个示例说明如何在 Multisim 中创建和连接电路，并通过调用示波器，帮助读者初步掌握虚拟仪器的连接和使用方法。

2.2.1　基本界面的定制

为了方便电路的创建、分析和观察，我们有必要在创建一个电路之前，根据具体电路的要求和用户的习惯设置一个特定的用户界面。定制用户界面的操作主要是通过设置 Options 菜单的 Preferences 项来实现的。

在基本界面上运行 Options 菜单中的 Preferences 命令，即出现 Preferences 对话框，如图 2-14 所示。

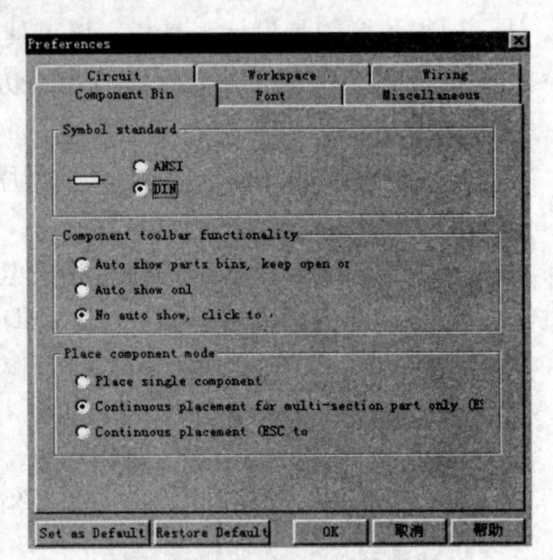

图 2-14　Preferences 对话框

该对话框有 6 页，每页中都有若干功能选项。这 6 页基本包括了电路界面中所有的设置。

(1) Component Bin 页：对界面上元件箱的出现形式、元件箱内元件的符号标准及从元件箱中选用元件的形式等进行设置，共有 3 个区，如图 2-14 所示。

- Symbol standard 区：选取所采用的元器件符号标准，其中的 ANSI 选项设置采用美国标准，而 DIN 选项设置采用欧洲标准。由于我国的电气符号标准与欧洲标准相近，故选择 DIN 较好。注意：符号标准的选用，仅对现行及以后编辑的电路有效，但不会更改以前编辑的电路符号。
- Component toolbar functionality 区：选择元件箱的打开和显示方式，其中 Auto show parts bins，keep open on click 是指当光标指向要选的元(器)件分类库时，其元(器)件库将自动并一直处于打开状态，直到点击其元(器)件分类库右上角的“×”才能关闭。Auto show only 是指当光标指向要选的元件分类库时，其元件库将自动打开，取完一个元件后，将自动关闭。No auto show，click to open 是指需要点击操作才能打开或关闭所要选用的元件分类库。
- Place component mode 区：选择放置元件的方式。Place single component 是指选取一次元件，只能放置一次，不管该元件是单个封装还是复合封装。Continuous placement for multi-section part only(Esc to quit)是指对于复合封装在一起的元件，如 74LS00D，可连续放置，直至全部放置，按 Esc 键或点击鼠标右键可以结束放置。Continuous placement(Esc to quit)是指选取一次元件，可连续放置多个该元件，不管该元件是单个封装还是复合封装，直至按 Esc 键或点击鼠标右键结束放置。

(2) Workspace 页：对电路显示窗口图纸进行设置，页面如图 2-15 所示，包含有 Show、Sheet size、Custom size 和 Zoom level 4 个区。

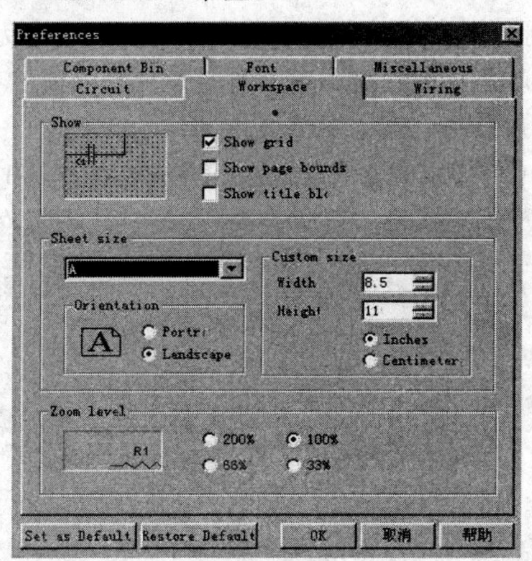

图 2-15　Workspace 页对话框

- Show 区：设置窗口图纸格式，其左半部是设置的预览窗口，右半部是选项栏，分别有 Show grid(显示栅格)、Show page bounds(显示纸张边界)和 Show title block(显示标题栏)3 个选项。
- Sheet size 和 Custom size 区：设置窗口图纸的规格大小及摆向。在 Sheet size 区的左上方，程序提供了 A、B、C、D、E、A4、A3、A2、A1 及 A0 等 10 种标准规格的图纸。如果要自定义图纸尺寸，则在 Custom size 区内指定图纸宽度(Width)和高度(Height)，而其单位可选择英寸(Inches)或厘米(Centimeters)。另外，在左下方的 Orientation 区内，可设置图纸放置的方向：Portrait 为纵向图纸，Landscape 为横向图纸。

● Zoom level 区：显示窗口图纸的缩放比例，仅有 4 种可选择的比例：200%、100%、66%和 33%，不能设置任意比例。

(3) Circuit 页：对操作窗口内的电路图形进行设置，如图 2-16 所示。

● Show 区：设置元件及连线上所要显示的文字项目等。一共有 6 项：

Show component labels：显示元件的标识；

Show component reference ID：显示元件的序号(同一电路中的序号是唯一的)；

Show node names：显示线路上的节点编号；

Show component values：显示元件参数值；

Show component attribute：显示元件属性；

Adjust component identifiers：调整元件的标识符。

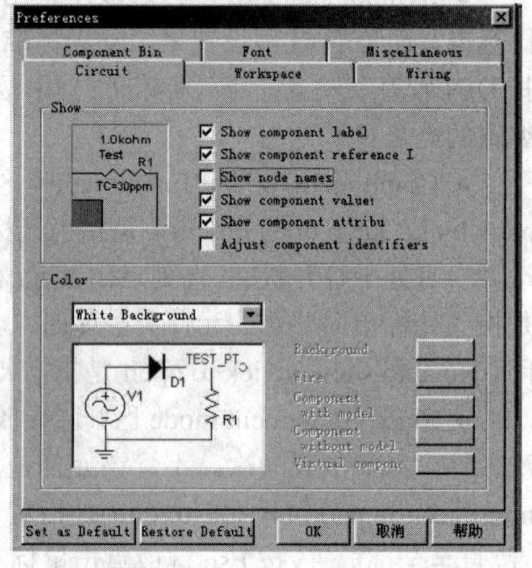

图 2-16 Circuit 页对话框

● Color 区：设置编辑窗口内各元器件和背景的颜色。在左上方的下拉框中可以指定程序预置的几种配色方案。如果预置的配色方案都不合适，可选 Custom 自行指定配色方案。自行指定配色方案时，应使用右侧的选项来分别指定各项目的颜色，其中，Background 为编辑区的背景色，Wire 为元件连接线的颜色，Active component 为有源器件的颜色，Passive component 为无源器件的颜色，Virtual component 为虚拟元件的颜色。设置时，点击所要设置颜色项目右边的按钮，打开颜色对话框，选取所需颜色，然后点击“确定”即可。

(4) Wiring 页：设置电路导线的宽度与连线的方式，如图 2-17 所示。

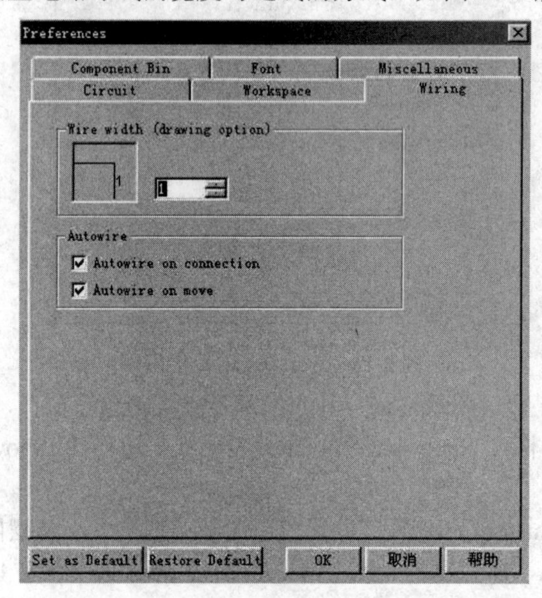

图 2-17 Wiring 页对话框

● Wire width 区：设置导线的宽度，左边是设置预览，右边栏内可输入 1～15 的整数宽度值，数值越大，导线越宽。

● Autowire 区：设置导线的自动连线方式。Autowire on connection：由程序自动连线；Autowire on move：在移动元件时，自动重新连线。如不选后一个选项，则移动元件时，将不能自动调整连线，而以斜线连接。

(5) Font 页：设置元件的标识和参数值、节点、引脚名称、原理图文本和元器件属性等文字，如图 2-18 所示。其设置方法与 Windows 操作系统相似。

(6) Miscellaneous 页：设置电路的备份、存盘路径、数字仿真速度及 PCB 接地方式等，如图 2-19 所示。

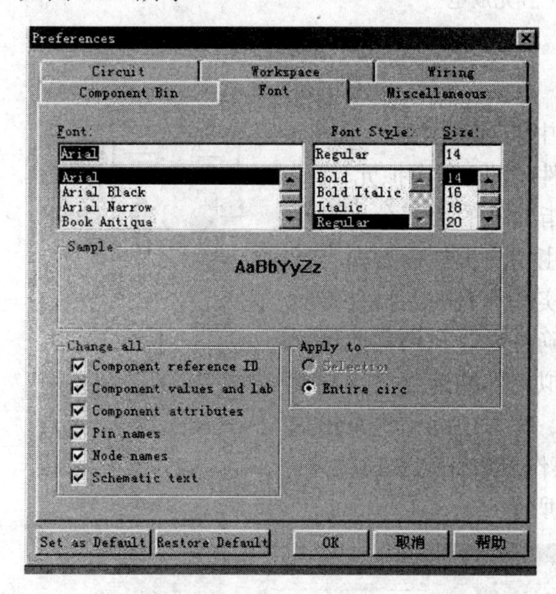

图 2-18　Font 页对话框

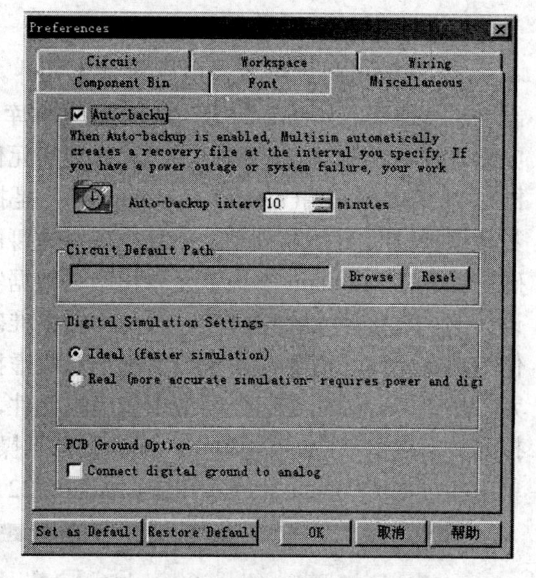

图 2-19　Miscellaneous 页对话框

● Auto-backup 区：用于确定选择自动备份功能和备份时间间隔，以便在断电或系统故障后恢复以前创建的文件。

● Circuit Default Path 区：设置预置的存取文件路径。默认路径是“我的文档”，可点击该区中的 Browse 按钮进行设置。

● Digital Simulation Settings 区：设置数字电路的仿真方式。若选择 Ideal(faster simulation)，则对数字元件进行理想化处理，仿真速度较快。若选择 Real(more accurate simulation-requires power and digital ground)，则可较全面地模仿现实的数字元件，编辑的电原理图中要有提供给数字元件的电源和数字接地端，其仿真精度较高，但速度较慢。

● PCB ground Option 区：对 PCB 接地方式进行选择。若选中 Connect digital ground to analog ground，则在 PCB 中将数字接地与模拟接地连在一起；否则要将二者分开。

2.2.2　创建一个电路

定制好用户界面后，就可以创建一个具体的电路了。下面我们以电容充放电为例，介绍一个电路的创建过程。

所要创建的电路如图 2-20 所示。创建电路有以下 5 个步骤。

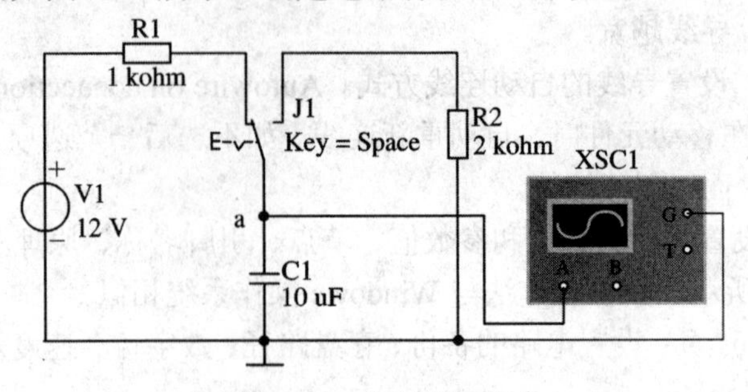

图 2-20　电容充放电

1. 从元件库中调用所需元件

(1) 选取电阻、电容、电感等基本元件。单击按钮即可拉出电阻元件库，如图 2-21 所示。在此元件库中，对于电阻、电容、电感等基本元件，存在两种元件模型：现实元件(灰框)和虚拟元件(绿框)。所谓虚拟元件(Virtual Component)，是指元件的大部分模型参数是该种/类元件的典型值，部分模型参数可由用户根据需要而自行确定。而在 Multisim 中许多元件模型是根据实际存在的元器件参数设计的，与实际元件相对应，且仿真结果准确可靠，我们称此类元件为现实元件。由于在大多数情况下选取虚拟元件的速度要比现实元件快得多，因此我们会经常用到虚拟元件，在本电路中也采用虚拟元件。点击其中的图标，拖动鼠标到操作窗口任意空白位置，单击即可将选中的元件放入图中，如图 2-22 所示。

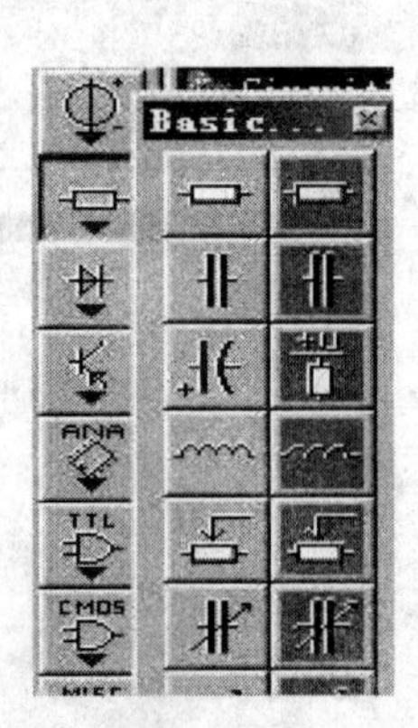

图 2-21　电阻元件库

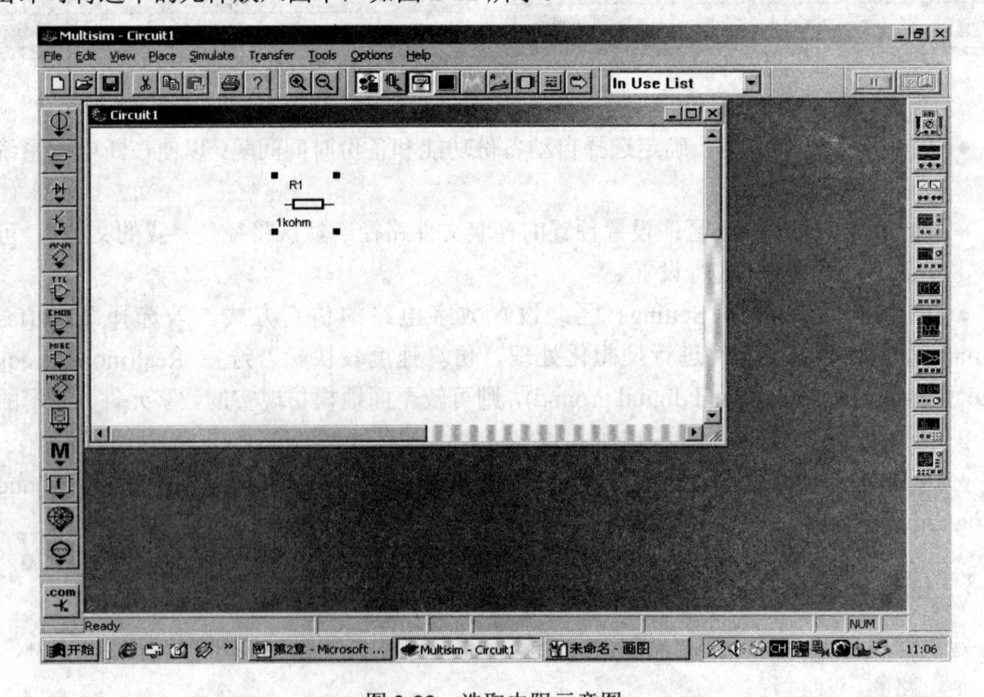

图 2-22　选取电阻示意图

电阻大小默认为 1 kohm，如果要改变电阻的参数，可双击该电阻图标，打开其属性(Resistor Virtual)对话框，如图 2-23 所示。

从图中看出，该对话框有 Value、Label、Display 和 Fault 四个页。

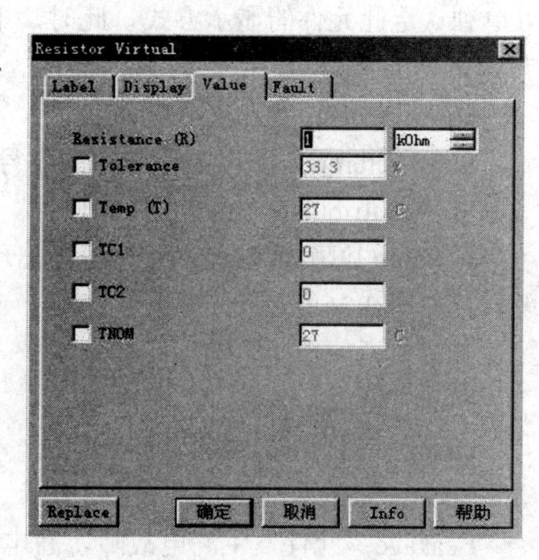

图 2-23 Resistor Virtual 对话框

● Value 页用以设置参数值，包括：

Resistance：用以设置电阻值，在其右边的栏中选定其单位。

Tolerance：若选中可设置该电阻的容差(即误差)，在其右边的栏中输入所要设定的容差值(百分比)。

Temp(T)：设置环境温度，可先选取此项，然后在其右边的栏中输入所要设置的温度值。

TC1：设置该电阻的一次温度参数。

TC2：设置该电阻的二次温度参数。

电阻值与温度之间的关系为

$$R = R_0 \times \{1 + TC1 \times (T - T_0) + TC2 \times (T - T_0)^2\}$$

其中 T_0 为参考温度。

TNOM：设定参考环境温度(默认值为 27℃)。

● Label(标识)页用于设置电阻的标识(如图 2-24 所示)，其中包括下列选项：

Reference ID：该电阻的元件序号，是元件唯一的识别码，必须设置且不允许重复。

Label：该电阻的标识文字，没有电气意义，可输入中文。

Attributes：用户记录所用电阻信息的窗口，如元件名称、参数值及制造者等。

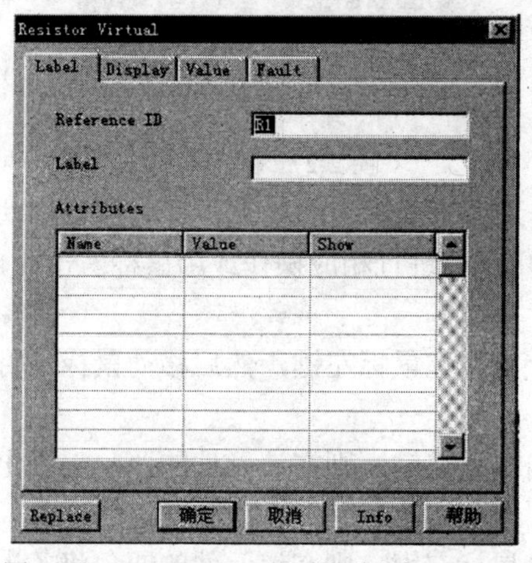

图 2-24 Resistor Virtual 对话框的 Label 页

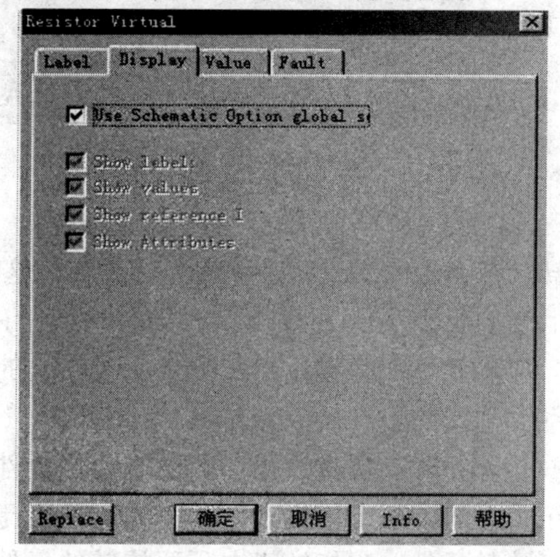

图 2-25 Resistor Virtual 对话框的 Display 页

● Display(显示)页用以确定该虚拟电阻在电路窗口中所要显示的信息(如图 2-25 所示)，其中包括 5 个选项：

Use Schematic Option global setting：若选中此项，则将采用全电路整体显示认定，不可单独认定此元件的显示方式，此时，下面的 4 个选项无效：

Show labels：显示元件的标识。

Show values：显示元件的数值。

Show reference ID：显示元件的序号。

Show Attributes：显示元件的属性。

● Fault(故障)页设置该元件可能出现的故障，以便预知该元件发生相应故障时产生的现象，如图 2-26 所示。

其中包括如下 4 个选项：

None：无故障产生。

Open：元件两端开路。

Short：元件两端短路。

Leakage：元件发生漏电故障，漏电流的大小可在下面的栏内设置。

读者可按图 2-20 所示选取两个电阻，分别为：R1=1 kΩ，R2=2 kΩ，另外，再从电阻元件库中选取一个电容：C1=10 μF，其选取和参数的修改与电阻相仿。

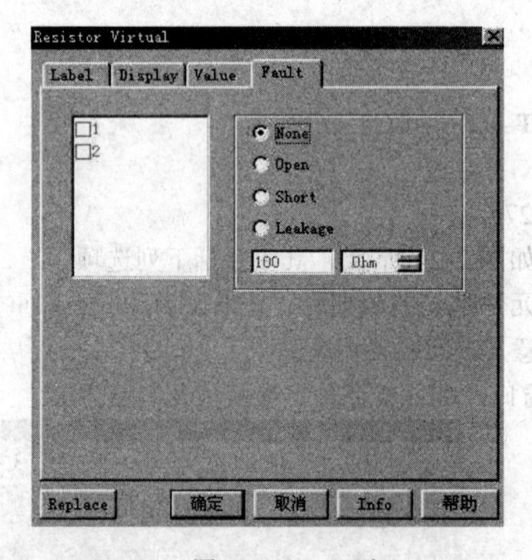

图 2-26　Fault 页

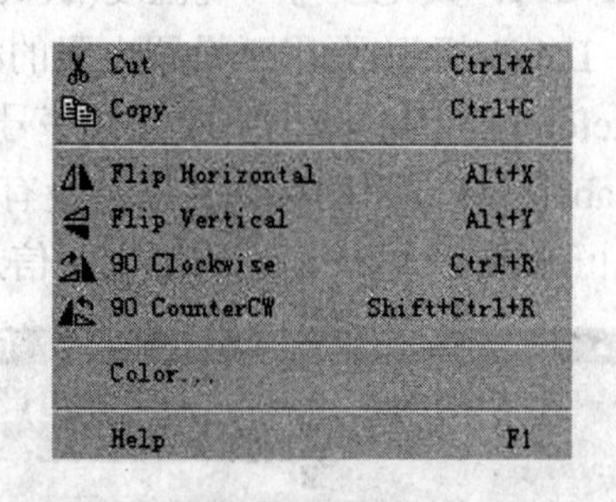

图 2-27　弹出菜单

(2) 修改基本元件的位置、显示颜色。为了使元件符合图中的要求，有时需要移动、旋转、删除元件或改变元件的显示颜色。这时，可用鼠标进行相应操作或用鼠标右击元件，然后在弹出的菜单(见图 2-27)中选择相应的操作。

移动元件：将鼠标指针指到所要移动的元件上，按住鼠标左键，然后移动鼠标，将其移动到适当的位置后放开左键。

删除元件：将指针指向所要删除的元件，点击鼠标左键，则在该元件的四角将各出现一个小方块，点击鼠标右键，在弹出的快捷菜单中选取 Cut 命令。

旋转元件：将指针指向所要旋转的元件，点击鼠标左键，则在该元件的四角将各出现一个小方块，点击鼠标右键，在弹出的快捷菜单中选取 Flip Horizontal 命令即可左右翻转，选取 Flip Vertical 命令即可上下翻转，选取 90 Clockwise 命令即可顺时针旋转 90°，选取 90 CounterCW 命令即可逆时针旋转 90°。

改变元件的颜色：将指针指向元件，点击鼠标右键，在弹出的快捷菜单中选取 Color…

命令，将出现图 2-28 所示的对话框。直接选取所要采用的颜色，然后点击“确定”即可。

了解元件的信息：将指针指向元件，点击鼠标右键，在弹出的快捷菜单中选取 Help 命令。

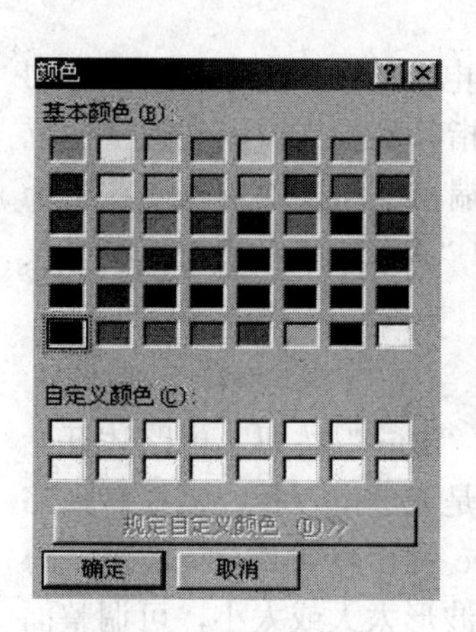

图 2-28 “颜色”对话框

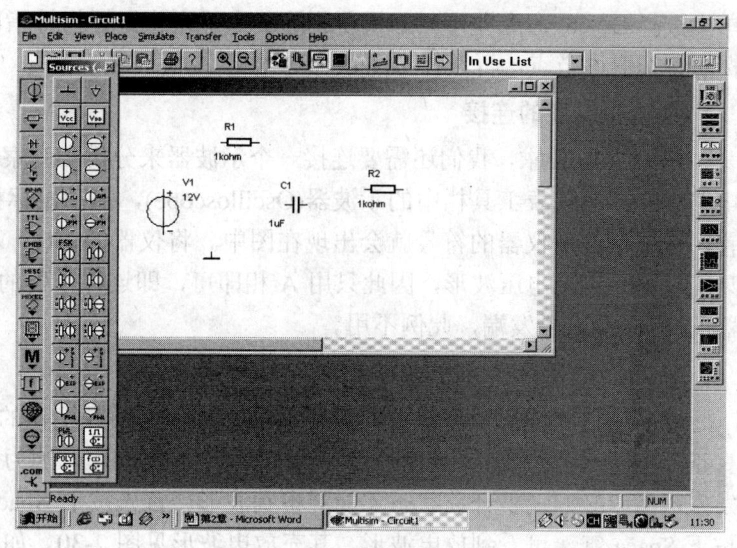

图 2-29 电源库示意图

(3) 选取电源元件。单击 图标即可显示出电源库，按图 2-20 的要求在库中选择直流电压源和“地”，如图 2-29 所示。

电压源大小为 12 V，如要改变其参数，方法与改变电阻参数的方法相仿。

(4) 选取开关。在电阻元件库中选择“开关”(Switch)，并将其放置在图中合适的位置。其参数“Key=Space”意为按下 Space 键来转换开关状态。

2. 连接电路

在 Multisim 中线路的连接非常方便，一般有如下两种连接方法：

(1) 元件之间的连接。将鼠标指针移近所要连接的元件引脚一端，鼠标指针自动转变为“+”。点击鼠标左键并拖动指针至另一元件的引脚，等再次出现“+”时点击鼠标左键，系统即自动连接两个引脚之间的线路。

(2) 元件与线路的中间连接。将鼠标指针移向元件引脚并点击鼠标左键，然后将指针拖向所要连接的线路并再次点击鼠标左键，系统不但自动连接两个点，而且会在所连接线路的交叉点上自动放置一个连接点。

如果两条线只是交叉而过，则不会产生连接点，即两条交叉线并不相连接。

按图 2-20 连接好所有元件和开关。

3. 导线的调整

(1) 轨迹的调整。对已连接好的导线轨迹进行调整，可先将指针对准欲调整的导线，然后点击鼠标右键将其选中，再按住鼠标左键，拖动线上的小方块或两小方块之间的线段至适当位置后松开即可。

(2) 导线颜色的调整。为突出某些导线和节点，可对其设置不同的颜色。将鼠标指针指向某一导线或连接点，点击鼠标右键选中，在出现的快捷菜单中选择 Color…命令，将打开“颜色”对话框，在此对话框中选取所需的颜色，然后点击“确定”按钮。注意：这时连接点及其直接相连的导线的颜色将同时改变。

(3) 导线和节点的删除。将指针对准欲调整的导线，点击鼠标右键，在出现的快捷菜单中选择 Delete 命令即可；如果要删除节点，则将鼠标指针指向所要删除的节点，点击鼠标右键选取该节点，再选择 Delete 命令即可。

4. 虚拟仪表的连接

按图 2-20 要求，我们还需要连接一个示波器来分析和观察电压的波形。在已连接好的电路中，选择仪表工具栏中的示波器(Oscilloscope)，拖动鼠标指针到操作窗口任意空白位置，单击左键后仪器的符号就会出现在图中。将仪器的“G”端与电路接地端相连。由于只需观察 a 点的电压波形，因此只用 A 相即可，即连接仪器的“A”端和电路的 a 端。仪器的“T”端是触发端，此例不用。

5. 电路的运行

电路搭接完成后，并未开始工作。按下工作界面右上角的“Run”按钮，电路才开始真正工作。双击示波器，可观察到此时 a 点无电压波形，因为是充放电过程，需要有换路发生，所以必须调整开关状态才能观察到波形。首先按下 Space 键，可看到充电波形；再按下 Space 键，可看到放电波形。其充放电波形见图 2-30。如波形太大或太小，可调整面板上的相关量挡，直至合适为止。

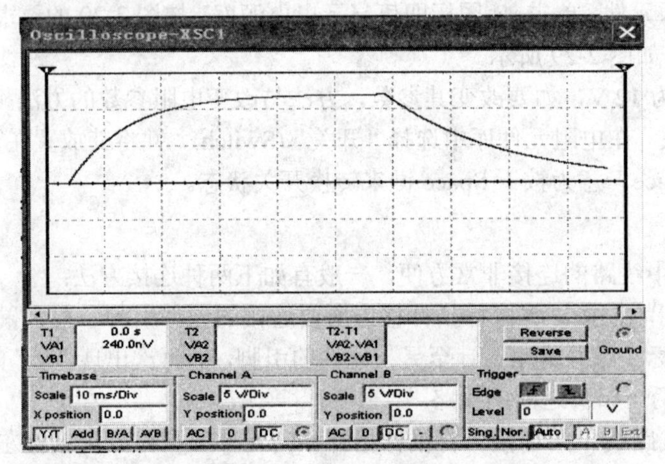

图 2-30　电容充放电波形

2.3　Multisim 11 窗口界面

在 Windows 桌面单击开始→程序→Multisim 11，就可以进入 Multisim 11 的主窗口界面，如图 2-31 所示。主窗口界面主要由菜单栏(Menu Bar)、工具栏(Standard Toolbar)、元件工具栏(Component Toolbar)、仪表工具栏(Instruments Toolbar)、电路窗口(Circuit Windows)、状态栏(Status Bar)和项目栏(Project Bar)等部分组成，通过对各部分的操作可以实现电路图的输入和编辑，并根据需要对电路进行相应的观测和分析。用户可以通过菜单栏或工具栏改变主窗口的视图内容。下面将对上述各部分内容进行介绍。

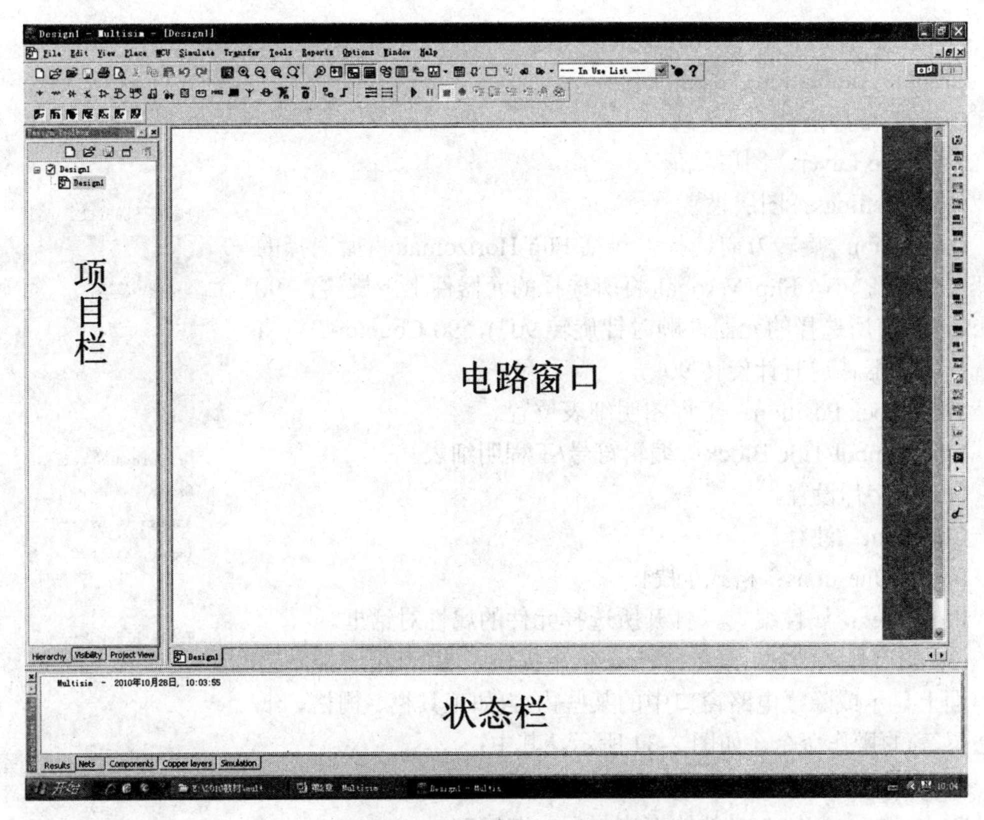

图 2-31　Multisim 11 主窗口界面

2.3.1　菜单栏

Multisim 11 的菜单栏包括了 12 个菜单项，如图 2-32 所示，从左向右依次是文件(File)菜单、编辑(Edit)菜单、窗口显示(View)菜单、放置(Place)菜单、微控制器(MCU)菜单、仿真(Simulate)菜单、文件输出(Transfer)菜单、工具(Tools)菜单、报告(Reports)菜单、选项(Options)菜单、窗口(Window)菜单和帮助(Help)菜单。其中，微控制器菜单、报告菜单和窗口菜单是 Multisim 11 版本相比 Multisim 2001 版本新增的菜单，其他菜单命令的变化也较大。下面重点针对 Multisim 11 版本新增的命令介绍如下。

File　Edit　View　Place　MCU　Simulate　Transfer　Tools　Reports　Options　Window　Help

图 2-32　Multisim 11 菜单栏

(1) 文件(File)菜单。File 菜单用于管理 Multisim 11 所创建的电路文件，其命令与 Multisim 2001 版本的 File 菜单下的基本操作命令大致相同，在此不再赘述。

(2) 编辑(Edit)菜单。Edit 菜单共有 22 个命令，如图 2-33 所示。Edit 菜单命令主要用于对电路窗口中的电路或元件进行删除、复制或选择等操作。其中 Undo、Redo、Cut、Copy、Paste、Delete 和 Select All 等命令在此不再赘述。

新增的命令描述如下：

Delete Multi-Page：删除多页面电路文件中的某一页电路文件。

Paste Special：特殊化的粘贴，包括将剪贴板中的子电路粘贴到指定的位置等。

Find：查找电原理图中的元件。

Graphic Annotation：图形注释。

Order：顺序选择。

Assign to Layer：图层赋值。

Layer Settings：图层设置。

Orientation: 旋转方向选择，包括 Flip Horizontal(将所选择的元器件左右旋转)，Flip Vertical(将所选择的元器件上下旋转)，90 Clockwise(将所选择的元器件顺时针旋转 90°)，90 CounterCW(将所选择的元器件逆时针旋转 90°)。

Title Block Position：工程图明细表位置。

Edit Symbol/Title Block：编辑符号/工程明细表。

Font：字体设置。

Comment：注释。

Forms/Questions：格式/问题。

Properties：属性编辑，打开所选择元件的属性对话框。

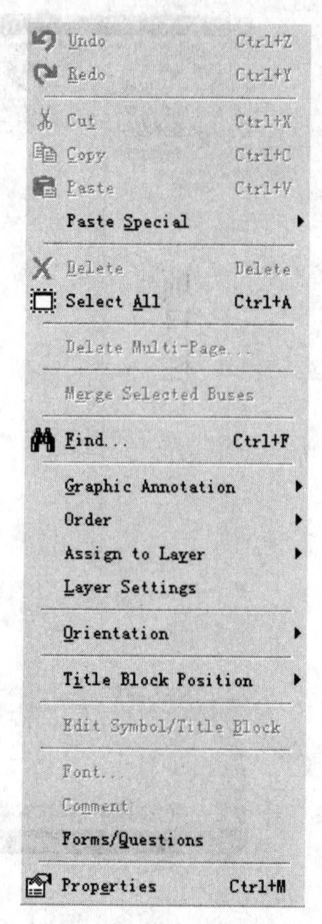

图 2-33 Edit 菜单

(3) 窗口显示(View)菜单。View 菜单提供了 20 个用于控制仿真界面上显示或隐藏电路窗口中的某些内容(如工具栏、栅格、纸张边界等)的操作命令，如图 2-34 所示。其中：

Full Screen：全屏显示电路窗口。

Zoom Area：以 100%的比率来显示电路窗口。

Zoom Fit to Page：放大到合适的页面。

Zoom to Magnification...：按比例放大到合适的页面。

Zoom Selection：放大选择。

Show Grid：显示或者关闭栅格。显示栅格，有助于把元件放在正确的位置。

Show Border：显示或者关闭电路边界。

Show Print Page Bounds：显示或者关闭纸张页边界。

Ruler Bars：显示或者关闭标尺栏。

Status Bar：显示或者关闭状态栏。

Design Toolbox：显示或者关闭设计工具箱。

Spreadsheet View：显示或者关闭电子数据表。

SPICE Netlist Viewer：SPICE 网表查看器。

Description Box：显示或者隐藏电路窗口的描述窗，利用该窗口可以添加电路的某些信息(如电路的功能描述等)。

Toolbar：显示或者隐藏工具栏，包括标准工具栏、元件工具栏、图形注释工具栏、仪表工具栏、仿真开关、项目栏、电路元件属性视窗和用户自定义栏等。工具栏具体如图 2-35 所示。

Show Comment/Probe：显示或者关闭注释/标注。

Grapher：显示或者关闭图形记录器(仿真结果的图表)。NI Multisim 11 中新增了 NI Grapher View，利用这个改进后的界面，用户可以直观地了解电路行为，观察分析中得到的数据。

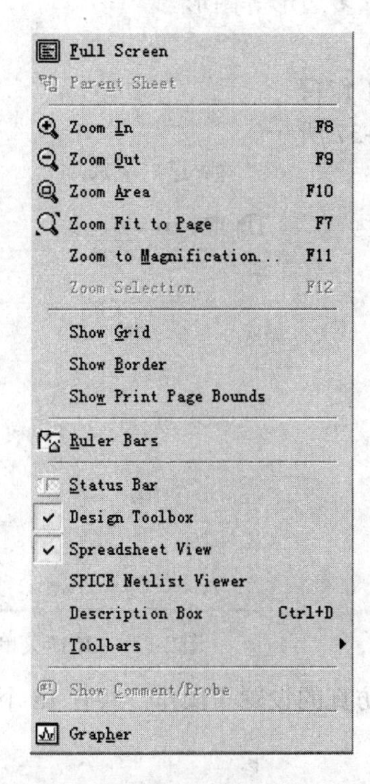

图 2-34　View 菜单

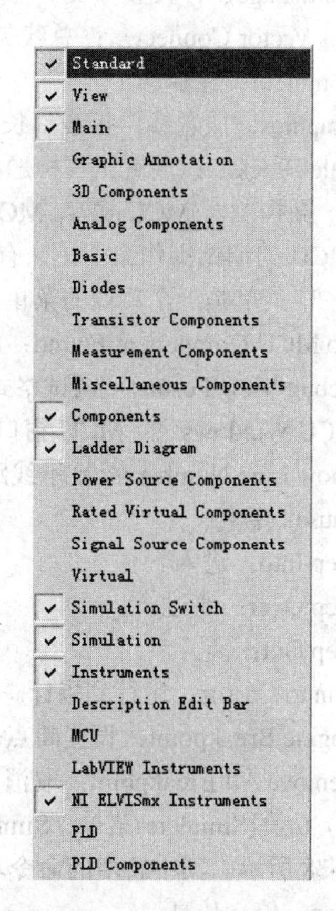

图 2-35　工具栏

(4) 放置(Place)菜单。Place 菜单用于在电路窗口中放置元件、节点、总线、文本或图形等，共有 18 个命令，如图 2-36 所示。新增的命令描述如下：

Wire：放置导线。

Connectors：放置输入/输出端口连接器。

New Hierarchical Block：放置一个新的分层模块(该模块是只含有输入/输出节点的空白电路)。

Hierarchical Block from File…：来自其他文件的层次模块。

Replace by Hierarchical Block…：用分层模块替换。

New Subcircuit…：创建子电路。

Replace by Subcircuit…：用一个子电路替换所选择的电路。

New PLD Subcircuit…：新建 PLD 子电路。

New PLD Hierarchical Block…：新建 PLD 层次模块。

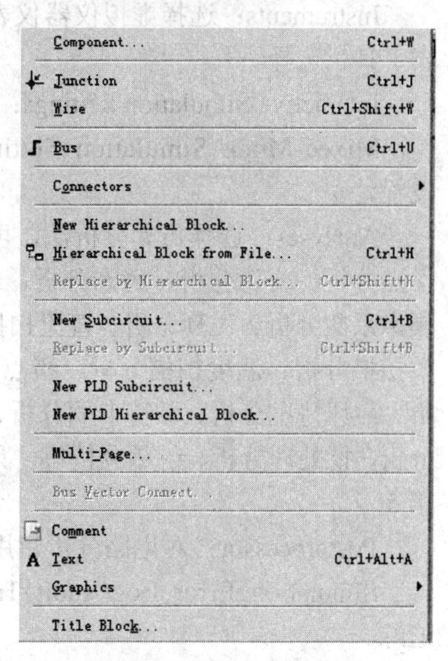

图 2-36　Place 菜单

Multi-Page…：设置多页。

Bus Vector Connect…：总线矢量连接。

Comment：注释。

Graphics：放置线、折线、长方形、椭圆、圆弧、多边形等图形。

Title Block…：放置工程标题栏。

(5) 微控制器(MCU)菜单。MCU 菜单提供在电路工作窗口内 MCU 的调试操作命令，共有 11 个命令，如图 2-37 所示。MCU 菜单是一个新增的菜单，包括以下命令：

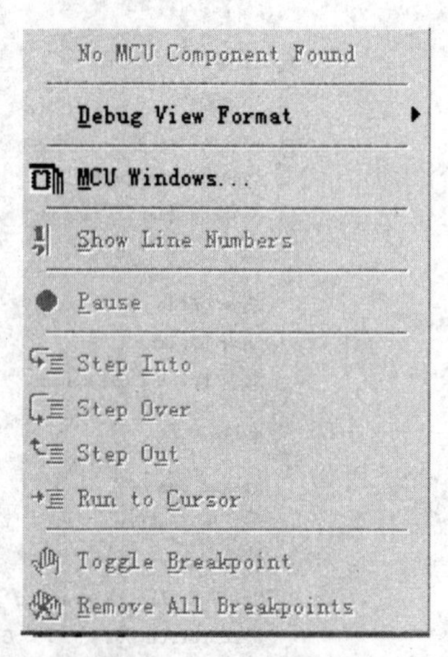

图 2-37　MCU 菜单

No MCU Component Found：没有创建 MCU 器件。

Debug View Format：调试格式。

MCU Windows…：MCU 窗口。

Show Line Numbers：显示线路数目。

Pause：暂停。

Step Into：进入。

Step Over：跨过。

Step Out：离开。

Run to Cursor：运行到指针。

Toggle Breakpoint：设置断点。

Remove All Breakpoint：取消所有的断点。

(6) 仿真(Simulate)菜单。Simulate 菜单主要用于仿真的设置与操作，共有 18 个命令，如图 2-38 所示。其中新增的命令功能描述如下：

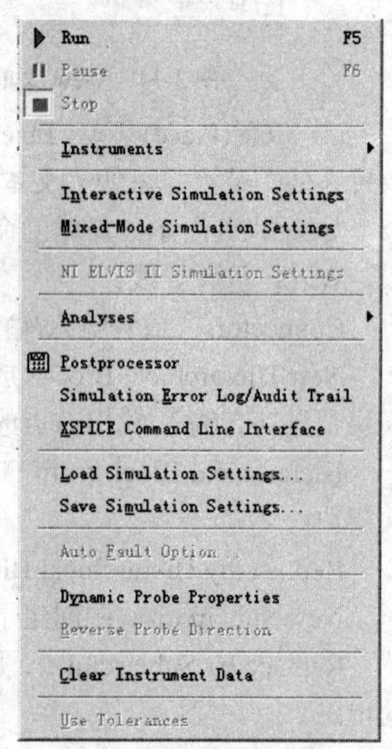

图 2-38　Simulate 菜单

Stop：停止仿真。

Instruments：选择虚拟仪器仪表。此操作也可以通过仪表工具栏选择。

Interactive Simulation Settings：交互式仿真设置。

Mixed-Mode Simulation Settings：混合模式仿真参数设置。

Analyses：选择仿真分析法，可对当前电路进行直流工作点分析、交流分析、瞬态分析、傅立叶分析、噪声分析、噪声系数分析、失真分析、直流扫描分析、灵敏度分析、参数扫描分析、温度扫描分析、极点-零点分析、传输函数分析、最坏情况分析、蒙特卡罗分析、线宽分析、用户自定义分析、批处理分析、射频分析等。具体仿真分析方法可参考第 5 章。

Postprocessor：对电路分析启用后处理。

Simulation Error Log/Audit Trail：仿真错误记录/审计追踪。

XSPICE Command Line Interface：显示 XSPICE 命令行窗口。

Load Simulation Setting…：导入仿真设置。

Save Simulation Setting…：保存仿真设置。

Auto Fault Option…：自动故障选择。

Dynamic Probe Properties：动态探针属性。

Reverse Probe Direction: 反向探针方向。

Clear Instrument Data：清除仪器数据。

Use Tolerances：使用元件的公差。

(7) Transfer(文件输出)菜单。Transfer 菜单提供了 6 个传输命令，用于将 Multisim 11 的电路文件或仿真结果输出到其他应用软件，如图 2-39 所示。具体命令功能描述如下：

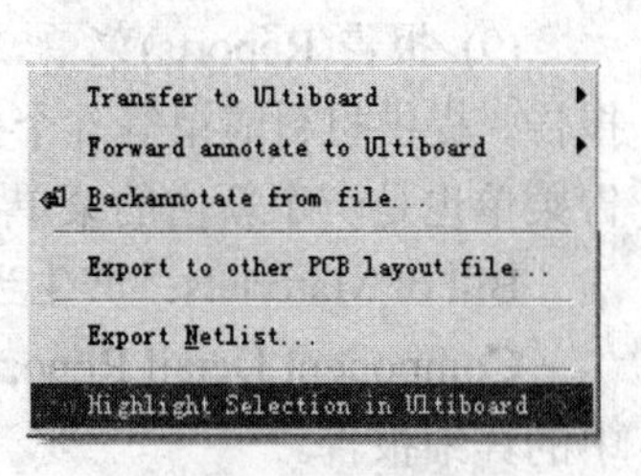

图 2-39　Transfer 菜单

Transfer to Ultiboard：其下有两个子命令：一个是 Transfer to Ultiboard 11.0，表示将电路图传送给 Ultiboard 11 (Multisim 中的电路板设计软件)；另一个是 Transfer to Ultiboard File，表示将电路图传送给 Ultiboard 其他早期版本。

Forward annotate to Ultiboard：其下也有两个子命令：一个是 Forward annotate to Ultiboard 11.0 表示创建 Ultiboard 11 注释文件，将 Multisim 11 中电路元件注释的变动传送到 Ultiboard 11 的电路文件中，使 Ultiboard 11 电路元件注释也作相应的变化；另一个是 Forward annotate to Ultiboard file，表示创建 Ultiboard 其他早期版本注释文件。

Backannotate from file…：修改 Ultiboard 注释文件。

Export to other PCB layout file：输出 PCB 设计图。

Export Netlist：输出网表。

Highlight Selection in Ultiboard：对 Ultiboard 11 电路中所选择的元件加亮(突出)显示。

(8) 工具(Tools)菜单。Tools 菜单提供了 20 个元件和电路编辑或管理命令，用于编辑或管理元件库或元件，如图 2-40 所示。具体命令功能描述如下：

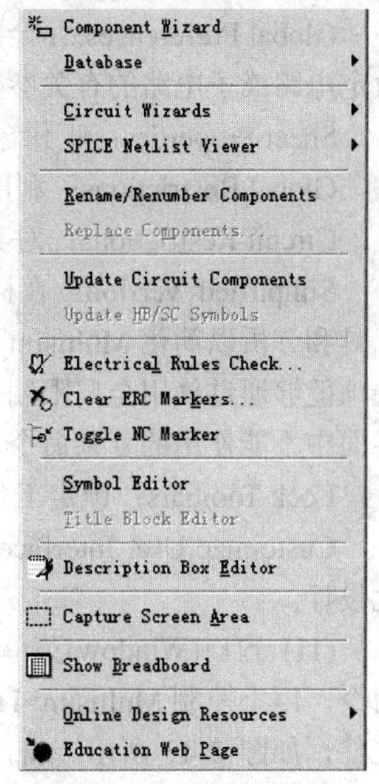

图 2-40　Tools 菜单

Component Wizard：元件创建向导。

Database：元件数据库管理相关命令。

Circuit Wizards：电路创建向导。

SPICE Netlist Viewer：SPICE 网表查看器，这是 Multisim 11 版本相比之前版本新增的命令。

Rename/Renumber Components：元件重新命名/编号。

Replace Components：元件替换。

Update Circuit Components：在有子电路的电路中，随着子电路的变化更新电路元件。

Update HB/SC Symbols：在有子电路的电路中，随着子电路的变化更新 HB/SC 连接器的符号。

Electrical Rules Check…：电气特性规则检查。

Clear ERC Markers…：清除 ERC 标志。

Toggle NC Marker：设置 NC 标志。

Symbol Editor：符号编辑器。

Title Block Editor：标题块编辑器。

Description Box Editor：描述箱编辑器。

Capture Screen Area：抓图范围。

Show Breadboard：显示 3D 电路实验板。

Online Design Resources：列出了元器件的许多在线网址。

Education Web Page：登录 www.ni.com 网站。

(9) 报告(Reports)菜单。报告菜单产生当前电路的各种报告，提供材料清单等 6 个报告命令，如图 2-41 所示。报告菜单也是一个新增的菜单，包含的命令功能描述如下：

Bill of Materials
Component Detail Report
Netlist Report
Cross Reference Report
Schematic Statistics
Spare Gates Report

图 2-41　Reports 菜单

Bill of Materials：产生当前电路的材料清单。

Component Detail Report：产生特定元件存储在数据库中的详细报告。

Netlist Report：产生含有元件连接信息的网表报告。

Cross Reference Report：产生当前电路窗口中所有元件的详细参数报告。

Schematic Statistics：产生电路图的统计报告。

Spare Gates Report：产生电路图中未使用的剩余门电路报告。

(10) 选项(Options)菜单。Options 菜单用于定制电路的界面和某些功能的设置，它提供了 7 个有关电路界面和电路某些功能的设定命令，如图 2-42 所示。具体命令功能描述如下：

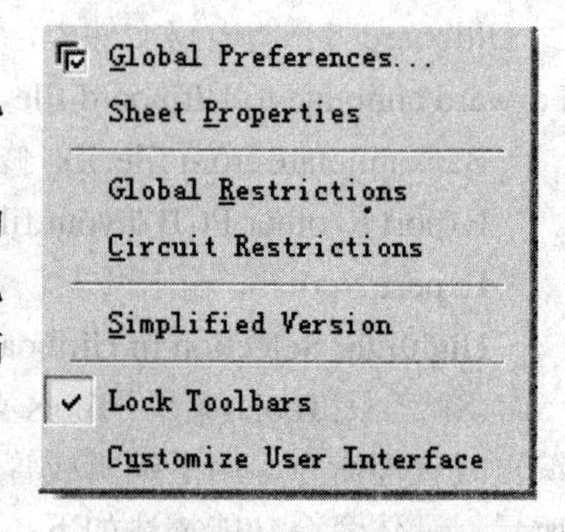

图 2-42　Options 菜单

Global Preferences...：全部参数设置。打开参数对话框，设定电路或子电路的有关参数。

Sheet Properties：工作台界面设置。

Global Restrictions：利用口令，对其他用户设置 Multisim 11 某些功能的全局限制。

Circuit Restrictions：对其他用户设置特定电路功能的全局限制。

Simplified Version：在标准工具栏中隐藏一些复杂的命令、工具和分析以简化 Multisim 11 的用户界面。所简化的用户界面选项能够通过使用全局限制来控制其使用与否。简化的用户使用界面中不能使用的复杂命令、工具和分析在菜单中呈灰色。

Lock Toolbars：锁定工具栏。

Customize User Interface：对 Multisim 11 用户界面进行个性化设计。

(11) 窗口(Window)菜单。Window 菜单提供了 9 个窗口操作命令，用于控制 Multisim 11 的窗口显示，并列出所有被打开的文件，如图 2-43 所示。窗口菜单是一个新增的菜单，它所包含的部分命令的功能描述如下：

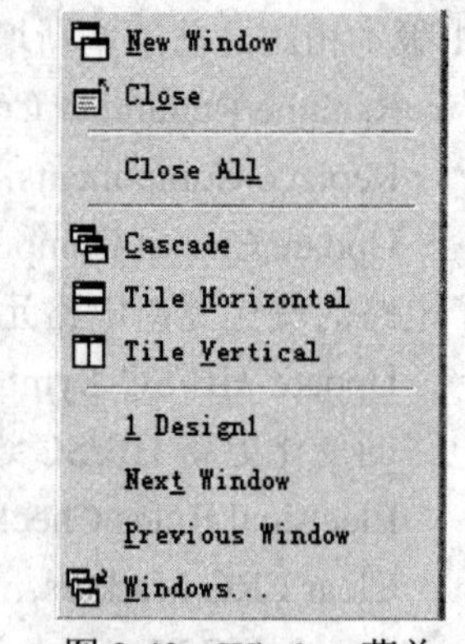

图 2-43　Window 菜单

New Window：建立新窗口。

Close：关闭窗口。

Close All：关闭所有窗口。

Cascade：电路窗口层叠。

Tile Horizontal：调整电路窗口尺寸，以使窗口全部水平显示在屏幕上。

Tile Vertical：调整电路窗口尺寸，以使窗口全部垂直显示在屏幕上。

Windows...：窗口选择。

(12) 帮助(Help)菜单。Help 菜单为用户提供了在线技术帮助和使用指导命令，如图 2-44 所示。Help 菜单中的命令及功能描述如下：

Multisim Help：帮助主题目录。

Component Reference：元件帮助索引。

Find Examples…：范例查找器。NI Multisim 11 新增了 NI 范例查找器，通过使用关键词以及按照主题浏览，可以快速方便地定位范例文件。

Patents：专利权。

Release Notes：版本注释。

File Information：文件信息。

About Multisim：有关 Multisim 11 的说明。

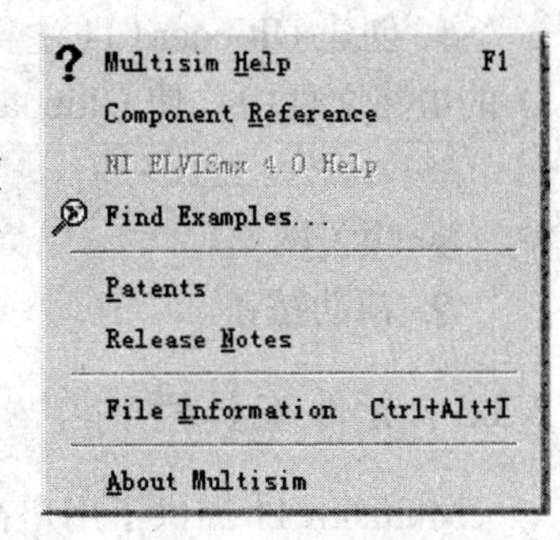

图 2-44 Help 菜单

2.3.2 工具栏

Multisim 11 用户界面上显示的工具栏在菜单栏的下方。Multisim 11 提供了多种工具栏，并以层次化的模式加以管理，用户可以通过 View 菜单中的选项方便地将顶层的工具栏打开或关闭，再通过顶层工具栏中的按钮来管理和控制下层的工具栏。通过工具栏，用户可以方便地直接使用软件的各项功能。顶层的工具栏自左到右可分为标准工具栏、显示工具栏以及主工具栏和仿真工具栏三个部分，如图 2-45 所示，其中标准工具栏和显示工具栏、仿真工具栏的功能与 Multisim 2001 版本相比变化不大，在此不再赘述。下面只介绍主工具栏的具体功能。主工具栏如图 2-46 所示。

--- In Use List ---

图 2-45 工具栏

Multisim 11 主工具栏在工具栏的右侧，如图 2-46 所示，图标从左向右的功能为：

--- In Use List ---

图 2-46 主工具栏

各工具的具体功能描述如下：

寻找相关设计实例。

显示或是隐藏 SPICE 网表观测器。

显示或是隐藏设计工具盒。

显示或是隐藏文件列表。

数据库管理：元器件数据库管理。

显示 3D 电路板。

创建元件编辑器。

图形编辑/分析：图形编辑器和电路分析方法选择。

后处理器：对仿真结果进一步操作。

电气规则校验：校验电气规则。

区域选择：选择电路工作区区域。

返回前面的设计。

打开 Ultiboard 11。

创建 Ultiboard 11 注释文件，将 Multisim 11 中电路元件注释的变动传送到 Ultiboard 11 的电路文件中，使 Ultiboard 11 电路元件注释也作相应的变化。

--- In Use List --- 使用元件列表。

相关网站。

? 帮助按钮。

2.3.3 元件工具栏

Multisim 11 提供了用户在电路仿真中所用到的所有元器件库。其元件工具栏如图 2-47 所示。Multisim 11 把所有的元件分成 17 类库，再加上放置分层模块和放置总线，共同组成元件工具栏。元件工具栏从左到右依次是电源/信号源库(Source)、基本器件库(Basic)、二极管库(Diode)、晶体管库(Transistor)、模拟元件库(Analog)、TTL 数字集成电路库(TTL)、CMOS 数字集成电路库(CMOS)、其他数字元件库(Miscellaneous Digital)、数模混合芯片库(Mixed)、指示器件库(Indicator)、功率组件库(Power)、其他数字集成电路器件库(Miscellaneous)、外围设备库(Place Advanced Peripherals)、射频部件库(RF)、机电类元件库(Electromechanical)、NI 元件库(NI Component)、微处理器库(MCU)、放置分层模块、放置总线。用鼠标左键单击元器件库栏的某一个图标，即可打开该元件库。元器件库的具体使用将在第 3 章介绍，用户还可使用在线帮助功能查阅有关的内容。

MISC

图 2-47 元件工具栏

2.3.4 仪表工具栏

Multisim 11 提供了 22 种仪表。仪表工具栏通常位于电路窗口的右边，也可以用鼠标将其拖至菜单的下方，呈水平状，如图 2-48 所示。仪器仪表以图标方式存在，每种类型有多台。选用仪器时可以用鼠标将仪器库中被选用的仪器图标拖放到电路窗内，然后设置仪器参数，即用鼠标双击仪器图标，打开仪器面板，根据对话框设置具体参数。

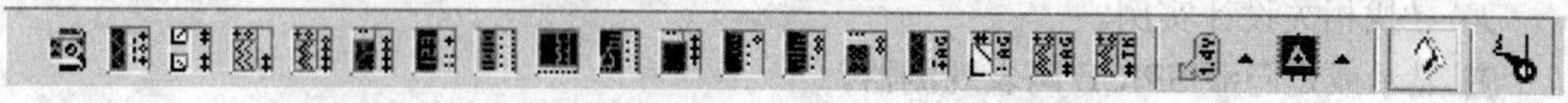

图 2-48 仪表工具栏

仪表工具栏从左向右依次是数字万用表(Multimeter)、函数信号发生器(Function

Generation)、瓦特表(Wattmeter)、双踪示波器(Oscilloscope)、4 通道示波器(4 Channel Oscilloscope)、波特图仪(Bode Plotter)、频率计数器(Frequency Counter)、字信号发生器(Word Generator)、逻辑分析仪(Logic Analyzer)、逻辑转换仪(Logic Converter)、IV 特性分析仪(IV-Analysis)、失真度分析仪(Distortion Analyzer)、频谱分析仪(Spectrum Analyzer)、网络分析仪(Network Analyzer)、安捷伦函数信号发生器(Agilent Function Generation)、安捷伦万用表(Agilent Multimeter)、安捷伦示波器(Agilent Oscilloscope)、泰克示波器(Tekstronix Oscilloscope)、实时测量探针(Dynamic Measurement Probe)、7 种 LabVIEW 测试仪器(LabVIEW Instruments)、NI ELVISmx 测试仪器(NI ELVISmx Instruments)以及电流探针(Current Probe)共 22 种虚拟仪器。

相比 Multisim 2001 版本，Multisim 11 仪表工具栏变化较大，新增了以下几种仪器：

(1) 实时测量探针。在电路仿真时，将测量探针连接到电路中的测量点，即可测量出该点的电压和频率值。

(2) 电流探针。在电路仿真时，将电流探针连接到电路中的测量点，即可测量出该点的电流值。

(3) NI ELVISmx 仪器：美国 NI 公司提供的教学实验室虚拟仪器套件。

(4) LabVIEW 测试仪器：点击下拉箭头将显示 7 种 LabVIEW 仪器，如图 2-49 所示。7 种仪器分别是 BJT Analyzer(晶体管分析仪)、Impedance Meter(阻抗计)、Microphone(话筒)、Speaker(播放器)、Signal Analyzer(信号分析仪)、Signal Generator(信号发生器)和 Streaming Signal Generator(动态信号发生器)。相关仪器仪表的具体使用将在第 4 章详细介绍。

BJT Analyzer
Impedance Meter
Microphone
Speaker
Signal Analyzer
Signal Generator
Streaming Signal Generator

图 2-49　LabView 仪器

2.3.5　状态栏和项目栏

如图 2-31 所示，在电路窗口中电路标签的下方就是状态栏，状态栏主要用于显示当前的操作及鼠标所指条目的有关信息。

电路窗口左侧是项目栏，利用项目栏可以把有关电路设计的原理图、PCB 版图、相关文件、电路的各种统计报告分类管理，还可以观察分层电路的层次结构。

习　题

1. 创建图 2-50 所示电路，求解电流 I；初步掌握简单电路的连接以及虚拟电流表的连接和使用。

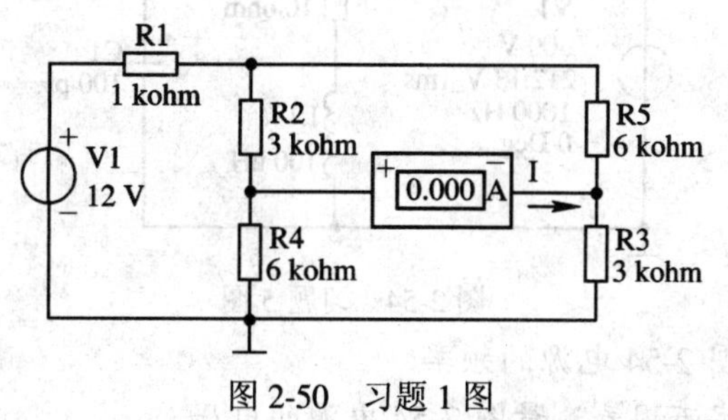

图 2-50　习题 1 图

2. 创建图 2-51 所示电路，求解电压 U；进一步掌握电路的连接。

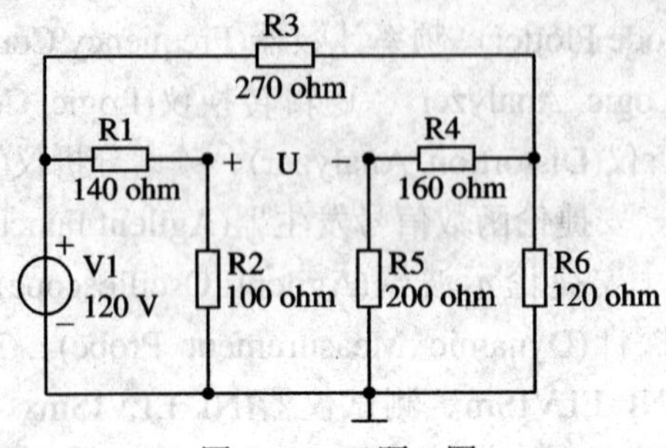

图 2-51　习题 2 图

3. 创建图 2-52 所示电路，当改变电阻 R3 时，观察瓦特表的读数变化；掌握可变电阻器的连接以及虚拟瓦特表的连接和使用。

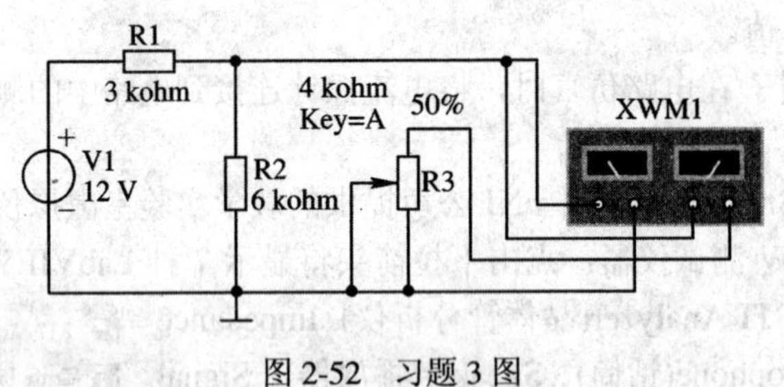

图 2-52　习题 3 图

4. 创建图 2-53 所示电路，掌握变压器的连接和示波器的连接和使用。

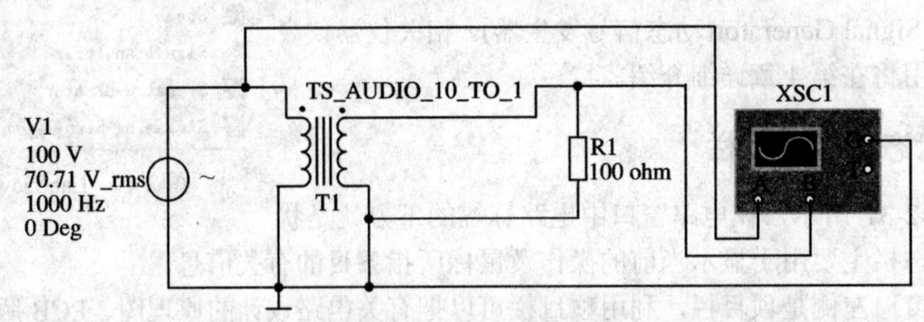

图 2-53　习题 4 图

5. 创建图 2-54 所示电路，利用示波器观察电容电压的谐振波形；彻底掌握初级电路的连接和测量。

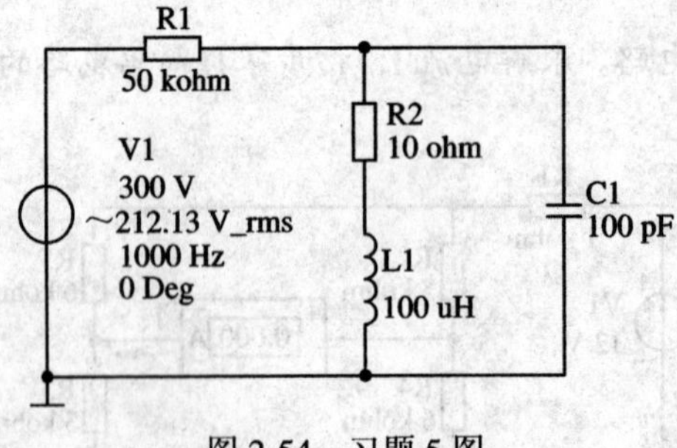

图 2-54　习题 5 图

6. 用频率计测量图 2-54 电源的频率。

7. 用仿安捷伦数字万用表测量图 2-54 电源的电压。

第 3 章　元器件库与元器件编辑

3.1　Multisim 元器件库

本章主要介绍 Multisim 中的元器件库以及元器件的编辑。其中，3.1 节介绍 Multisim 2001 的元器件库，3.2 节介绍元器件的编辑，3.3 节介绍目前 Multisim 软件的最新版本 Multisim 11 的元件库，使读者对 Multisim 中的元器件有一个全面的认识，进而更方便地使用元器件。

图 3-1 所示的 14 个元器件按钮从左至右分别是电源库(Sources)、基本元件库(Basic)、二极管库(Diodes Components)、晶体管库(Transistors Components)、模拟元件库(Analog Components)、TTL 元件库(TTL)、CMOS 元件库(CMOS)、其他数字元件库(Misc Digital Components)、混合器件库(Mixed Components)、指示器件库(Indicators Components)、其他器件库(Misc Components)、控制器件库(Controls Components)、射频器件库(RF Components)和机电类元件库(Elector-Mechanical Components)。

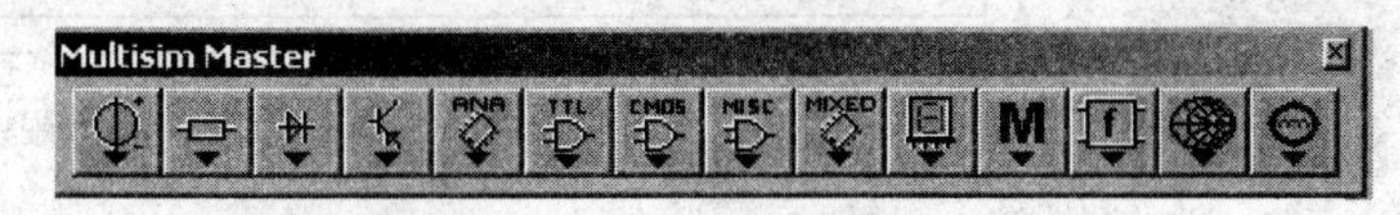

图 3-1　元器件库

3.1.1　电源库

电源库中共有 30 个电源器件，有功率电源、各式各样的信号源、受控源以及 1 个模拟接地端和 1 个数字电路接地端。Multisim 把电源类的器件全部当作虚拟器件，因而不能使用 Multisim 中的元件编辑工具对其模型及符号等进行修改或重新创建，只能通过自身的属性对话框对其相关参数进行设置。电源库中的元件如图 3-2 所示。

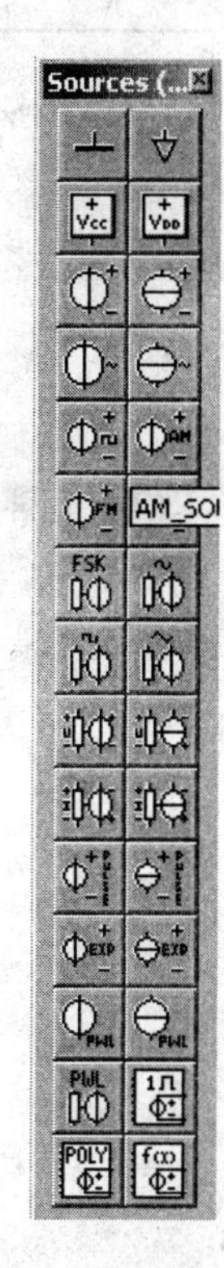

图 3-2　电源库

图 3-2 中的各电源器件从左到右、从上到下依次为：

(1) 接地端；　(2) 数字接地端；

(3) V_{CC} 电压源；　(4) V_{DD} 数字电压源；

(5) 直流电压源；　(6) 直流电流源；

(7) 交流电压源；　(8) 正弦交流电流源；

(9) 时钟电压源；　(10) 调幅信号源；

(11) 调频电压源；　(12) 调频电流源；

(13) FSK 信号源；　(14) 电压控制正弦波电压源；

(15) 电压控制方波电压源；　(16) 电压控制三角波电压源；

(17) 电压控制电压源；　　(18) 电压控制电流源；

(19) 电流控制电压源；　　(20) 电流控制电流源；

(21) 脉冲电压源；　　(22) 脉冲电流源；

(23) 指数电压源；　　(24) 指数电流源；

(25) 分段线性电压源；　　(26) 分段线性电流源；

(27) 压控分段线性源；　　(28) 受控单脉冲；

(29) 多项式电源；　　(30) 非线性相关电源。

例 3.1 观察调频电压源的参数设置和输出波形。步骤如下：

(1) 首先创建图 3-3(a)所示的调幅信号源电路，该图中 V1 为调幅信号源。双击示波器图标，可获得图 3-3(b)所示的调幅信号源波形。

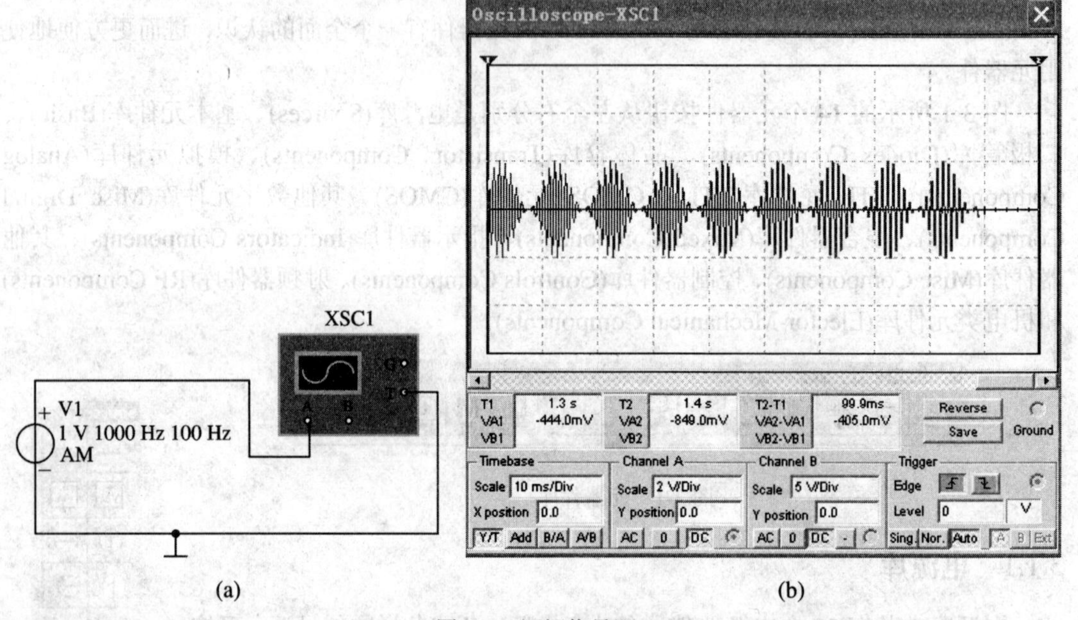

(a)　　(b)

图 3-3　调幅信号源

(2) 在图 3-3(a)中，双击调幅信号源图标，可弹出图 3-4 所示的属性对话框。

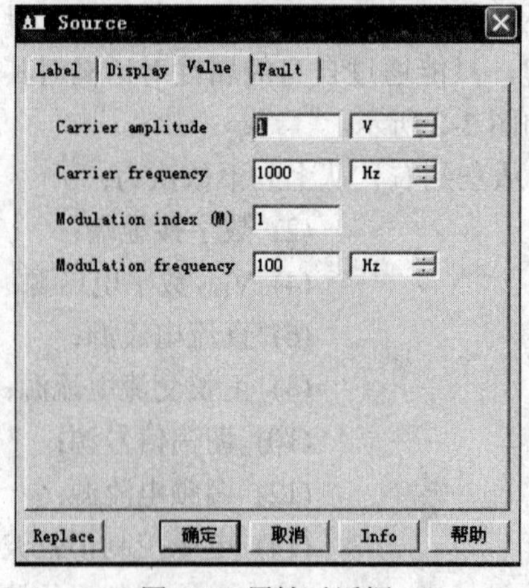

图 3-4　属性对话框

在 Label 栏中设置标号；在 Display 栏中设置显示状态；在 Value 栏中改变输出波形，如在图 3-4 中，改变 Carrier amplitude、Carrier frequency 和 Modulation frequency 便可对输出电压峰值幅度、载波频率和信号频率进行设置；在 Fault 栏中可设置故障。

3.1.2　基本元件库

基本元件库中包含现实元件箱 18 个，虚拟元件箱 10 个，如图 3-5(a)所示。虚拟元件箱中的元件不需要选择，而是直接调用，然后再通过其属性对话框设置其参数值。不过，在选择元件时还是应该尽量到现实元件箱中去选取，这不仅是因为选用现实元件能使仿真更接近于现实情况，还因为现实元件都有元件封装标准，可将仿真后的电路原理图直接转换成 PCB 文件。但在选取不到某些参数，或者要进行温度扫描或参数扫描等分析时，就要选用虚拟元件。

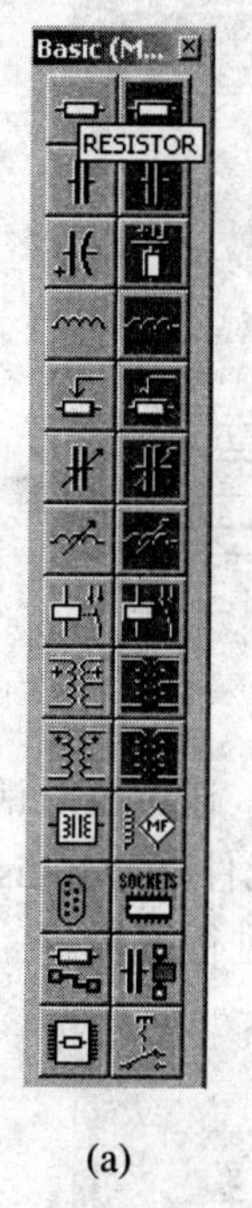

(a)

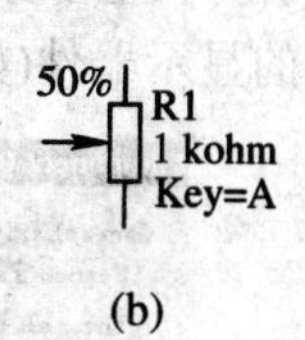

(b)

图 3-5　基本元件库

图 3-5(a)中各元件箱从左到右、从上到下依次为：

(1) 电阻；　(2) 虚拟电阻；　(3) 电容；
(4) 虚拟电容；　(5) 电解电容；　(6) 虚拟上拉电阻；
(7) 电感；　(8) 虚拟电感；　(9) 电位器；
(10) 虚拟电位器；　(11) 可变电容；　(12) 虚拟可变电容；
(13) 可变电感；　(14) 虚拟可变电感；　(15) 开关；
(16) 虚拟开关；　(17) 变压器；　(18) 虚拟变压器；
(19) 非线性变压器；　(20) 虚拟非线性变压器；　(21) 磁芯；
(22) 无芯线圈；　(23) 连接器；　(24) 插座；
(25) 半导体电阻；　(26) 半导体电容；　(27) 封装电阻；

(28) 开关。

需要说明的是：电位器为可调节电阻。点击电位器按钮后，可选择一个图 3-5(b)所示的可变电阻。可变电阻符号旁所显示的数值(如 100K_LIN)指两个固定端子之间的阻值，而百分比(如 50%)则表示滑动点下方电阻占总电阻值的百分比。电位器滑动点的移动通过按键盘上的某个字母来实现，小写字母表示减小百分比，大写字母表示增大百分比。字母的设定可在该元件属性对话框中进行，A～Z 之间的任何字母均可。

基本元件库中的元件均可通过其属性对话框对其参数进行设置。

例 3.2 以电容元件为例对现实元件进行编辑。

双击图 3-5(a)中的现实电容元件图标，可得到图 3-6 所示的对话框。

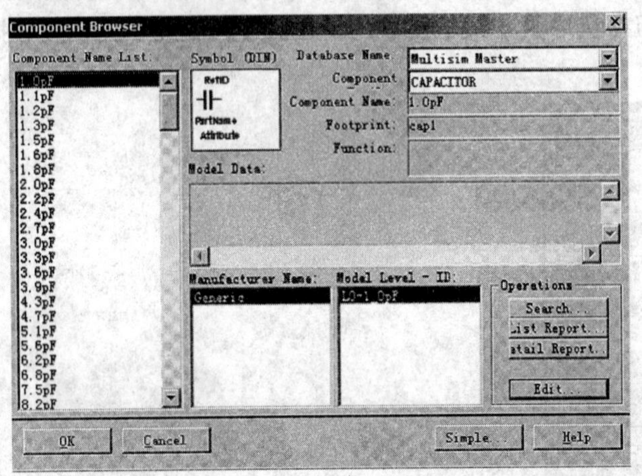

图 3-6 电容元件对话框

点击图 3-6 中的 Edit 按钮，可得到图 3-7 所示的对话框。通过该对话框，可以编辑电容元件的标号、引脚和电参数。需要注意的是，不能对交互元件(在 Multisim 中，将用来显示电路仿真结果的显示器件(如发光二极管等)称为交互元件)进行编辑。

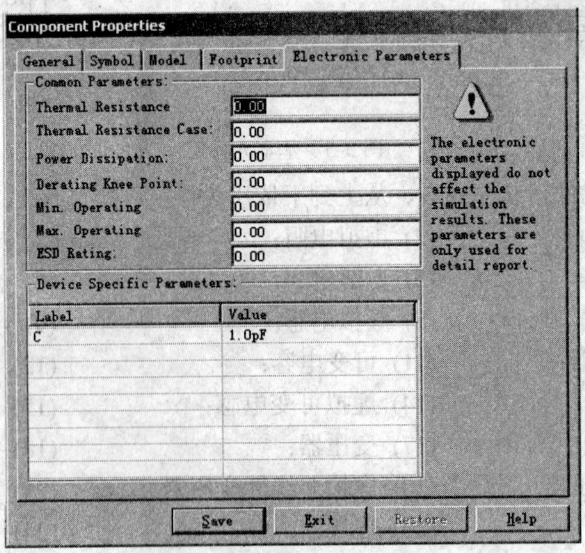

图 3-7 编辑参数对话框

3.1.3 二极管库

二极管库中包含10个元件箱，如图3-8所示。该图中虽然仅有两个虚拟元件箱，但因发光二极管元件箱中存放的是交互式元件，所以其处理方式基本等同于虚拟元件。

图3-8中各元件箱从左到右、从上到下依次为：

(1) 普通二极管；

(2) 虚拟二极管；

(3) 齐纳二极管；

(4) 虚拟齐纳二极管；

(5) 发光二极管；

(6) 波桥式整流器；

(7) 可控硅整流器；

(8) 双向开关二极管；

(9) 三端开关可控硅开关元件；

(10) 变容二极管。

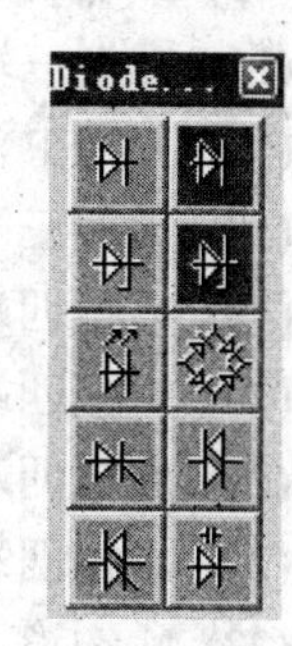

图3-8 二极管库

发光二极管有6种不同颜色，使用时应注意如下两点：

(1) 该元件有正向电流流过时才产生可见光，其正向压降比普通二极管大。红色LED正向压降约为1.1～1.2 V，绿色LED的正向压降约为1.4～1.5 V。

(2) Multisim把发光二极管归类于Interactive Component(交互式元件)，不允许对其进行编辑处理。

3.1.4 晶体管库

晶体管库中共有30个元件箱，如图3-9所示。其中，14个现实元件箱中存放着Zetex等世界著名晶体管制造厂家的众多晶体管元件模型，这些元件模型都以SPICE格式编写，有较高的精度；另外16个带有绿色背景的元件箱里存放着16种模拟晶体管。模拟晶体管相当于理想晶体管，其模型参数都为默认值。通过打开晶体管属性对话框，点击Edit Model按钮，可在Edit Model对话框中对其模型参数进行修改。

图3-9中各元件箱从左到右、从上到下依次为：

(1) NPN晶体管；

(2) 虚拟NPN晶体管；

(3) PNP晶体管；

(4) 虚拟PNP晶体管；

(5) 虚拟四端式NPN晶体管；

(6) 虚拟四端式PNP晶体管；

(7) 达林顿NPN晶体管；

(8) 达林顿PNP晶体管；

(9) BJT晶体管阵列；

(10) MES门控制功率开关；

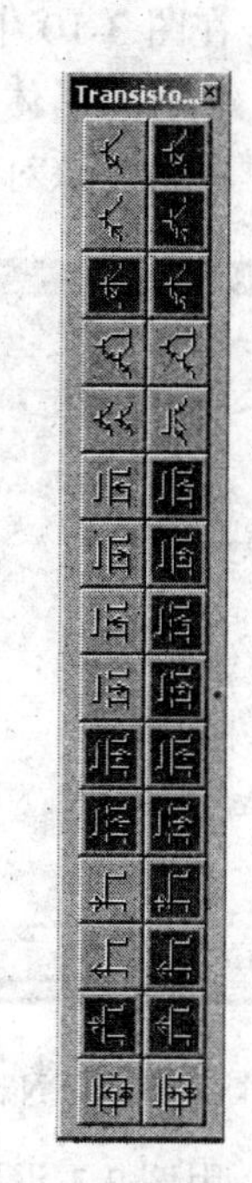

图3-9 晶体管库

(11) 三端N沟道耗尽型MOS管；
(12) 虚拟三端N沟道耗尽型MOS管；
(13) 三端P沟道耗尽型MOS管；
(14) 虚拟三端P沟道耗尽型MOS管；
(15) 三端N沟道增强型MOS管；
(16) 虚拟三端N沟道增强型MOS管；
(17) 三端P沟道增强型MOS管；
(18) 虚拟三端P沟道增强型MOS管；
(19) 虚拟四端N沟道耗尽型MOS管；
(20) 虚拟四端P沟道耗尽型MOS管；
(21) 虚拟四端P沟道增强型MOS管；
(22) 虚拟四端N沟道增强型MOS管；
(23) N沟道JFET；
(24) 虚拟N沟道JFET；
(25) P沟道JFET；
(26) 虚拟P沟道JFET；
(27) 虚拟N沟道砷化镓FET；
(28) 虚拟 P沟道砷化镓FET；
(29) N沟道功率MOSFET；
(30) P沟道功率MOSFET。

例3.3 以NPN晶体管为例，通过其属性对话框(见图3-10)对其参数进行设置。

在图3-10中的Fault页中，可以对晶体管开路、短路情况进行设置分析；在Value页中，可以对晶体管引脚进行编辑。点击图3-10中的Edit Model按钮，弹出图3-11所示对话框，通过该对话框可对NPN晶体管的参数进行设置。

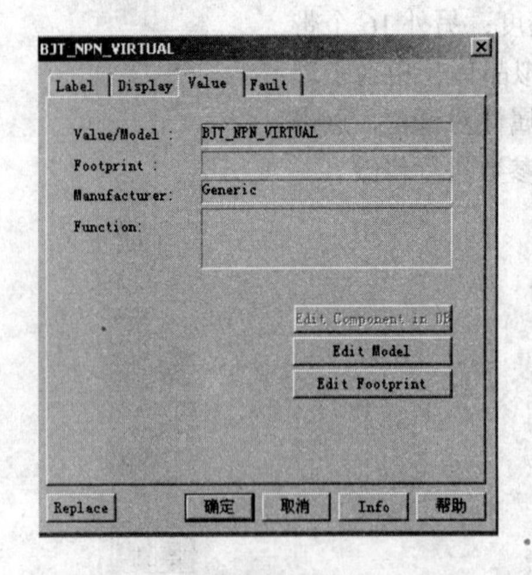

图3-10 NPN晶体管属性对话框

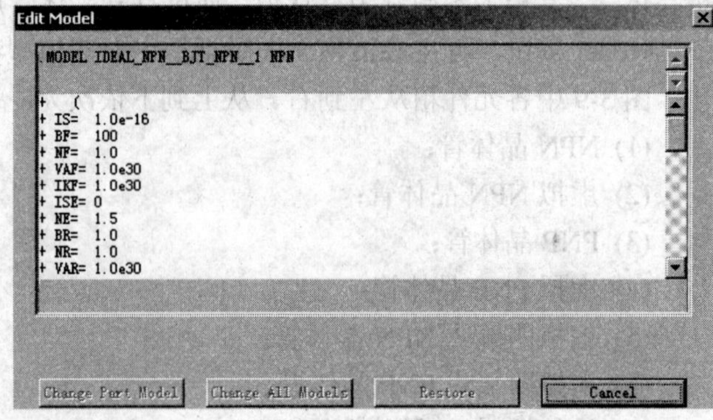

图3-11 Edit Model按钮对话框

用例3.3设置的三极管可构成图3-12所示的共射放大电路。双击示波器图标，可获得图3-13所示的输入、输出波形。

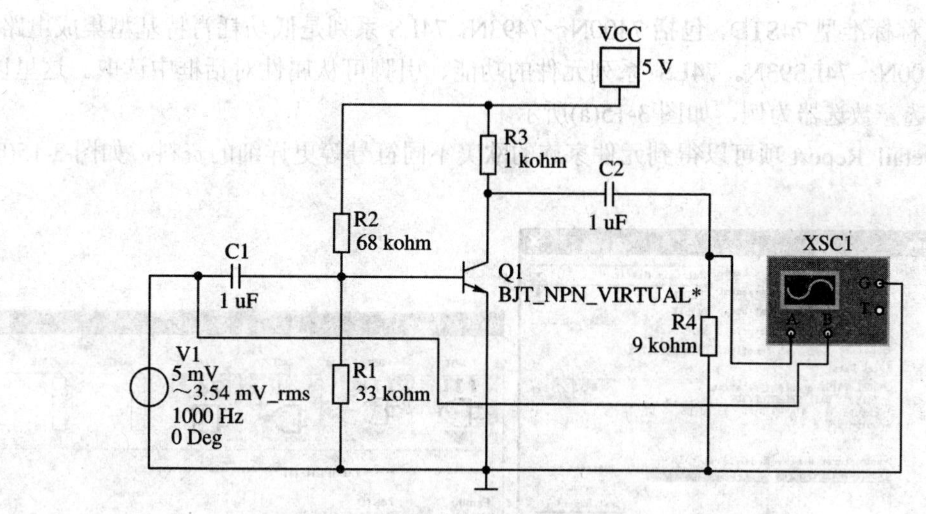

图 3-12　共射放大电路

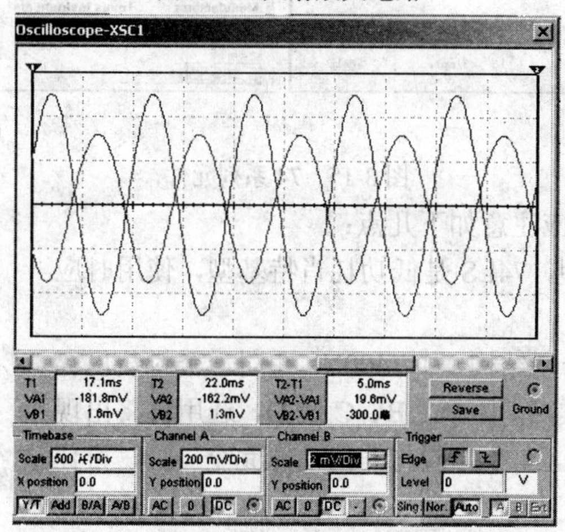

图 3-13　输入、输出波形

3.1.5　模拟元件库

模拟元件库共有 9 类器件，其中 4 类是虚拟器件，如图 3-14 所示。

图 3-14 中各器件从左到右、从上到下依次为：

(1) 运算放大器；　　(2) 三端虚拟运放；

(3) 诺顿运放；　　(4) 五端虚拟运放；

(5) 宽带运放；　　(6) 七端虚拟运放；

(7) 比较器；　　(8) 虚拟比较器；

(9) 特殊功能运放。

其中，特殊功能运放包括测试运放、视频运放、乘法器/除法器、前置放大器和有源滤波器。

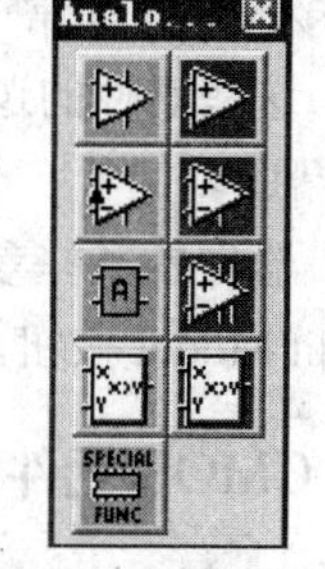

图 3-14　模拟元件库

3.1.6　TTL 元件库

TTL 元件库含有 74 系列和 74LS 系列的 TTL 数字集成逻辑器件。74 系列是普通型集成电路，又称标准型 74STD，包括 7400N～7493N。74LS 系列是低功耗肖特基型集成电路，包括 74LS00N～74LS93N。74LS 系列元件的功能、引脚可从属性对话框中读取。这里以 74151N 八选一数选器为例，如图 3-15(a)所示。

点击 Detail Report 项可以得到元件家族的欧美不同符号等更详细的资料，如图 3-15(b)所示。

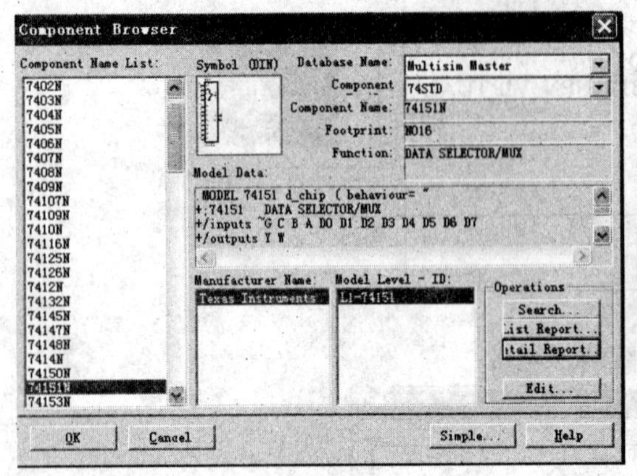

(a)

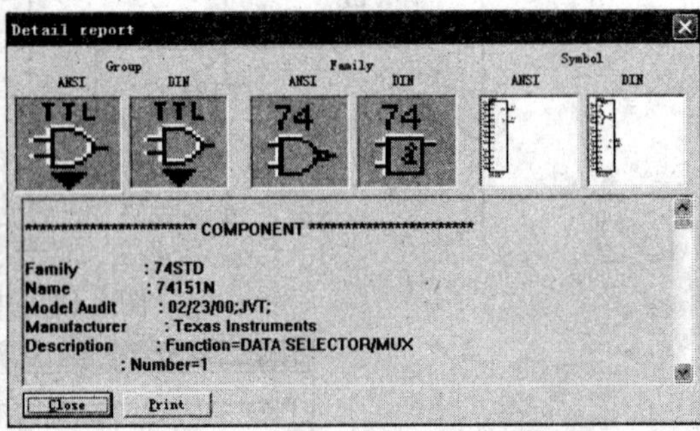

(b)

图 3-15　74 系列元件

使用 TTL 元件库时应注意如下几点：

(1) 74STD 是标准型，74LS 是低功耗肖特基型，使用时应根据具体要求选择。

(2) 有些器件是复合型结构，如 7400N，在同一个封装里存在 4 个相互独立的二端与非门：A、B、C 及 D，选用时将出现图 3-16 所示的选择框。这 4 个二端与非门功能完全一样，可任意选取。

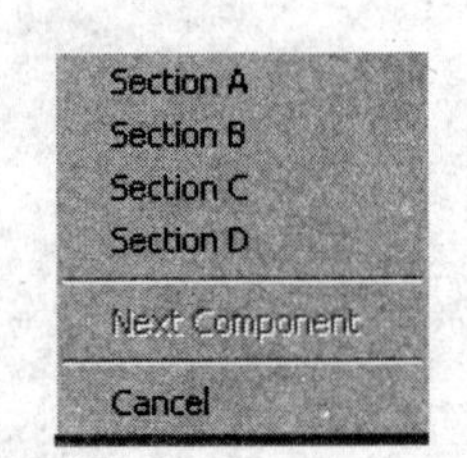

图 3-16　二端与非门选择框

(3) 若同一个器件有多种封装形式，如 74LS138D 和 74LS138N，则当仅用于仿真分析时可任意选取其一；当要把仿真的结果传送给 Ultiboard 等软件进行印制版图设计时，要区分选用。

(4) 含有 TTL 数字元件的电路进行 Real 仿真时，电路窗口中要有数字电源符号和相应的数字接地端，通常 VCC=5 V。

(5) 这些器件的逻辑关系可查阅有关器件手册，也可以打开 Multisim 的帮助文件，从中得到帮助。

(6) 器件的某些参数，如上升延迟时间和下降延迟时间等，可通过点击其属性对话框上的 Edit Model 按钮，从打开的 Edit Model 对话框中读取。

3.1.7　CMOS 元件库

CMOS 元件库是含有 74HC 系列和 4XXX 系列的 CMOS 数字集成逻辑器件，如图 3-17 所示。

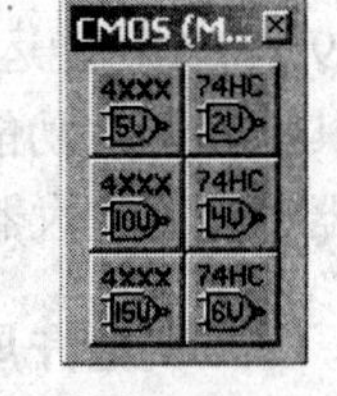

图 3-17　CMOS 元件库

CMOS 元件库中各元件从上到下、从左到右依次为：

(1) 5V4XXX 系列 CMOS 逻辑器件；

(2) 10V4XXX 系列 CMOS 逻辑器件；

(3) 15V4XXX 系列 CMOS 逻辑器件；

(4) 2V74HC 系列低电压高速 CMOS 逻辑器件；

(5) 4V74HC 系列低电压高速 CMOS 逻辑器件；

(6) V74HC 系列低电压高速 CMOS 逻辑器件。

3.1.8 其他数字元件库

按照型号存放的 TTL 和 CMOS 数字元件会给初学者调用元件带来不便，如按照其功能存放，调用起来将会方便得多。其他数字元件库中的元件箱是把常用的数字元件按照其功能存放的，它们多是虚拟元件，不能转换成版图文件。

图 3-18 为其他数字元件库对话框。从该对话框中最左边的 Component Name List 中可以看到，各类功能相同的元件存放在一起，如 AND2～AND8。

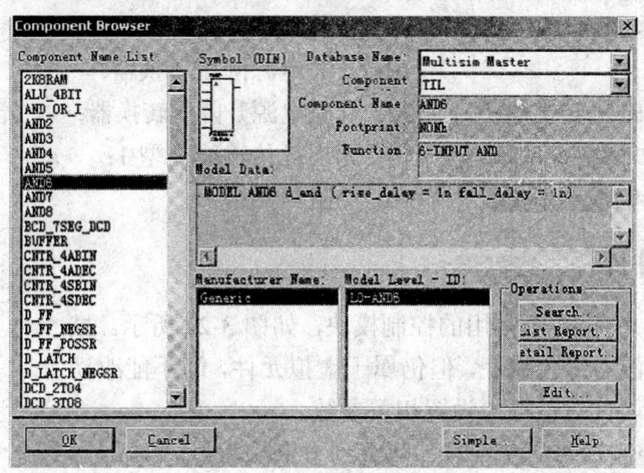

图 3-18 其他数字元件库

3.1.9 混合器件库

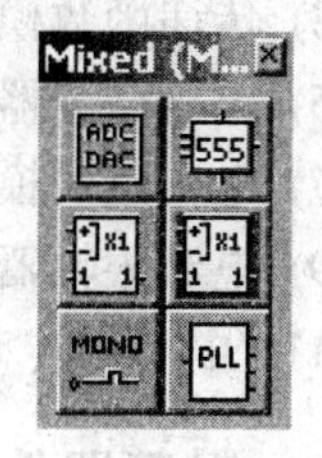

图 3-19 混合器件库

混合器件库中存放着 6 个元件箱，其中尽管 ADC_DAC 元件箱没有绿色衬底，但仍属于虚拟元件，如图 3-19 所示。

图 3-19 中各元件箱从左到右、从上到下依次为：

(1) 数/模、模/数转换器；　　(2) 555 定时器；

(3) 模拟开关；　　(4) 虚拟模拟开关；

(5) 单稳态触发器；　　(6) 锁相环。

3.1.10 指示器件库

图 3-20 指示器件库

指示器件库中包含 8 种可用来显示电路仿真结果的显示器件，Multisim 称之为交互式元件，如图 3-20 所示。对于交互式元件，Multisim 不允许用户从模型上进行修改，只能在其属性对话框中对某些参数进行设置。

图 3-20 中各元件从左到右、从上到下依次为：

(1) 电压表；　(2) 电流表；　(3) 探测器；
(4) 蜂鸣器；　(5) 灯泡；　(6) 模拟灯泡；
(7) 十六进制显示器；　(8) 条形光柱。

3.1.11 其他器件库

其他器件库如图 3-21 所示，该库把不便划归在某一类型元件库中的元件放到一起，故也称之为杂项库。

图 3-21 中各元件从左到右、从上到下依次为：

(1) 晶体振荡器(简称晶振)；　(2) 虚拟晶体振荡器；
(3) 虚拟光耦合器；　(4) 真空管；
(5) 虚拟真空管；　(6) 保险丝；
(7) 虚拟保险丝；　(8) 电压校准器；
(9) 电动机；　(10) 开关电源降压转换器；
(11) 开关电源升压转换器；　(12) 开关电源升降压转换器；
(13) 有损耗传输线；　(14) 无损耗传输线类型 1；
(15) 无损耗传输线类型 2；　(16) 保险丝网络。

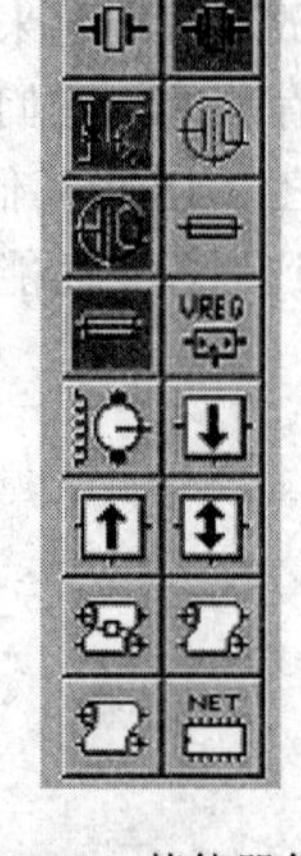

图 3-21　其他器件库

3.1.12 控制器件库

控制器件库中共有 12 个常用的控制模块，如图 3-22 所示。虽然这些控制模块都没有绿色衬底，但仍属于虚拟元件，即不能改动其模型，只能在其属性对话框中设置相关参数。

图 3-22 中各控制模块从左到右、从上到下依次为：

(1) 乘法器；　(2) 除法器；
(3) 传递函数模块；　(4) 电压增益模块；
(5) 电压微分器；　(6) 电压积分器；
(7) 电压磁滞模块；　(8) 电压限幅器；
(9) 电流限幅器；　(10) 电压控制限制器；
(11) 电压回转率模块；　(12) 三通道电压总加器。

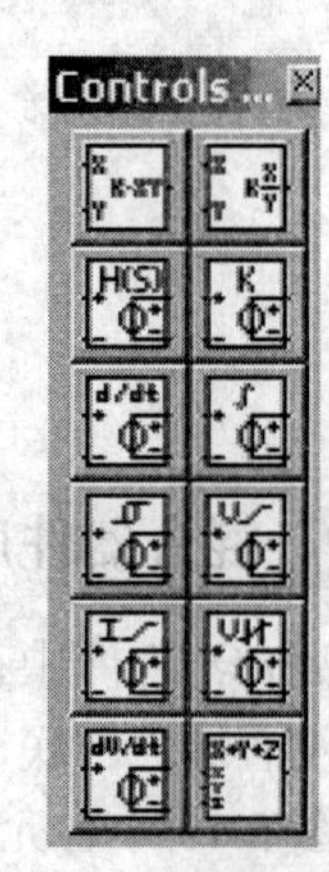

图 3-22　控制器件库

3.1.13 射频器件库

当信号处于高频率工作状态时，电路中元件的模型要产生质的改变，因此 Multisim 射频器件库提供了一些适合高频电路的元件，如图 3-23 所示。

图 3-23 中各元件从左到右、从上到下依次为：

(1) 射频电容器；　(2) 射频电感器；
(3) 射频 NPN 晶体管；　(4) 射频 PNP 晶体管；
(5) 射频 MOSFET；　(6) 传输线。

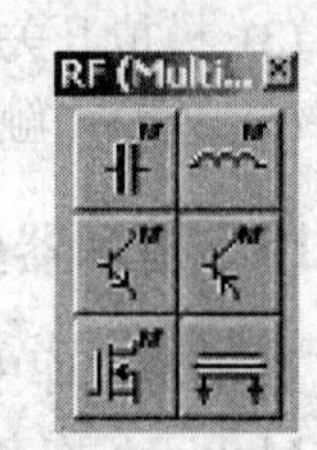

图 3-23　射频器件库

3.1.14 机电类元件库

机电类元件库如图 3-24 所示，该库共包含 8 个元件箱，主要由一些电工类器件组成。除线性变压器外，其他元件都以虚拟元件处理。

图 3-24 机电类元件库

图 3-24 中各元件箱从左到右、从上到下依次为：

(1) 感测开关； (2) 开关；

(3) 接触器； (4) 计时节点；

(5) 线圈与继电器； (6) 线性变压器；

(7) 保护装置； (8) 输出设备。

3.2 编 辑 元 件

Multisim 元件库中虽然存有成千上万个仿真器件，但由于用户的需求是各种各样的，因此不可能满足每个用户的所有要求。如果用户在进行某个仿真时缺少一个或几个仿真元件，就可以直接利用 Multisim 所提供的元件编辑工具，对现有的元件模型进行编辑修改，或创建一个新元件。但是，要创建一个元件，要求输入很多细节，因此应该尽可能使用元件编辑工具修改一个已存在的相似的元件，而不是去创建一个新的元件。

3.2.1 编辑仿真器件

Multisim 2001 为用户提供了多种编辑仿真元件的方法。可以利用菜单命令编辑元件，也可以利用工具栏编辑元件。图 3-25 所示为 Multisim 的编辑工具栏。

图 3-25 Multisim 的编辑工具栏

点击图 3-25 中的按钮，即可进入元件编辑，弹出图 3-26 所示菜单。该菜单各项功能如下：

(1) Create Component：创建一个新元件；

(2) Edit Component：编辑元件；

(3) Copy Component：拷贝元件；

(4) Delete Component：删除元件；

(5) Database Management：元件库管理。

点击图 3-26 中的 Edit Component 后，出现图 3-27 所示对话框。该对话框用来选取要编辑的已存在于元件库中的仿真元件。图 3-27 所示对话框共有 3 个区，每个区的功能如下：

(1) Database 区的 Name 栏用于选择要编辑的元件所属的元件库。

(2) Family 区的 Name 栏用于选择要编辑的元件所属的元件箱，右边是该元件箱的按钮图标。

(3) Component 区中的 Name 栏用于选择要编辑的元件名称，Manufacturer 栏用于描述需要编辑的元件制造厂商的名称，Model Level 栏用于选择要编辑的元件的模型层次。在 Component 区右边显示要编辑的元件的图形符号。

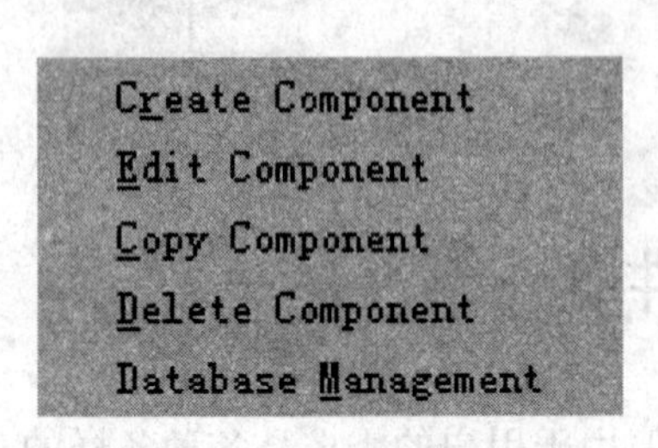

图 3-26　编辑仿真元件菜单

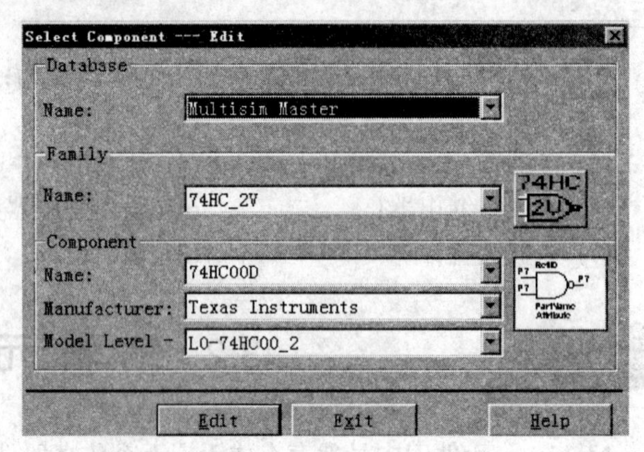

图 3-27　编辑已存在于元件库中的仿真元件的对话框

点击图 3-27 所示对话框中的 Edit 按钮，得到图 3-28 所示对话框。

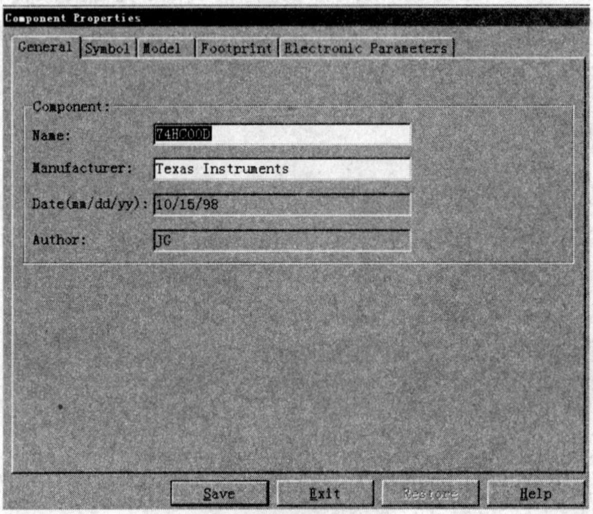

图 3-28　Edit 对话框

该对话框中共有 5 个翻页标签，各页功能如下：

(1) 在 General 页中可对元件名称、制造厂商名称、元件创建日期以及最初编辑该元件的作者进行修改，但是要注意，由于在这里是对原有器件进行修改，因而日期及作者不能修改。

(2) 打开 Symbol 页，得到图 3-29 所示对话框，在此可以对元件符号进行编辑。在该对话框中点击 New 按钮，可以进入符号编辑器；点击 Select from DB 按钮，可以从数据库中直接复制一个元件图形符号使用，不用进行任何改动。

(3) 打开 Model 页，得到图 3-30 所示对话框。该对话框中各栏功能如下：

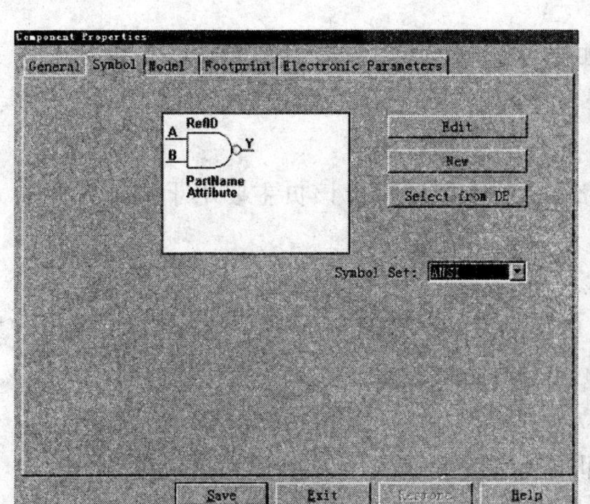

图 3-29 Symbol 页对话框

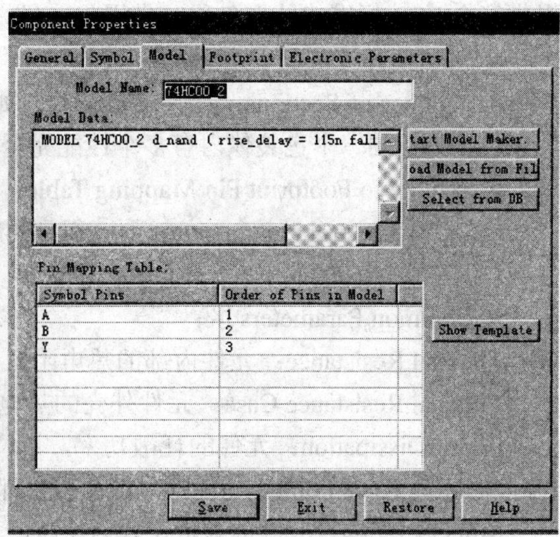

图 3-30 Model 页对话框

- Model Name 栏：原来元件模型的名称；
- Start Model Maker…按钮：启动模型产生器；
- Load Model from Files 按钮：由模型的程序加载；
- Select from DB 按钮：从 Multisim 数据库复制指定元件的模型；
- Restore 按钮：取消对元件模型的改动，恢复到原来的元件模型；
- Model Data 区：显示元件模型的资料；
- Pin Mapping Table 区：显示元件的引脚数目。

(4) 打开 Footprint 页，得到图 3-31 所示对话框。该页主要用于描述有关元件的封装名称，各栏的功能如下：

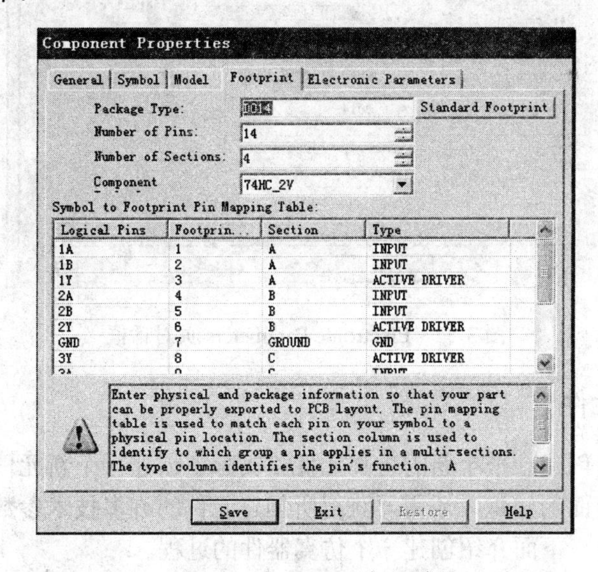

图 3-31 Footprint 页对话框

- Package Type：根据外形标准确定元件外形名称。Standard Footprint 按钮的功能是提供符合 PCB 标准的外形名称，供用户选择。

- Number of Pins：元件的引脚数。
- Number of Sections：元件的包装数。如果不是 1，则为复合包装元件。所谓复合包装元件，是指同一个包装体内有多个性能完全一样的器件。
- Symbol to Footprint Pin Mapping Table：元件的引脚对照表。

(5) 打开 Electronic Parameters 页，得到图 3-32 所示对话框。该页主要用于描述元件的参数，其中各项功能如下：

- Common Parameters 区：

Thermal Resistance：元件内部的热电阻，单位为欧姆。

Thermal Resistance Case：元件外壳的热电阻，单位为欧姆。

Power Dissipation：元件的耗散功率，单位为瓦。

Derating Knee Point：元件断点的温度，即不正常的工作温度，单位为摄氏度。

Min.Operating：元件的最低工作点温度，单位为摄氏度。

Max.Operating：元件的最高工作点温度，单位为摄氏度。

ESD Rating：元件可忍受的静电放电量。

- Device Specific Parameters 区：存放该元件的特定参数，以便在设计时参考。

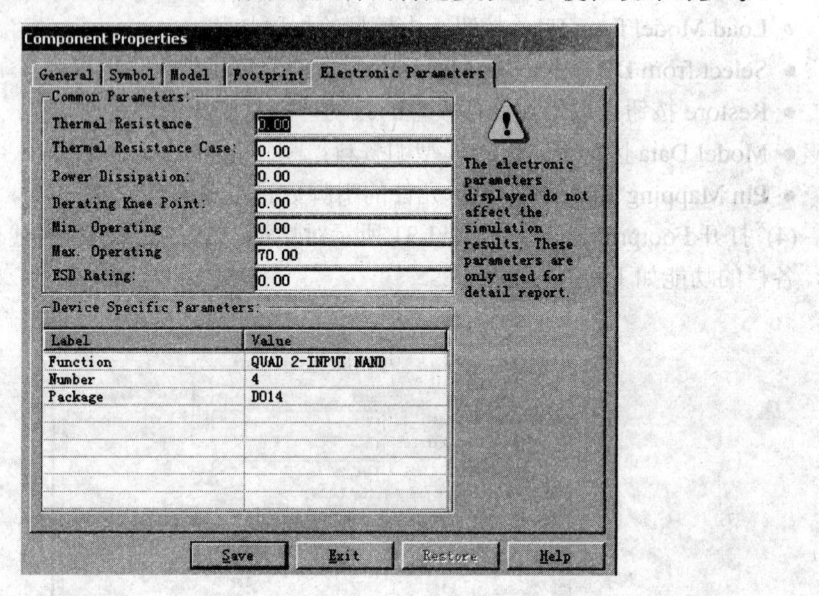

图 3-32　Electronic Parameters 页对话框

3.2.2　创建仿真元件

这一节介绍如何创建一个全新的仿真元件。实际中创建一个新元件并不容易，不仅需要一定的元件建模方面的知识，还需要获得所创建元件的许多技术参数，有些参数甚至需要元件生产厂家提供。下面介绍创建一个仿真器件的过程。

(1) 启动图 3-26 中的 Create Component 命令，进入元件创建向导的第一个对话框，如图 3-33 所示。

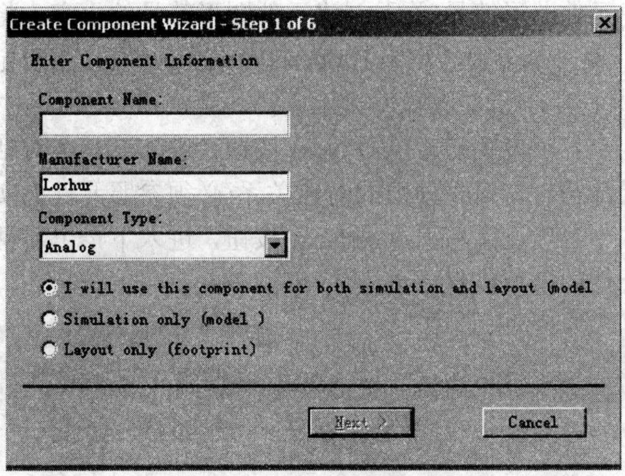

图 3-33　元件创建向导对话框

首先在 Component Name 栏内输入所要建立的元件的名称；在 Manufacturer Name 栏内指定该元件的制造厂商的名称；在 Component Type 栏内指定该元件的类型，其中包括 Analog(模拟元件)、Digital(数字元件)、Verilog-Hdl(用 Verilog 语言编写的元件)和 VHDL(用 VHDL 语言编写的元件)等 4 个选项。然后，选中 Simulation only(model)产生元件模型，选中 Layout only(footprint)产生元件外形。

(2) 完成图 3-33 中的有关项设定后，点击 Next 按钮，进入下一个对话框，如图 3-34 所示。

该对话框的功能是定义元件外形。在 Package Type 栏内指定元件外形名称，元件外形名称必须是符合 PCB 软件要求的定义名称。在该栏的右边有一个 Standard Footprint 按钮，点击该按钮将出现一系列符合 PCB 软件标准的外形包装，供选择使用。Single Section Component 选项用来设定该元件为单一包装元件，如果选取该选项，则可在 Number of Pins 栏内指定该元件的引脚数。Multi-Section Component 用来设定该元件为复合包装元件，选取该项后，可在 Number of Pins 栏中指定该元件包含的引脚数。

(3) 完成图 3-34 中各项设定后，点击 Next 按钮，进入下一个对话框，如图 3-35 所示。该对话框用于设置元件符号信息。

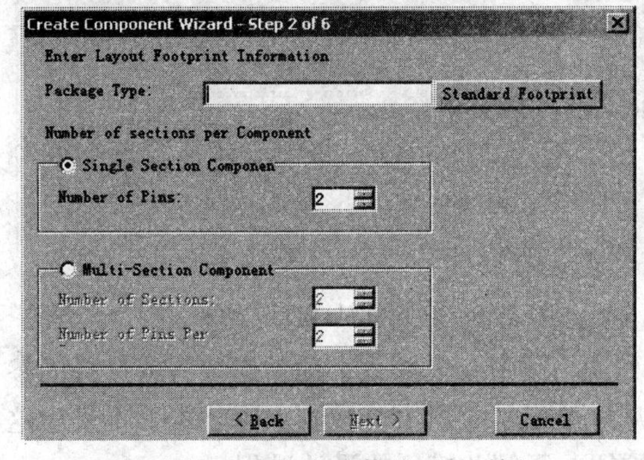

图 3-34　定义元件外形对话框

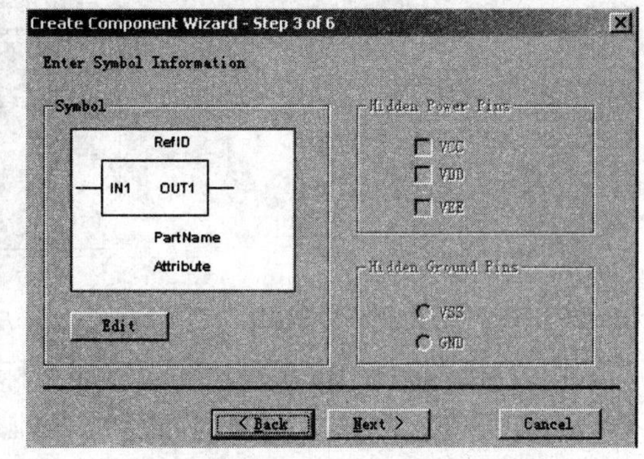

图 3-35　设置元件符号信息对话框

在 Symbol 区内是程序自动给出的元件符号图，点击 Edit 按钮进入元件符号编辑器，在此可以编辑或创建元件图形符号(关于创建元件图形符号的内容，将在 3.2.4 节中介绍)。

图 3-35 所示对话框右边有两个区：Hidden Power Pins 区，用于定义隐藏的电源引脚；Hidden Ground Pins 区，用于定义隐藏的接地引脚。

(4) 完成图 3-35 中各项设置后，点击 Next 按钮，进入下一个对话框，如图 3-36 所示。该对话框用于定义元件符号与元件外形的对应关系(必须参照元件的实际资料来定义)。

(5) 完成图 3-36 中各项设置后，点击 Next 按钮，进入下一个对话框，如图 3-37 所示。该对话框用于输入元件的模型信息。

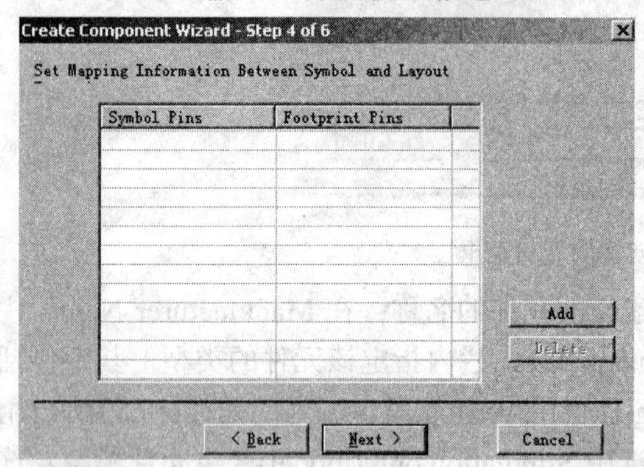

图 3-36　定义元件符号与元件外形的对应关系对话框

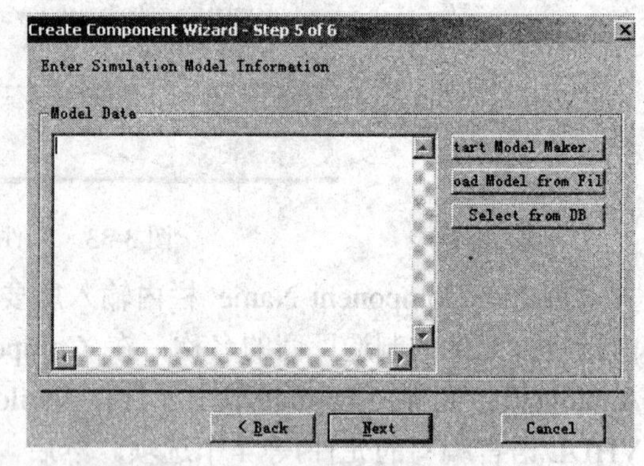

图 3-37　输入元件的模型信息对话框

Model Data 区用于显示元件模型，也可以直接在其中定义。其右边有 3 个按钮，分别对应着 3 种不同的元件模型制作方式，说明如下：

- 点击 Start Model Maker 按钮，得到图 3-38 所示对话框。该对话框提供了 16 个模拟元件模型产生器，这些模型产生器是为方便用户而专门设计的。选择 Bjt 后单击 Accept 按钮，出现图 3-39 所示对话框。

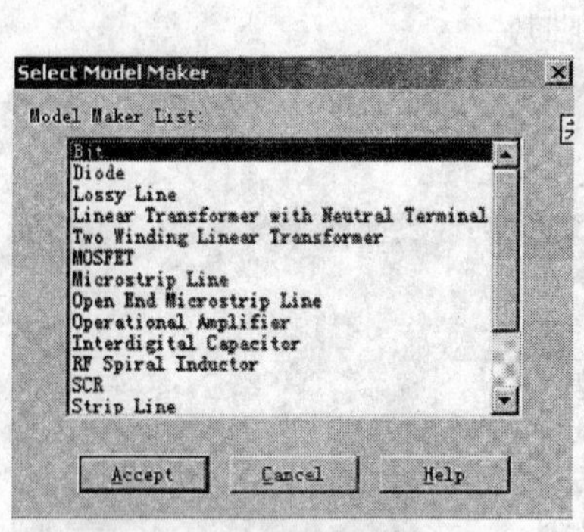

图 3-38　模型产生器对话框

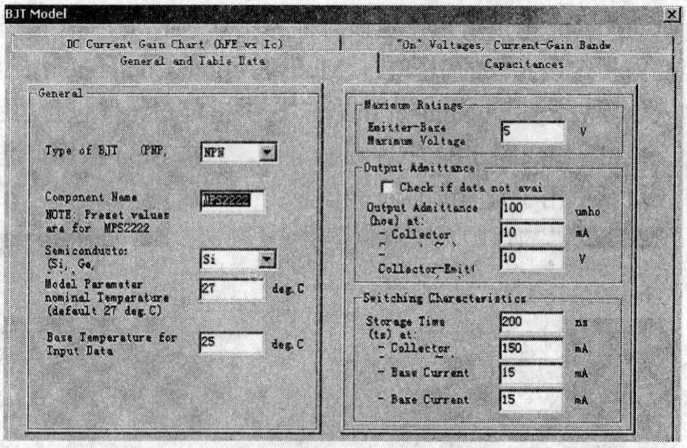

图 3-39　标签页对话框

在该对话框中，Bjt 模型产生器有 4 个标签页，其中有大约数十项需要填写或选择的参数，而且每项都必须填。如此多的参数很难从一般元件手册上查找到，因此本书不采用这种模型设计方式。有兴趣的读者可点击帮助按钮，了解此模型的设计过程。

- 点击 Load Model from Files 按钮，由模型程序加载元件模型。模型程序是一种用 C

语言编写的元件模型定义。

● 点击 Select from DB 按钮，则从数据库复制已有元件模型或相近模型，然后适当修改部分参数即可。这是一种最常用的方式。点击该按钮后，出现图 3-40 所示对话框。

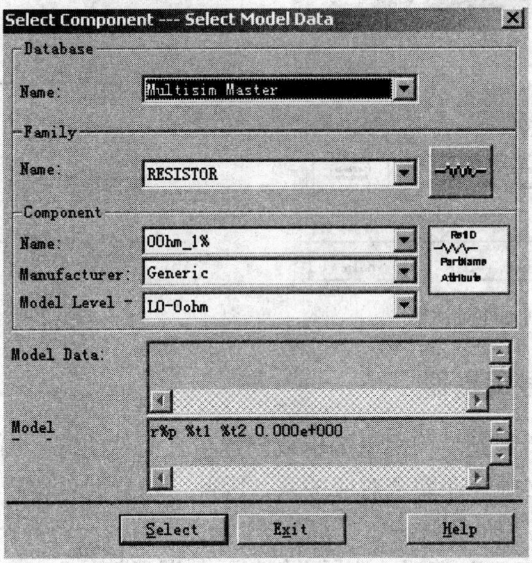

图 3-40　Select from DB 对话框

在该对话框中，Database 区的 Name 栏用于指定所要复制元件模型的来源(通常是从 Multisim Master 数据库中复制元件模型)；Family 区的 Name 栏用于指定所要复制元件模型的名称；Component 区的 Name 栏用于指定所要复制元件模型的名称，Manufacturer 栏用于指定该元件的制造厂商的名称，Model Level 栏用于指定该元件模型的层次。设置完毕后，所选取元件模型的资料将出现在 Model Data 区，而其元件模板(Template)则显示在 Model Template 区中。最后，点击 Select 按钮即可将所选取的元件模型复制到所建立的元件中。

至此，仿真元件的创建基本完成。

3.2.3　复制、删除仿真元件

复制元件的目的是将已经存在的仿真元件从一个元件库中复制到另一个元件库中，或者从一个元件箱中复制到另一个元件箱中。

选中图 3-26 中的 Copy Component 选项，出现图 3-41 所示对话框。该对话框用来选取需要复制的元件。选择好所需的元件后，点击 Copy 按钮，出现一个存放目的地选择对话框，从中可选择存放元件的库和元件箱。对教育版用户来说，只能将选择好的元件存放在 User Database 中。随后经过几次确认后，可完成元件复制。

当用户对自己元件库中的仿真元件不满意或不再需要时，可以将该元件从用户元件库中删除，操作方法非常简单。首先选中图 3-26 中的 Delete Component 选项，出现图 3-42 所示对话框。在该对话框中选取元件所在的库(只能是 User，Master 层次不能变动)、存放元件的元件箱和元件名称。然后点击 Delete 按钮。经过几次确认后，即可删除想要删除的仿真元件。

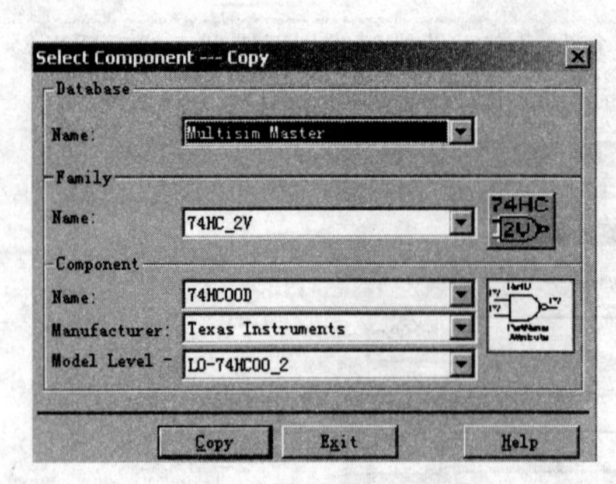

图 3-41　复制元件对话框

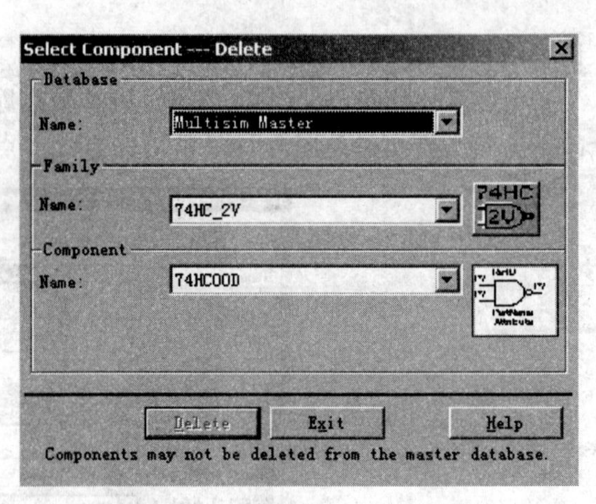

图 3-42　删除仿真元件对话框

3.2.4　使用元件符号编辑器

在 3.2.2 节中，曾提到专门用来编辑或创建仿真元件的符号编辑器。由于仿真元件符号的引脚与模型之间必须存在完全对应关系，因此，仿真元件符号的绘制不能用一般绘图软件完成，必须使用专用的程序。

在图 3-35 中，点击 Edit 按钮，选择“创建元件图形符号”，弹出图 3-43 所示的元件符号编辑对话框，通过该对话框，可创建一个元件图形符号。

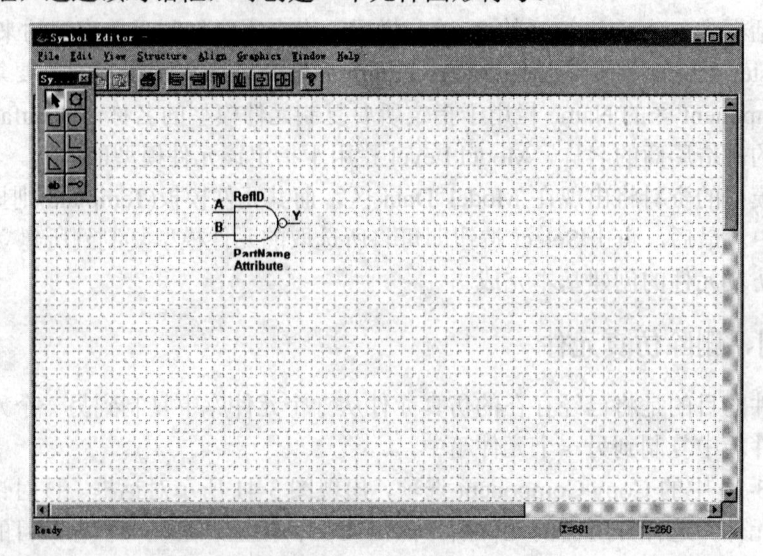

图 3-43　符号编辑器的主界面

下面介绍图 3-43 所示符号编辑器的使用。

符号编辑器菜单栏由图 3-44 所示的 8 个菜单组成。

图 3-44　符号编辑器的菜单栏

点击 Edit 菜单，得到图 3-45 所示的菜单项。

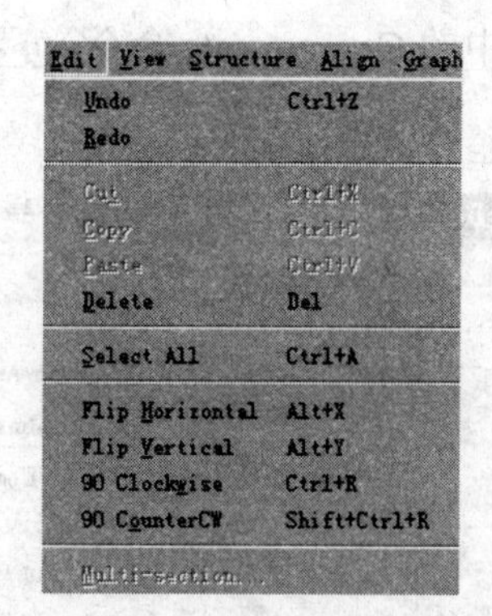

图 3-45　Edit 菜单

点击 View 菜单，得到图 3-46 所示的菜单项。该菜单项提供显示或隐藏工具栏、状态栏、调色板、栅格或纸张边框以及对图形进行大小缩放处理的命令。

点击 Align 菜单，得到图 3-47 所示的菜单项。该菜单项提供改动窗口中已选中的图形相对于其他图形或栅格的位置的命令。这些命令在工具栏中都有相应的按钮。

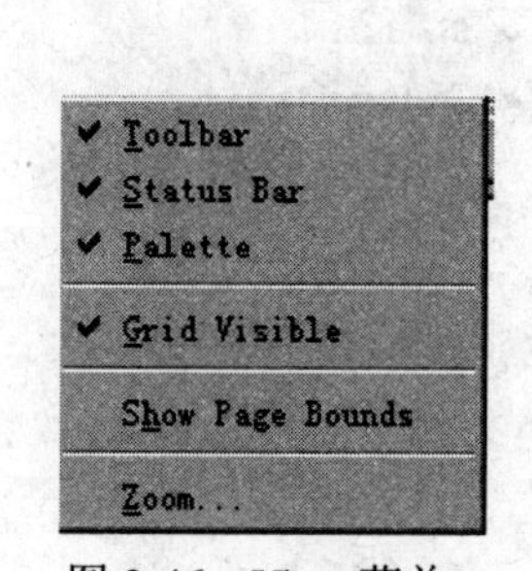

图 3-46　View 菜单

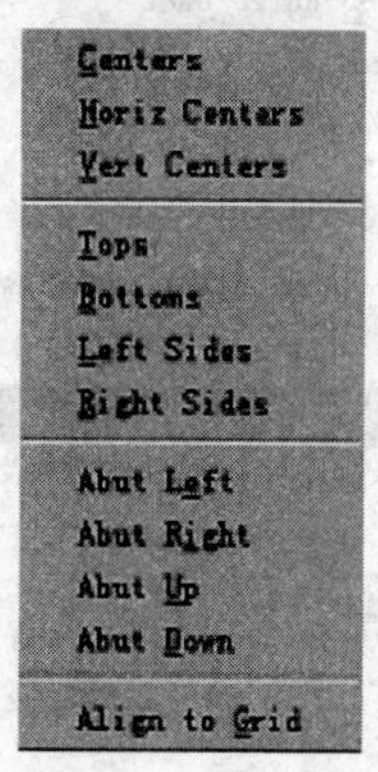

图 3-47　Align 菜单

点击 Graphics 菜单，可以获得实用绘图命令。

符号编辑器的工具栏如图 3-48 所示，图中从左到右各项的功能如下：

(1) 保存；　(2) 剪切；　(3) 复制；　(4) 粘贴；
(5) 打印；　(5) 向左对齐；　(7) 向右对齐；　(8) 向上对齐；
(9) 向下对齐；　(10) 垂直居中；　(11) 水平居中；　(12) 帮助信息。

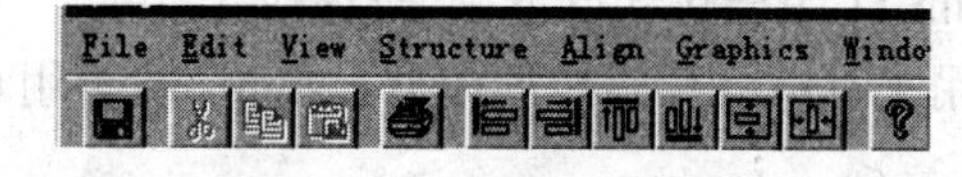

图 3-48　常用的工具栏

3.3　Multisim 11 中的元件库

本节主要介绍 Multisim 11 中的元件库。与 Multisim 2001 相比较，Multisim 11 对各元件库中的元件箱重新进行了分类，界面也有所不同，并且增加了 3 个元件库，元件数也有所增加，更加方便设计者使用。

启动 View 菜单下 Toolbars 中的 Components 命令，可显示 Multisim 11 包含的多个元件库，如图 3-49 所示。

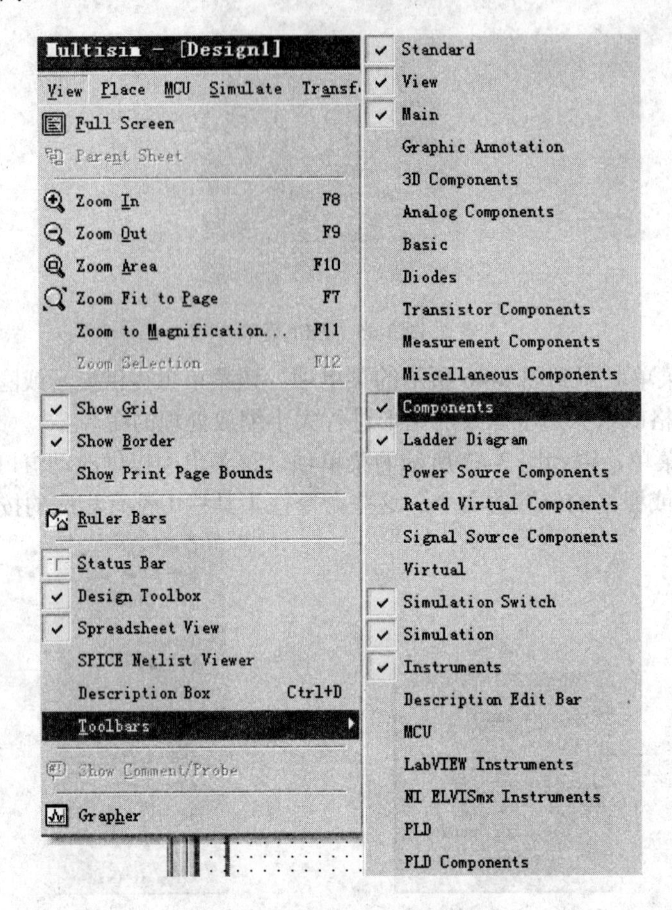

图 3-49 Multisim 11 的元件库

Multisim 11 的元件菜单栏如图 3-50 所示。

图 3-50 元件菜单

从结构上分，Multisim 11 主要包含以下三个数据库：

Multisim Database：用来存放元件自带的模型。Multisim 为用户提供的大量较为精确的元件模型都放在其中。

User Database：用来存放用户使用 Multisim 提供的编辑器自行开发的元件模型，或者修改 Multisim Database 某个元件信息以后的模型，供以后使用。

Corporate Database：用于多人开发项目时建立共有的元件库。

Multisim 11 含有 17 个元器件分类库(即 Component)，比 Multisim 2001 增加了 3 个。每个库中又含有 3～30 个元件箱(Farmily)，各种仿真元件分门别类地放在这些元件箱中供用户调用。下面我们来了解 Multisim 11 中的元器件。

1. 电源库

Multisim 11 对电源库重新进行了分类，界面与 Multisim 2001 有所不同。电源库共有 7 个元件箱，如图 3-51 所示。

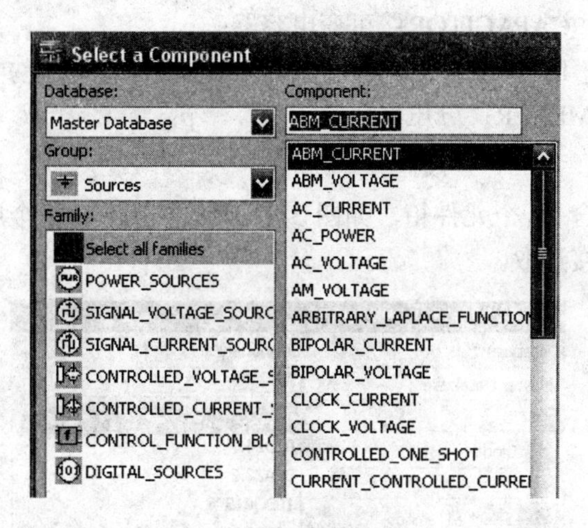

图 3-51　电源库

(1) POWER_SOURCES：功率源；
(2) SIGNAL_VOLTAGE_SOURCES：信号电压源；
(3) SIGNAL_CURRENT _SOURCES：信号电流源；
(4) CONTROLLED _VOLTAGE_SOURCES：控制电压模块；
(5) CONTROLLED _CURRENT_SOURCES：控制电流源；
(6) CONTROL_FUNCTION_BLOCKS：控制功能模块；
(7) DIGITAL_SOURCES：数字源。

箱内各元件的使用方法与 Multisim 2001 的基本相同。

2. 基本元件库

基本元件库有 19 个基本元件箱，如图 3-52 所示。

(1) BASIC_VIRTUAL：基本虚拟元件；
(2) RATED_VIRTUAL：定值虚拟元件；
(3) 3D_VIRTUAL：虚拟元件；
(4) RPACK：上拉电阻；
(5) SWITCH：开关；
(6) TRANSFORMER：变压器；
(7) NON_LINEAR_TRANSFORMER：非线性变压器；
(8) Z_LOAD：Z 模型；
(9) RELAY：继电器；
(10) CONNECTORS：连接器；
(11) SOCKETS：接口；
(12) SCH_CAP_SYMS：综合元件库；
(13) RESISTOR：电阻器；

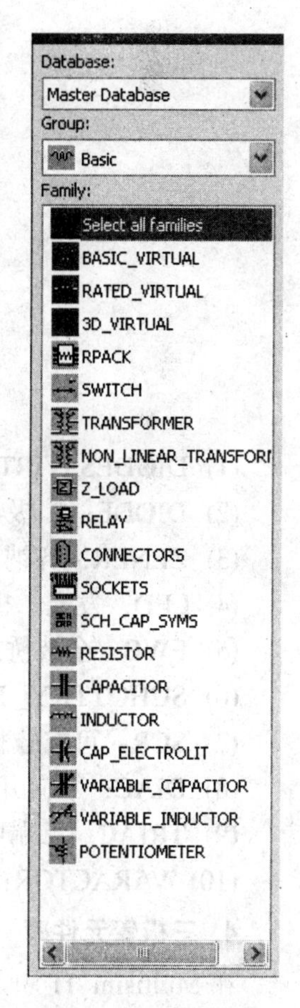

图 3-52　基本元件库

(14) CAPACITOR：普通电容器；
(15) INDUCTOR：电感器；
(16) CAP_ELECTROLIT：极性电容器；
(17) VARIABLE _CAPACITOR：可变电容器；
(18) VARIABLE_ INDUCTOR：可变电感器；
(19) POTENTIOMETER：分压器。

3. 二极管元件库

二极管元件库包含 10 个元件箱，如图 3-53 所示，其中有一个虚拟元件箱，存放了许多公司的产品，可直接选取。

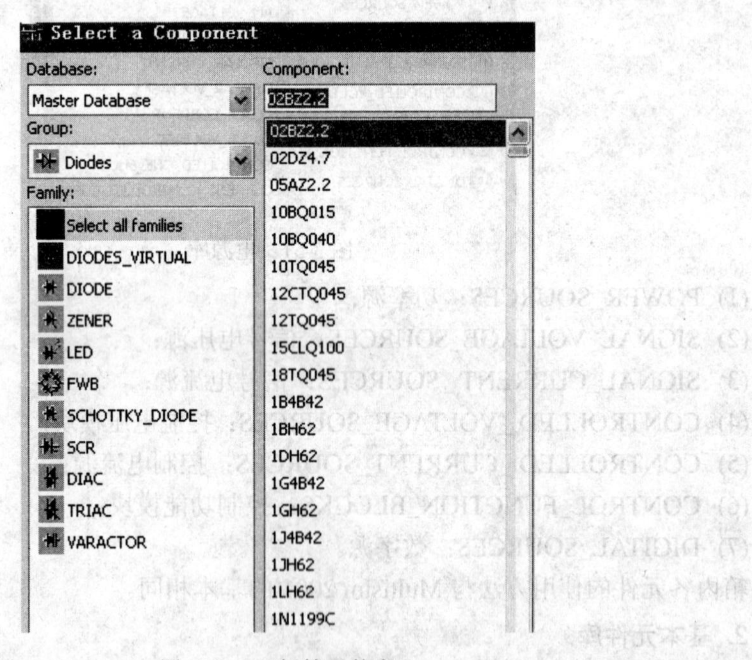

图 3-53　二极管元件库

(1) DIODES_VIRTUAL：虚拟二极管；
(2) DIODE：二极管；
(3) ZENER：齐纳二极管；
(4) LED：发光二极管；
(5) FWB：全波桥式整流器；
(6) SCHOTTKY_ DIODE：肖特基二极管；
(7) SCR：可控硅整流器；
(8) DIAC：双向开关二极管；
(9) TRIAC：三端可控硅开关元件；
(10) VARACTOR：变容二极管。

4. 三极管元件库

在 Multisim 11 中，晶体管库如图 3-54 所示，共有 17 个元件箱。其中 16 个为现实元件箱，1 个为虚拟元件箱。现实元件箱中存放了 Zetex 等世界著名晶体管厂家的众多晶体管元件模型，这些元件模型都有很高的精度。虚拟元件箱存放了 16 种虚拟晶体管，相当于 16 种理想晶体管。

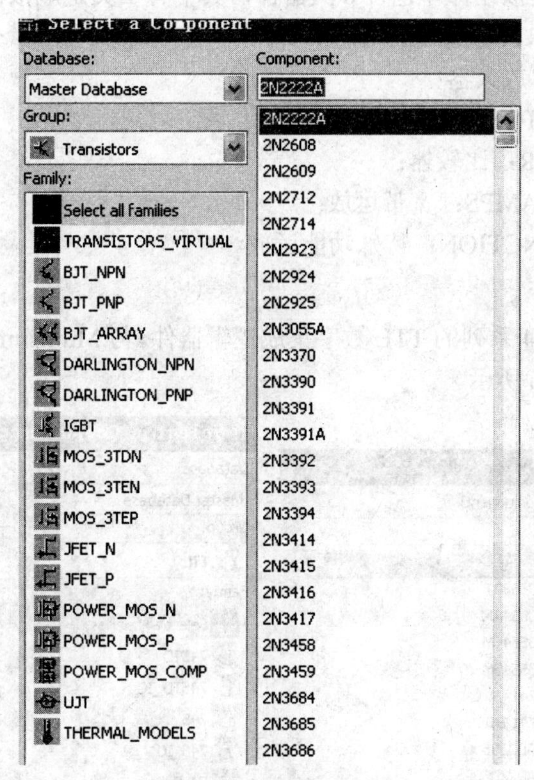

图 3-54　晶体管元件库

(1) TRANSISTORS_VIRTUAL：虚拟三极管元件；

(2) BJT_NPN：双极型 NPN；

(3) BJT_PNP：双极型 PNP；

(4) BJT ARRAY_BJT：晶体管阵列；

(5) DARLINGTON_NPN：达林顿 NPN；

(6) DARLINGTON_PNP：达林顿 PNP；

(7) IGBT：绝缘栅双极型晶体管；

(8) MOS_3TDN：3 端 N 沟道耗尽型 MOS 管；

(9) MOS_3TEN：3 端 N 沟道增强型 MOS 管；

(10) MOS_3TEP：3 端 P 沟道增强型 MOS 管；

(11) JFET_N：虚拟 N 沟道；

(12) JFET_P：虚拟 P 沟道；

(13) POWER_MOS_N：N 沟道功率；

(14) POWER_MOS_P：P 沟道功率；

(15) POWER_MOS_COMP：互补功率 MOS；

(16) UJT：单结晶体管；

(17) THERMAL_MODELS：热模型晶体管。

5．模拟元件库

Multisim 11 中的模拟元件库包含 6 类器件，其中有 1 类是虚拟器件，如图 3-55 所示。

(1) ANALOG_VIRTUAL：模拟虚拟元件库；

(2) OPAMP：运算放大器；

(3) OPAMP_NORTON：诺顿运放；

(4) COMPARATOR：比较器；

(5) WIDEBAND_AMPS：宽带运放；

(6) SPECIAL_FUNCTION：特殊功能运放。

6．TTL 元件库

TTL 元件库含有 74 系列的 TTL 数字集成逻辑器件。与 Multisim 2001 相比，Multisim11 器件更全面，如图 3-56 所示。

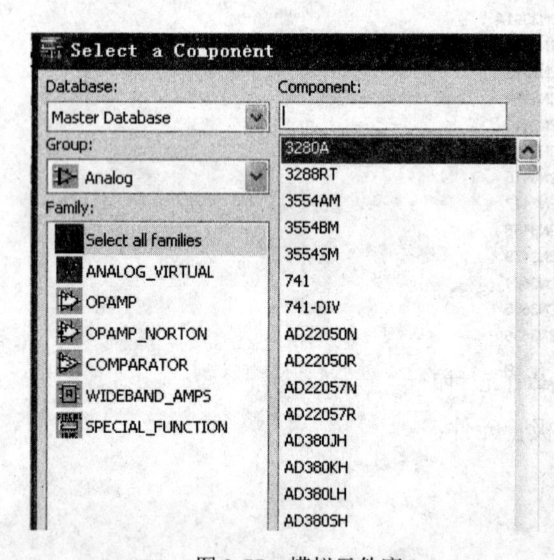

图 3-55　模拟元件库

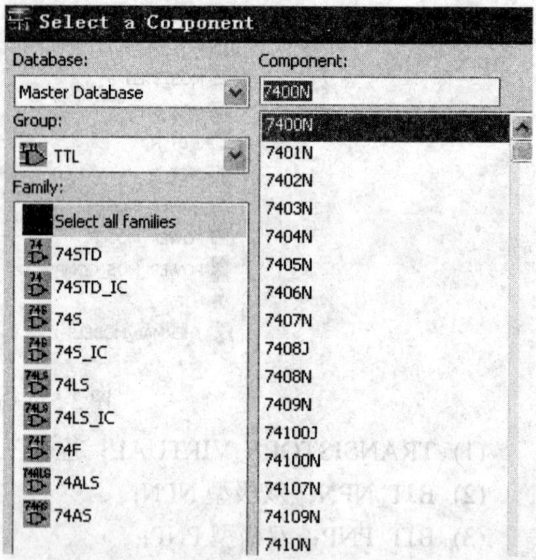

图 3-56　TTL 元件库

74STD：普通型集成电路；

74LS：低功耗肖特基型集成电路；

74ALS：先进低功耗肖特基型集成电路。

7. COMS 元件库

CMOS 元件库含有 74 系列和 4XXX 系列等 CMOS 数字集成逻辑器件，如图 3-57 所示。与 Multisim 2001 相比，Multisim 11 增加了快捷微型集成电路元件箱。

(1) CMOS_5V 至 CMOS_15V：CMOS 系列 5 V、10 V、15 V；

(2) 74HC_2V 至 74HC_6V：74 高速系列 2 V、4 V、6 V；

(3) Tiny Logic_2V 至 Tiny Logic_6V：快捷微型集成电路 2～6 V。

8．其他数字元件库

前面的 TTL 和 CMOS 数字元件是按照型号存放的，而其他数字元件库改用按功能存放，如图 3-58 所示，这可以方便初学者使用。

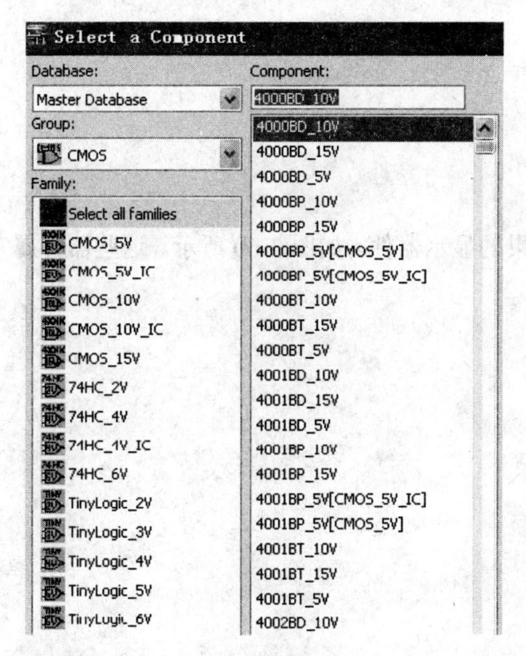

图 3-57　CMOS 元件库

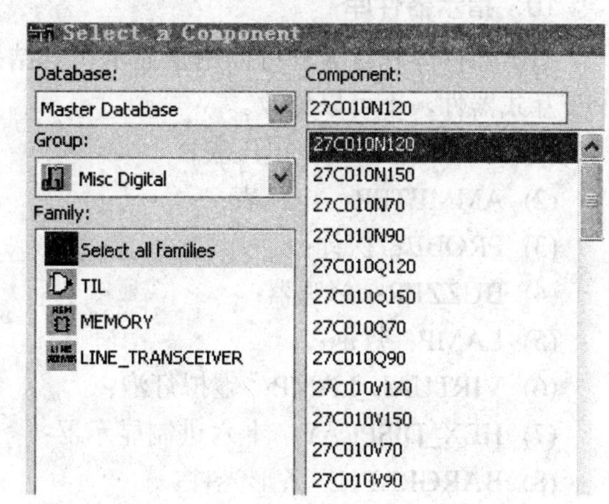

图 3-58　其他数字元件库

(1) TIL：数字逻辑元件；

(2) MEMORY：存储元件；

(3) LINE_TRANSCEIVER：线性元件。

9．混合芯片库

混合芯片库存放着混合元件，如图 3-59 所示。

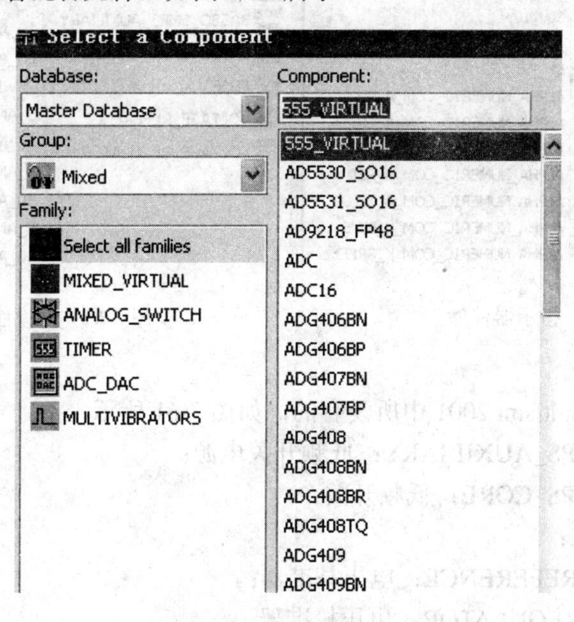

图 3-59　混合芯片库

(1) MIXED_VIRTUAL：混合虚拟元件；

(2) ANALOG_SWITCH：模拟开关；

(3) TIMER：定时器；

(4) ADC_DAC：模/数和数/模转换器；

(5) MULTIVIBRATORS：多谐振荡器。

10．指示器件库

指示器件库包含8种可以用来显示仿真结果的显示器件，如图3-60所示。这些器件属于交互式器件，不可以修改。

(1) VOLTMETER：电压表；

(2) AMMETER：电流表；

(3) PROBE：探针；

(4) BUZZER：蜂鸣器；

(5) LAMP：灯泡；

(6) VIRTUAL_LAMP：虚拟灯泡；

(7) HEX_DISPLAY：十六进制显示器；

(8) BARGRAPH：条形光柱。

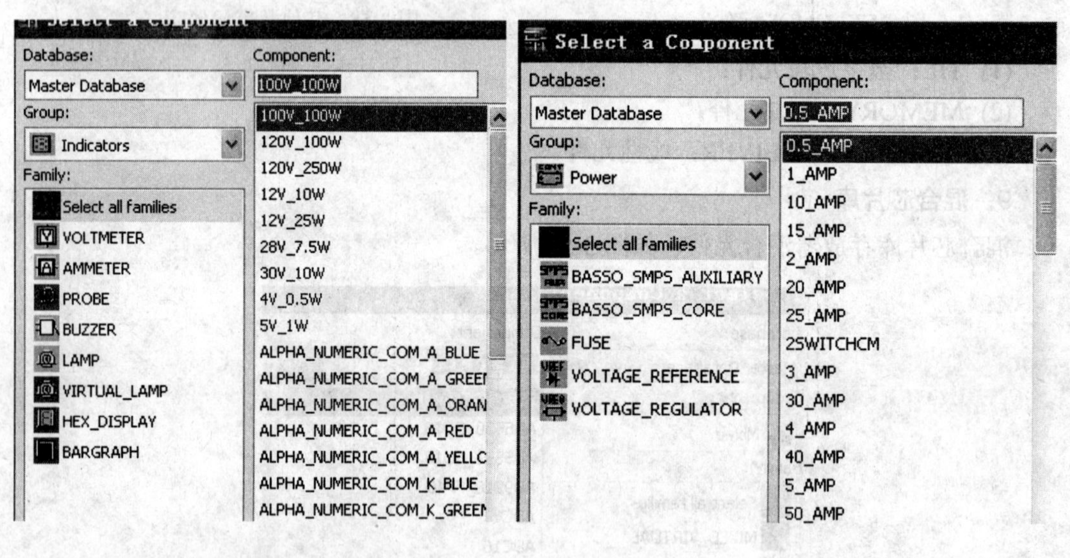

图3-60　指示器件库　　　　图3-61　功率组件库

11．功率组件库

功率组件库是Multisim 2001中所没有的，如图3-61所示。

(1) BASSO_SMPS_AUXILIARY：低频开关电源；

(2) BASSO_SMPS_CORE：低频开关；

(3) FUSE：熔丝；

(4) VOLTAGE_REFERENCE：电压基准器；

(5) VOLTAGE_REGULATOR：电压校准器。

12．MISC 其他器件库

把某些不便划分类型的元件箱放在一起，就构成了 MISC 库，如图 3-62 所示。

(1) MISC_VIRTUAL：虚拟混合元件；

(2) TRANSDUCERS：跨导；

(3) OPTOCOUPLER：光耦合器；

(4) CRYSTAL：晶振；

(5) VACUUM_TUBE：真空管；

(6) BUCK_CONVERTER：开关电源降压转换器；

(7) BOOST_ CONVERTER：开关电源升压转换器；

(8) BUCK_BOOST_ CONVERTER：开关电源升压/降压转换器；

(9) LOSSY_TRANSMISSION_LINE：损耗传输线；

(10) LOSSLESS_LINE_TYPE1：无损耗传输线类型 1；

(11) LOSSLESS_LINE_TYPE2：无损耗传输线类型 2；

(12) FILTERS：滤波器；

(13) MISC：其他 MISC 元件；

(14) NET：网络。

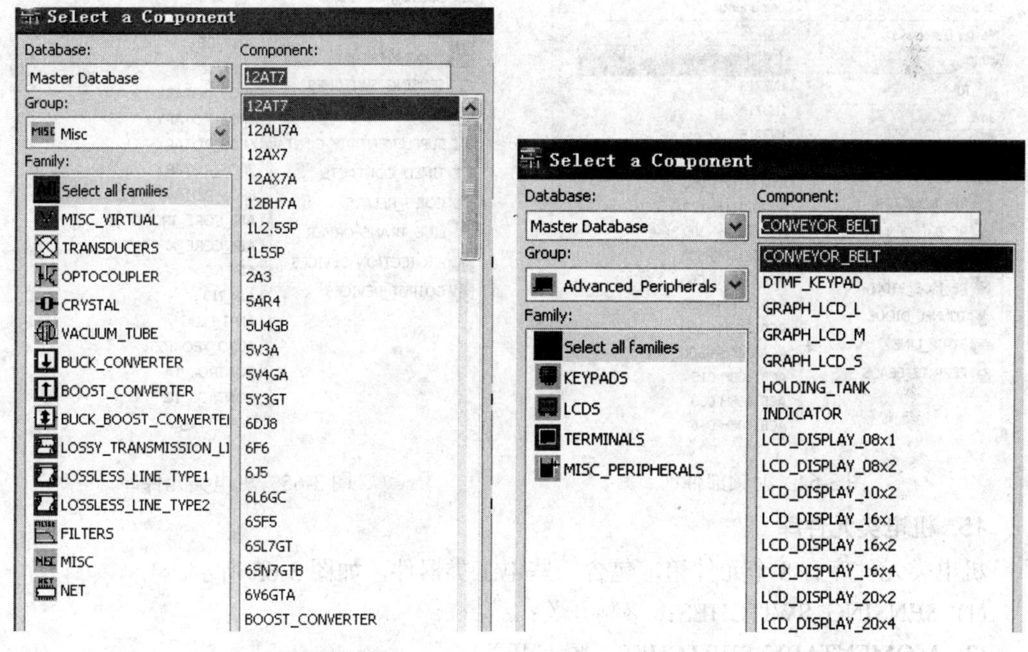

图 3-62　MISC 其他器件库　　　　图 3-63　外围设备库

13．外围设备库

该元件库也是新增加的元件库，如图 3-63 所示。外围设备库包括 4 个元件箱，增加了按键、液晶显示器等外围设备，可以使仿真更具灵活性。

(1) KEYPADS：按键；

(2) LCDS：液晶显示器；

(3) TERMINALS：终端机；

(4) MISC_PERIPHERALS：外围设备。

14．射频部件库

当信号频率足够高时，电路中元器件的模型要发生质的改变，其分析设计方法也有较大的不同。射频部件库如图 3-64 所示。

(1) RF_CAPACITOR：射频电容器；

(2) RF_INDUCTOR：射频电感器；

(3) RF_BJT_NPN：射频 NPN 晶体管；

(4) RF_BJT_PNP：射频 PNP 晶体管；

(5) RF_MOS_3TDN：射频 FET；

(6) TUNNEL_DIODE：有负阻抗特性二极管；

(7) STRIP_LINE：微波传输线；

(8) FERRITE_BEADS：射频阻隔器。

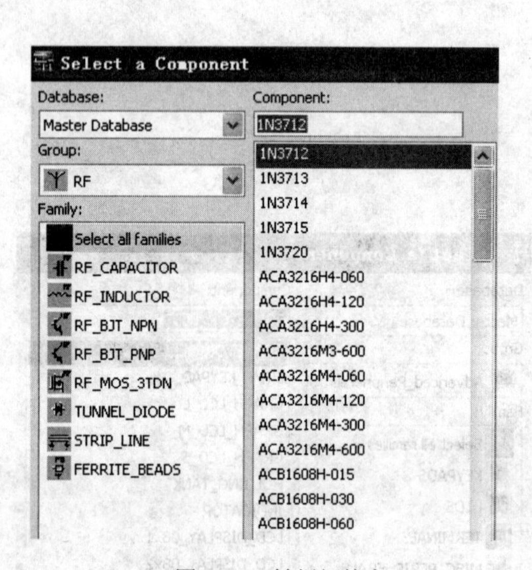

图 3-64　射频部件库

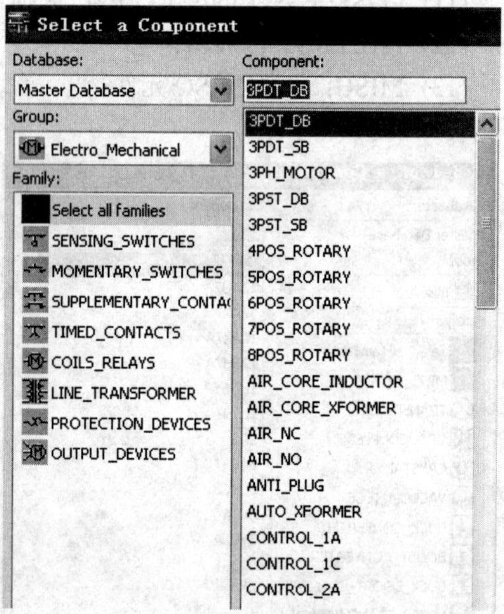

图 3-65　机电类元件库

15. 机电类元件库

机电类元件库有 8 个元件箱，包含一些电工类器件，如图 3-65 所示。

(1) SENSING_SWITCHES：感测开关；

(2) MOMENTARY_SWITCHES：瞬态开关；

(3) SUPPLEMENTARY_CONTACTS：增补接触器；

(4) TIMED_CONTACTS：计时接触器；

(5) COILS RELAYS：线圈与继电器；

(6) LINE_TRANSFORMER：线性变压器；

(7) PROTECTION_DEVICES：保护装置；

(8) OUTPUT_DEVICES：输出设备。

16．NI 元件库

Multisim 11 的 NI 元件库存放了 NI 公司元件，如通用连接器等，放在 4 个元件箱里，如图 3-66 所示。

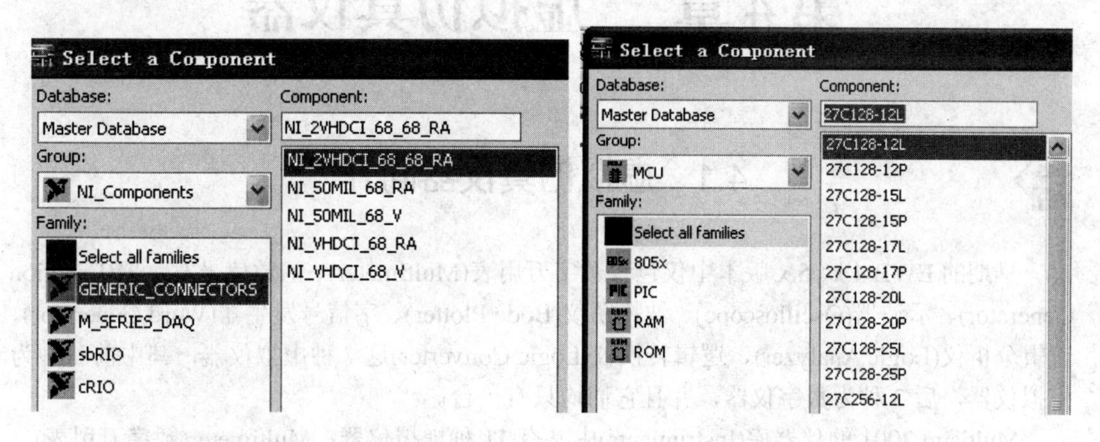

图 3-66　NI 元件库　　　　图 3-67　微处理器库

17．微处理器库

Multisim 11 的微处理器库中含有 8051、8052、PIC 单片机、数据存储器和程序存储器，如图 3-67 所示，可使仿真和设计更加灵活。

(1) 805x：805x 单片机；

(2) PIC：PIC 单片机；

(3) RAM：随机存取存储器；

(4) ROM：只读存储器。

习　题

1. 用示波器观察调频电压源的输出波形。改变其参数，观察波形变化。

2. 用 PNP 三极管构建一个共射放大电路。改变参数设置，在示波器上观察输出波形的变化。

3. 用 74LS153 组成实现函数 F=AB+(A⊙B)C 的电路，用逻辑分析仪观察验证结果，用虚拟灯泡观察输出电平。

4. 用 74LS 系列元件创建一个 M=8 的计数器，并用数码管观察输出显示。

第4章　虚拟仿真仪器

4.1　虚拟仿真仪器简介

早期的 EWB 4.x、5.x 版本中仅包含数字万用表(Multimeter)、函数信号发生器(Function Generator)、示波器(Oscilloscope)、波特图仪(Bode Plotter)、字信号发生器(Word Generator)、逻辑分析仪(Logic Analyzer)、逻辑转换仪(Logic Converter)这 7 种虚拟仪器，其中前 4 种为模拟仪器，后 3 种为数字仪器，并且它们均只有一台。

Multisim 2001 的仪器库(Instruments)中共有 11 种虚拟仪器：Multimeter(数字万用表)、Function Generator(函数信号发生器)、Wattmeter(瓦特表)、Oscilloscope(示波器)、Bode Plotter(波特图仪)、Word Generator(字信号发生器)、Logic Analyzer(逻辑分析仪)、Logic Converter(逻辑转换仪)、Distortion Analyzer(失真分析仪)、Spectrum Analyzer(频谱分析仪)和 Network Analyzer(网络分析仪)。在 Multisim 2001 的仪器库中同一种虚拟仪器不止一台，所以在同一个仿真电路中允许调用多台相同的仪器，这一点与 EWB 4.x、5.x 版本完全不同。

在升级的 Multisim 11 仪器仪表库中又新增了一些虚拟仪器仪表，还新增了 4 种仿真仪器。仿真仪器主要对世界著名仪器公司 Agilent 和 Tektronix 生产的实际仪器进行虚拟仿真，具有 3D 面板，操作起来和实际的仪器一样。

这么多的虚拟仪器，加上可供选用的各种仿真元件以及电源信号，使得该仿真软件的仿真实验规模完全与一般电子实验室相似。使用时只需拖动仪器库中所需仪器的图标，再对图标快速双击就可以得到该仪器的控制面板。这些虚拟仪器的面板不仅与现实仪器很相像，而且其基本操作也与现实仪器非常相似。尽管虚拟仿真仪器的基本操作与现实仪器非常相似，但毕竟存在着一些区别，为了更好地使用这些虚拟仪器，本章将详细介绍各种虚拟仪器的使用方法。

Multisim 11 除了提供默认仪器外，还可以创建 LabVIEW 的自定义仪器，从而在图形环境中方便灵活地升级测试。

1. 添加仪器

通常情况下，仪器工具栏默认显示在工作区中。若没有显示，可单击菜单命令 View→Too1bars→Instruments。

在仪器工具栏中，单击所需放置的仪器按钮，在电路窗口中移动光标到目标位置，单击鼠标左键即可放置仪器。

若要添加 LabVIEW 仪器，可在仪器工具栏中单击 LabVIEW Instruments 按钮，从弹出的子菜单中选择所需放置的仪器。此时仪器的国标和参考注释值出现在工作区中。

2. 仪器的使用

用鼠标左键双击仪器图标，即可打开仪器的控制面板。在弹出的仪器面板中，根据需要进行必要的设置，其设置过程与真实仪器相同。每种仪器的设置方法不一样，若使用人员对仪器不熟悉，可查阅本章对仪器的介绍或参阅相应的帮助文档。

单一电路中可以放置多个相关的测试仪器，同一场合下也可以使用多个相同的仪器。在此情况下，每个仪器都有自己的仪器设置，互不干扰。

选择菜单命令 Simulation→Run 激活电路，此时 Multisim 开始仿真，测量仪器显示测量点的结果。在仿真过程中，仿真的结果和出现的错误都将写入仿真错误日志索引文件中。如果希望观看仿真的进度，可选择菜单命令 Simulation→Simulation Error Log/Audit Trail。

3. 打印仪器

Multisim 允许打印所选仪器的面板，电路中的仿真数据将显示在打印输出中。具体步骤是：

(1) 在工作区中打开电路。

(2) 选择菜单命令 File→Print Options→Print Instruments，弹出“Print Instruments”对话框，在“Select Instruments”(选择仪器)框中勾选所需仪器前面的复选框。

(3) 单击 Print(打印)按钮，弹出默认的打印对话框，设置后单击 OK 按钮即可完成打印任务。

4. 保存仪器仿真数据

单击菜单命令 Options→Global Preferences，在弹出的“Preferences”(参数)对话框中打开“Save”(保存)标签页，勾选“Save Simulation Data with Instruments”复选框，同时用户可以设置文件的最大界限。当保存电路时，仪器在电路中的位置、显示/隐藏状态及仪器面板中显示的数据都将保存到电路文件中。仪器(如示波器)可能包含很多数据，文件可能会因此变得比较大，若使用中超过了文件最大的极限设置，系统会询问用户是否保存仪器数据。

5. 设置仪器默认选项

Multisim 允许设计人员基于瞬态分析修改仪器设置项的默认值。具体步骤是：

(1) 单击菜单命令 Simulate→Interactive Simulation Settings，弹出“Interactive Simulation Settings”(交互式仿真设置)对话框并显示常用的功能。

(2) 根据需要设置以下选项。

Initial Conditions：初始条件下拉框，可设置 Zero(零)、User-Defined(用户定义)、Calculate DC Operating Point(计算直流工作点)和 Automatically Determine Initial Conditions(自动测定初始条件)选项。

Start time(Tstart)：瞬态分析的起始时间，设置为大于等于 0 且小于结束时间的值。

End time (Tstop)：瞬态分析的终止时间，须大于起始时间的值。

Set maximum time step (Tmax)：设置为允许系统可以操作的最大时间步长。

Maximum time step (Tmax)：允许手动设置时间步长。

Generate time steps automatically：允许自动产生时间步长。

Set initial time step：允许为仿真输出和图表设置时间间隔。

(3) 单击 OK 按钮，这里所作的设置更改将在下一次仿真时生效。

6. 解决仿真错误

按照“Interactive Simulation Settings”(交互式仿真设置)对话框中的默认值，大部分仿真都能正常运行，但有时需要调整后才能保证正常运行。仿真运行时，Multisim 可能因电路配置了不同的时间步长而造成仿真不准确或出错，此时可以通过以下几个步骤调整“Interactive Simulation Settings”对话框的设置：

(1) 运行 Multisim 并加载电路文件，列出存在的问题。

(2) 选择菜单命令 Simulate→Interactive Simulation Settings，弹出“Interactive Simulation Settings”对话框。选择“Defaults for Transient Analysis Instruments”(瞬态分析仪器默认设置)标签页，在“Initial conditions”(初始设置)下拉框中设置“Set to zero”或选择“Maximum time step (Tmax)”(最大时间步长)，并将其值修改为 le-3s。

(3) 单击 OK 按钮运行仿真。

若问题依旧存在，可以尝试下面的设置：

(1) 选择菜单命令 Simulate→Interactive Simulation Settings。

(2) 选择“Analysis Options”(分析选项)标签页，设置“Use Custom Setting”(使用自定义设置)为允许，并且单击 Customize(自定义)按钮，弹出“Custom Analysis Options”对话框。

(3) 在“Global”(全局)标签页中，设置允许“reltol”参数并设其值为 0.01(为了更精确，可以尝试设为 0.0001)，设置允许“rshunt”参数并设其值为 1e+8(如果对仿真错误信息非常有经验可以设置该项)。

(4) 单击 OK 按钮两次，并运行仿真。

若问题依旧存在，则继续尝试以下方法：

(1) 选择菜单命令 Simulate→Interactive Simulation Settings。

(2) 选择“Analysis Options”(分析选项)标签页，设置“Use Custom Settings”(使用自定义设置)为允许，并单击 Customize(自定义)按钮，显示“Custom Analysis Options”(自定义分析选项)对话框。

(3) 在“Transient”(瞬态)标签页中设置“METHOD”(方法)参数，并从下拉菜单中选择 gear。

4.2 电路分析中常用的虚拟仿真仪器

Multimeter(数字万用表)、Oscilloscope(示波器)、Function Generator(函数信号发生器)和 Wattmeter(瓦特表)是电路分析中常用的四种虚拟仿真仪器。本节将对这四种仪器的参数设置、面板操作等分别加以介绍。

4.2.1 数字万用表

Multimeter(数字万用表)和实验室里的数字万用表一样，是一种多用途的常用仪器，它能完成交直流电压、电流和电阻的测量及显示，也可以用分贝(dB)形式显示电压和电流。其图标如图 4-1(a)所示，面板如图 4-1(b)所示。

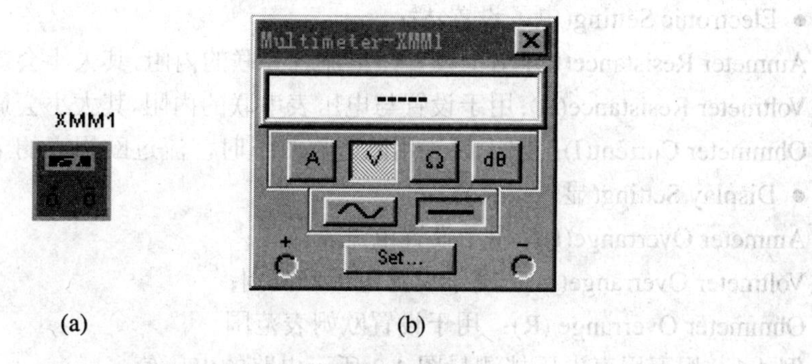

(a)　　　　　　　　　　　　(b)

图 4-1　数字万用表的图标和面板

1. 连接

图标上的正(+)、负(−)两个端子用于连接所要测试的端点，与现实万用表一样，使用时必须遵循如下原则：

(1) 测量电压时，数字万用表图标的正、负端子应并接在被测元件两端；

(2) 测量电流时，数字万用表图标的正、负端子应串联于被测支路中；

(3) 测量电阻时，数字万用表图标的正、负端子应与所要测试的端点并联。测量时必须使电子工作台“启动/停止开关”处于“启动”状态。

2. 面板操作

数字万用表面板共分四个区，从上到下、从左至右各区的功能如下：

(1) 显示区：显示万用表的测量结果，测量单位由万用表自动产生。

(2) 功能设置区：点击面板上的各按钮可进行相应的测量与设置。点击 A 按钮，可以测量电流；点击 V 按钮，可以测量电压；点击 Ω 按钮，可以测量电阻；点击 dB 按钮，测量结果以分贝(dB)值表示。

(3) 选择区：点击～按钮，表示测量各交流参数，测量值是其有效值。点击—按钮，测量各直流参数。如果在直流状态下来测量交流信号，则其测量所得的值是其交流信号的平均值。

(4) 参数设置区：Set(参数设置)按钮用于对数字万用表内部的参数进行设置。点击数字万用表面板中的 Set 按钮，就会弹出图 4-2 所示的对话框。

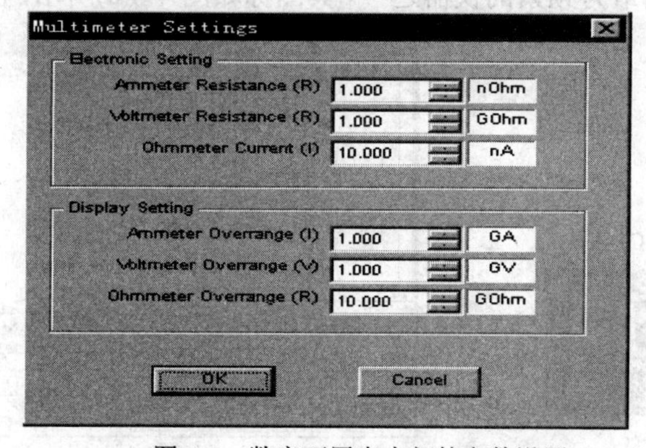

图 4-2　数字万用表内部的参数设置

该对话框中包括两栏：电子设置栏和显示设置栏，其参数设置如下：

- Electronic Setting(电子设置)栏：

Ammeter Resistance(R)：用于设置与电流表并联的内阻，其大小会影响电流的测量精度；

Voltmeter Resistance(R)：用于设置与电压表串联的内阻，其大小会影响电压的测量精度；

Ohmmeter Current(I)：用于设置用欧姆表测量时，流过欧姆表的电流。

- Display Setting(显示设置)栏：

Ammeter Overrange(I)：用于设置电流表范围；

Voltmeter Overrange(V)：用于设置电压表范围；

Ohmmeter Overrange (R)：用于设置欧姆表范围。

例 4.1 用万用表电压挡测量图 4-3 所示电路的电压值。

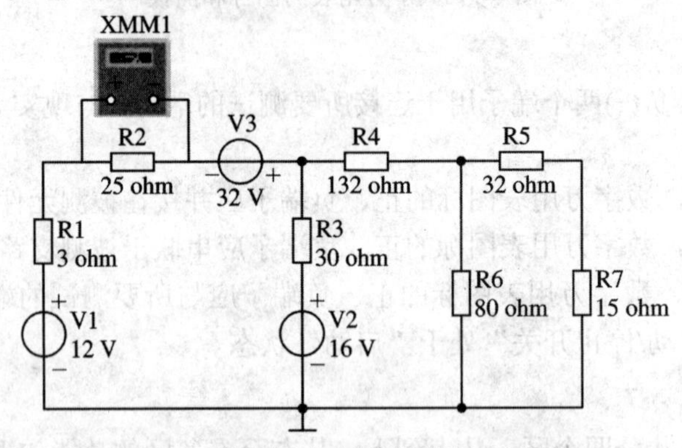

图 4-3 用万用表电压挡测量电压电路

连接好电路，双击万用表图标，点击 V 按钮，再点击—按钮。运行仿真开关，当电压挡的内阻用其默认值 1 Gohm 时，测得的电压为 14.307 V；若再点击数字万用表面板中的 Set 按钮，在弹出的对话框中的 Electronic Setting(电子设置)栏里，将电压表内阻设置为 1 kohm，则测得的电压为 14.120 V。可见电压表串联的内阻的大小将影响电压的测量精度。用万用表测电压时内阻设置应尽量大，而测电流时内阻设置应尽量小。

4.2.2 示波器

Oscilloscope(示波器)是用来观察信号波形并测量信号幅度、频率及周期等参数的仪器，是电子实验中使用最为频繁的仪器之一。其图标如图 4-4(a)所示，面板如图 4-4(b)所示。

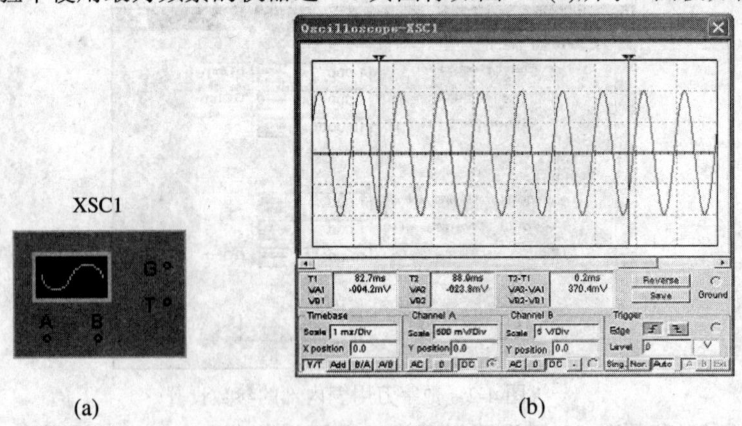

(a) (b)

图 4-4 示波器的图标和面板

1. 连接

图 4-4 所示示波器为一个双踪示波器，有 A、B 两个通道，G 是接地端，T 是外触发端。用示波器进行测量时，可以连接电路。示波器与电路的连接如图 4-5 所示。图中 A、B 两个通道分别与被测点相连，示波器上 A、B 两通道显示的波形即为被测点与“地”之间的波形。测量时接地端 G 一般要接地(当电路中已有接地符号时，也可不接地)。

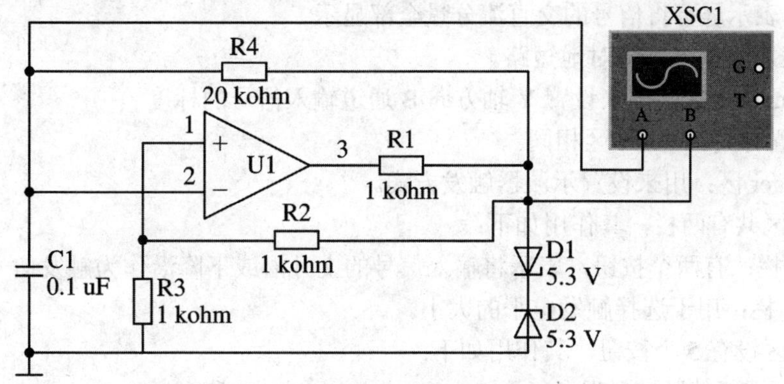

图 4-5　示波器与方波发生器的连接

2. 面板操作

1) 示波器面板上各参数的设置和按钮的功能

下面从上到下、从左至右依次对示波器面板上的 5 个区加以介绍。

(1) 显示区：显示 A、B 两个通道的波形。

(2) Timebase 区：设置 X 轴方向时间基线扫描时间。

Timebase 区共有两栏，其作用如下：

- Scale 栏：选择 X 轴方向每一个刻度代表的时间。点击该栏后将自动出现刻度翻转列表，上下翻转可选择适当的数值。修改其设置可使示波器上显示的波形的宽窄发生变化。低频信号周期较大，当测量低频信号时，设置时间要大一些；高频信号周期较小，当测量高频信号时，设置时间要小一些，这样测量观察比较方便。
- X position 栏：表示 X 轴方向时间基线的起始位置。修改其设置可使时间基线左右移动，即波形左右移动。

Timebase 区设有 4 个按钮，其作用如下：

- Y/T：表示 Y 轴方向显示 A、B 通道的输入信号波形，X 轴方向显示时间基线，并按设置时间进行扫描。当显示随时间变化的信号波形时，常采用此种方式。
- Add：表示 X 轴按设置时间进行扫描，而 Y 轴方向显示 A、B 通道的输入信号之和。
- B/A：表示将 B 通道信号施加在 Y 轴上，将 A 通道信号作为 X 轴(时间)扫描信号。
- A/B：与 B/A 相反。

(3) Channel A 区：设置 Y 轴方向 A 通道输入信号的标度。

Channel A 区共有两栏，其作用如下：

- Scale 栏：表示 Y 轴方向对 A 通道输入信号每格所表示的电压数值。点击该栏后将出现刻度翻转列表，根据所测信号电压的大小，上下翻转该列表选择一适当的值。

● Y position 栏：表示时间基线在显示屏幕中的上下位置。当其值大于零时，时间基线在屏幕中线上侧，反之在下侧。修改其设置可使时间基线上下移动，即波形上下移动。

Channel A 区设有 3 个按钮，其作用如下：

● AC：表示屏幕仅显示输入信号中的交流分量(相当于实际电路中加入了隔直流通交流的电容)。

● DC：表示屏幕将信号的交直流分量全部显示。

● 0：表示将输入信号对地短路。

(4) Channel B 区：用来设置 Y 轴方向 B 通道输入信号的标度。

该区设置与 Channel A 区相同。

(5) Trigger 区：用来设置示波器触发方式。

Trigger 区共有两栏，其作用如下：

● Edge 栏：有两个按钮，表示将输入信号的上升沿或下降沿作为触发信号。

● Level 栏：用于选择触发电平的大小。

Trigger 区设有 5 个按钮，其作用如下：

● Sing：选择单脉冲触发。

● Nor：选择一般脉冲触发。

● Auto：表示触发信号不依赖外部信号。一般情况下使用 Auto 方式。

● A 或 B：表示用 A 通道或 B 通道的输入信号作为同步 X 轴时间基线扫描的触发信号。

● Ext：用示波器图标上触发端子 T 连接的信号作为触发信号来同步 X 轴时间基线扫描。

2) 示波器的使用

(1) 波形参数测量。在屏幕上有两条左右可以移动的读数指针，指针上方有三角形标志。通过鼠标左键可拖动读数指针左右移动。

在显示屏幕下方有 3 个测量数据的显示区：

左侧数据显示区显示 1 号读数指针所处的位置和所指信号波形的数据。T1 表示 1 号读数指针离开屏幕左端(时间基线零点)所对应的时间，时间单位取决于 Timebase 所设置的时间单位；VA1 和 VB1 分别表示所测位置通道 A 和通道 B 的信号幅度值，其值为电路中测量点的实际值，与 X、Y 轴的 Scale 设置值无关。

中间数据显示区显示 2 号读数指针所处的位置和所指信号波形的数据。T2 表示 2 号读数指针离开时间基线零点的时间值。VA2 和 VB2 分别表示所测位置通道 A 和通道 B 信号的实际幅度值。

右侧数据显示区中，T2-T1 显示 2 号读数指针所处位置与 1 号读数指针所处位置的时间差值，常用来测量信号的周期、脉冲信号的宽度、上升时间及下降时间等参数。VA2-VA1 表示 A 通道信号两点测量值之差，VB2-VB1 表示 B 通道信号两点测量值之差。

为使测量方便准确，可点击 ▌▌ PAUSE(暂停)按钮或按 F6 键使波形“暂停”，然后再测量。

(2) 设置信号波形显示颜色。为了便于观察和区分同时显示在示波器上的 A、B 两通道的波形，可以将两路波形以不同的颜色来显示。方法是：快速双击连接 A、B 两通道的导线，在弹出的对话框中设置导线的颜色，此时波形的显示颜色便与导线的颜色相同，这样观察和测量非常方便。

(3) 改变屏幕背景颜色。点击面板右下方的 Reverse 按钮，即可改变屏幕背景的颜色。如要将屏幕背景恢复为原色，再次点击 Reverse 按钮即可。

(4) 存储读数。对于读数指针测量的数据，点击面板右下方的 Save 按钮即可将其存储。数据存储格式为 ASCII 码。

(5) 移动波形。在动态显示时，点击按钮或按 F6 键，使波形“暂停”，通过改变 X position 设置便可左右移动 A、B 通道的波形；利用指针拖动显示屏下沿的滚动条也可以左右移动波形。改变 Y position 设置，可以上下移动 A、B 通道的波形。

例 4.2 用示波器观察图 4-5 所示电路的输出波形。

双击示波器图标，参数设置如图 4-6 所示。运行仿真开关，即可得到仿真输出，波形如图 4-6 所示。其中，锯齿波形为电容器 C1 上的变化波形，方波为方波发生器的输出波形。

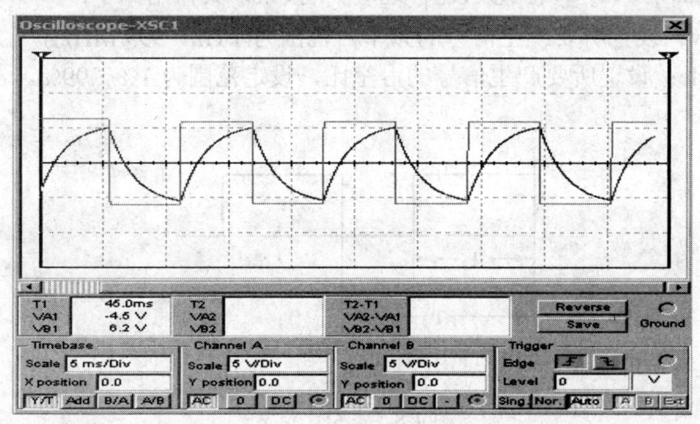

图 4-6 方波发生器的仿真波形

4.2.3 函数信号发生器

Function Generator(函数信号发生器)是用来产生正弦波、方波和三角波信号的仪器。其图标如图 4-7(a)所示，面板如图 4-7(b)所示。

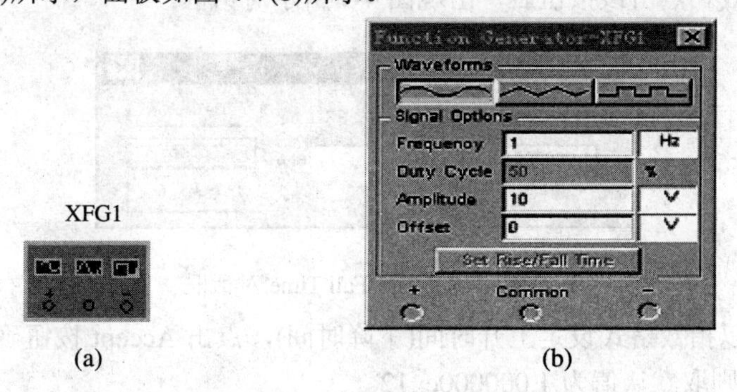

图 4-7 函数信号发生器的图标和面板

1. 连接

函数信号发生器的图标有+、Common 和−这 3 个输出端子，与外电路相连可输出电压信号。

连接+和 Common 端子，输出信号为正极性信号；连接 Common 和-端子，输出信号为负极性信号，幅值等于信号发生器的有效值。连接+和-端子，输出信号的幅值等于信号发生器有效值的两倍。

同时连接+、Common 和-端子，且把 Common 端子与公共地(Ground)相连，则输出两个幅值相等、极性相反的信号。

2. 面板操作

图 4-7 所示函数信号发生器面板上共有两栏：波形栏和信号选项栏，其作用如下：

(1) Waveforms 栏：用于选择输出信号的波形类型。函数信号发生器可以产生正弦波、三角波和方波 3 种周期性信号。点击相关按钮即可产生相应波形信号。

(2) Signal Options 栏：用于对 Waveforms 区中选取的波形信号进行相关参数设置。

Signal Options 栏共有 4 个参数设置项和一个按钮，其作用如下：

● Frequency：设置所要产生信号的频率，范围为 1 Hz～999 MHz。

● Duty Cycle：设置所要产生信号的占空比，设定范围为 1%～99%。占空比的定义如图 4-8 所示。

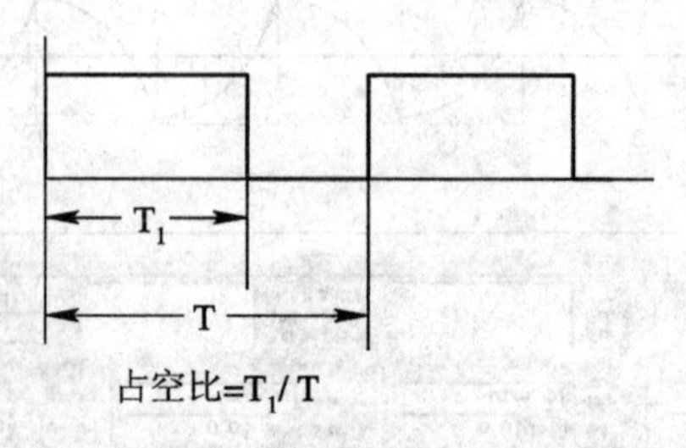

图 4-8　占空比定义

● Amplitude：设置所要产生信号的最大电压值(即幅值)，其可选范围为 1 μV～999 kV。

● Offset：设置偏置电压值，即把正弦波、三角波、方波叠加在设置的偏置电压上输出，其可选范围为 1 μV～999 kV。

● Set Rise/Fall Time 按钮：设置所要产生信号的上升时间与下降时间。该按钮只有在产生方波时才有效。点击该按钮后，出现图 4-9 所示对话框。

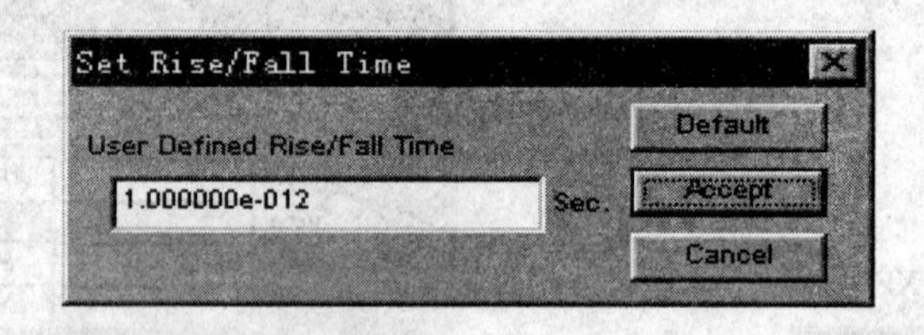

图 4-9　Set Rise/Fall Time 对话框

该对话框中以指数格式设定上升时间(下降时间)，点击 Accept 按钮确认即可设定。如点击 Default，则取默认值为 1.000000e-12。

当所有面板参数设置完成后，关闭其面板对话框，仪器图标将保持输出的波形。

例 4.3　用函数信号发生器为图 4-10(a)所示限幅电路提供三角波信号。

在图 4-10(a)中，双击函数信号发生器图标，选择三角波输入，参数设置为：频率为 1 kHz，占空比为 50%，幅值为 5 V。运行仿真开关，双击图 4-10(a)中的示波器图标，即可观察到限幅电路的仿真输出。输入、输出波形如图 4-10(b)所示。

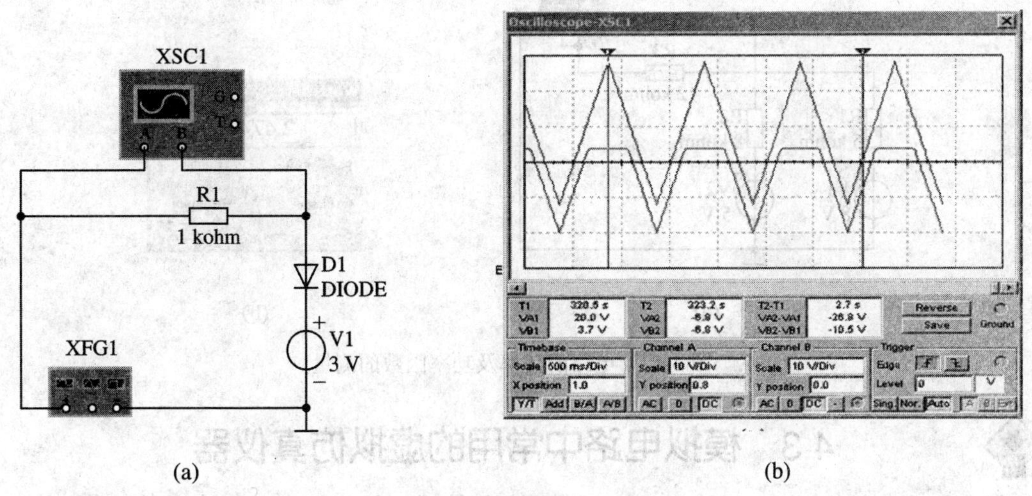

(a) (b)

图 4-10　限幅电路及波形显示

4.2.4　瓦特表

Wattmeter(瓦特表)是一种测量电路交、直流功率的仪器。其图标如图 4-11(a)所示，面板如图 4-11(b)所示。

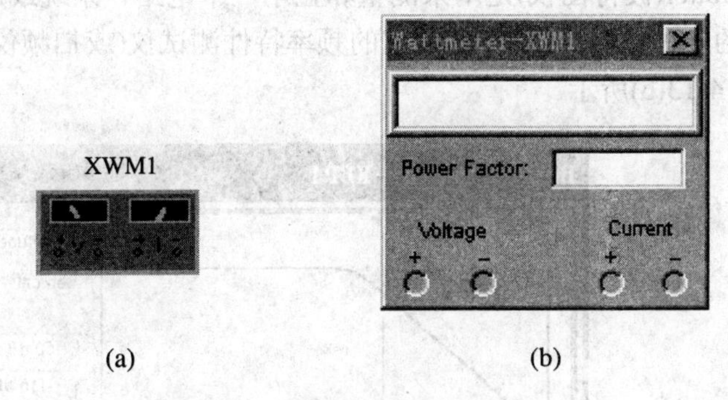

(a) (b)

图 4-11　瓦特表的图标和面板

1. 连接

瓦特表图标中有两组端子：左边两个端子为电压输入端子，与所要测试的电路并联；右边两个端子为电流输入端子，与所要测试的电路串联。

2. 面板操作

瓦特表面板共分两栏，功能如下：

(1) 显示栏：显示所测量的功率，该功率是平均功率，其单位自动调整。

(2) Power Factor 栏：显示功率因数，数值在 0～1 之间。

例 4.4　用瓦特表测量图 4-12(a)所示电路中电阻 R3 上的功率及功率因数。

在图 4-12(a)中，运行仿真开关，双击瓦特表图标，可得如图 4-12(b)所示测量结果：平均功率为 2.474 mW，功率因数为 1.000。

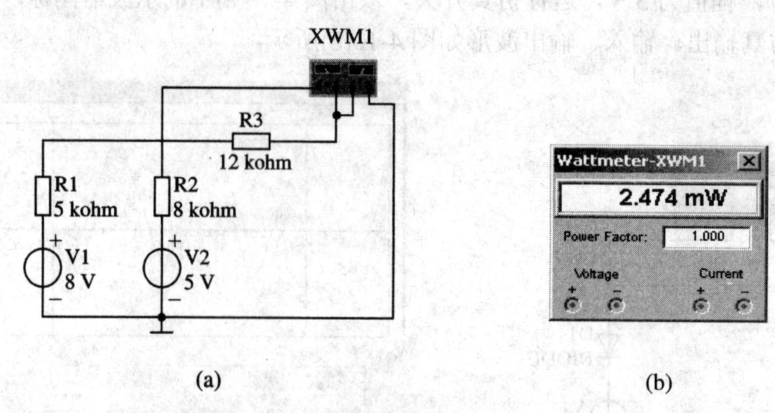

图 4-12　电路的功率及功率因数的测量

4.3　模拟电路中常用的虚拟仿真仪器

模拟电路中常用的虚拟仿真仪器有 Bode Plotter(波特图仪)和 Distortion Analyzer (失真分析仪)。本节将对这两种仪器的参数设置、面板操作等分别加以介绍。

4.3.1　波特图仪

 Bode Plotter(波特图仪)是用来测量和显示一个电路、系统或放大器幅频特性 A(f)和相频特性φ(f)的一种仪器，类似于实验室的频率特性测试仪(或扫频仪)。其图标如图 4-13(a)所示，面板如图 4-13(b)所示。

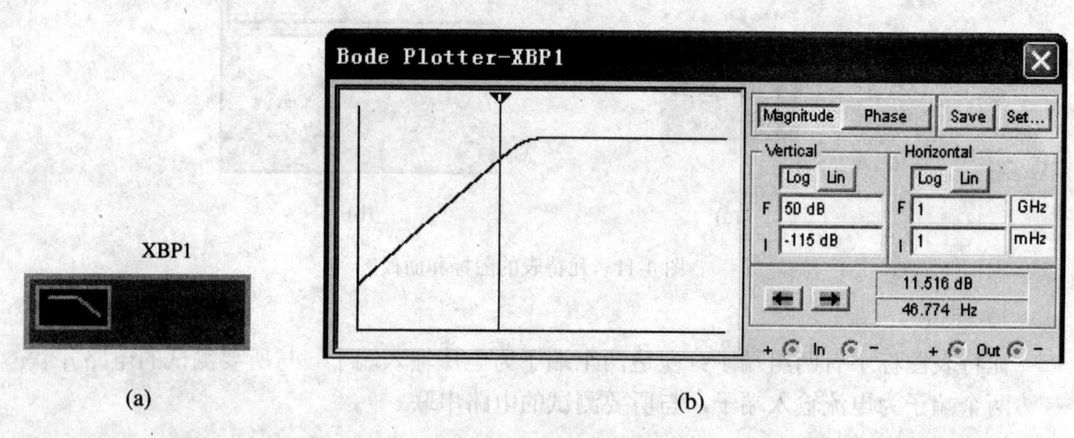

图 4-13　波特图仪的图标和面板

1. 连接

波特图仪的图标包括 4 个接线端：左边 in 是输入端口，其+、-分别与电路输入端的正、负端子相接；右边 out 是输出端口，其+、-分别与电路输出端的正、负端子连接。由于波特图仪本身没有信号源，因此在使用波特图仪时，必须在电路的输入端口示意性地接入一个交流信号源(或函数信号发生器)，对信号源频率设置无特殊的要求，即不需要对参数进行设置。图 4-14 所示为波特图仪与共射放大电路的连接。

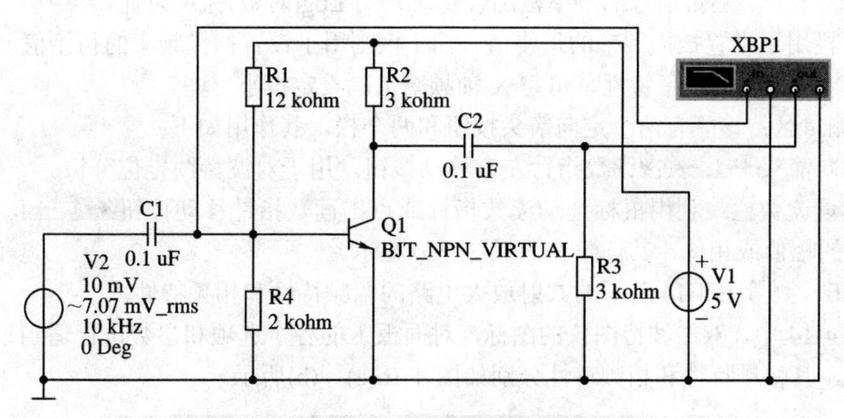

图 4-14　波特图仪与共射放大电路的连接

2. 面板操作

图 4-13(b)所示波特图仪面板共分 5 个区，下面将从左至右、从上到下对它们分别加以介绍。

(1) 显示区：显示波特图仪测量结果。

(2) 波特图仪的面板右边上排 4 个按钮，其功能如下：

- Magnitude：左边显示屏里显示幅频特性曲线。
- Phase：左边显示屏里显示相频特性曲线。
- Save：以 BOD 格式保存测量结果。
- Set：设置扫描的分辨率。点击该按钮后，出现图 4-15 所示对话框。

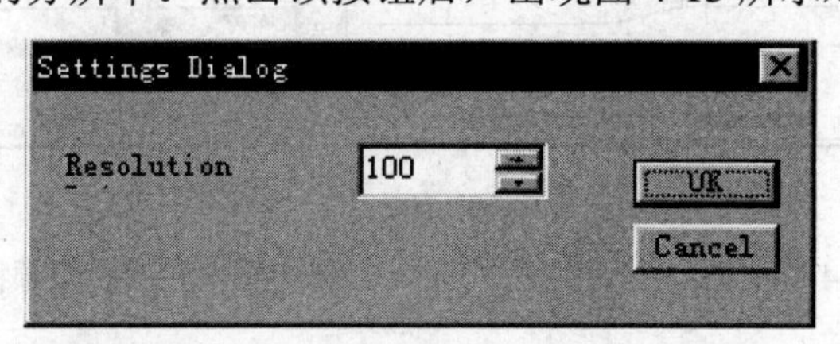

图 4-15　设置扫描分辨率对话框

在 Resolution 栏中选定扫描的分辨率，数值越大，读数精度越高，但数值的增大将增加运行时间，默认值是 100。

(3) Vertical(垂直坐标)区：设定 Y 轴的刻度类型。Vertical 区共有两个按钮和两个栏，其作用如下：

● 测量幅频特性时，若点击 Log(对数)按钮，则 Y 轴刻度的单位是 dB(分贝)，标尺刻度为 20LogA(f) dB，其中 A(f)=Vo(f)/Vi(f)；当点击 Lin(线性)按钮后，Y 轴是线性刻度。一般情况下采用线性刻度。

● 测量相频特性时，Y 轴坐标表示相位，单位是°，刻度是线性的。

● F 栏用于设置 Y 轴刻度的最终值，而 I 栏则用于设置 Y 轴刻度的初始值。I 和 F 分别为 Y 轴刻度 Initial(初始值)和 Final(最终值)的缩写。

(4) Horizontal(水平坐标)区：设定 X 轴刻度类型(频率范围)。

● 若点击 Log(对数)按钮，则标尺以对数刻度表示；若点击 Lin(线性)按钮，则标尺以线性刻度表示。当测量信号的频率范围较宽时，用 Log(对数)标尺为宜。

- F 栏用于设置扫描频率的最终值，而 I 栏则用于设置扫描频率的初始值。为了清楚显示某一频率范围的频率特性，可将 X 轴频率范围设定得小一些。

(5) 测量区：该区有两个定向箭头按钮和两个栏，其作用如下：

- 定向箭头 ← →：读数指针左右移动按钮，用于对波特图定位分析。
- 测量读数栏：利用鼠标拖动读数指针或点击读数指针移动按钮 ← →，可测量所处频率点的幅值或相位，其读数在面板右下方显示。

例 4.5 测量图 4-14 所示的共射放大电路的幅频特性和相频特性。

在图 4-14 中，双击波特图仪的图标，对面板上的各个选项和参数进行适当设置。运行仿真开关，其幅频特性和相频特性分别如图 4-16(a)、(b)所示。

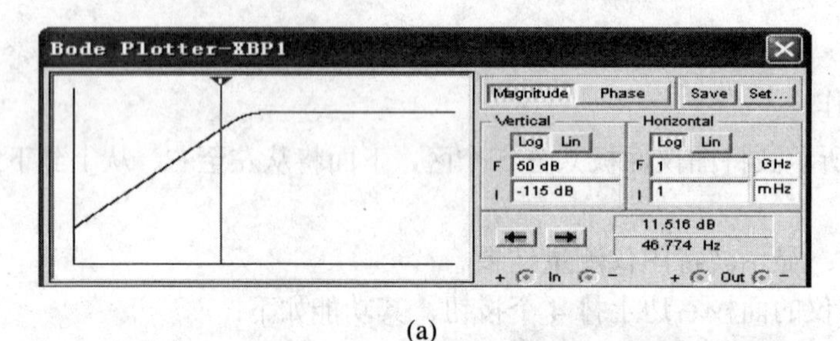

(a)

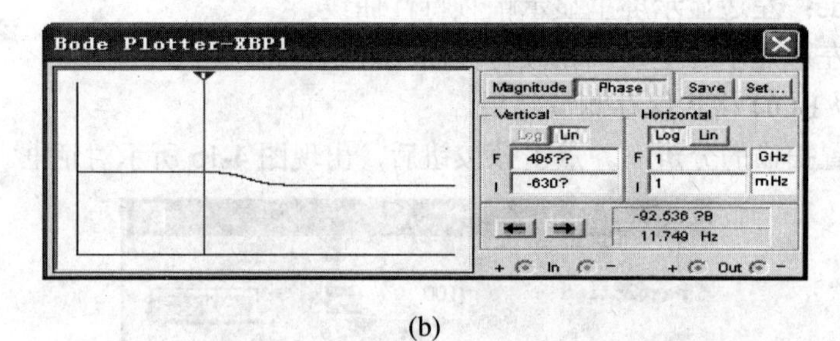

(b)

图 4-16 图 4-14 所示共射放大电路的幅频特性和相频特性

4.3.2 失真分析仪

Distortion Analyzer (失真分析仪)是一种测试电路总谐波失真与信噪比的仪器。其图标如图 4-17(a)所示，面板如图 4-17(b)所示。

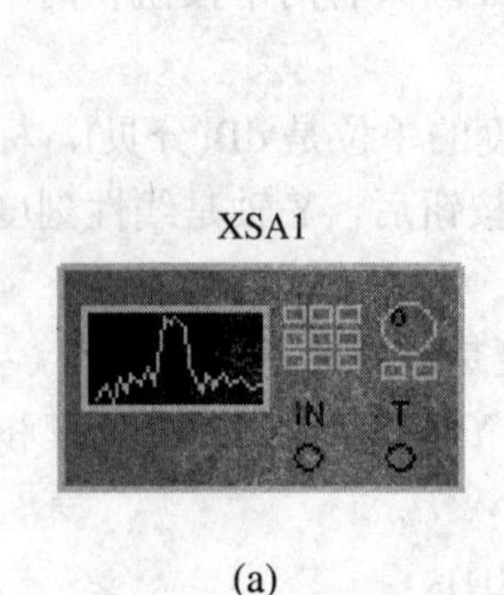

(a)

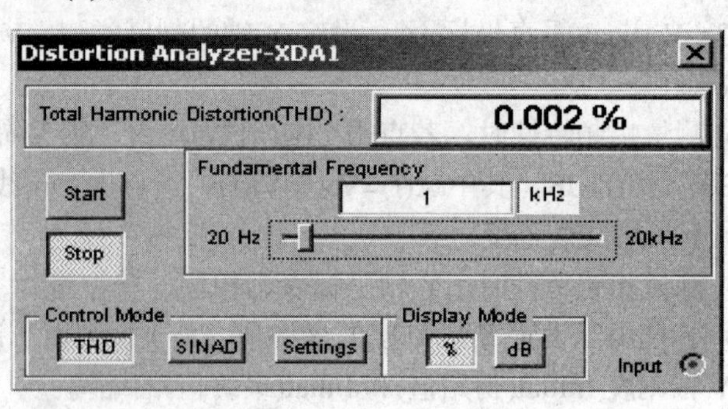

(b)

图 4-17 失真分析仪的图标和面板

1. 连接

图标中一个端子为输入端(Input)，连接电路的输出信号，另一个为外触发端。

2. 面板操作

失真分析仪的面板共分 5 个区，其作用如下：

(1) Total Harmonic Distortion(THD)区。该区用于显示测量总谐波失真的数值。其数值可以用百分比表示，也可用分贝数表示，这可通过点击 Dispiay Mode 区中的%按钮或 dB 按钮来选择。

(2) Fundamental Frequency 区。该区用于设置基频，移动下面的滑块可改变其基频值。

(3) Control Mode 区。该区有 3 个按钮，其作用如下：

- 按钮 THD：选择测试总谐波失真，即 THD。
- 按钮 SINAD：选取测试信号的信噪比，即 S/N。
- 按钮 Settings：设置测试的参数。点击该按钮后出现图 4-18 所示对话框，对话框中各参数设置如下：

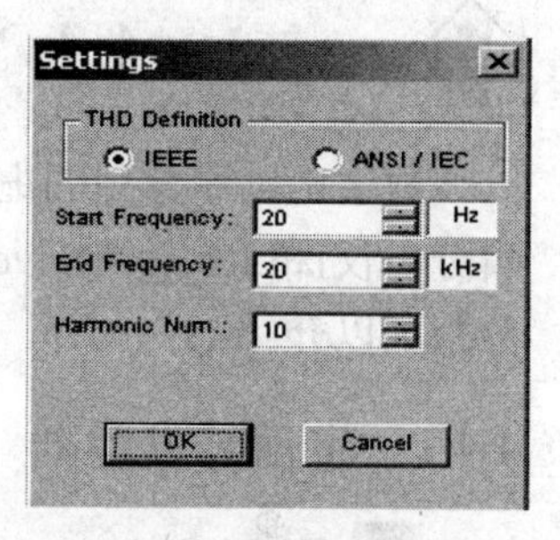

图 4-18 设置测试的参数

① THD Definition 区：用于选择总谐波失真的定义方式，包括 IEEE 及 ANSI/IEC 两种定义方式。

② Start Frequency 栏：设置起始扫描频率。

③ End Frequency 栏：设置终止扫描频率。

④ Harmonic Num.栏：选取谐波次数。

最后点击 OK 按钮确认即可。

(4) Start 按钮和 Stop 按钮的功能分别为：点击按钮 Start 开始测试；点击按钮 Stop 停止测试，读取测试结果。

当电路的仿真开关打开后，Start 按钮会自动按下，一般要经过一段时间计算后方可显示稳定的数值，这时再点击 Stop 按钮，读取测试结果。

(5) Display Mode 区：用于选择显示模式。

例 4.6 测试图 4-19 所示两级共射—共射放大电路的总谐波失真。

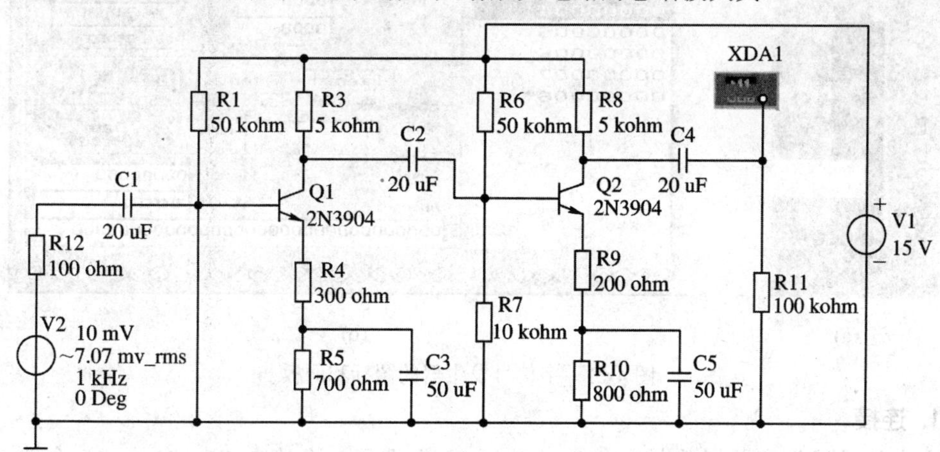

图 4-19 两级共射—共射放大电路

双击失真分析仪的图标，运行仿真开关，稳定后的结果如图 4-20 所示。

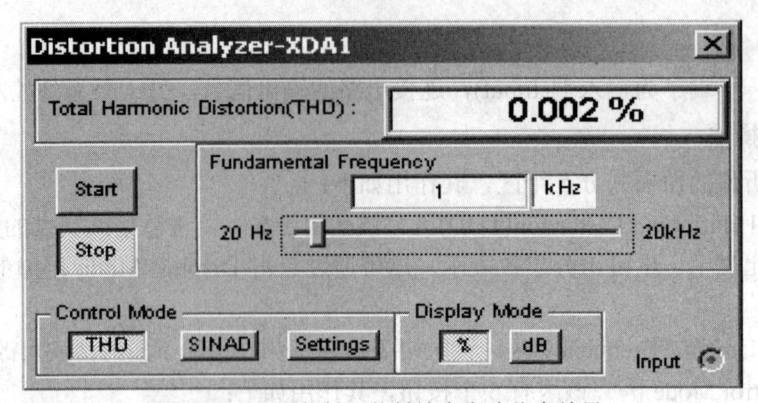

图 4-20　两级共射—共射放大电路仿真结果

 4.4　数字电路中常用的虚拟仿真仪器

数字电路中常用的虚拟仿真仪器有 Word Generator(字信号发生器)、Logic Analyzer(逻辑分析仪)和 Logic Converter(逻辑转换仪)。本节将对这三种仪器的参数设置、面板操作等分别加以介绍。

4.4.1　字信号发生器

Word Generator(字信号发生器)是一个能产生 32 路(位)同步逻辑信号的仪器，用来对数字逻辑电路进行测试，又称为数字逻辑信号源。其图标如图 4-21(a)所示，面板如图 4-21(b)所示。

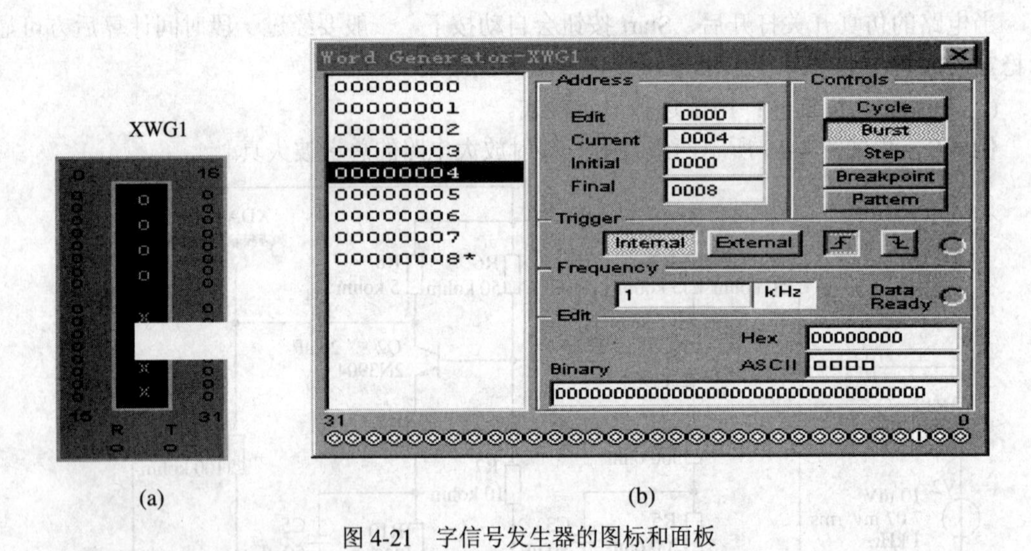

图 4-21　字信号发生器的图标和面板

1. 连接

在字信号发生器图标的左边有 0～15 共 16 个端子，右边有 16～31 共 16 个端子，这 32 个端子是该字信号发生器所产生信号的输出端，每一个端子都可接入数字电路的输入端。下面有 R 及 T 两个端子：R 为数据准备好输出端，T 为外触发信号输入端。

2. 面板操作

字信号发生器面板共分 7 个区，从左至右、从上到下各区功能分别如下：

(1) 字信号编辑区：32 位的字信号以 8 位十六进制数形式进行编辑和存放。编辑区地址范围为 0000H～03FFH，共计 1024 条字信号。可写入的十六进制数为 00000000～FFFFFFFF。若想让编辑区内的显示内容上下移动，利用鼠标移动滚动条即可实现；用鼠标点击某一条字信号即可实现对其定位和写入(或改写)(需要与 Edit 区配合)。此时 Address 区的 Edit 栏中立即显示其字信号的地址编号。

(2) Address(地址)区：字信号地址编辑区。本区包括 4 个栏，每个栏都是由 4 个十六进制的数字组成的，其中：

- Edit 栏：正在编辑的字信号的地址；
- Current 栏：正在输出的字信号的地址；
- Initial 栏：输出字信号的起始地址；
- Final 栏：输出字信号的终止地址。

每条字信号为 32 位(0～31)，而每条字信号都有其地址。当需要编辑字信号时，首先要指定其地址。设置完毕后，字信号从起始地址开始逐条输出。

(3) Controls(控制)区：选择字信号发生器的输出方式。该区 5 个选择按钮的功能如下：

- Cycle(循环)：表示字信号在设置的地址初始值到终值之间周而复始地以设定频率周期性地输出。

- Burst(单帧)：表示字信号从设置地址初始值逐条输出，直到终值时自动停止。

Cycle 和 Burst 输出方式的快慢，可通过 Frequency(输出频率)输入框中设置的数据来控制。

- Step(单步)：表示每点击一次鼠标输入一条字信号。

- Breakpoint(断点)：用于设置中断点。

在 Cycle 和 Burst 方式中，要想使字信号输出到某条地址后自动停止输出，只需预先点击该条字信号，再点击 Breakpoint 按钮即可。利用 Breakpoint 按钮可以设置多个断点。当字信号输出到断点地址而暂停输出时，可点击 II 按钮或按 F6 键来恢复输出。

- Pattern(模式)：选择输出模式，点击 Pattern 按钮，即可弹出图 4-22 所示对话框，其各项功能如下：

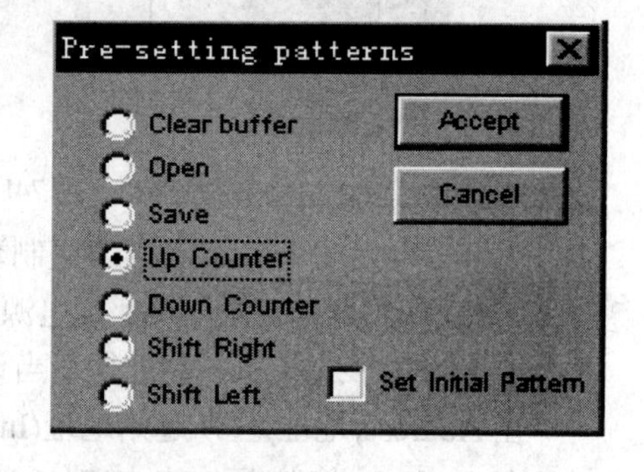

图 4-22　Pre-setting patterns 对话框

① Clear buffer：清除字信号编辑区。

② Open：打开字信号文件(存有字信号内容)。

③ Save：将字信号文件存盘，字信号文件的后辍为 .DP。

④ Up Counter：表示在字信号编辑区地址范围 0000H～03FFH 内，其内容按逐个加 1 递增的方式进行编码。

⑤ Down Counter：表示在字信号编辑区地址范围 0000H～03FFH 内，其内容按逐个减 1 递减的方式进行编码。

⑥ Shift Right：右移方式编码。表示字信号按 8000，4000，2000，1000，0800，0400，0200，0100，…的顺序进行编码。

⑦ Shift Left：左移方式编码。表示字信号按 0001，0002，0004，0008，0010，0020，0040，0080，…的顺序进行编码。

(4) Trigger 区：选择触发方式。该区有 4 个按钮，功能如下：

● 按钮 Internal：选择内部触发方式。字信号的输出直接受输出方式按钮 Step、Burst 和 Cycle 的控制。

● 按钮 External：选择外部触发方式。必须接入外触发脉冲信号，只有外触发脉冲信号到来时才启动信号输出。

●：上升沿触发。

●：下降沿触发。

接入外触发脉冲信号前，必须设置或，然后点击输出方式按钮。

(5) Frequency 区：设置输出的频率(速度)。

(6) Edit 区：编辑 Edit 栏所指地址的内容。可以在 Hex 栏以十六进制数输出数据；或者在 ASCII 栏以 ASCII 码输出数据；也可以在 Binary 栏以二进制数输出数据。

(7) 字信号输出区：最下面一行共有 32 个圆圈，以二进制码实时显示输出字信号各位状态。

例 4.7 用 74LS138D 译码器构成的一位全加器如图 4-23 所示。

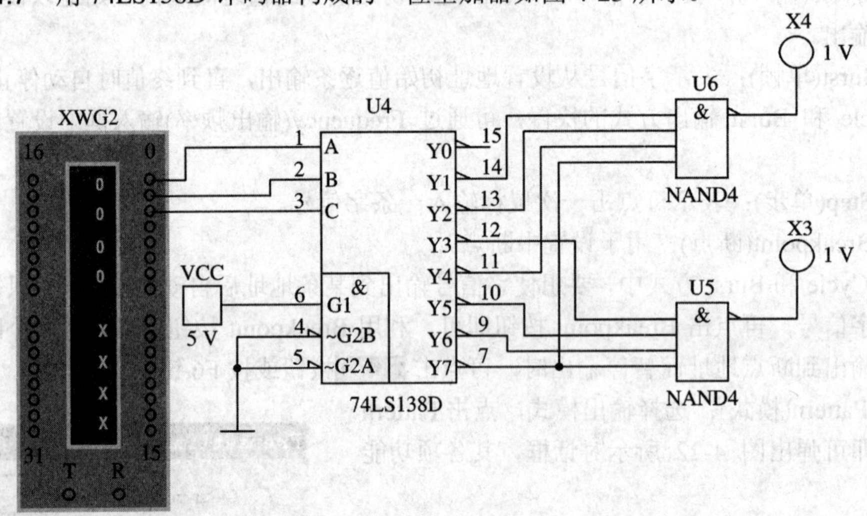

图 4-23 用 74LS138D 译码器构成的一位全加器

用字信号发生器输出三位二进制数码作为 74LS138D 译码器的地址输入信号 CBA，74LS138D 译码器的使能端 G1 接电源 VCC，G2A 和 G2B 接地。双击字信号发生器图标，对面板上的各个选项和参数进行适当设置：

在 Address(地址)区，起始地址(Initial 栏)为 0000，终止地址(Final 栏)为 0007。

在 Controls(控制)区，点击 Cycle 按钮，选择循环输出方式。点击 Pattern 按钮，在弹出的对话框中选择 Up Counter 选项，按逐个加 1 递增的方式进行编码。

在 Trigger 区，点击 Internal 按钮，选择内部触发方式。

在 Frequency 区，设置输出的频率为 1 kHz。

运行仿真开关，若探测器发光，则表示结果为“1”；若不发光，则表示结果为“0”。

4.4.2 逻辑分析仪

Logic Analyzer(逻辑分析仪)可以同步记录和显示 16 路逻辑信号，用于对数字逻辑信号进行高速采集和时序分析。其图标如图 4-24(a)所示，面板如图 4-24(b)所示。

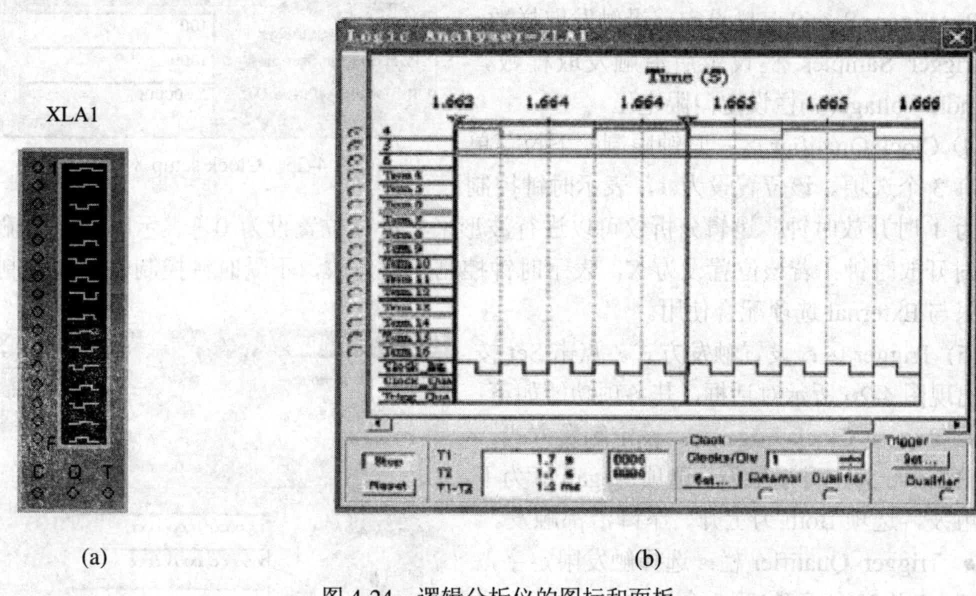

图 4-24 逻辑分析仪的图标和面板

1. 连接

图标的左侧从上至下有 16 个输入信号端口，使用时连接到电路的测量点。图标下部有 3 个端子，C 是外时钟输入端，Q 是时钟控制输入端，T 是触发控制输入端。

2. 面板操作

面板最左侧的 16 个小圆圈代表 16 个输入端，如果某个连接端接有被测量信号，则该小圆圈内出现一个黑圆点。被采集的 16 路输入信号以方波形式显示在屏幕上。当改变输入信号连接导线的颜色时，显示波形的颜色也同时改变。

逻辑分析仪面板共分 5 个区，从上到下、从左至右各区功能分别如下：

(1) 显示区：可以显示 16 路输出结果的波形。

(2) 显示窗下部左边有两个按钮：点击按钮 Stop，停止仿真；点击按钮 Reset，逻辑分析仪复位并清除显示波形。

(3) 显示窗下部左边第 2 个区：移动读数指针上部的三角形可以读取所处位置波形的数据，其中 T1 和 T2 分别表示读数指针 1 和读数指针 2 离开时间基线零点的时间，T1-T2 表示两读数指针之间的时间差。右边的小窗口显示读数指针 1 和读数指针 2 所处位置的 4 位十六进制数码。

(4) Clock 区：

- Clocks/Div：设置显示屏上每个水平刻度显示的时钟脉冲数。

● Set 按钮：设置时钟脉冲。点击该按钮后出现图 4-25 所示对话框，其各项功能如下：

① Clock Source 区：选择时钟脉冲的来源。若选取 External 选项，则由外部取得时钟脉冲；若选取 Internal 选项，则由内部取得时钟脉冲。

② Clock Rate 区：选取时钟脉冲的频率。

③ Sampling Setting 区：设置取样方式。其中，Pre-trigger Samples 栏设定前沿触发取样数，Post-trigger Samples 栏设定后沿触发取样数，Threshold Voltage(V)栏设定门限电压。

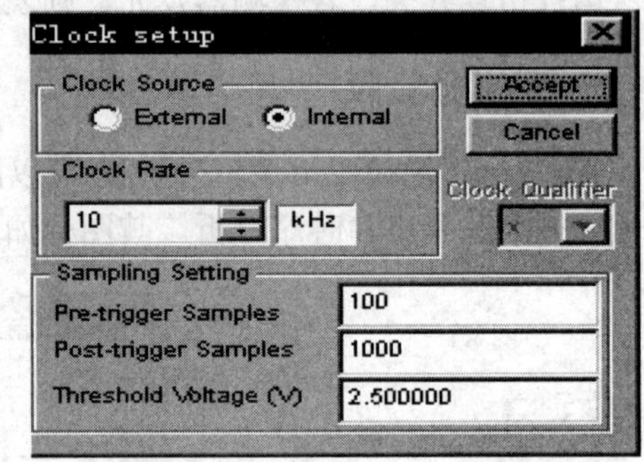

图 4-25 Clock setup 对话框

④ Clock Qualifier 区：时钟限制。下拉菜单中共有 3 个选项。该位置设为 1，表示时钟控制输入为 1 时开放时钟，逻辑分析仪可以进行波形采集；该位置设为 0，表示时钟控制输入为 0 时开放时钟；若该位置设为 X，表示时钟控制一直开放，不受时钟控制输入的限制。该栏只与 External 选项配合使用。

(5) Trigger 区：设置触发方式。点击 Set 按钮，出现图 4-26 所示对话框，其各项功能如下：

Trigger Settings
Trigger Clock Edge
Positive
Negative
Both
Accept
Cancel
Trigger Qualifier x
Trigger Patterns
1 16
Pattern A xxxxxxxxxxxxxxxx
Pattern B xxxxxxxxxxxxxxxx
Pattern C xxxxxxxxxxxxxxxx
Trigger Combinations A

● Trigger Clock Edge 区：设定触发方式。选项 Positive 为上升沿触发，选项 Negative 为下降沿触发，选项 Both 为上升、下降沿都触发。

● Trigger Qualifier 栏：选择触发限定字，包括 0、1 及 X(任意项)等 3 个选项。

● Trigger Patterns 区：设置触发的样本。可以在 Pattern A、Pattern B 及 Pattern C 栏中设定触发样本，也可以在 Trigger Combinations 栏中选择组合的触发样本。

当所有项目选定以后，点击 Accept 按钮即可。若想取消设置，点击 Cancel 按钮即可。

例 4.8 用逻辑分析仪显示 JK 触发器的输入、输出波形。

JK 触发器如图 4-27 所示，若设置图中电路的 J、K 及 CLR 接 1(电源)，然后给 CLK 端输入频率 f=1 kHz 的方波信号，则双击逻辑分析仪图标后，即可得到输入、输出波形，如图 4-28 所示。

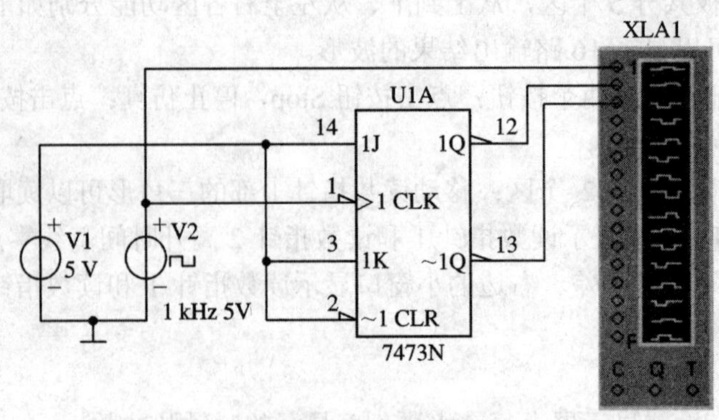

图 4-27 JK 触发器

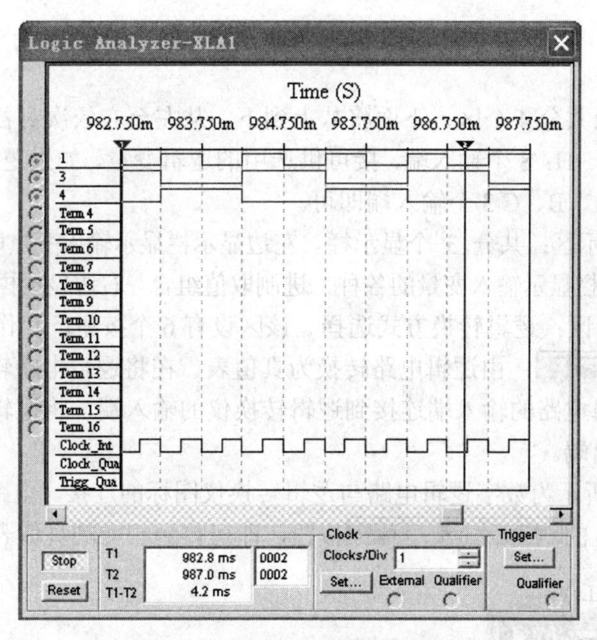

图 4-28 仿真波形

4.4.3 逻辑转换仪

Logic Converter(逻辑转换仪)是 Multisim 特有的虚拟仪器，实验室并不存在这样的实际仪器，目前在其他电路仿真软件中也没有。逻辑转换仪可以将逻辑电路转换为真值表，将真值表转换为逻辑表达式或简化逻辑表达式，将逻辑表达式转换为真值表，将表达式转换为逻辑电路，将逻辑表达式转换为与非门逻辑电路等。其图标如图 4-29(a)所示，面板如图 4-29(b)所示。

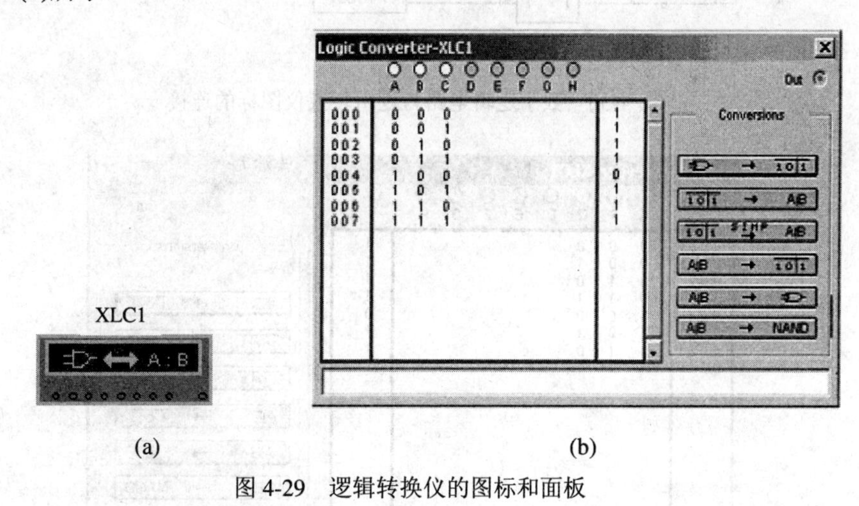

(a) (b)

图 4-29 逻辑转换仪的图标和面板

1. 连接

逻辑转换仪图标共有 9 个端子。左边 8 个端子可用来连接电路输入端的节点，而右边的一个端子是输出端子。通常只在需要将逻辑电路转换为真值表时，才将其图标与逻辑电路相连接。

2. 面板操作

逻辑转换仪面板共分 4 个区，下面将从上到下、从左至右依次对各区加以介绍。

(1) 最上面的 A～H：8 个输入端，接可供选用的逻辑变量，如果逻辑函数有 3 个变量，则用鼠标左键点击 A、B、C 3 个输入端即可。

(2) 中间左边显示区：共分 3 个显示栏。左边显示栏显示输入变量取值组合所对应的八进制数码，中间显示栏显示输入变量的各种二进制取值组合，右边显示栏显示逻辑函数的值。

(3) Conversions 区：逻辑转换方式选择。该区设有 6 个按钮，其作用如下：

● ：由逻辑电路转换为真值表。在将逻辑电路转换为真值表时，必须先将已画出的逻辑电路的输入端连接到逻辑转换仪的输入端，将逻辑电路的输出端连接到逻辑转换仪的输出端。

例如，图 4-30 所示为数字逻辑电路与逻辑转换仪图标的连接。电路连接完毕后，点击逻辑转换方式选择区的按钮，即可得到相应的真值表，如图 4-31 所示。

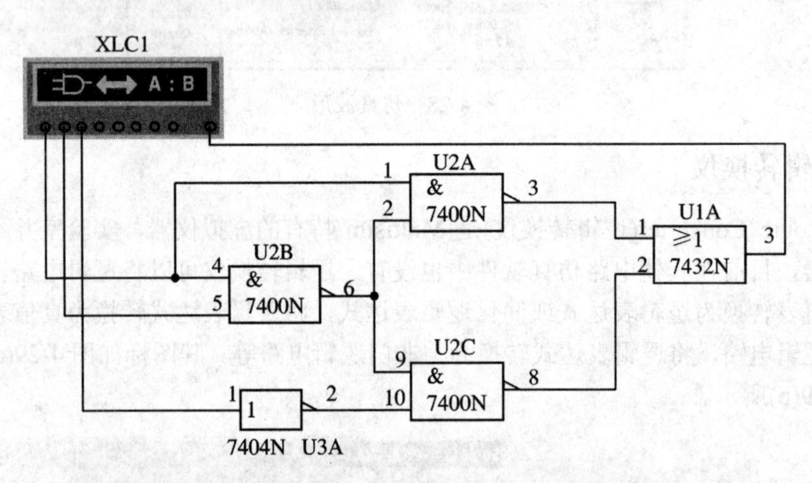

图 4-30　数字逻辑电路与逻辑转换仪图标的连接

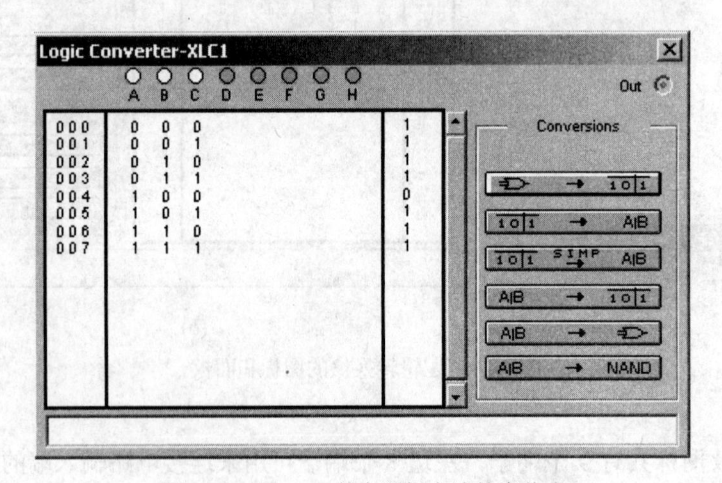

图 4-31　图 4-30 数字逻辑电路的真值表

● 10|1 → A|B：由真值表导出逻辑表达式。

要从真值表导出逻辑表达式，必须在真值表栏中输入真值表。输入方法有两种：若已知逻辑电路结构，可采用前面介绍的“由逻辑电路转换为真值表”的方式自动产生；或者直接在真值表栏中输入真值表，根据输入变量的个数用鼠标点击逻辑转换仪面板顶部代表输入端的小圆圈(A～H)，选定输入变量。变量被选中后，与之对应的小圆圈内部会泛白。此时，在真值表栏将自动出现输入变量的所有组合，而右侧靠近滚动条的输出列的初始值全部为“？”。然后根据所要求的逻辑关系来确定或修改真值表的输出值(0、1 或 X)，其方法是用鼠标多次点击真值表栏右面输出列的输出值，此时便会自动出现 0、1 或 X。

确定好真值表后点击 10|1 → A|B 按钮，这时在面板底部的逻辑表达式栏中将出现相应的逻辑表达式——标准的与或式，表达式中 A'表示逻辑变量 A 的“非”。

由图 4-31 所示的真值表导出的逻辑表达式如图 4-32 所示。

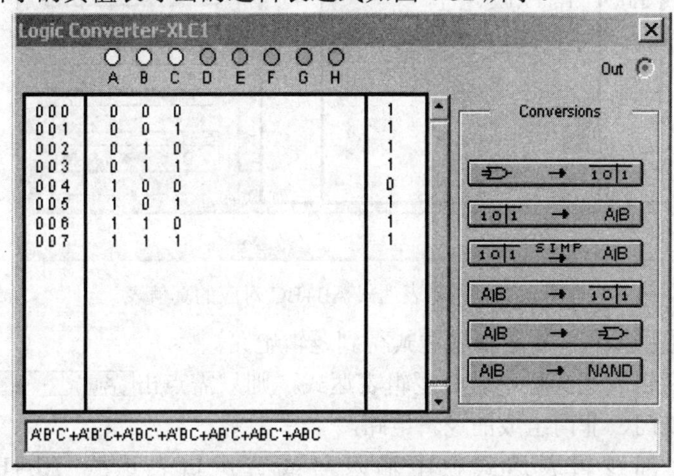

图 4-32　逻辑表达式

● 10|1 SIMP→ A|B：由真值表导出简化逻辑表达式。

如果要将已得到的逻辑表达式进一步简化，只需点击 10|1 SIMP→ A|B 按钮即可在面板图底部得到简化的逻辑表达式(最简与或式)。

由图 4-31 所示的真值表导出的简化与或逻辑表达式如图 4-33 所示。

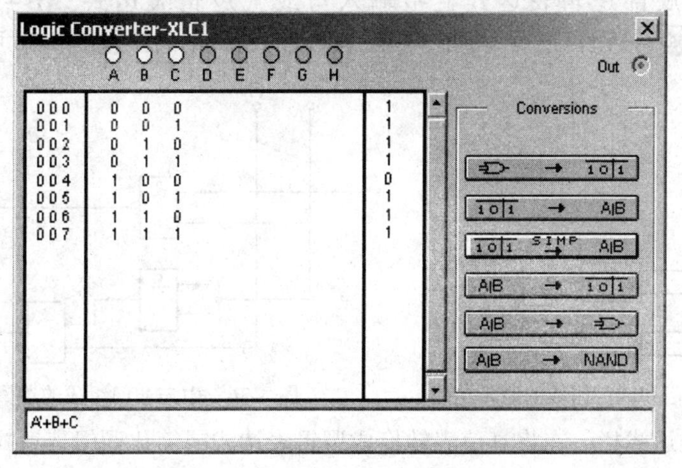

图 4-33　简化的逻辑与或表达式

● A|B → 1 0 1：从逻辑表达式得到真值表。

从图 4-33 的底部逻辑表达式栏中输入与或逻辑表达式，其中逻辑“非”用单引号来表示，例如 $\overline{A}$ 应写成 A'。然后点击 A|B → 1 0 1 按钮，即可得到对应的真值表。

例如，在逻辑转换仪底部逻辑表达式栏中输入与或式逻辑表达式 AB+BC，然后点击 A|B → 1 0 1 按钮，则得到对应的真值表，如图 4-34 所示。

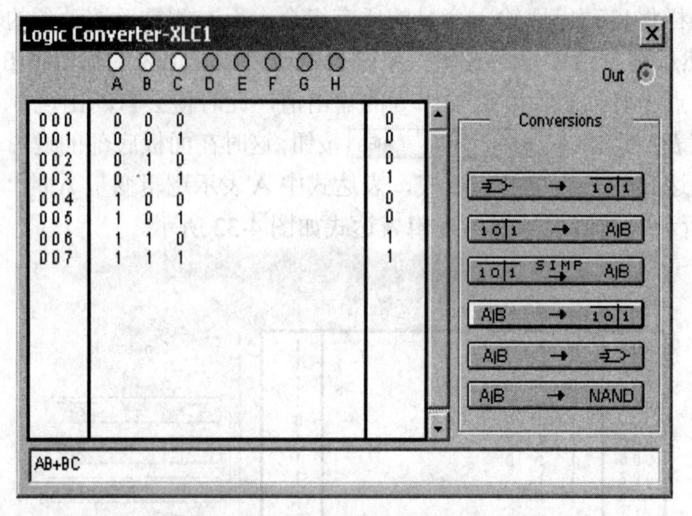

图 4-34　逻辑表达式 AB+BC 对应的真值表

● A|B → (门)：从逻辑表达式得到逻辑电路。

在面板底部逻辑表达式栏中若有逻辑表达式，则只需点击 A|B → (门) 按钮，便可得到由与门、或门、非门组成的逻辑电路。

例如，在底部逻辑表达式栏中输入与或式逻辑表达式 AB+BC，然后点击 A|B → (门) 按钮，则得到由与门和或门组成的逻辑电路，如图 4-35 所示。

● A|B → NAND：由逻辑表达式得到与非门电路。

在面板底部逻辑表达式栏中写入逻辑表达式，然后点击 A|B → NAND 按钮，便得到仅仅由与非门组成的逻辑电路。

例如，在底部逻辑表达式栏中输入与或式逻辑表达式 AB + B'C，然后点击 A|B → NAND 按钮，便可得到由与非门组成的逻辑电路，如图 4-36 所示。

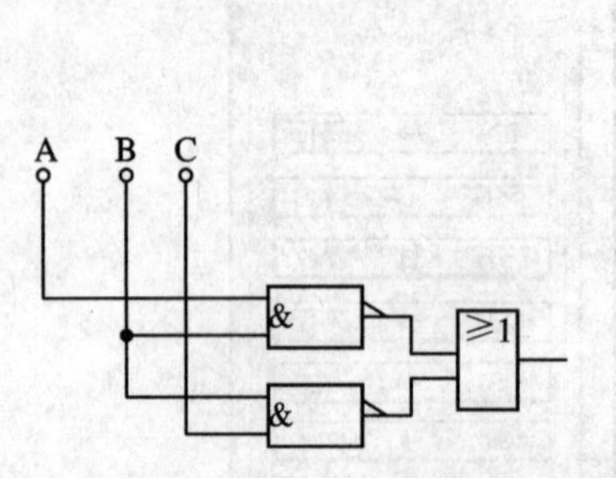

图 4-35　由与门和或门组成的逻辑电路

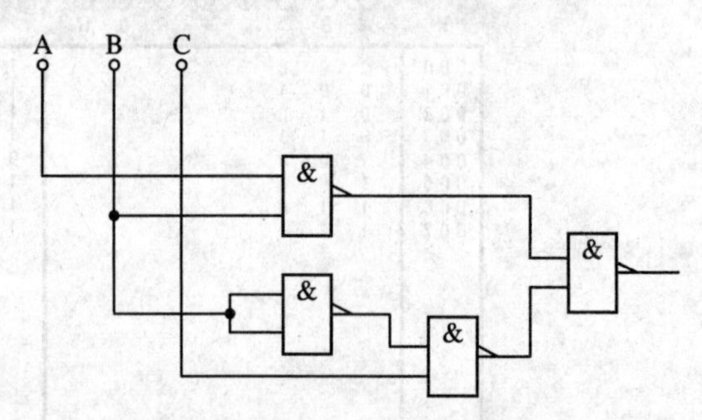

图 4-36　由与非门组成的逻辑电路

(4) 逻辑表达式栏：在将真值表转换成逻辑表达式或简化逻辑表达式时，输出与该真值表对应的逻辑表达式；在将逻辑表达式转换成真值表，或将逻辑表达式转换成逻辑电路，以及将逻辑表达式转换成与非门逻辑电路时，在逻辑转换仪底部的逻辑表达式栏中可输入逻辑表达式。

4.5 高频电路中常用的虚拟仿真仪器

高频电路中常用的虚拟仿真仪器有 Spectrum Analyzer(频谱分析仪)和 Network Analyzer(网络分析仪)。本节将对这两种仪器的参数设置、面板操作等分别加以介绍。

4.5.1 频谱分析仪

Spectrum Analyzer(频谱分析仪)主要用于测量信号所包含的频率及频率所对应的幅度。其图标如图 4-37(a)所示，面板如图 4-37(b)所示。

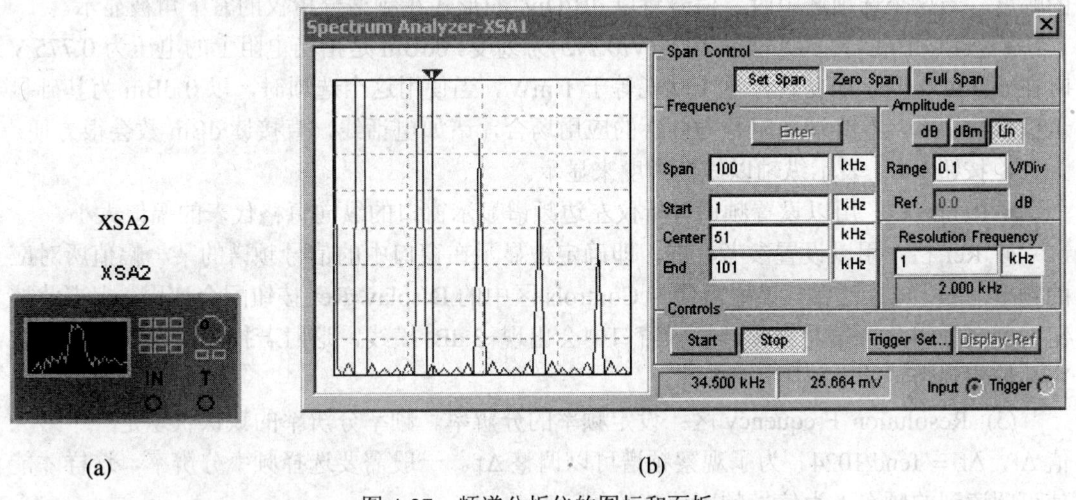

(a) (b)

图 4-37 频谱分析仪的图标和面板

1. 连接

频谱分析仪图标的 IN 端子是输入端子，用来连接电路的输出信号；T 端子是外触发输入端。

2. 面板操作

在面板上可进行各种设置并显示相应的频率特性曲线。频谱分析仪的面板共分 7 个区，下面将从左至右、从上到下对各区依次加以介绍。

(1) 显示区：面板左边的显示区显示相应的频谱。

(2) Span Control 区：选择显示频率变动范围的方式。该区设有 3 个按钮，其作用如下：

- 按钮 Set Span：采用 Frequency 区所设置的频率范围。
- 按钮 Zero Span：采用 Center 定义的一个单一频率。当按下该按钮后，Frequency 区的 4 个栏中仅 Center 可以设置某一频率，仿真结果是以该频率为中心的曲线。
- 按钮 Full Span：指全频范围，即 0～4 GHz。频率由程序自动给定，Frequency 区不起作用。

(3) Frequency 区：设置频率范围。该区共有 4 个栏，其作用如下：

● Span 栏：用于设置频率变化范围大小(记为 fspan)；

● Start 栏：用于设置开始频率(记为 fstart)；

● Center 栏：用于设置中心频率(记为 fcenter)；

● End 栏：用于设置结束频率(记为 fend)。

这 4 项频率设置之间的关系为:

$$fstart = fcenter - fspan/2$$

$$fend = fcenter + fspan/2$$

实质上只需设置 fcenter 和 fspan 两个参数，另外两个参数 fstart 和 fend 在点击 Enter 按钮后程序会自动确定。

(4) Amplitude 区：选择频谱纵坐标的刻度。该区设有 3 个按钮和两个栏，其功能如下：

● 按钮 dB：表示以分贝数即 20 lgV 为刻度。这里，lg 是以 10 为底的对数，V 是信号的幅度。当这个选项选中时，信号将以 dB/Div 的形式在频谱分析仪的右下角被显示。

● 按钮 dBm：表示纵轴以 10 lg(V/0.775)为刻度。0dBm 是指当电阻上的电压为 0.775 V 时在 600 Ω 电阻上的功耗，这个功耗等于 1 mW。当使用这个选项时，以 0 dBm 为基础显示信号的功率。在终端电阻是 600 Ω 的应用场合，诸如电话线，直接读 dBm 数会很方便。

● 按钮 Lin：表示纵轴以线性刻度来显示。

● Range 栏：用以设置频谱分析仪左边频谱显示窗口的纵向每格代表的幅值大小。

● Ref.栏：用以设置参考标准，即确定被显示在窗口中的信号频谱的某一幅值所对应的频率范围大小。通常，该栏需要与 Controls 区中的 Display-Ref 按钮配合使用。点击此按钮，则在频谱分析仪左侧频谱显示窗口中会出现-3 dB 横线，这时若拖动滑块，就能非常容易地找到带宽的上下限。

(5) Resolution Frequency 区：设定频率的分辨率。频率分辨率的默认状态是一个最大值 Δf，Δf = fend/1024。为了观察频谱可以调整 Δf。一般需要选择频率分辨率，这样才能使可阅读到的频率点为信号频率的整数倍。

(6) Controls 区：控制频谱分析仪的运行。该区设有 4 个按钮，其功能如下：

● 按钮 Start：开始分析。

● 按钮 Stop：停止分析。

● 按钮 Trigger Set：设置触发方式。点击 Trigger Set 按钮后，屏幕出现图 4-38 所示的 Trigger Options 对话框，该对话框中各参数设置如下：

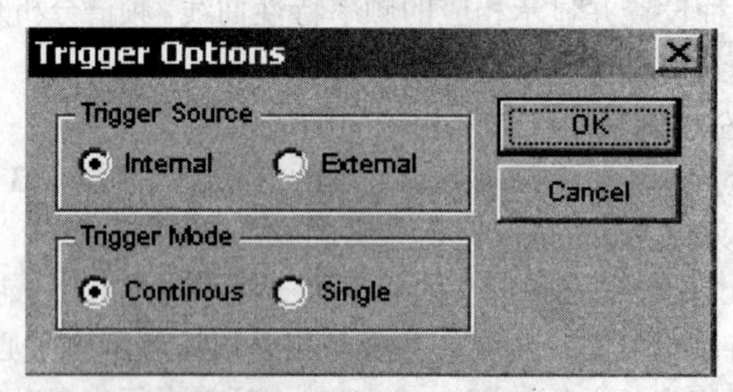

图 4-38　Trigger Options 对话框

① Trigger Source 区：设定触发源。选择 Internal 选项表示采用内部触发源；选择

External 选项表示采用外部触发源。

② Trigger Mode 区：设定触发模式。选择 Continous 选项表示采用连续触发；选择 Single 选项表示采用单一触发。

- 按钮 Display-Ref：显示参考值。

(7) 显示窗：面板右边最下面的两个小显示窗分别用于显示读数指针所处位置的频率和幅值。

例 4.9 用频谱分析仪分析图 4-39 所示的放大电路的频谱。

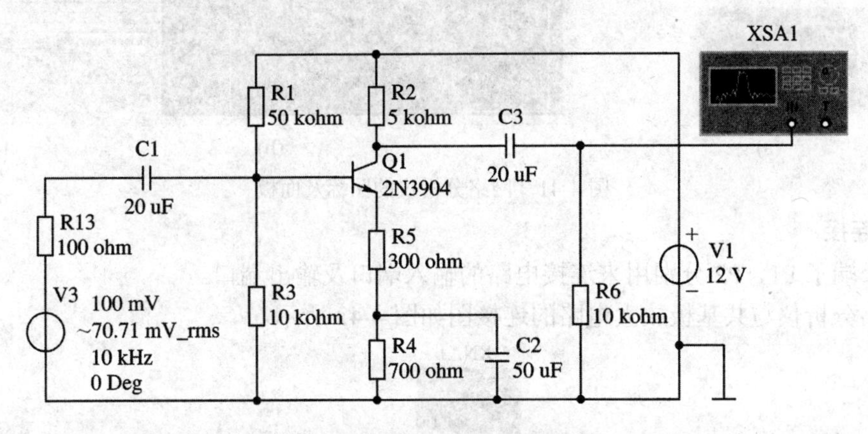

图 4-39 放大电路的频谱测量

连接好电路，双击频谱分析仪图标。对面板上的各个选项和参数进行适当设置，如图 4-40 所示。运行仿真开关，仿真的结果如图 4-40 所示。

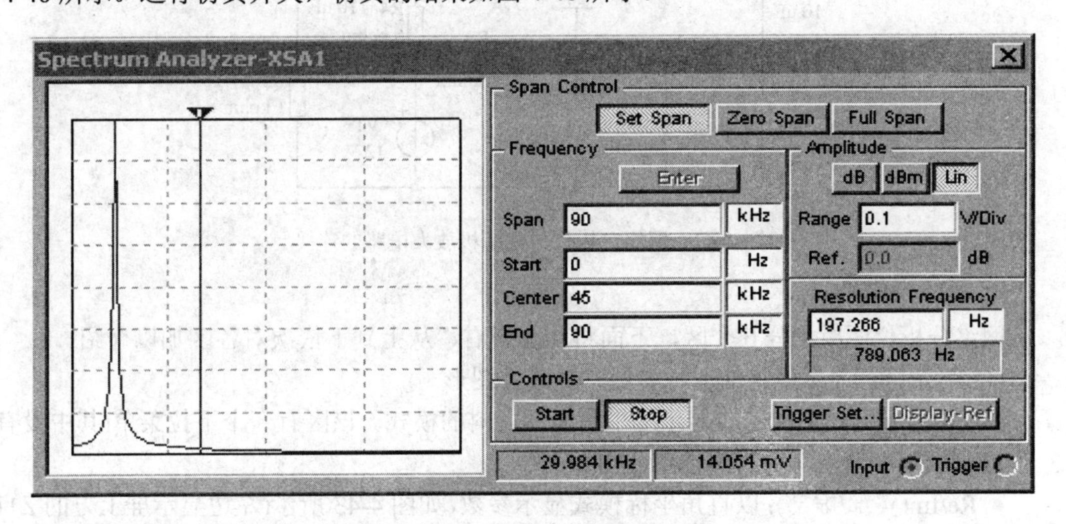

图 4-40 放大电路仿真结果

4.5.2 网络分析仪

Network Analyzer(网络分析仪)是用于测量电路的 S、H、Y、Z 参数的一种虚拟仪器，是高频电路中最常使用的仪器之一。现实中的网络分析仪是一种测试双端口高频电路的 S 参数的仪器。其图标如图 4-41(a)所示，面板如图 4-41(b)所示。

XNA1

P1 P2

(a)

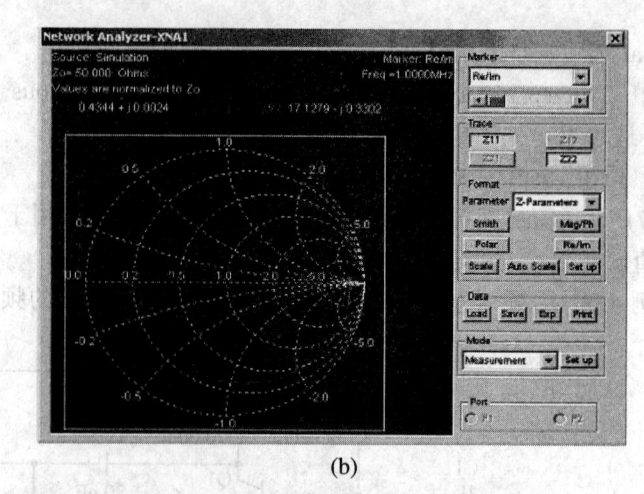

(b)

图 4-41　网络分析仪的图标及面板

1. 连接

两个端子 P1、P2 分别用来连接电路的输入端口及输出端口。

网络分析仪与共基极放大电路的连接图如图 4-42 所示。

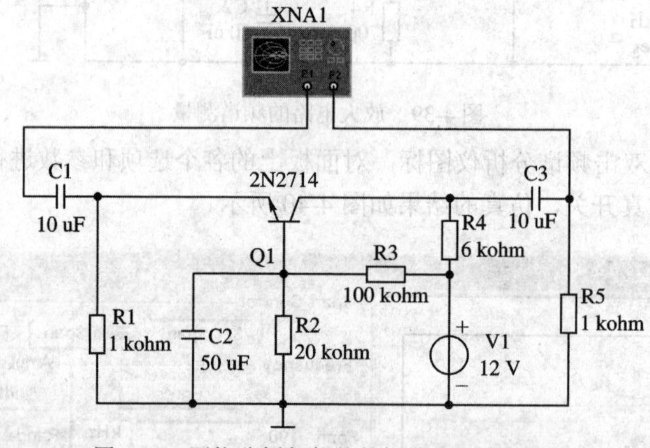

图 4-42　网络分析仪与共基极放大电路的连接

2. 面板操作

网络分析仪面板共分 6 个区，下面将从左至右、从上到下依次对各区加以介绍。

(1) 显示区：显示电路的 4 种参数、曲线及图形。

(2) Marker 区：选择左边显示屏里所显示资料的模式。该区有一个下拉菜单(其中设有 3 个选项)及一个拖动滑块，其作用分别如下：

● Re/Im(实部/虚部)：以直角坐标模式显示参数，如图 4-43 所示(左边显示屏上方的 Z11 及 Z22 参数)。

图 4-43　以直角坐标模式显示 Z11 及 Z22 参数

● Mag/Ph(Degs)(幅度/相位)：以极坐标模式显示参数，如图 4-44 所示。

图 4-44　以极坐标模式显示 Z11 及 Z22 参数

● dB Mag/Ph(Degs)(dB 数/相位)：以分贝的极坐标模式显示参数，如图 4-45 所示。

图 4-45　以分贝的极坐标模式显示 Z11 及 Z22 参数

● ：拖动本区下方的滑块可以改变频率。其频率的大小出现在显示屏的右上方 Marker: Re/Im Freq.=3.3113MHz 。

(3) Trace 区：确定所要显示的参数，该区共设有 4 个按钮：Z11、Z12、Z21 和 Z22，其中被点击的按钮表示要显示该参数。

(4) Format 区：选择所要分析的参数种类，除了上面所显示的 Z 参数外，还可显示 S 参数、H 参数、Y 参数。该区设有一个栏和 7 个按钮，其功能分别如下：

● Parameter 栏：点击下拉菜单，其中设有 4 个选项，用于选择测量电路的 S、H、Y 或 Z 参数。

● 按钮 Smith：以史密斯格式显示，如图 4-46 所示。

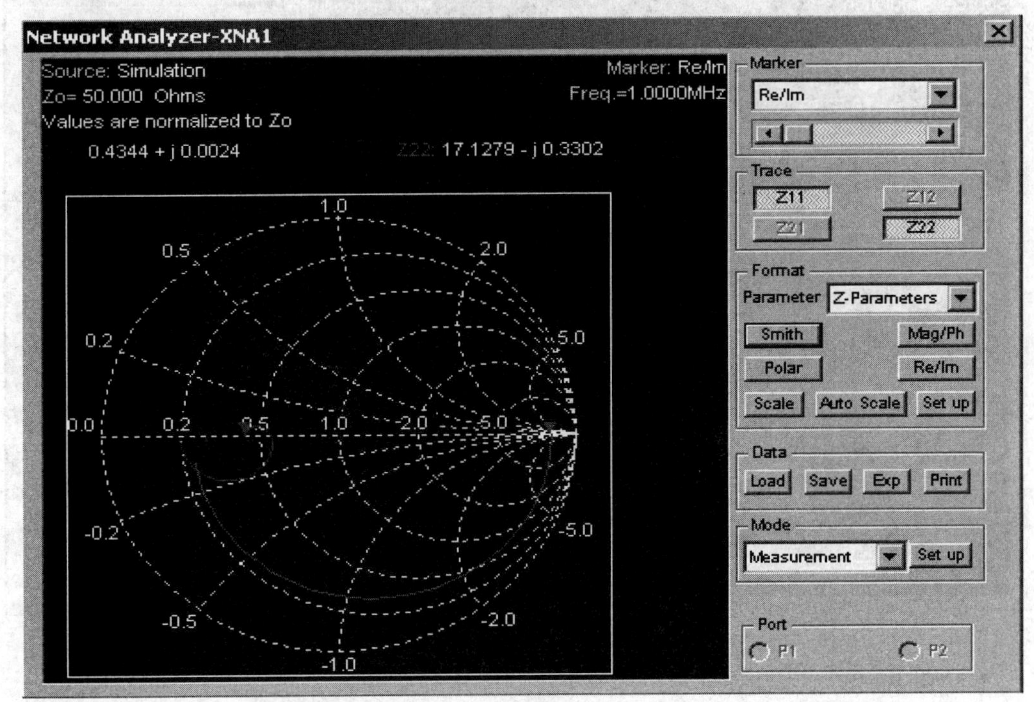

图 4-46　以史密斯格式显示

● 按钮 Mag/Ph：显示幅度/相位的频率响应曲线，即波特图，如图 4-47 所示。

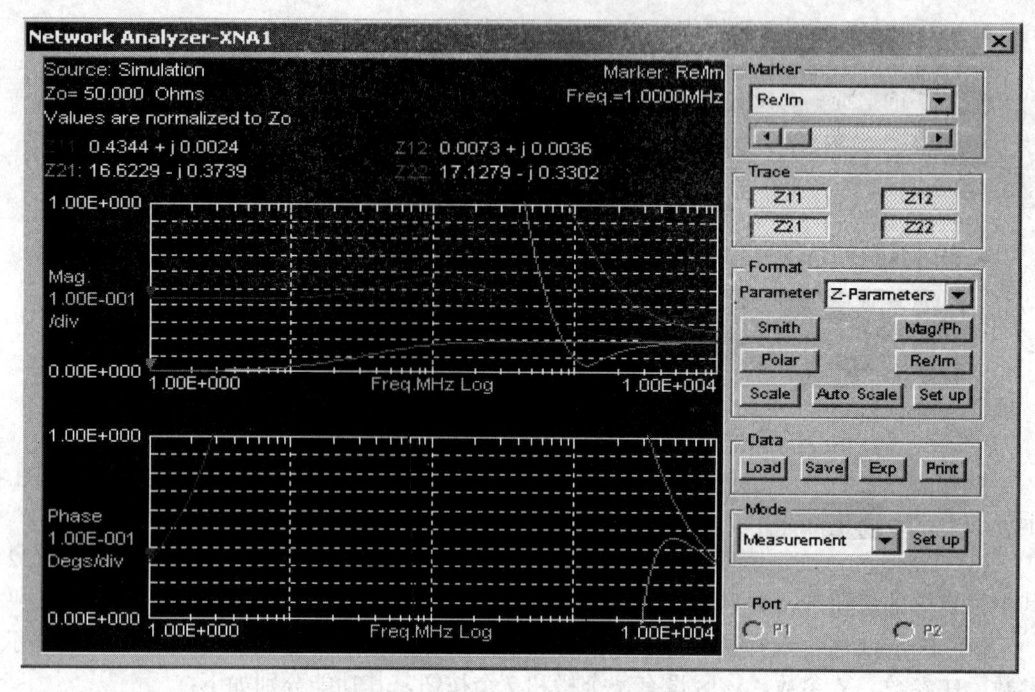

图 4-47　显示幅度/相位的频率响应曲线

● 按钮 Polar：显示极化图，如图 4-48 所示。

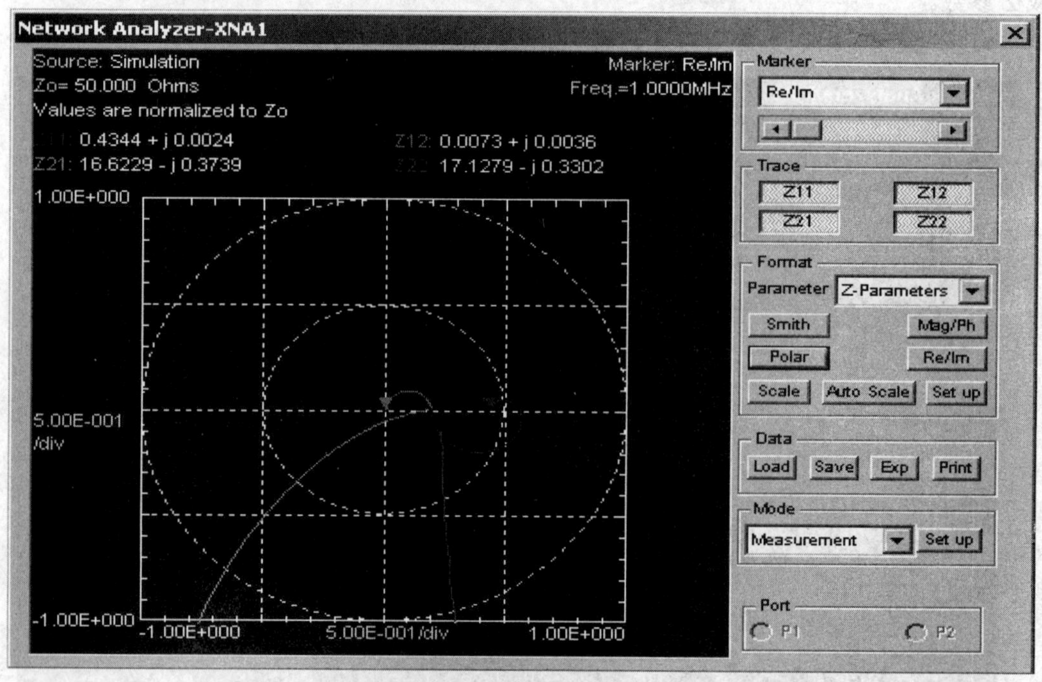

图 4-48　显示极化图

● 按钮 Re/Im：以实数/虚数形式显示，如图 4-49 所示。
● 按钮 Scale：选择纵轴刻度。
● 按钮 Auto Scale：由程序自动调整刻度。

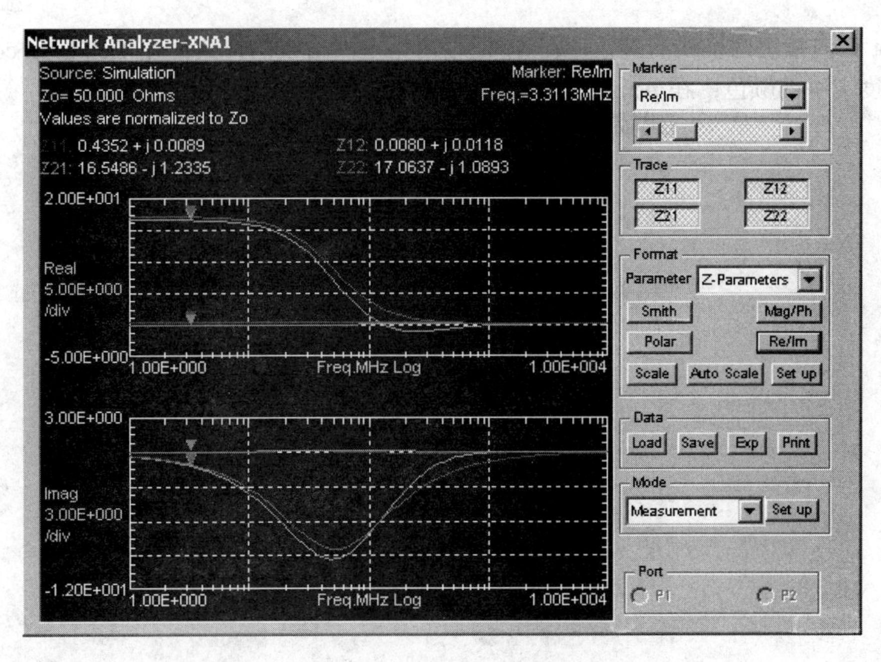

图 4-49　以实数/虚数显示

● 按钮 Set up：选择左侧显示屏上显示的模式。点击该按钮后，将出现图 4-50 所示的 Preferences 对话框。该对话框包括 3 页，其作用如下：

① Trace 页：设置曲线的属性，如图 4-50 所示。该页设有 4 栏：在 Trace＃栏内选择所要显示的参数曲线；在 Line width 栏内选择曲线宽度；在 Color 栏内指定曲线的颜色；在 Style 栏内选择曲线的样式。

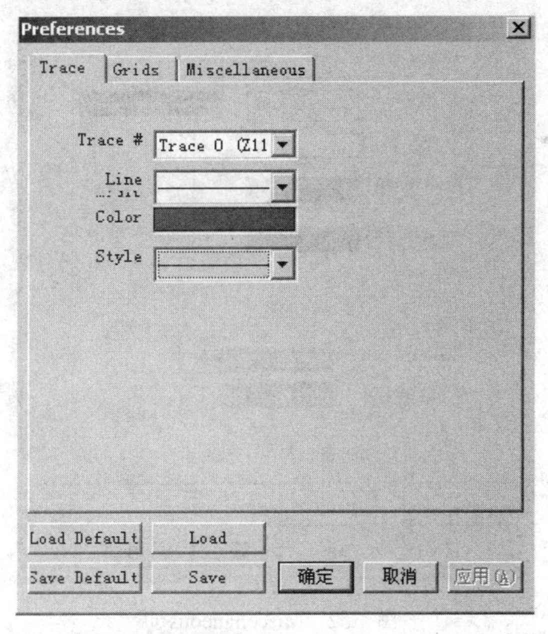

图 4-50　Preferences 对话框及 Trace 页

② Grids 页：设置网格的属性，如图 4-51 所示。在 Line width 栏内选择网格线的线宽；

在 Color 栏内指定网格线的颜色；在 Style 栏内指定网格线的样式；在 Tick label color 栏内指定刻度文字的颜色；在 Axis title color 栏内指定刻度轴标题文字的颜色。

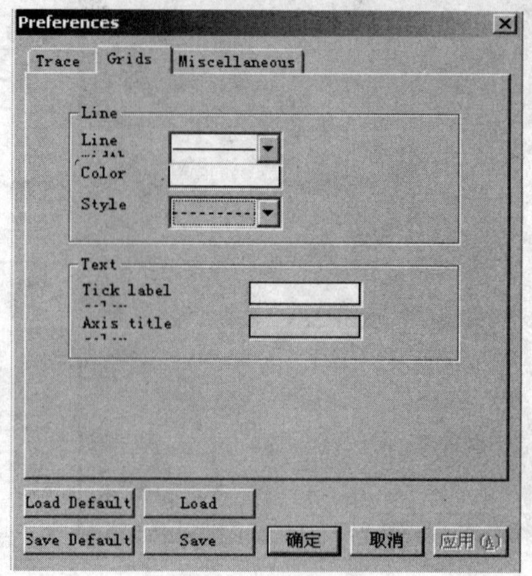

图 4-51　Grids 页

③ Miscellaneous 页：设置绘图区域和文本的属性，如图 4-52 所示。在 Frame width 栏内指定图框的线宽；在 Frame color 栏内指定图框的颜色；在 Background color 栏内指定背景颜色；在 Graph area color 栏内指定绘图区的颜色；在 Label color 栏内指定标注文字的颜色；在 Data color 栏内指定数据文字的颜色。

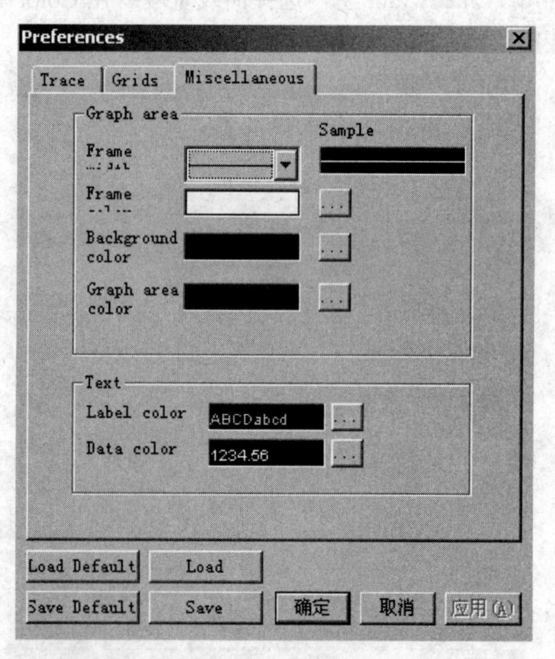

图 4-52　Miscellaneous 页

(5) Data 区：对显示屏里的数据进行处理。该区设有 4 个按钮，其功能如下:

- 按钮 Load：加载数据；

● 按钮 Save：保存资料；

● 按钮 Exp：输出资料；

● 按钮 Print：打印。

(6) Mode 区：选择分析模式。该区设有一个菜单和一个按钮。

点击下拉菜单，其中设有 3 个选项，如图 4-53 所示。

● Measurement：测量模式。

● Match Net. Designer：高频电路的设计工具。

● RF Characterizer：射频电路特性分析器。

● 按钮 Set up：设置待分析的参数。在不同的分析模式下，有不同的参数需要设置。以测量模式为例，点击此按钮，将出现图 4-54 所示的 Measurement Setup 对话框。

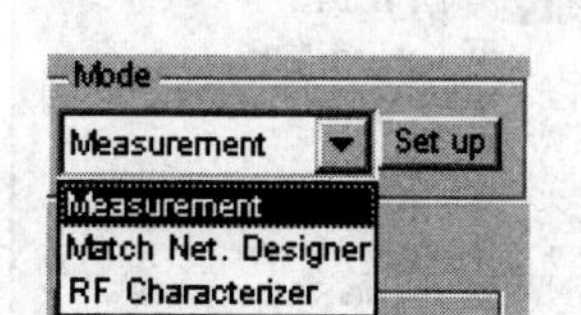

图 4-53　分析模式

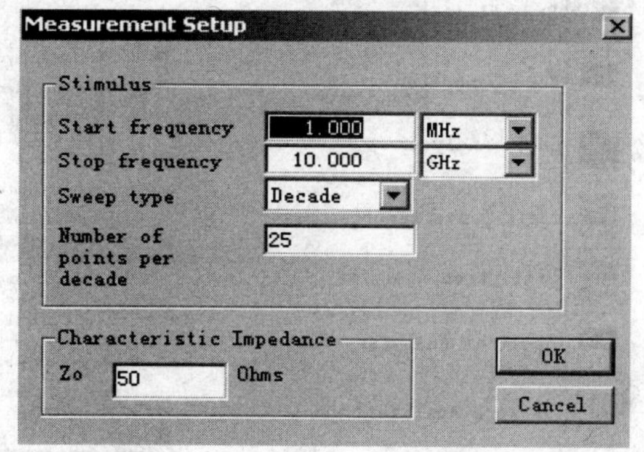

图 4-54　Measurement Setup 对话框

Start frequency 栏用于设置激励信号的起始频率，Stop frequency 栏用于设置激励信号的终止频率，Sweep type 栏用于设置扫描的方式，Number of points per decade 栏用于设置每 10 倍频率取样点数。

4.6　Multisim 11 中增加的虚拟仿真仪器仪表

在 Multisim 2001 的 Instruments(仪器仪表库)中共有 11 种虚拟仪器：Multimeter(数字万用表)、Function Generator(函数信号发生器)、Wattmeter(瓦特表)、Oscilloscope(示波器)、Bode plotter(波特图仪)、Word Generator(字信号发生器)、Logic Analyzer(逻辑分析仪)、Logic Converter(逻辑转换仪)、Distortion Analyzer(失真分析仪)、Spectrum Analyzer(频谱分析仪)和 Network Analyzer(网络分析仪)，如图 4-55(a)所示。在升级的 Multisim 11 仪器仪表库中又新增了一些虚拟仪器仪表，还新增了 4 种仿真仪器。Multisim 11 的仪器仪表库如图 4-55(b)所示。

仿真仪器(Simulated Vendor Instruments)主要对世界著名仪器公司 Agilent 和 Tektronix 生产的实际仪器进行虚拟仿真，具有 3D 面板，操作起来和实际的仪器一样。仿真仪器主要包括安捷伦函数信号发生器(Agilent Simulated Function Generator 33120A)、安捷伦数字万用表(Agilent Simulated Multimeter 34401A)、安捷伦数字示波器(Agilent Simulated Oscilloscope 54622D)以及泰克数字示波器(Tektronix Simulated Oscilloscope TDS 2024)。它

们的使用手册可以在 Multisim 网站 www.electronicsworkbench.com 或者 Agilent 官方网站 www.Agilent.com 和 Tektronix 官方网站 www.tektronix.com 上找到。

使用虚拟仪器是显示电路执行动作及仿真结果的有效方法，本节在 Multisim 2001 的基础上，就 Multisim 11 的仪器仪表库中新增加的仪器仪表进行介绍。

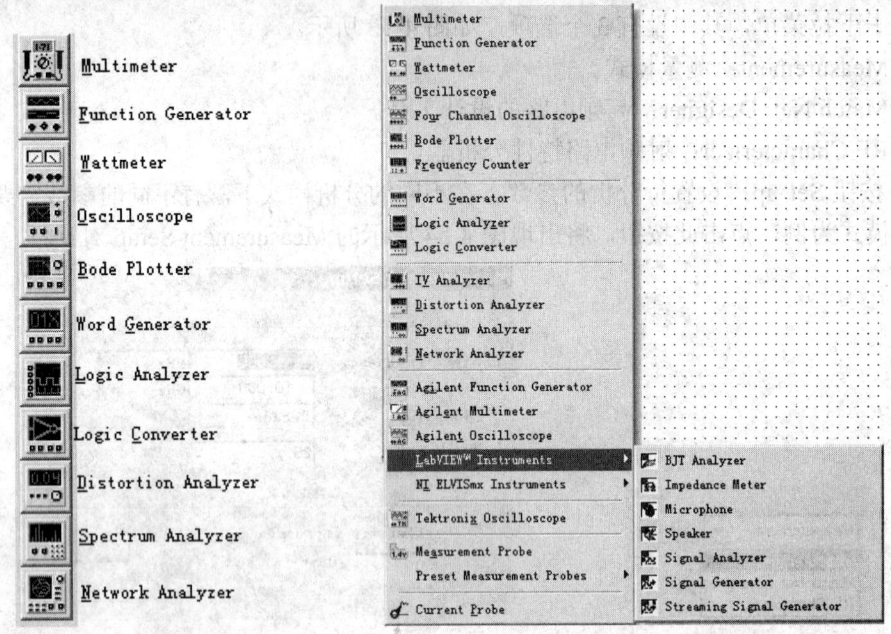

(a) Multisim 2001 的仪器仪表　　(b) Multisim 11 的仪器仪表

图 4-55　Multisim 的仪器仪表库

4.6.1　4 通道示波器

4 Channel Oscilloscope (4 通道示波器) 主要用于同时观测 4 个不同通道信号的频率、幅度和周期等参数。其图标和仪器面板如图 4-56 所示。

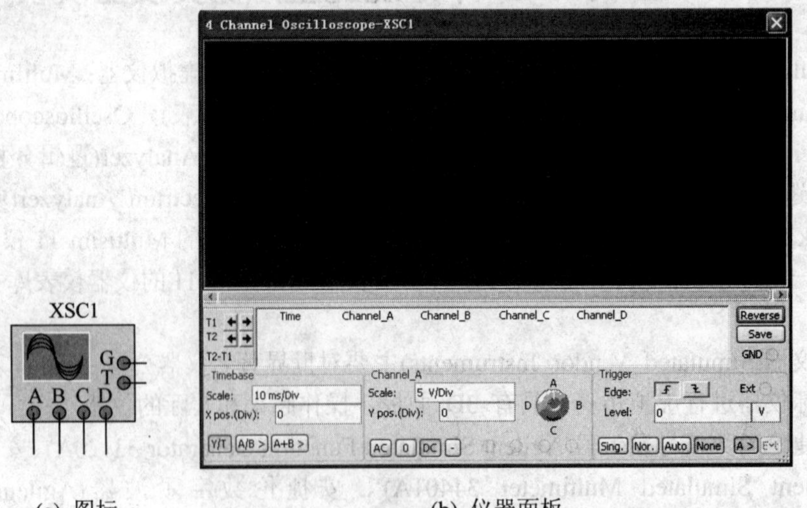

(a) 图标　　(b) 仪器面板

图 4-56　四通道示波器的图标和仪器面板

1．连接

图 4-56 所示示波器为 4 通道示波器，有 A、B、C、D 四个通道，G 是接地端，T 是外触发端。A、B、C、D 四个通道分别用一根导线与被测点相连，可测量该点与“地”之间的波形。测量时接地端 G 一般要接地(当电路中已有接地符号时，也可不接地)。

4 通道示波器的连接线路图如图 4-57 所示。

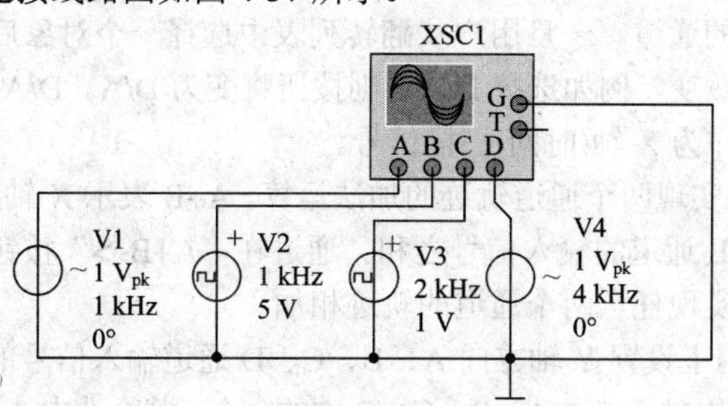

图 4-57　4 通道示波器连线图

为了便于观察和区分同时显示在示波器上不同通道信号的波形，示波器的 4 个通道连线头部通常选择不同颜色的配线，这样 4 个通道的轨迹线将根据所设置的颜色区别显示。

停止仿真运行，在通道的连线头部单击鼠标右键并从弹出的快捷菜单中选择 Color Segment(片断颜色)命令，弹出一个 Color(调色板)对话框，选择所需的颜色并单击 OK 按钮，即可看到信号波形。配线的快捷菜单和 4 通道示波器显示的波形如图 4-58 所示。

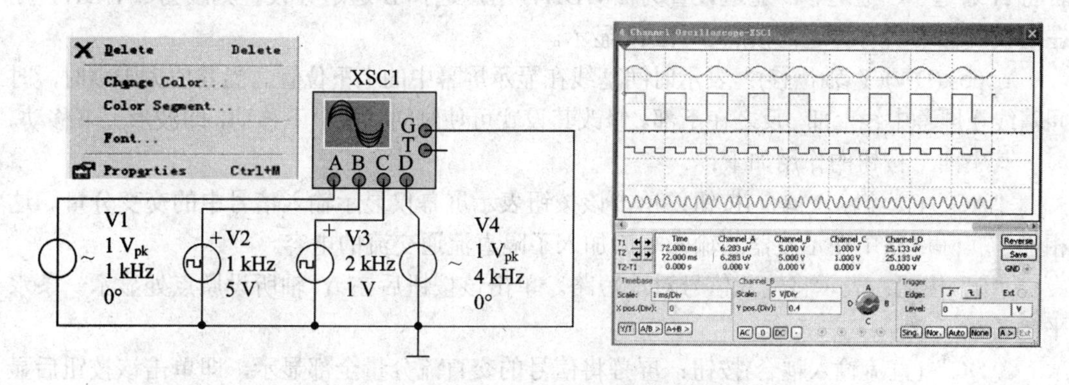

图 4-58　配线的快捷菜单和 4 通道示波器显示的波形

2．面板操作

4 通道示波器的仪器面板主要由波形显示区、游标参数测量区、时基(Timebase)控制区、通道(Channel)控制区、触发(Trigger)控制区、反色显示按钮以及保存按钮等组成。各部分的使用与双通道示波器相似，下面介绍各控制区及按钮。

(1) Timebase 区设置 X 轴方向的时间基线扫描格式。其中：

Scale(刻度)：选择 X 轴方向每一个刻度代表的时间。点击该栏后将自动出现刻度翻转列表，通过上下翻转列表可选择适当的数值，修改其设置可显示不同频段信号的波形。低频信号周期较长，当测量低频信号时，设置的时间要大一些；高频信号周期较短，当测量高频信号时，设置的时间要小一些，这样测量、观察都比较方便。

X pos.(Div)(X 位移)：表示 X 轴方向时间基线的起始位置。修改其设置可使时间基线左右移动，即波形左右移动。

其中三个按钮的作用如下：

“Y/T”按钮，表示 Y 轴方向显示通道的输入信号波形，X 轴方向显示时间基线，并按设置时间进行扫描。当显示随时间变化的信号波形时，常采用此种方式。

“A/B >”按钮，互换两个通道。用户可以在“A/B >”按钮上单击鼠标，并从弹出的翻转列表中选择所需的通道。一旦用户从翻转列表中选择一个对象后，则按钮标签页将根据所选择的对象发生改变。例如选择 D/A，则按钮将变为 D/A。D/A 表示 D 通道信号加在 Y 轴上，A 通道信号作为 X 轴(时间)扫描信号。

“A+B >”按钮，实现两个通道轨迹的加法运算。A+B 表示 X 轴按设置时间进行扫描，而 Y 轴方向显示 A、B 通道的输入信号之和。通过在“A+B >”按钮上单击，从弹出的翻转列表中选择，可以实现任意两个通道的轨迹相加。

(2) 通道控制区用于设置 Y 轴方向 A、B、C、D 通道输入信号的标度。其中：

：通道选择，用鼠标点击 A、B、C、D 中的一个，就会选中该通道，且选项区通道框标题将根据所选择的通道而改变，其相应设置也变化为该通道的设置。通常默认“Channel _A”。

Scale(刻度)：表示 Y 轴方向对 A 通道输入信号每格所表示的电压数值。点击该栏后将出现刻度翻转列表，根据所测信号电压的大小，上下翻转列表选择一适当的值。

当时基控制区中“A/B >”按钮被选中时，也将影响 X 轴的刻度。需要注意的是，当运行仿真时，显示通道中所选择的刻度即为在示波器中显示的曲线图像中的刻度。例如，若将 A 通道、C 通道、D 通道设置为 2 V/Div，用户选择 B 通道并设置刻度为 5 V/Div，则在曲线图像中所有通道都按照 5 V/Div 显示。

Y pos.(Div)(Y 轴位移)：表示时间基线在显示屏幕中的上下位置。当其值大于零时，时间基线在屏幕中线上部，反之在下部。修改其设置可使时间基线上下移动，即波形上下移动。

其中四个按钮的作用如下：

“AC”(交流输入耦合)按钮：单击该按钮表示屏幕仅显示输入信号中的交变分量。这相当于实际电路中在示波器的输入端口加入了隔直流通交流的电容。

“0”按钮：表示将输入信号对地短路。单击该按钮后在 Y 轴所设原点处显示一条水平参考线。

“DC”(直流输入耦合)按钮：屏幕将信号的交直流分量全部显示，即单击该按钮后显示 AC(交流)和 DC(直流)相加的信号成分。

“-”按钮：用 0 电平减去当前采集到的信号，也就是将信号沿着 X 轴反折 180°。

注意：不能在示波器的输入端串联电容，否则示波器将不提供电路通路，并且将认为电容连接不正确。

(3) 触发控制区：设置示波器的触发方式。其中：

“Edge”(边沿)按钮：单击上升沿按钮则显示信号的同极性或信号的上升过程；单击下降沿按钮则显示信号的反极性或信号下降过程。

“Level”(电平)框：设置输入触发电平的大小及单位。

触发按钮“Sing.”表示选择单脉冲触发。

触发按钮“Nor.”表示选择一般脉冲触发。

触发按钮“Auto”表示选择自动触发(不依赖外部信号，通常情况下使用该方式)。

触发按钮“None”表示没有触发。

通道按钮“A >”表示选择内置触发的通道。如果选中，则由 A 通道信号内置触发。若用户需要改变内置触发的通道，可以在“A >”按钮上单击鼠标，从弹出的翻转列表中选择 A、B、C、D 通道即可。

触发按钮“Ext”表示用示波器图标上触发端子 T 连接的信号作为触发信号，用来同步 X 轴时间基线扫描。当“None”按钮被按下时，“Ext”按钮变为不可用。

(4) 反色显示按钮：改变屏幕背景的颜色。如要将屏幕背景色恢复为原色，只需再次点击“Reverse”按钮即可。

(5) 保存按钮：保存运行结果，可以保存为 Scope data(*.scp) Multisim 示波器格式文件、LabVIEW 测量文件(*.lvm)和 DIAdem 文件。若保存为 DIAdem 文件，则头文件(*.tdm)和二进制文件(*.tdx)将被创建。

在动态显示时，点击 (暂停)按钮或按 F6 键，将使波形“暂停”，通过改变 X position 设置，可左右移动通道波形；或利用指针拖动显示屏下沿的滚动条也可以左右移动波形。

查看 4 通道示波器的结果与查看双踪示波器的结果基本类似，故在此不作重复叙述，但要注意灵活使用 4 通道示波器的快捷菜单，以便提高测量精确度。

4.6.2 频率计

Frequency Counter (频率计)主要用于测量信号的频率和周期，还可以测量脉冲信号的脉冲宽度、上升时间和下降时间等特性。其图标和仪器面板如图 4-59 所示。

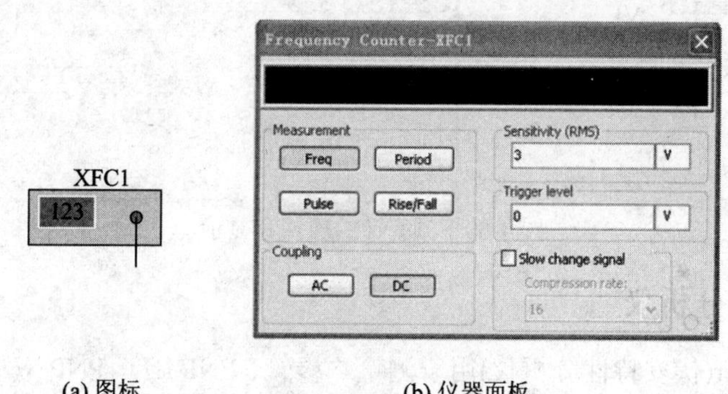

(a) 图标　　(b) 仪器面板

图 4-59　频率计的图标和仪器面板

1. 连接

频率计只有一个接线端，为被测信号输入端，直接和需要的测量信号相连。双击仪器图标，打开仪器面板读数。

2. 面板操作

频率计的仪器面板主要由测量结果显示区、测量(Measurement)选项区、耦合方式(Coupling)选择区、灵敏度(Sensitivity)设置区和触发电平(Trigger level)设置区等组成。选项设置具体如下。

(1) 测量选项区：用于选择测量的参数类型。

频率按钮 Freq：按下该按钮，测量输入信号的频率。

周期按钮 Period：按下该按钮，测量输入信号的周期。

脉冲按钮 Pulse：按下该按钮，测量输入信号正脉冲、负脉冲的持续时间，即脉冲宽度。

上升/下降时间按钮 Rise/Fall：按下该按钮，用于测量输入信号单个周期的上升/下降时间。

(2) 耦合方式选项区：用于选择测量的信号类型。

交流耦合按钮 AC：按下该按钮，仅显示信号中的交流成分。

直流耦合按钮 DC：按下该按钮，显示信号中的交流、直流相加的结果。

(3) 灵敏度设置区：用于设置输入信号灵敏度值及其单位。

(4) 触发电平设置区：用于设置输入信号触发电平及其单位。

(5) “Slow change signal”(缓慢变化信号)复选框：当测量缓慢变化的信号时，该复选框可用于设置输入信号的压缩率。

3. 应用举例

选一个交流信号源，设置其频率为 60 Hz，然后将其与频率计接线端相连。双击仪器图标，打开仪器面板。

选择 Simulate→Run 命令，只要 Freq 按钮被选中，连接到电路测试点的频率计即显示测试数据。频率计的连接和显示如图 4-60 所示。

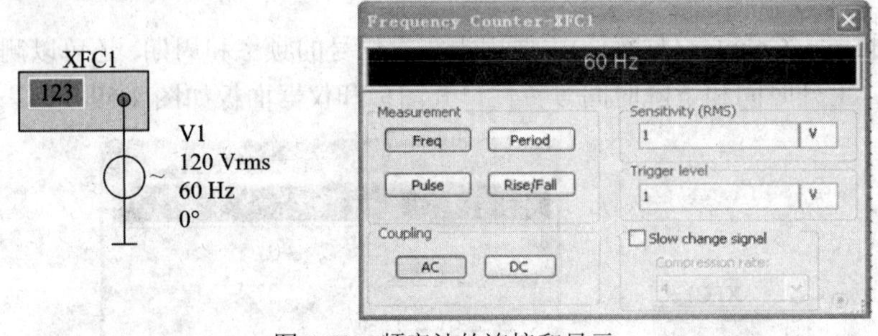

图 4-60 频率计的连接和显示

4.6.3 伏安特性分析仪

IV Analyzer(伏安特性分析仪)用于测量二极管、PNP BJT (PNP 双极型晶体三极管)、NPN BJT(NPN 双极型晶体三极管)、PMOS(P 沟道 MOS 场效应管)和 NMOS(N 沟道 MOS 场效应管)的伏安特性曲线。其图标和仪器面板如图 4-61 所示。

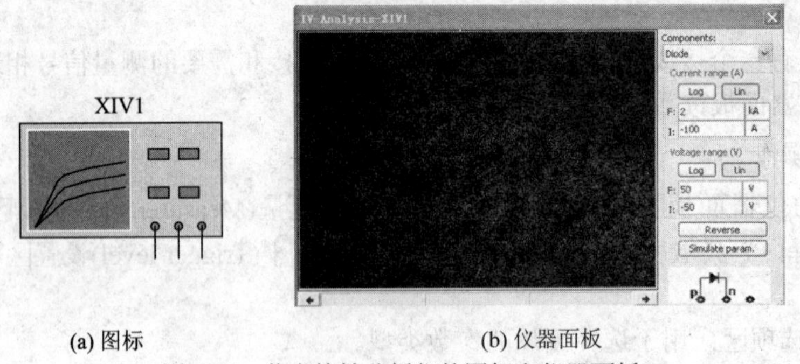

(a) 图标　　(b) 仪器面板

图 4-61 伏安特性分析仪的图标和仪器面板

1. 连接

伏安特性分析仪测量元件信号时并不需要将其连接到电路中，所以测量前应确认元件从电路中已经断开连接，即测量的是独立的未连接在电路中的元器件。该仪器图标有 3 个接线端，这 3 个接线端与所选择的元器件类型有关。

在工作区中放置伏安特性分析仪，用鼠标左键双击仪器图标打开仪器面板。从仪器面板的“Components”元件下拉列表中选择需要测试的器件类型，然后从器件库选择对应类型的器件，按照仪器面板对应的管脚指示，连接配线到伏安特性分析仪。NMOS 场效应管 2N7000 与伏安特性分析仪的连接如图 4-62 所示。

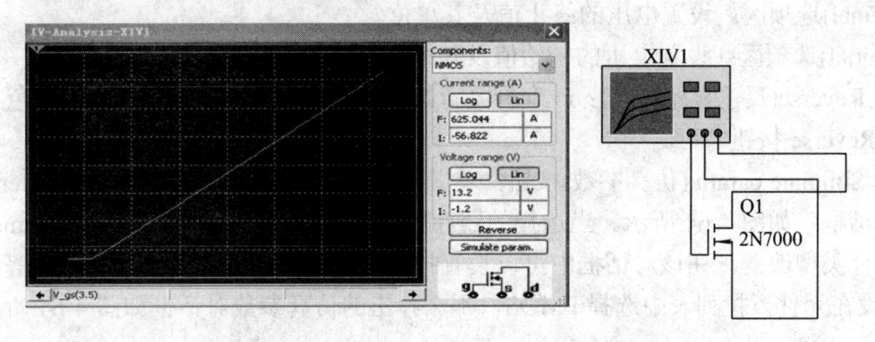

图 4-62 NMOS 场效应管 2N7000 与伏安特性分析仪的连接

2. 面板操作

伏安特性分析仪的面板主要由显示区、器件类型选择区、电流范围区、电压范围区、器件仿真参数选项按钮以及器件引脚名称和连接方法区等组成。面板右侧从上到下各部分的功能分别如下：

(1) “Components”(元件)下拉列表：从中选择需要测试的器件类型。例如选择 PMOS，则仪器面板右下角就显示 P 沟道 MOS 场效应管的逻辑符号和引脚名称，如图 4-63 所示。

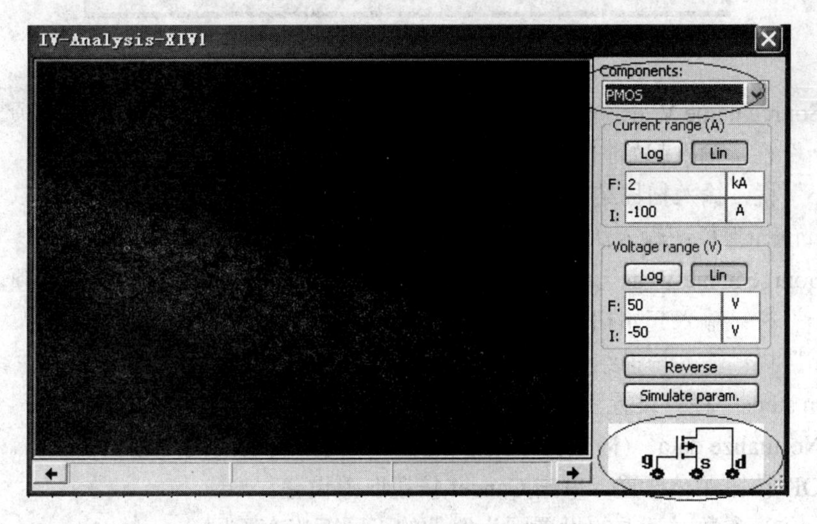

图 4-63 在元件下拉列表中选择 PMOS

(2) “Current range(A)”(电流范围)区：设置电流的显示模式及显示范围，用于改变图形显示区电流的显示范围。

Log 按钮：按下该按钮，选择对数模式，用来设置 Y 轴对数刻度坐标。

Lin 按钮：按下该按钮，选择线性模式，用来设置 Y 轴刻度坐标。

F(Final)选项区：设置电流的终止值及其单位。

I(Initial)选项区：设置电流的初始值及其单位。

(3) “Voltage range(V)”(电压范围)区：设置电压的显示模式及显示范围，用于改变图形显示区电压的显示范围。

Log 按钮：按下该按钮，选择对数模式。

Lin 按钮：按下该按钮，选择线性模式。

F(Final)选项区：设置电压的终止值及其单位。。

I(Initial)选项区：设置电压的初始值及其单位。

(4) Reverse(反色显示)按钮：改变屏幕背景颜色。如要将屏幕背景恢复为原色，只需再次点击 Reverse 按钮即可。

(5) Simulate param.(仿真参数)按钮：单击该按钮，将弹出“Simulate Parameters”(仿真参数)对话框，如图 4-64 所示。当选择的器件不同时，对话框显示的“Source name”(源名称)随器件类型改变。在该对话框中可以设置扫描电压的起始值、结束值和增量等参数。

假设在元件下拉列表中选择 PMOS，那么弹出的仿真参数对话框如图 4-64 所示。

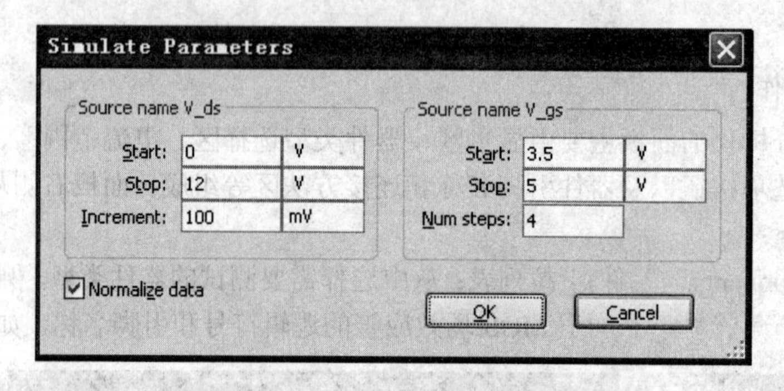

图 4-64 PMOS 仿真参数对话框

- “Source name V_ds”(漏—源电压)设置区：为漏—源电压 V_{ds} 设置选项。其中：

“Start”栏：输入起始扫描 V_{ds} 值及其测量单位。

“Stop”栏：输入扫描结束 V_{ds} 值及其测量单位。

“Increment”栏：输入所需 V_{ds} 扫描的步进值及其测量单位。

- “Source name V_gs”(栅—源电压)设置区：为栅—源电压 V_{gs} 设置选项。其中：

“Start”栏：输入起始扫描 V_{gs} 值及其测量单位。

“Stop”栏：输入扫描结束 V_{gs} 值及其测量单位。

“Num steps”栏：设置步进数。

- “Normalize data”(格式化数据)复选框：显示 V_{ds} 值的同时也显示坐标。

单击 OK 按钮保存设置，单击 Cancel 按钮取消设置。

注意：仿真参数对话框的设置因为器件的不同而略有不同。

假设从“Components”(元件)下拉列表中选择 Diode(二极管)元件，则仪器面板右下角就显示 Diode(二极管)的逻辑符号，弹出的仿真参数对话框如图 4-65 所示。

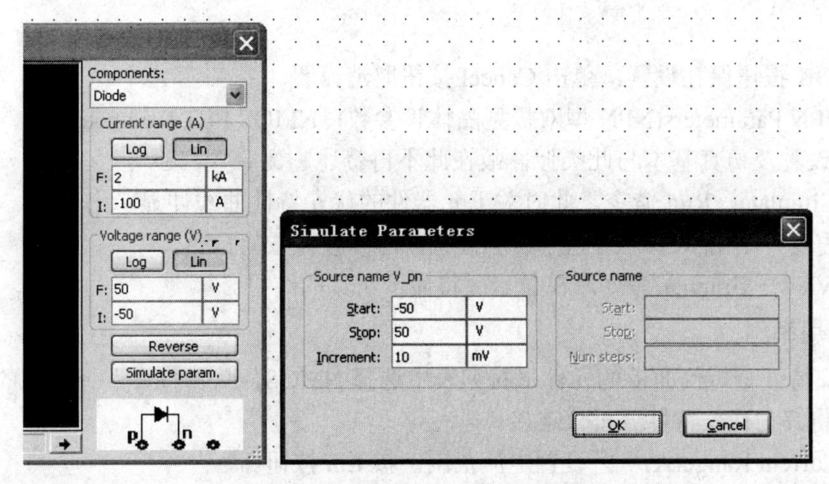

图 4-65　二极管元件仿真参数对话框

图 4-65 中的“Source name V-pn”在二极管测试中是禁用的。根据需要设置“Start”(V_{pn}起始扫描值及其测量单位)、“Stop”(V_{pn}停止扫描值及其测量单位)和“Increment”(V_{pn}扫描的步进值及其测量单位)的值。

假设从“Components”(元件)下拉列表中选择 BJT PNP(PNP 型双极型晶体管)，则弹出的仿真参数对话框如图 4-66 所示。

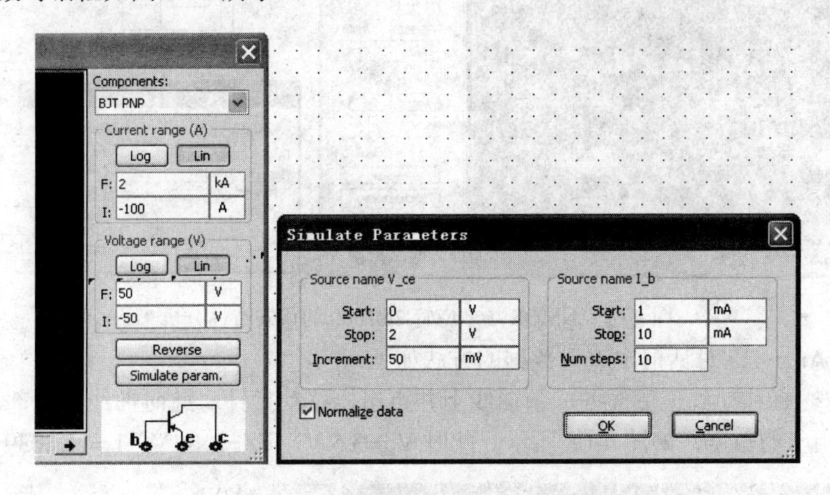

图 4-66　BJT PNP 仿真参数对话框

- “Source Name V_ce”区：为 V_{ce}(发射极—集电极电压)设置选项。其中：
“Start”：输入起始 V_{ce} 扫描值及其测量单位。
“Stop”：输入终止 V_{ce} 扫描值及其测量单位。
“Increment”：输入 V_{ce} 扫描的步进值及其测量单位。
- “Source Name：I_b”区：为 I_b(基级电流)设置选项。其中：
“Start”：输入起始 I_b 扫描值及其测量单位。
“Stop”：输入终止 I_b 扫描值及其测量单位
“Num steps”栏：设置步进数。
- “Normalize data”(格式化数据)复选框：在曲线中显示 V_{ce} 值的同时也显示坐标

位置。

单击 OK 按钮保存设置，单击 Cancel 按钮取消设置。

BJT NPN Parameters(NPN 型双极型晶体管参数)、NMOS FET Parameters(N 沟道场效应管参数)的设置及仿真基本与此类似，故在此不再赘述。

单击 Simulate→Run 命令，此时关于元器件的伏安特性曲线便显示出来。

如果需要，单击 Reverse(反色显示)按钮，可修改背景为白色。

选择 View→Grapher 命令，在显示区将显示仿真的结果。

3．应用举例

从伏安特性分析仪面板的元件下拉列表中选择 NMOS，从器件库选择对应的类型器件 2N7000，将其与伏安特性分析仪连接。

在“Current Range(A)”区设置电流范围，按 Lin 按钮。

在“Voltage Range(V)”区设置电压范围，按 Lin 按钮。

单击 Simulate→Run 命令激活电路，或者打开电源开关 ，运行一个伏安特性分析。NMOS 场效应管 2N7000 的伏安特性分析如图 4-67 所示。

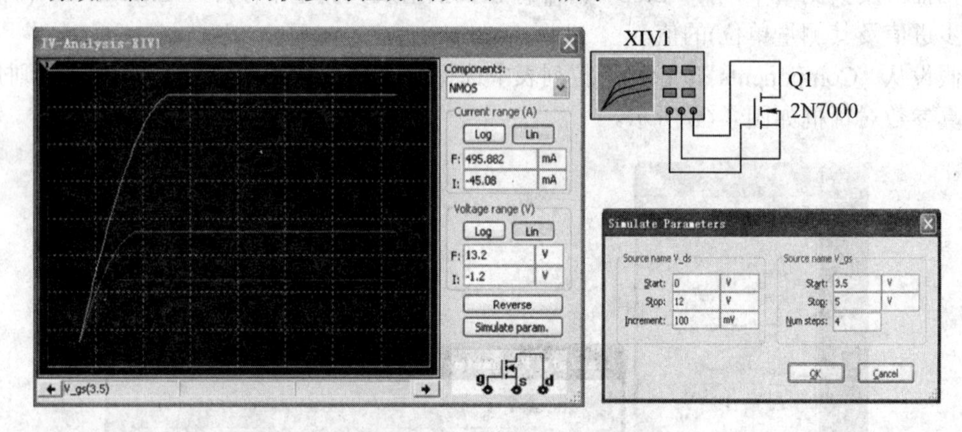

图 4-67　NMOS 场效应管 2N7000 的伏安特性分析

在 IV Analyzer 对话框中查看数据的方法如下：

(1) 将光标移动到最下面的一条曲线上并点击，移动指针，此时曲线图底部的 3 个区域显示有相应的数据，如图 4-68 所示，此时 V_{gs}=3.5 V，V_{ds}=5.14 V，I_d=113.039 mA。

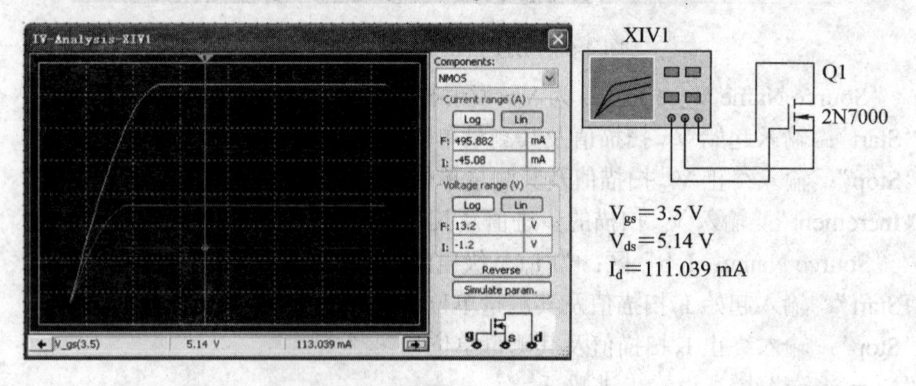

图 4-68　V_{gs} = 3.5 V 曲线

(2) 将光标向上移动，选择第二条曲线，移动指针，此时图像底部的数据将随之发生变化，如图 4-69 所示。除了使用鼠标拖曳指针外，还可以使用左、右方向键 ←、→ 移动光标。

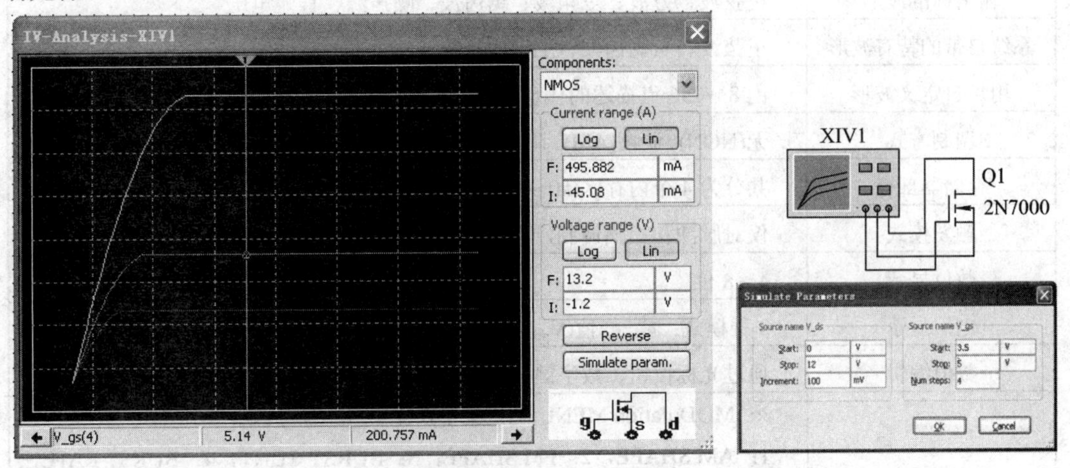

图 4-69　V_{gs} = 4.0 V 曲线

(3) 若要查看曲线图中指定的区域，可以修改“Current Range(A)”和“Voltage Range(V)”区的设置。

4.6.4　仿安捷伦 33120A 函数信号发生器

Agilent Function Generator 安捷伦 33120A 函数信号发生器是一个高性能的、具有 15 MHz 合成频率且具备任意波形输出的多功能函数信号发生器。它不仅能够产生正弦波、方波、三角波、锯齿波、噪声源和直流电压六种标准波形，而且还可以产生系统存储的许多波形以及由用户用 8～256 个点描述的任意波形。其图标和仪器面板如图 4-70 所示。

XFG1

Agilent

(a) 图标

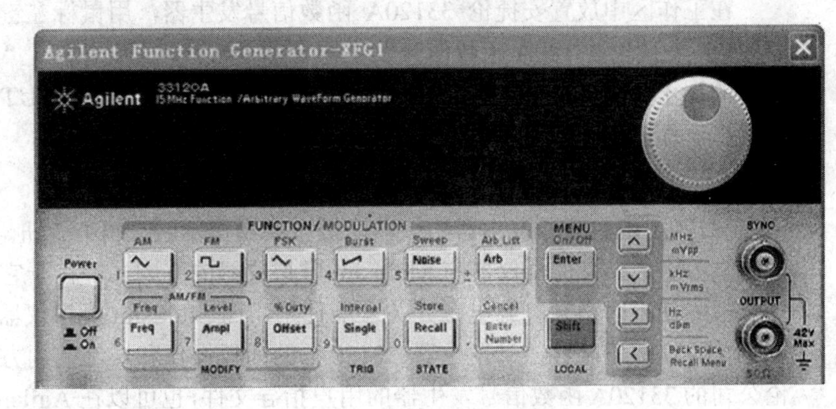

(b) 仪器面板

图 4-70　安捷伦 33120A 函数信号发生器的图标和仪器面板

安捷伦 33120A 函数信号发生器的绝大多数功能都在仿真仪器中可用，这些功能见表 4-1。

表 4-1　Agilent 33120A 函数信号发生器的功能表

功　能	说　明
输出标准波形	正弦波、方波、三角波、锯齿波、噪声源、直流电压
系统自带的特有波形	正弦波、负锯齿波、上升的指数波、下降的指数波、心形波
用户自定义波形	由 8～256 点描述的任意波形
调制方式	无(NON)、调幅(AM)、调频(FM)、脉冲(Burst)、移频键控(FSK)、扫描(Sweep)
存储器部分	共分为 4 个内存区(#0～#3)，系统默认为#0
触发模式	仅对脉冲和扫描调制，可以分为自动、单次信号两种触发模式
数位显示	4～8 位
电压显示	3 种模式：峰-峰值(V_{pp})、有效值(V_{rams})、分贝值(dBm)
数值编辑	通过光标按钮、数字键、旋钮(knob)或直接输入数字键修改
菜单操作	※ MODulation MENU(调制菜单)7 个： 1：AM SHAPE，2：FM SHAPE，3：BURST CUNT，4：BURST RATE， 5：BURST PHAS，6：FSK FREQ，7：FSK RATE ※ SWP MENU(扫描菜单)4 个： 1：START F，2：STOP F，3：SWP TIME，4：SWP MODE ※ EDIT MENU(编辑菜单)7 个： 1：NEW ARB，2：POINTS，3：LINE EDIT，4：POINT EDIT， 5：INVERT，6：SAVE AS，7：DELETE ※ SYSTEM MENU(系统菜单)1 个： 1：COMMA

1．连接

在工作区中放置安捷伦 33120A 函数信号发生器，用鼠标左键双击仪器图标，打开仪器面板。安捷伦 33120A 函数信号发生器有两个接线端子，分别是“SYNC”和“OUTPUT”。上面的端子“SYNC”为同步信号输入端，下面的端子“OUTPUT”是信号输出端，所有的输出值都以电源地为参考电位。

2．面板操作

33120A 函数信号发生器的仪器面板主要由显示区、调节旋钮、电源开关、功能键区和输出端等组成。该仿真仪器与 Multisim 虚拟仪器的不同之处在于它的操作与真实仪器的操作类似，使用时必须打开电源开关才能使用，而 Multisim 虚拟仪器没有电源开关。

关于安捷伦函数信号发生器 33120A 的面板操作和详细使用方法，用户可以参阅安捷伦公司的 33120A 函数信号发生器的用户指导文件，也可以在 Agilent 官方网站查找 33120A 函数信号发生器的操作手册。

3．使用举例

安捷伦 33120A 函数信号发生器与示波器的连接如图 4-71 所示，用示波器可观察输出波形。

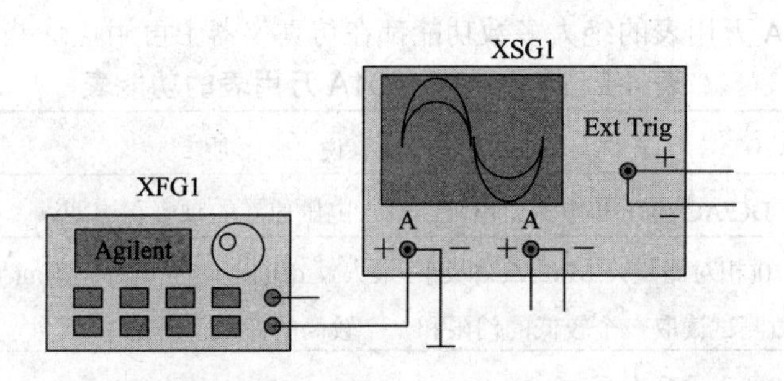

图 4-71　函数信号发生器与示波器的连接

双击函数信号发生器 XFG1 和示波器 XSC1 的图标，打开其面板。单击 XFG1 电源开关，XFG1 默认输出信号频率为 1 kHz、幅度为 100 mV_{pp} 的正弦波信号，这时 XFG1 仪器面板如图 4-72 所示。

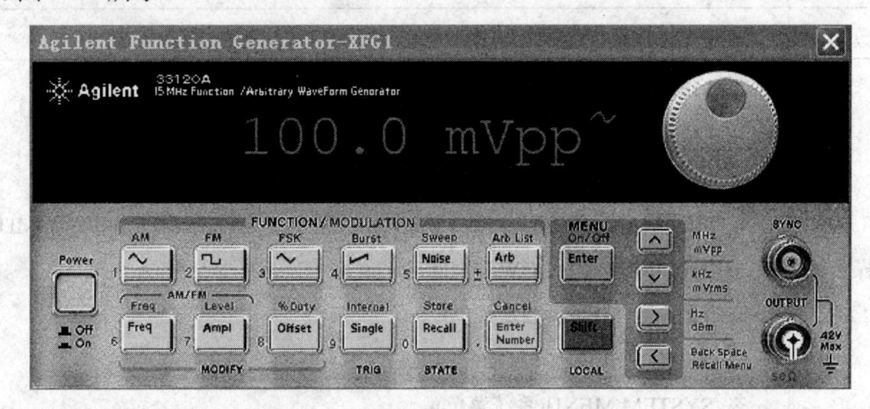

图 4-72　函数发生器 XFG1 默认输出

功能键上下的切换通过换挡按钮 Shift 来切换；单击 Enter Number 按钮输入数字和单位。

4.6.5　仿安捷伦 34401A 万用表

Agilent Multimeter 安捷伦 34401A 万用表是 6.5 位的高精度数字万用表，具有每秒钟 1000 个读数和 15×10^{-6} 的基本直流精度，是目前性能较好、应用广泛的数字多用表。其图标和仪器面板如图 4-73 所示。

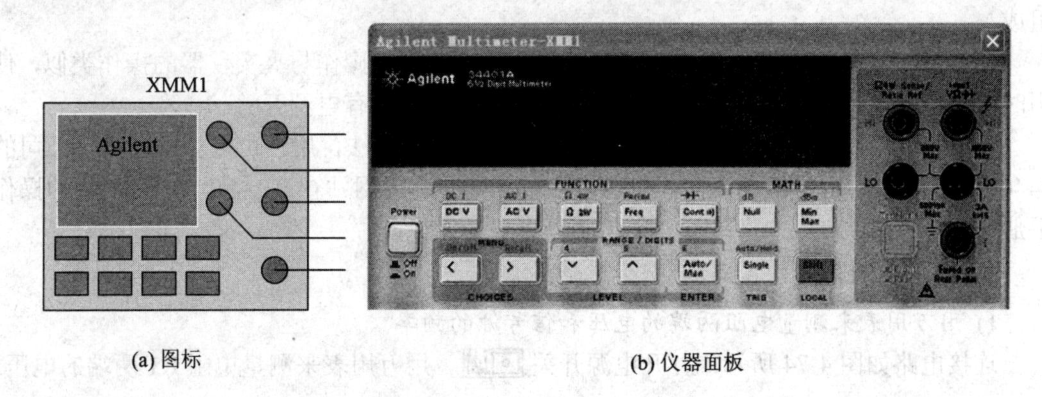

(a) 图标　　　　(b) 仪器面板

图 4-73　安捷伦 34401A 万用表的图标和仪器面板

安捷伦 34401A 万用表的绝大多数功能都在仿真仪器中可用，这些功能见表 4-2。

表 4-2　Agilent 34401A 万用表的功能表

功　能	说　　明
测量模式	DC/AC 电压和电流、电阻、输入电压信号的频率和周期、二极管测试、比率测试
功能	0(相对测量)、Min-Max(最小-最大)、dB(显示电压值)、dBm(显示电压值)、限制测试(测试读取一个较低的门限和一个较高的门限)
触发模式	自动、手动
显示模式	自动、手动
读数保持	具备
读取保存数据	具备
编辑数据	通过光标按钮或数字键修改数据显示值
菜单操作	※ MEASUREMENT MENU(测试菜单)： 1：CONTINUITY，2：RATIO FUNC ※ MATH MENU(数学运算菜单)： 1：MIN-MAX，2：NULL VALUE，3：Db REL，4：dBm REF R，5：LIMIT TEST，6：HIGH LIMIT，7：LOW LIMIT ※ TRIGger MENU(触发菜单)： 1：READ HOLD，2：TRIG DELAY ※ SYSTEM MENU(系统菜单)： 1：RDGS STORE，2：SAVED RDGS，3：BEEP，4：COMMA

1．连接

安捷伦 34401A 万用表的图标和仪器面板右边有 5 个接线端子，分别为 200 V Max 端子一对、1000 V Max 端子一对和电流接线端子一个。

2．面板操作

安捷伦 34401A 万用表仪器面板主要由显示区、电源开关、功能键区和接线端子等组成。

该仿真仪器与 Multisim 虚拟仪器的不同之处在于它的操作与真实仪器的操作类似，使用时必须打开电源开关才能使用，而 Multisim 虚拟仪器没有电源开关。

关于安捷伦 34401A 万用表的面板操作和详细使用方法，用户可以参阅安捷伦公司的 34401A 万用表的用户指导文件，也可以在 Agilent 官方网站查找 34401A 万用表的操作手册。

3．使用举例

1) 用万用表来测量电阻两端的电压和信号源的频率

连接电路如图 4-74 所示，打开电源开关，用万用表来测量电阻 R1 两端的电压。

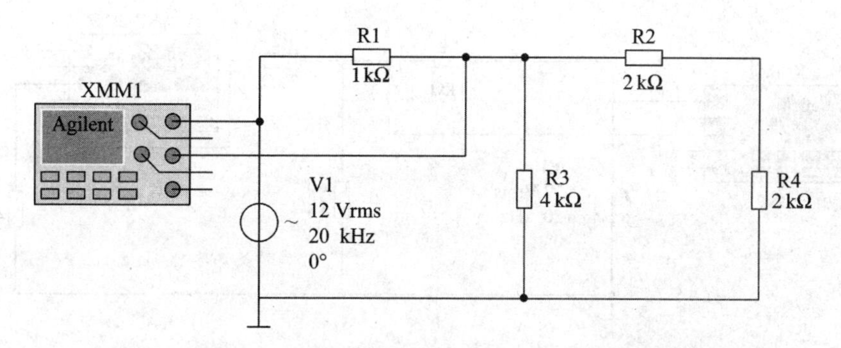

图 4-74　用万用表测量电阻 R1 两端的电压

双击万用表图标，打开仪器面板。万用表默认为自动测试电压，单击仪器面板上的“电源开关”按钮，显示测得的电压值如图 4-75 所示，即 R1 两端的交流电压有效值为 3.529 27 V。

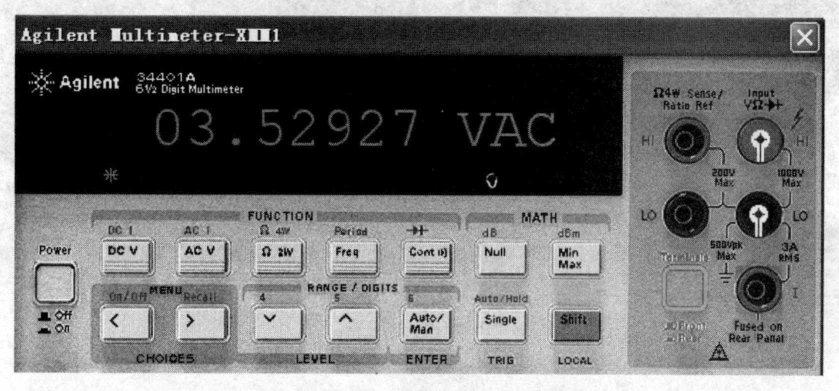

图 4-75　用万用表测得的电压值

下面介绍如何用万用表来测量信号源的频率。单击仪器面板上“频率测试”按钮，测得的信号源的频率如图 4-76 所示，即信号源的频率为 20 kHz。

图 4-76　用万用表测得的频率值

2) 用万用表测量流过支路的电流

连接电路如图 4-77(a)所示，用万用表来测量流过电阻 R2 和 R4 支路的电流。打开电源开关，双击万用表 XMM2 的图标，打开仪器面板。单击仪器面板上的“电源开关”按钮，单击换挡按钮 Shift，再单击“交流电流(AC I)测试”按钮，此时万用表显示测得的电流值，如图 4-77(b)所示，即流过电阻 R2 和 R4 支路的交流电流的有效值为 0.001 412 A。

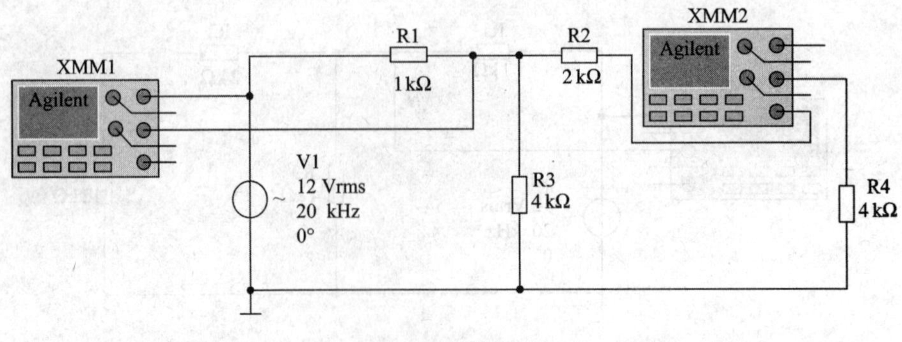

(a) 连接电路

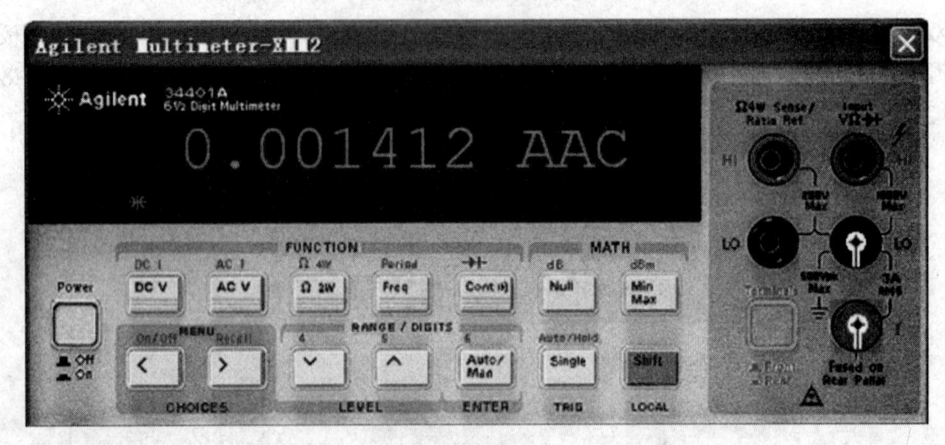

(b) 测得的电流值

图 4-77　用万用表测得的流过电阻 R2 和 R4 支路的电流值

3) 用万用表测量电阻

连接电路如图 4-78(a)所示，用万用表来测量电路的电阻。打开电源开关，双击万用表图标，打开仪器面板。单击仪器面板上的“电源开关”按钮，单击电阻按钮，此时万用表显示测得的电阻值，如图 4-78(b)所示，即电路的电阻为 11 kΩ。

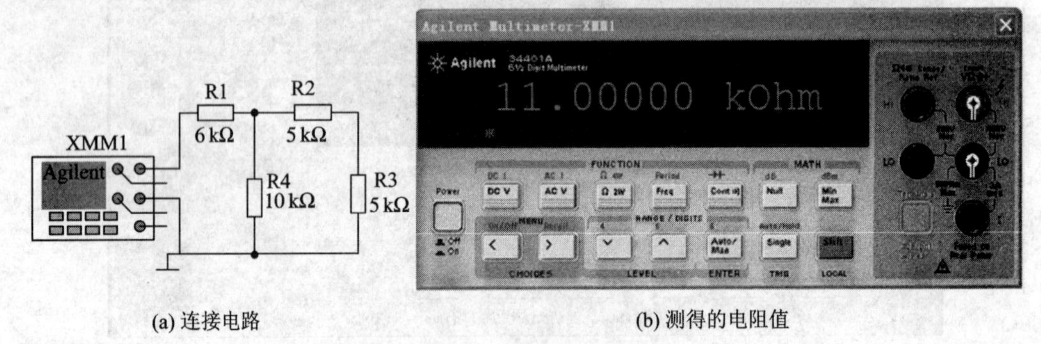

(a) 连接电路　　(b) 测得的电阻值

图 4-78　万用表测得的电阻值

4.6.6　仿安捷伦 54622D 示波器

Agilent Oscilloscope 安捷伦 54622D 示波器是一个具备 2 个模拟通道、16 个数字逻辑通道、100 MHz 带宽的混合信号示波器(MSO)，它将对信号的详细分析与逻辑分析仪的多通道时序测量相结合。其图标和仪器面板如图 4-79 所示。

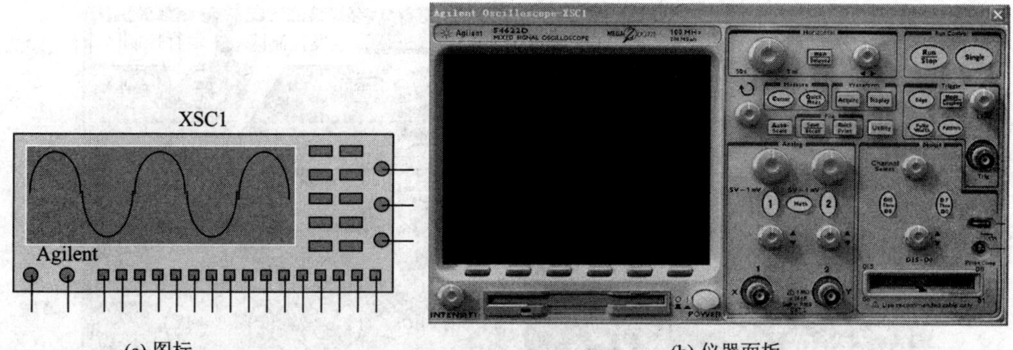

(a) 图标　　(b) 仪器面板

图 4-79　安捷伦 54622D 示波器的图标和仪器面板

安捷伦 54622D 示波器的大部分功能都在该仿真仪器中提供，这些功能见表 4-3。

表 4-3　安捷伦 54622D 示波器功能表

功　能	说　明
运行模式	自动、单一、停止
触发模式	自动、正常、自动电平
触发类型	边缘触发、脉冲触发、模式触发
触发源	模拟信号、数字信号、外部信号
显示方式	正常、延迟、滚动、XY
信号通道数	2 路模拟通道、1 路运算通道、16 路数字通道、1 路测试信号
光标	4 个
运算通道	可进行 FFT、加、减、微分和积分运算
测量功能	光标位置信息、采样信息、频率、周期、峰-峰值、最大值、最小值、上升时间、下降时间、占空比、有效值(RMS)、脉冲宽度、平均值等
显示控制	矢量线/点画线、轨迹线宽、背景色、边框色、栅格色、光标色
自动调整刻度/撤消	具备
打印波形	具备
文件功能	保存数据为 .dat 格式的文件，可以转换并显示在系统图表窗口中

1．连接

安捷伦 54622D 示波器的图标下方有 18 个连接端，其中左下方为 2 个模拟信号输入通道，右下方为 16 个数字逻辑输入通道；右侧有 3 个连接端子，从上至下依次为外接触发信号输入端、数字地端和内部校准信号输出端。

2．面板操作

安捷伦 54622D 示波器的仪器面板主要由显示区、6 个菜单选项按钮、聚焦旋钮(INTENSITY)、数据保存、电源开关、右侧的功能键区等组成。其中右侧的功能键区主要分为系统和菜单控制区、水平控制区、触发控制区、运行控制区、模拟通道控制区和数字通道控制区，如图 4-80 所示。每个区中的按钮被单击时，都会在显示区中弹出相应的子菜单。下面主要介绍右侧的几个功能键区。

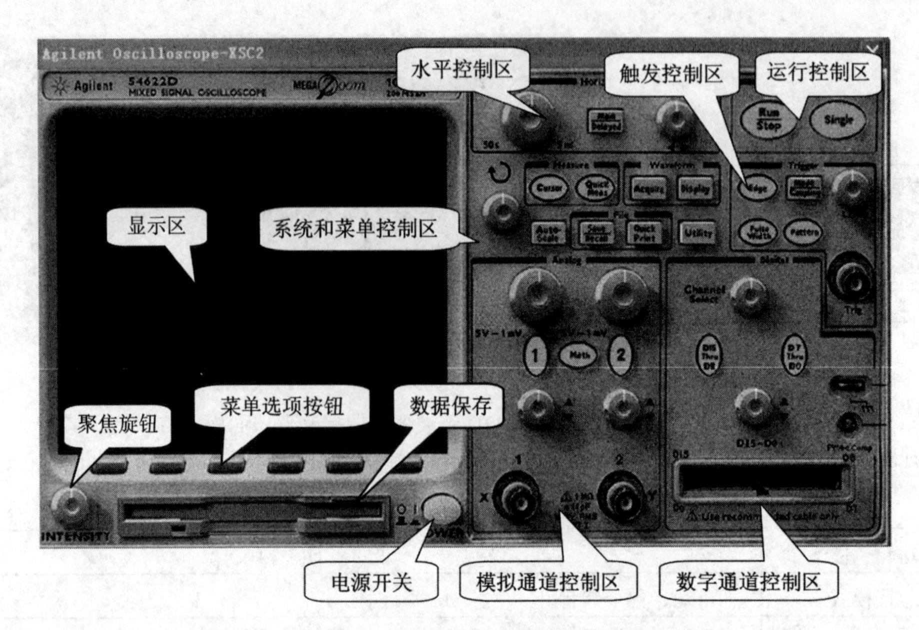

图 4-80　安捷伦 54622D 示波器仪器面板各部分组成

(1) 水平控制区。该区从左到右依次为水平时基旋钮、主菜单显示按钮和水平位移旋钮。

(2) 运行控制区。该区从左到右依次为运行/停止按钮和单次采集按钮。

(3) 系统和菜单控制区。

：移动光标，在光标出现时才起作用；　　：对光标及其菜单进行显示；

：快速测量按钮；　　：信号采集按钮；

：显示设置按钮；　　：刻度自动调节按钮；

：保存/恢复按钮；　　：快速打印按钮；

：辅助功能按钮。

(4) 触发控制区。

：边沿触发设置按钮；　　：触发方式设置按钮；

：触发脉冲设置按钮；　　：触发模式设置按钮；

：触发电平调节旋钮。

(5) 模拟通道控制区。模拟通道控制区左、右两边的按钮和旋钮结构对称，功能相同。其中从上到下依次为：

：垂直刻度旋钮；　　：模拟通道 1 开关；

：模拟通道 2 开关；　　：垂直位移旋钮；

：模拟输入端；　　：通道信号运算。

(6) 数字通道控制区。

：通道选择旋钮；

：通道信号移动旋钮；

：8～15 路数字通道开关；

：0～7 路数字通道开关；

：16 路数字通道输入端。

单击[POWER]按钮，即可使用示波器对各种波形进行测量。该仿真仪器与 Multisim 虚拟仪器的不同之处在于它的操作与真实仪器的操作类似，使用时必须打开电源开关(POWER)，才能实现对各种波形的测量，而 Multisim 虚拟仪器没有电源开关。关于安捷伦 54622D 示波器的面板操作和详细使用方法，用户可以参阅安捷伦 54622D 示波器的用户指导文件，也可以在 Agilent 官方网站查找 54622D 示波器的操作手册。

3．使用举例

连接如图 4-81 所示的电路。信号源 V1 的频率为 10 kHz，幅度有效值为 1 V。信号源 V2 的频率为 5 kHz，幅度有效值为 3 V。字信号发生器 XWG1 的使用方法可参考本章 4.4.1 节。

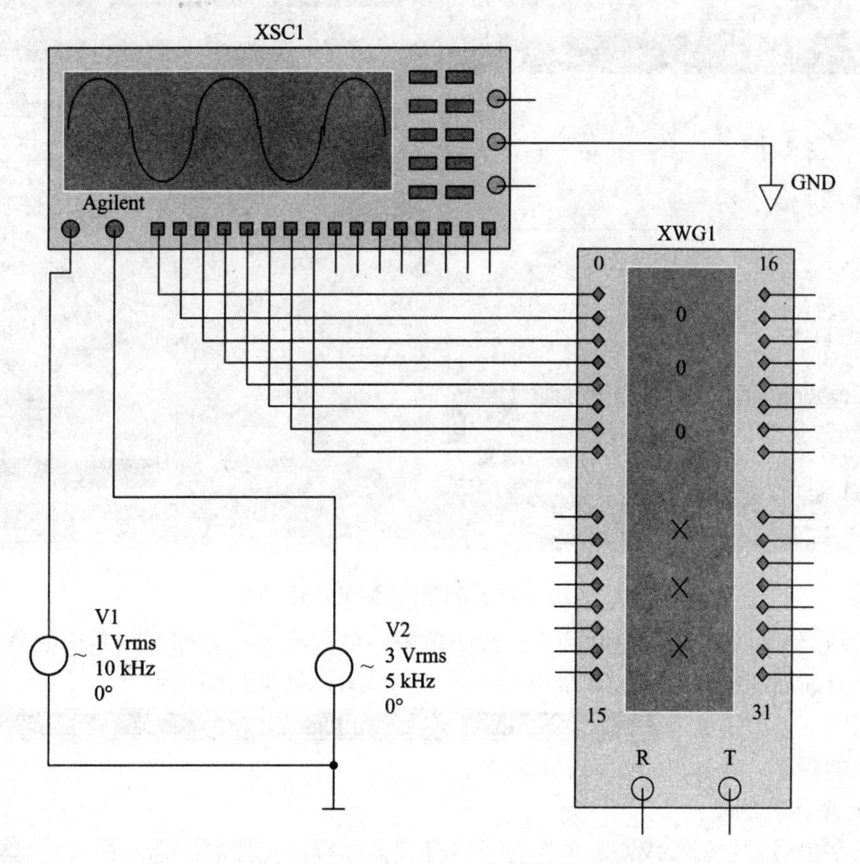

图 4-81　安捷伦 54622D 示波器的测量电路

单击“仿真”按钮，或者打开电源开关，开始仿真。双击示波器 XSC1 图标，打开仪器面板。

1) 模拟信号测量

示波器默认打开模拟通道 1。如要同时观测两路模拟信号，那么测量时要激活并显示连接到通道 1 和通道 2 的信号。单击仪器面板上 POWER 按钮。如果未显示通道信号，可单击模拟通道按钮①和②，此时按钮颜色变为暗黄色，显示区出现两条曲线。单击“自动设置”按钮，如果要使波形展开，那么可以转动“水平时基”旋钮。

要对两个模拟通道信号进行测量，可执行以下操作步骤：

(1) 单击“快速测量”按钮，查看显示区下方的“测量菜单”，默认为测量通道 1。

(2) 单击第 3 菜单(频率选项)按钮、第 5 菜单(峰-峰值选项)按钮，即可显示通道 1 信号的频率和峰-峰值的测量值。

(3) 连续单击两次左起第 6 个按钮，进入下一级子菜单。单击有效值(RMS)选项按钮，测量通道 1 的有效值，结果如图 4-82 所示。

显示区下方的 3 个框 Frequency(1)::10 kHz Peak-Peak(1)::2.72 V RMS(1)::992.09 mV 分别表示通道 1 的频率、峰-峰值和有效值(RMS)。

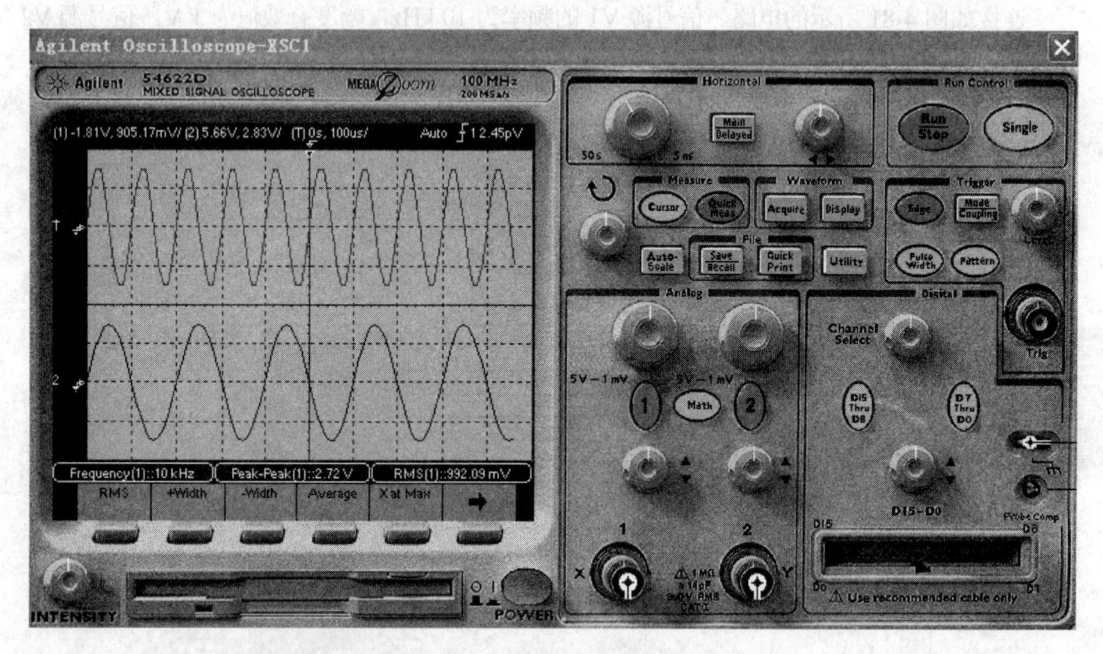

图 4-82　通道 1 的测量结果

(4) 单击第 6 个按钮，返回到上一级菜单中。单击第 1 个按钮，从弹出的菜单中单击“2”。重复前面的步骤，可以测量模拟通道 2 的信号，结果如图 4-83 所示。

显示区下方的 3 个框 Frequency(2)::5 kHz Peak-Peak(2)::8.48 V RMS(2)::2.99 V 分别表示通道 2 的频率、峰-峰值和有效值(RMS)。

2) 时序信号测量

双击字信号发生器 XWG1 的图标，打开仪器面板。在控制区选择循环 Cycle 输出方式，采用二进制码 Binary，设置频率为 1 kHz，如图 4-84 所示。

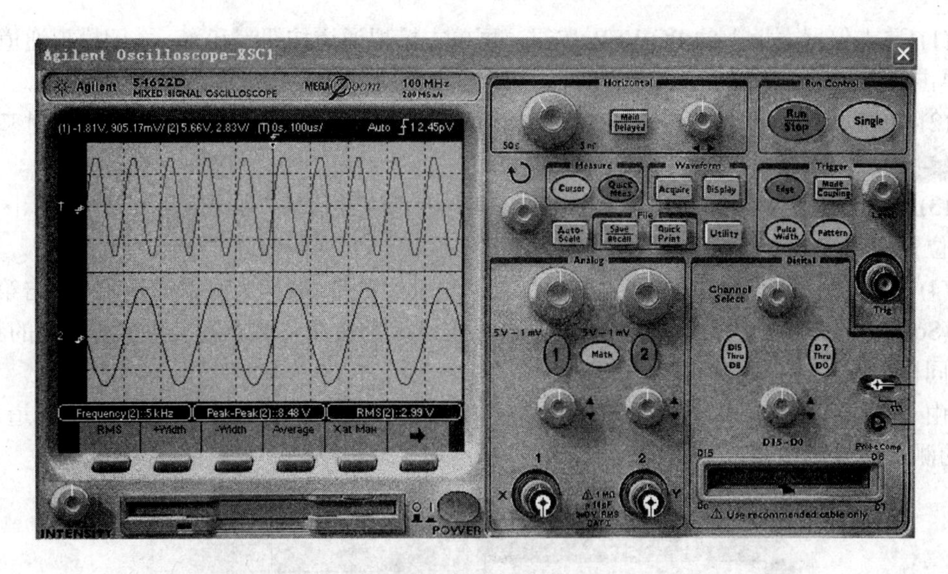

图 4-83 通道 2 的测量结果

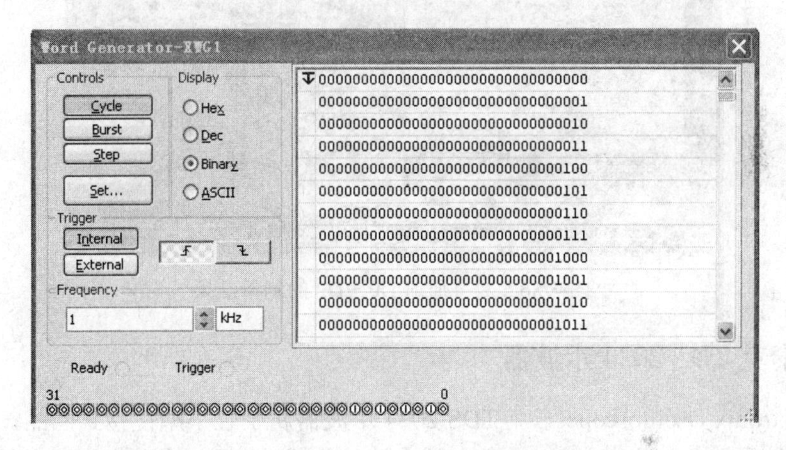

图 4-84 字信号发生器

再点击设置按钮 Set... ，选择递增方式 Up counter ，编辑起始地址，设为 00000000H，再编辑终止地址，设为 000000FFH 然后确定，如图 4-85 所示。这样字信号发生器就产生 8 位二进制自然码，并且以 1 kHz 频率循环。

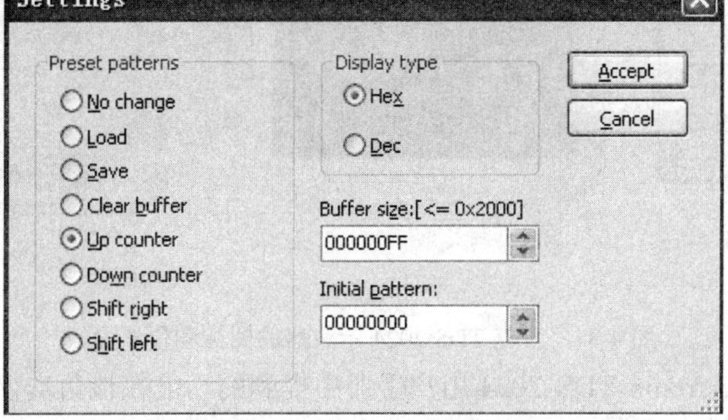

图 4-85 字信号发生器设置

(1) 单击仪器面板上的 POWER 按钮，再单击模拟通道按钮①和②，关闭模拟通道 1 和 2；单击数字通道低 8 位按钮，打开数字通道。

(2) 单击“自动设置”按钮，如果要使波形展开，那么可以转动“水平时基”旋钮。

(3) 通过旋转“通道选择”旋钮和“通道信号移动”旋钮来调整显示区中波形的位置，观察 D0～D7 通道的波形。

(4) 单击“快速测量”按钮，查看“测量菜单”，默认为测量通道 1。单击第 1 个按钮(Source)，在弹出的菜单中单击 D0，再单击第 3 个按钮，用来测量数字通道 0 的频率。按照同样的方法，分别测量 D1～D7 的频率。

由于在显示区中一屏只能显示 3 个参数，所以必须分成 3 组来进行测量。数字通道 D0～D2 的测量结果如图 4-86 所示。

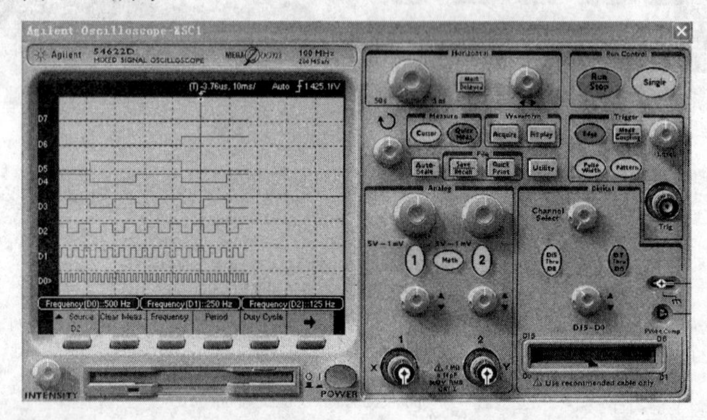

图 4-86　数字通道 D0～D2 的测量结果

4.6.7　仿泰克 TDS 2024 示波器

Tektronix Oscilloscope 泰克 TDS 2024 示波器属于轻小型便携式产品，可以随身携带。它是一个具有 4 通道、200 MHz 带宽的高性能仪器。其图标和仪器面板如图 4-87 所示。

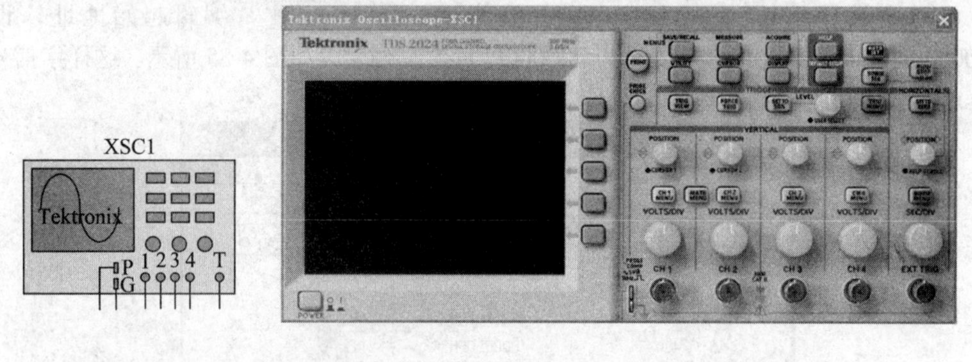

(a) 图标　　(b) 仪器面板

图 4-87　泰克 TDS 2024 示波器的图标和仪器面板

绝大多数的 Tektronix TDS 2024 用户手册中提到的功能在该仿真仪器中都能使用，这些功能见表 4-4。

表 4-4　泰克 TDS 2024 示波器功能表

功　能	说　　明
运行模式	自动、单一、停止
触发模式	自动、正常
触发类型	边沿触发、脉冲触发
触发源	模拟信号、外置扩展触发信号
显示模式	Main、Window、 XY、 FFT、Trig View
信号通道数	4 个模拟通道、1 个数字运算通道、1 路内置 1 kHz 探针测试信号
光标	4 个光标
运算通道	FFT、加、减
测量功能	光标位置信息、频率、周期、峰-峰值、最大值、最小值、上升时间、下降时间、有效值、脉冲宽度、平均值等
显示控制	矢量线/点画线、颜色对比度设置
自动设置	具备
打印波形	具备

1．连接

泰克 TDS 2024 示波器的图标下方有 7 个连接端，从左至右依次为探头标准输出端 P(内部标准 1 kHz 测试信号输出)、接地端 G、通道 1～4 信号(CH1、CH2、CH3、CH4)输入端和外接触发信号输入端 T(EXT TRIG)。

2．面板操作

泰克 TDS 2024 示波器的仪器面板主要由显示区、系统选项按钮、电源开关、探头标准端、接地端、系统菜单控制区、触发控制区、水平控制区和垂直控制区等组成，如图 4-88 所示。每个区中的按钮被单击时，都会在显示区中弹出相应的子菜单。

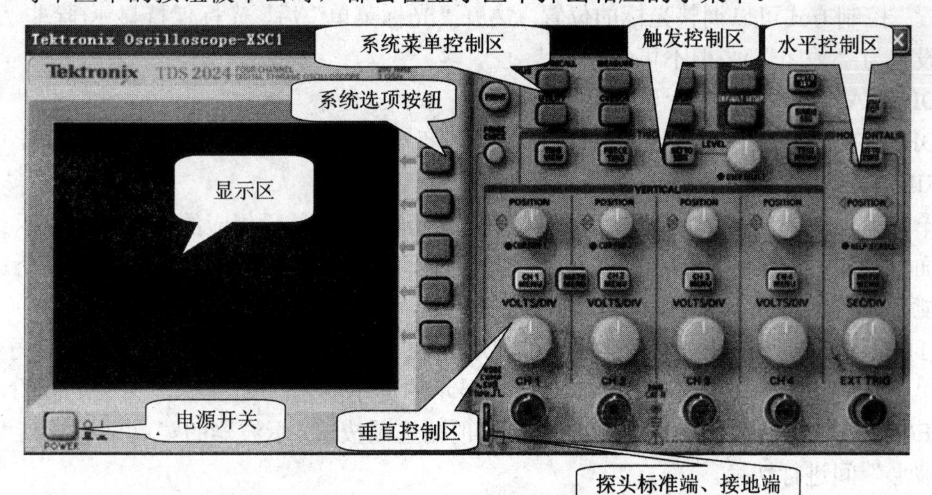

图 4-88　泰克 TDS 2024 示波器仪器面板各部分组成

1) 显示区

泰克 TDS 2024 示波器面板的左下角有一个电源按钮，单击此按钮后示波器通电，示波器的显示区片刻高亮。此时如果示波器处在测量状态下，信号幅值在毫伏范围内，则在显示区域内会显示随机感应的不规则的杂波。在正式测量信号时，示波器的探头应按照规定接在被测量端，在被调整到合适幅度值和时基的示波器上应该能看见输入信号的波形，同时在显示区域内不同的位置上显示对于示波器进行控制设置的详细信息。

2) 系统菜单控制区

系统菜单控制区的按钮布局如图 4-89 所示。

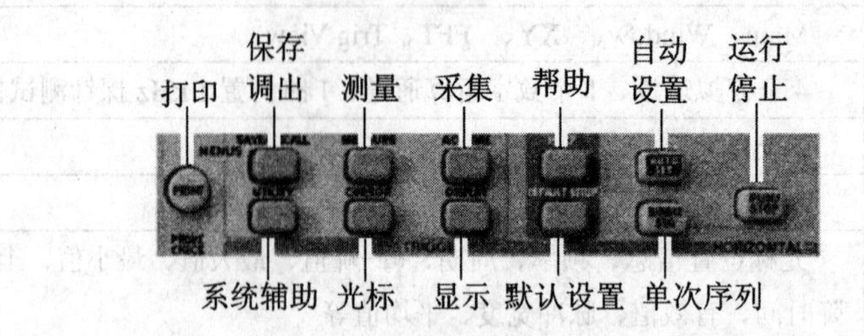

图 4-89　系统菜单控制区的按钮

PRINT(打印)：开始打印操作。

SAVE/RECALL(保存/调出)：显示设置和波形的“保存/调出菜单”。

MEASURE(测量)：显示自动测量菜单。

ACQURE(采集)：显示“采集菜单”。

HELP(帮助)：显示“帮助菜单”，可打开 Multisim 泰克示波器帮助。

AUTO SET(自动设置)：自动设置示波器的控制状态，以产生适用于输出信号的显示图形。

RUN/STOP(运行/停止)：连续采集波形或停止采集。

UTILITY(辅助功能)：显示“辅助功能菜单”。

CURSOR(光标)：显示“光标菜单”。当显示“光标菜单”并且光标被激活时，通过“垂直位置”控制方式可以调整光标的位置。离开“光标菜单”后，光标保持显示(除非“类型”选项设置为“关闭”)，但不可调整。

DISPLAY(显示)：显示“显示菜单”。

DEFAULT SETUP(默认设置)：自动调出厂商对软件的出厂设置。

SINGLE SEQ(单次序列)：采集单个波形，然后停止。

单击前面板中的某一按钮，示波器将在显示屏的右侧显示相应的菜单。该显示菜单对应于面板左边一列未标记的按钮，根据菜单提示，单击相应的选项按钮即可实现所选项目的功能。通常使用以下方法来显示菜单选项：

(1) 子菜单选择。对于某些菜单，可使用面板上的选项按钮来选择两个或三个子菜单。每次单击这些子菜单中的某个按钮时，选项显示的提示随之改变。例如，单击“保存/调出”(SAVE/RECALL)按钮，然后单击菜单对应的顶端选项按钮，示波器的菜单显示将在“设置”和“波形”间进行切换。

(2) 循环列表选择。每次单击这类选项按钮时，示波器会将参数设定为不同的值。例如，可单击“CH1 菜单”按钮，然后单击耦合对应的顶端选项按钮，那么“耦合”方式将在直流、交流、接地之间进行选项切换。

(3) 动作选择。当单击“动作选项”按钮时，示波器会立即给出动作选项的类型。例如，单击“显示菜单”(DISPLAY)按钮，然后再单击“对比度增加”对应的选项按钮，这时示波器屏幕会立即改变对比度的显示深度。

(4) 单选钮选择。示波器为区分每一项的内容，使用了不同的显示环境提示。每个当前选择的选项被加亮为黑色衬底显示的文字。

3) 触发控制区

TRIG VIEW 触发视图：当单击此按钮时，显示触发波形而不显示通道波形。可用此按钮查看诸如触发耦合之类的触发信号的影响。

FORCE TRIG 强制触发：不管触发信号是否适当，都要完成采集。如采集已停止，则对该按钮不产生影响。

SET TO 50% 设置为 50%：触发电平设置为触发信号峰值的垂直中点。

“电平”和“用户选择”旋钮：当使用边沿触发时，由于“电平”旋钮的基本功能是用来设置电平幅度的，所以信号必须高于它才能进行采集。还可以使用此旋钮执行“用户选择”的其他功能。此旋钮下的 LED 灯发亮可以指示相应功能。

TRIG MENU 触发菜单：显示“触发菜单”。

4) 垂直控制区

POSITION POSITION POSITION POSITION CH1～CH4 的垂直位移旋钮：可确定波形的垂直位置。当单击菜单区的光标(Cursor)按钮时，CH1、CH2 的垂直位移旋钮下方的两个 LED 指示灯变亮，在这种状态下旋转位置旋钮，则光标 1、光标 2 定位移动有效。

CH1 MENU CH2 MENU CH3 MENU CH4 MENU CH1～CH4 的菜单按钮：显示对应垂直通道的菜单项并打开或关闭对通道波形的显示。

VOLTS/DIV VOLTS/DIV VOLTS/DIV VOLTS/DIV CH1～CH4 的伏/格旋钮：用来选择标定对应垂直通道 Y 轴的刻度系数。

MATH MENU 数学运算按钮：显示单个通道波形的 FFT 变换或者两个通道波形的数学运算。

5) 水平控制区

SET TO ZERO 设置为零按钮：将水平位置从任意处移动到 X 轴的中心，且定义为零。

POSITION 水平位移旋钮：调整所有通道和数学波形的水平位置。这一控制的分辨率随时基设置的不同而改变。要对水平位置进行大幅调整，可旋动调整“秒/格”的旋钮来更改水平刻度的读数。在使用水平控制改变波形时，水平位置读数表示屏幕中心位置处所表示的时间(将触发时间作为零)。

HORIZ MENU 水平菜单按钮：显示“水平菜单”的选项，如果继续进行测量操作，可单击对应的按钮。

(SEC/DIV)秒/格旋钮：为主时基或窗口时基选择水平的时间/格(刻度系数)。如“窗口区”被激活，通过更改窗口时基可以改变窗口的宽度。

3. 使用举例

连接如图 4-90 所示电路，测量信号源有关参数。

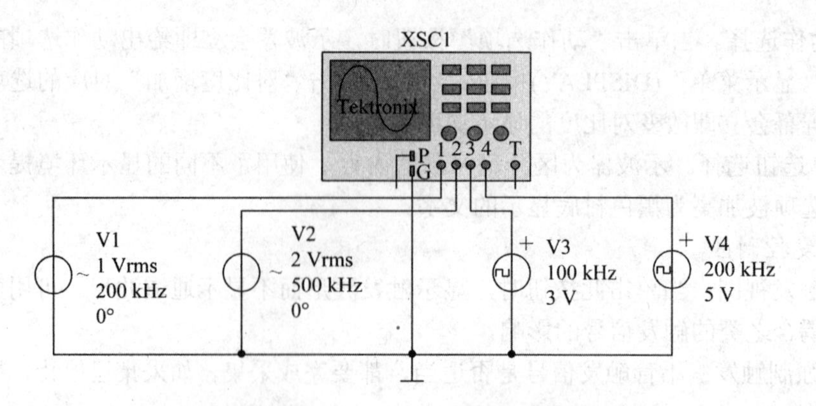

图 4-90　泰克 TDS 2024 示波器的测量电路

单击“仿真”按钮，或者打开电源开关，电路开始仿真。单击“CH1 菜单”按钮，单击自动设置按钮，示波器自动设置垂直、水平和触发控制。示波器根据检测到的信号进行模/数转换和一些相应的处理，在显示屏幕上自动显示测量的波形和数据。也可手动调整设置控制。测量结果如图 4-91 所示。

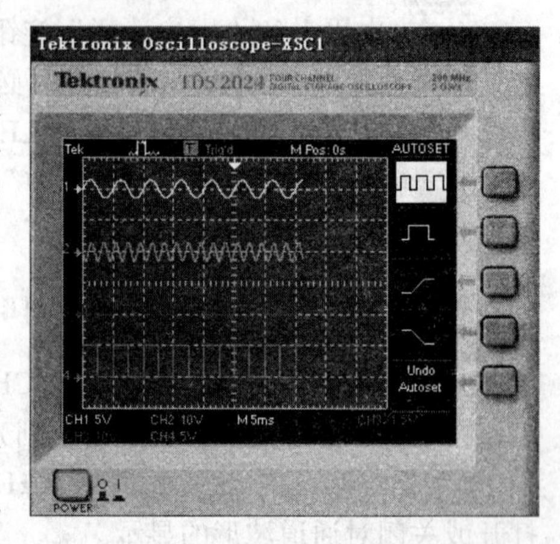

图 4-91　测量结果显示图

在仿真状态下，泰克数字示波器可自动测量大多数显示出来的信号。例如要测量通道 3 信号的频率(Frequency)、周期(Period)、峰-峰值(Pk-Pk)、上升时间(Rise Time)以及高电平持续时间(Pos Width)，可单击“Measure”(测量)按钮，查看测量菜单，具体操作步骤如下：

(1) 单击自动设置按钮，单击测量按钮，单击“系统选项按钮”最顶部的第一个选项按钮，显示“测量 1 菜单”。

(2) 三次单击通道选项按钮，从而选择通道 3(CH3)；再多次单击“系统选项按钮”的第二个选项按钮(类型选项按钮)，从而选择频率(Freq)，其读数值将显示出测量结果及更新信息；单击“系统选项按钮”的第五个选项按钮(返回选项按钮)。

(3) 单击“系统选项按钮”顶部的第二个选项按钮，显示“测量 2 菜单”。

(4) 单击通道选项按钮，选择通道 3(CH3)；再单击类型(Type)选项按钮，选择周期(Peroiod)，读数值将显示出测量结果及更新信息；单击返回选项按钮。

(5) 单击“系统选项按钮”中间的选项按钮，显示“测量 3 菜单”。

(6) 单击通道选项按钮，选择通道 3(CH3)；再单击类型(Type)选项按钮，选择峰-峰值，读数值将显示出测量结果及更新信息；单击返回选项按钮。

(7) 单击“系统选项按钮”的第四个选项按钮，显示“测量 4 菜单”。

(8) 单击通道选项按钮，选择通道 3(CH3)；再单击类型(Type)选项按钮，选择上升时间(Rise Time)，读数值显示出测量结果及更新信息；单击返回选项按钮。

(9) 单击“系统选项按钮”底部的选项按钮，显示“测量 5 菜单”。

(10) 单击通道选项按钮，选择通道 3(CH3)；再单击类型(Type)选项按钮，选择高电平持续时间(Pos Width)，读数值将显示出测量结果及更新信息；单击返回选项按钮。

其测量结果如图 4-92 所示。其他通道的操作及参数的测量与此类似。

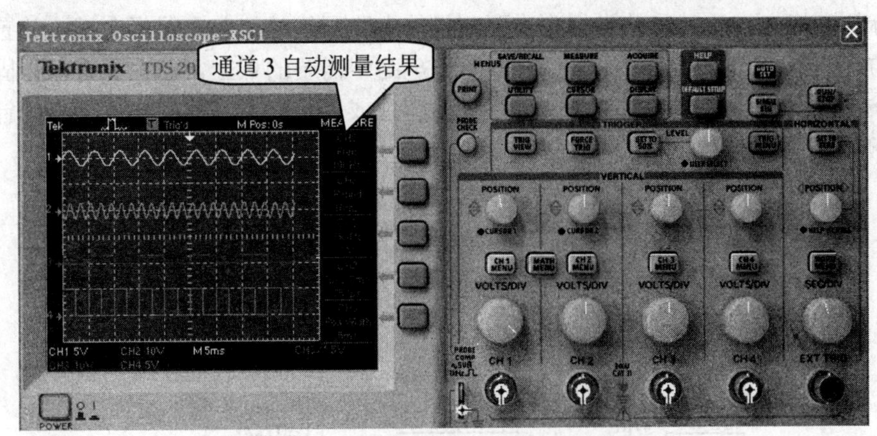

图 4-92 通道 3 的测量结果显示

4.6.8 测量探针

Measurement Probe(测量探针)可以在电路中的不同位置实时测量电压、电流及频率，是一种非常实用的实时测量工具。

测量探针有动态探针和静态探针两种。

1．连接

1) Dynamic Probe(动态探针)

首先单击菜单命令 Simulate→Run 来激活电路，或者打开电源开关，在电路仿真过程中单击仪器仪表工具栏上的测量探针按钮，可以看到一个小箭头附着在鼠标的光标旁，此时移动光标到需要测量的电路配线处，单击鼠标左键，即可读取当前测量点的电气参数。

用同样的方法，可在一个仿真电路中放置多个测量探针，对不同目标点进行实时测量。动态探针测量如图 4-93 所示。

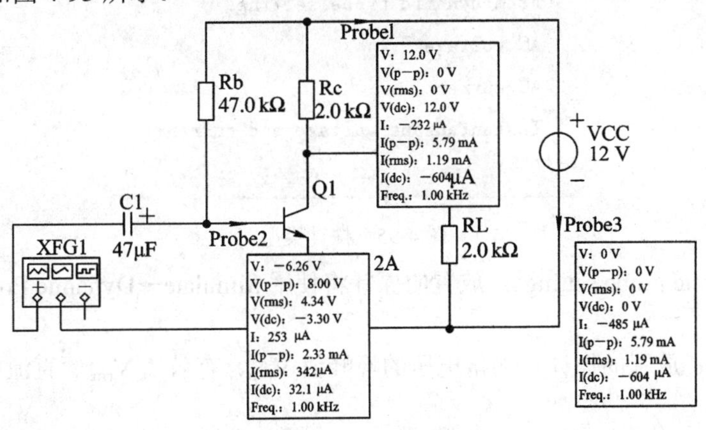

图 4-93 动态探针测量

要放弃激活探针，单击Measurement Probe(测量探针)按钮 或按下键盘的Esc键即可。

2) Static Probe(静态探针)

在电路仿真之前，单击仪器仪表工具栏上的测量探针按钮 ，可以看到测量探针 附着在鼠标的光标旁，此时移动光标到需要测量的电路配线处，单击鼠标左键，放置测量探针。在仿真运行前，可以将若干个探针放置到电路中需要的点上，这些探针保持固定，并且包含来自仿真的数据，直到另一个仿真开始运行或者数据被清除为止。静态探针放置如图 4-94 所示。

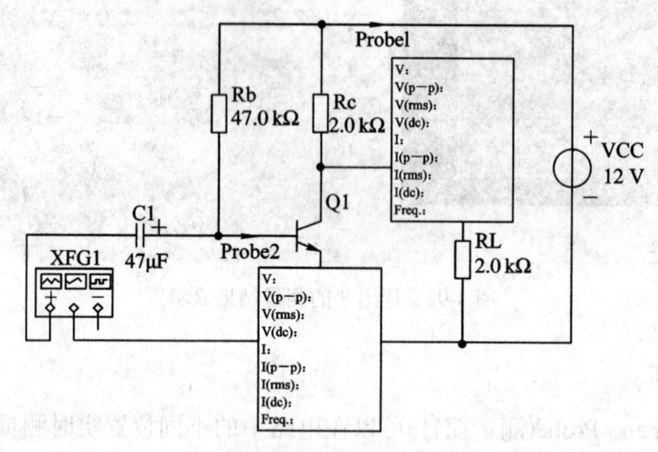

图 4-94　静态探针放置

需要隐藏/显示测量探针的内容时，移动光标到测量探针上，在探针上单击鼠标右键，在弹出的快捷菜单中选择 Show Comment/ Probe(显示内容/探针)命令即可。

2．面板操作

在仪器仪表工具栏中，用鼠标左键单击测量探针按钮下面的右向小箭头▶，将弹出探针类型列表，如图 4-95 所示。

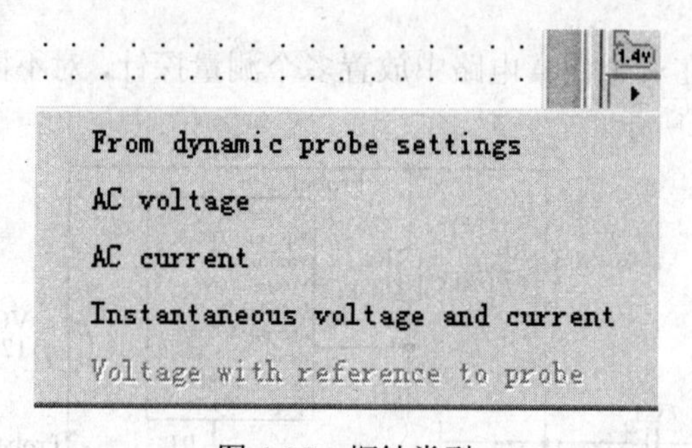

图 4-95　探针类型

From dynamic probe settings：放置的探针将使用 Simulate→Dynamic Probe Properties→命令。

AC voltage：放置的探针将测量电压的峰峰值 V_{p-p}、有效值 V_{rms}、直流电压 V_{dc} 及频率 Freq.。

AC current：放置的探针将测量电流的峰峰值 I_{p-p}、有效值 I_{rms}、直流电流 I_{dc} 及频率。

Instantaneous voltage and current：放置的探针将测量瞬态电压、瞬态电流。

Voltage with reference to probe：显示“Reference Probe”(参考探针)对话框。从参考探针下拉列表中选择所需的参考探针。已放置的探针将测量 Vgain(dc)、Vgain(ac)及相位。当用户选择探针类型后，在探针的 RefDes 处会出现一个小三角标记。

1) 设置动态探针的属性

单击菜单命令 Simulate→Dynamic Probe Properties，将弹出“Probe Properties”(探针属性)对话框，如图 4-96 所示。

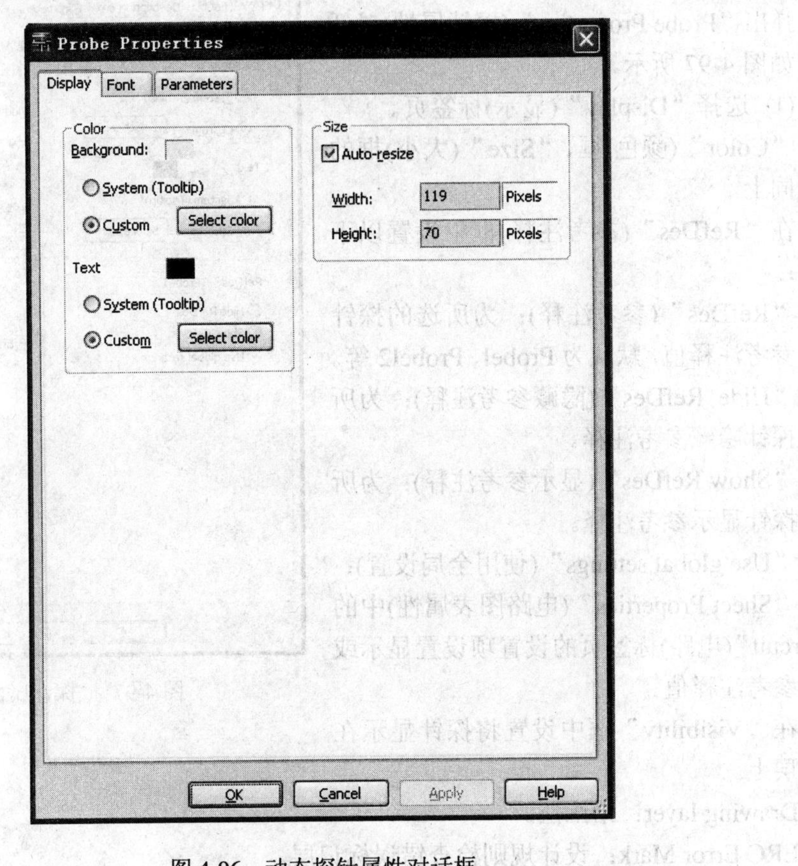

图 4-96　动态探针属性对话框

(1) 选择“Display”(显示)标签页，设置测量探针的显示特性。

在“Color”(颜色)框内设置以下选项：

“Background”(背景)：指当前所选探针的文本窗口背景颜色。

“Text”(文本)：指当前所选探针窗口文本的颜色。

在“Size”(大小)框中，输入 Width (宽) 和 Height (高) 的值，或者设置“Auto-resize”(自动调整大小)为允许。

(2) 选择“Font”(字体)标签页，修改探针窗口中文本的字体、字形、大小。

(3) 选择“Parameters”(参数)标签页。

根据需要，设置“Use reference probe”(使用参考探针)复选框为允许，并从下拉框中选择所需的探针参数。动态测量需选择参考探针(代替地)，使用该方法，可以用来测量电压增益或相位移动。

如果要隐藏某一个参数(如 V_{P-P})，只需在所需设置参数的“Show”(显示)列中单击，锁定“No”即可。

使用“Mininum”(最小)和“Maximun”(最大)列，设置参数的范围。

根据需要，可在“Precision”(精度)列修改显示参数的有效数字。

2) 设置静态探针(已放置探针)的属性

移动光标到测量探针上，用鼠标左键双击，弹出“Probe Properties”(探针属性)对话框，如图 4-97 所示。

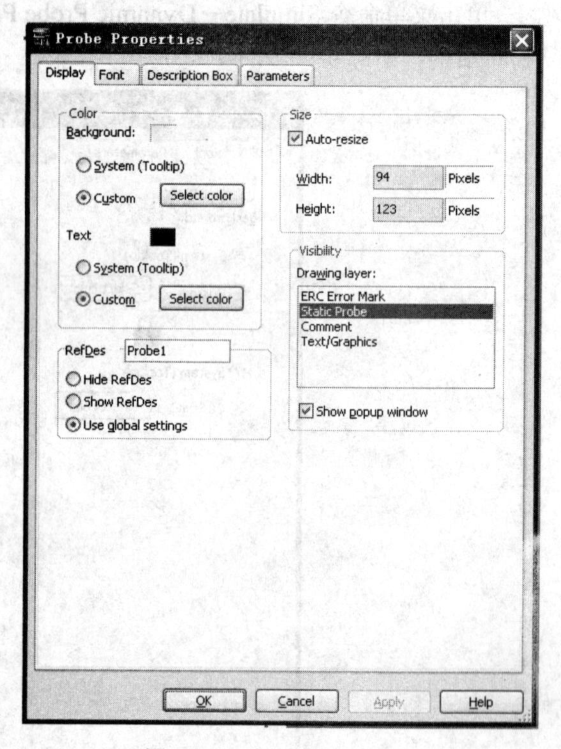

图 4-97　探针属性对话框

(1) 选择“Display”(显示)标签页。

“Color”(颜色)框、“Size”(大小)框的设置同上。

在“RefDes”(参考注释)框中设置以下选项：

“RefDes”(参考注释)：为所选的探针输入参考注释值，默认为 Probel、Probel2 等。

“Hide RefDes”(隐藏参考注释)：为所选的探针隐藏参考注释。

“Show RefDes”(显示参考注释)：为所选的探针显示参考注释。

“Use global settings”(使用全局设置)：使用“Sheet Properties”(电路图表属性)中的“Circuit”(电路)标签页的设置项设置显示或隐藏参考注释值。

在“Visibility”框中设置将探针显示在哪一层上。

Drawing layer：绘画层。

ERC Error Mark：设计规则检查错误标记层。

Static Probe：静态探针层。

Comment：注释层。

Text/Graphics：文本/图案层。

根据需要，禁用“Show popup window”(显示快捷窗口)复选框，隐藏所选探针的内容。

(2) “Font”(字体)标签页的设置同上。

(3) 选择“Description Box”(描述)标签页，添加描述信息。

(4) “Parameters”(参数)标签页的设置同上。

4.6.9 LabVIEW 仪器

设计人员可以在 LabVIEW 的图形开发环境下创建自定义的仪器。这些由自己创建的仪器具备 LabVIEW 开发系统的全部高级功能，包括数据获取、仪器控制和运算分析等。

LabVIEW Instrument(LabVIEW 仪器)可以是输入仪器，也可以是输出仪器。输入仪器接收仿真数据用于显示和处理。输出仪器可以将数据作为信号源在仿真中使用。需要注意的是，一个 LabVIEW 仪器不能既是输入型又是输出型的仪器。除此之外，输入型和输出型的数据电路动作不同。输入型仪器在仿真激活时不断地从 Multisim 中接收仿真数据；与此相反，输出型仪器在电路仿真开始，就已经产生有限的数据并返回到 Multisim 中，Multisim 将把这些数据用于电路仿真。输出型仪器在电路仿真运行中不能连续不断地产生数据。要让输出型仪器产生新的数据，设计人员需停止或重启仿真。输出型仪器允许用户或仪器创建者决定仪器是否重复输出数据，如果用户确认仪器并不重复输出数据并且仿真电路使用了该仪器，一旦仿真时间超过了产生数据的长度，则 Multisim 继续仿真但此时的输出信号将降为 0 V。如果用户确认仪器重复输出数据，则仪器将一直输出数据直到用户停止仿真。输入型仪器允许用户或仪器创建者设置采样率，该采样率是指仪器从 Multisim 中接收数据的比率。

Multisim 11 包含的 7 种 LabVlEW 自定义仪器如图 4-98 所示。

BJT Analyzer
Impedance Meter
Microphone
Speaker
Signal Analyzer
Signal Generator
Streaming Signal Generator

图 4-98　Multisim 11 包含的 7 种 LabVlEW 自定义仪器

(1) BJT Analyzer：晶体管分析仪。

(2) Impedance Meter：阻抗计。

(3) Microphone：麦克风，用于记录计算机声音装置的音频信号，以及把声音数据作为信号源输出。

(4) Speaker：扬声器，通过计算机声音设备播放输入的信号。

(5) Signal Analyzer：信号分析仪，显示时域信号，可以自动调整功率频谱或在运行时将信号自动平均。

(6) Signal Generator：信号发生器，产生正弦波、三角波、方波和锯齿波。

(7) Streaming Signal Generator：流动信号发生器。

也可以自己动手使用 LabVIEW 编写属于自己的新仪器，并添加到 Multisim 中。这样，在这个列表中就会出现更多(大于 7 种)的 LabVIEW 虚拟仪器。详细的步骤和实例请参考 http://zone.ni.com/devzone/cda/tut/p/id/9032。当 LabVIEW 牵手 Multisim 时，仿真将变得更加灵活和更加定制化，并更加贴近读者的应用。

4.6.10　电流探针

Current Probe(电流探针)仿效的是工业应用中电流夹的功能，可将电流转换为输出端口电阻丝器件的电压。其图标如图 4-99 所示。

1. 连接

在仪器工具栏中点击电流探针，此时电流探针附着在光标旁，拖曳电流探针图标放置到电路中需要测量的电路配线处(不能将电流探针放置在节点上)，单击鼠标左键即可在该处放置电流探针。放置一台示波器在工作区中，并

图 4-99　电流探针图标

将电流探针的输出端口连接至示波器，这时电流的大小由基于探针上的电压到电流的比率来确定。

2．面板操作

为了能仿效真实世界中电流探针的状态，默认的探针输出电压到电流的比率为 1 V/mA。如果要修改这个比率值，首先双击电流探针图标，弹出“Current Probe Properties”(电流探针属性)对话框，如图 4-100 所示。在该对话框中的“Ratio of voltage to current”(电压-电流比率)处修改，并单击 Accept(接受)按钮即可。

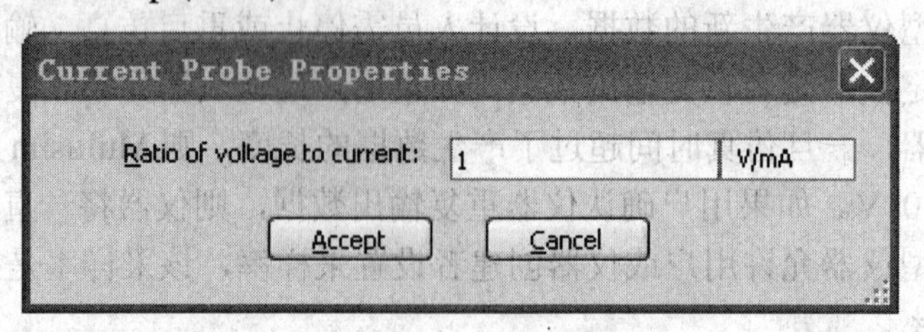

图 4-100　电流探针属性对话框

3．应用举例

按图 4-101 所示连接电路。在电路图的电阻 R1 和 R2 之间放置电流探针，将电流探针的输出端口连接至示波器。

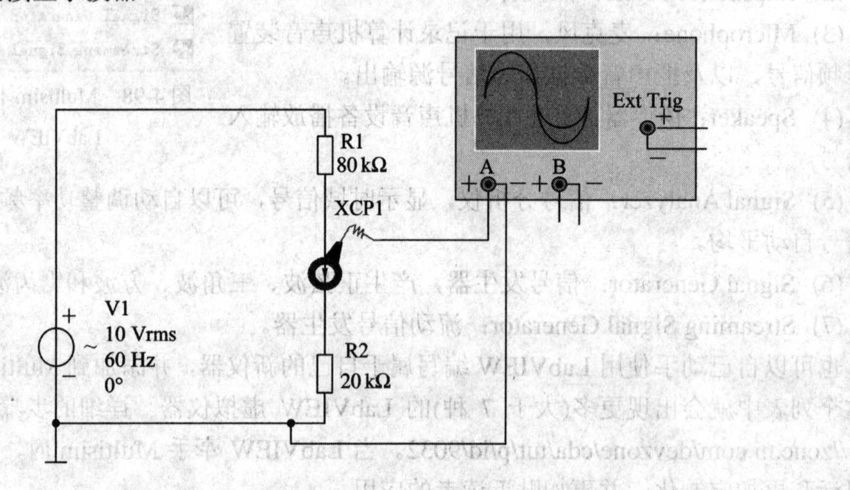

图 4-101　电流探针—示波器测量电流的测试电路

双击电流探针图标，弹出电流探针属性对话框，在此对话框设置探针电压与电流的比率为 1 V/mA。

单击菜单命令 Simulate→Run，或者打开电源开关 [0|1] 激活电路进行仿真。

左键双击示波器的仪器图标，显示仪器面板，调整示波器参数，观察输出波形。

拖曳示波器中的指针到轨迹线中的某个点，并读取对应的电压值，如图 4-102 所示。当前 T1 时刻读取的电压峰值为 141.405 mV。由于设置探针的电压与电流的比率为 1 V/mA，因此得到对应的电流峰值为 141.405 μA，则电流有效值约为 100 μA。

若要反转电流探针输出的极性，则在电流探针上单击鼠标右键，并从弹出的快捷菜单中选择 Reverse Probe Direction(反转探针极性)命令即可。

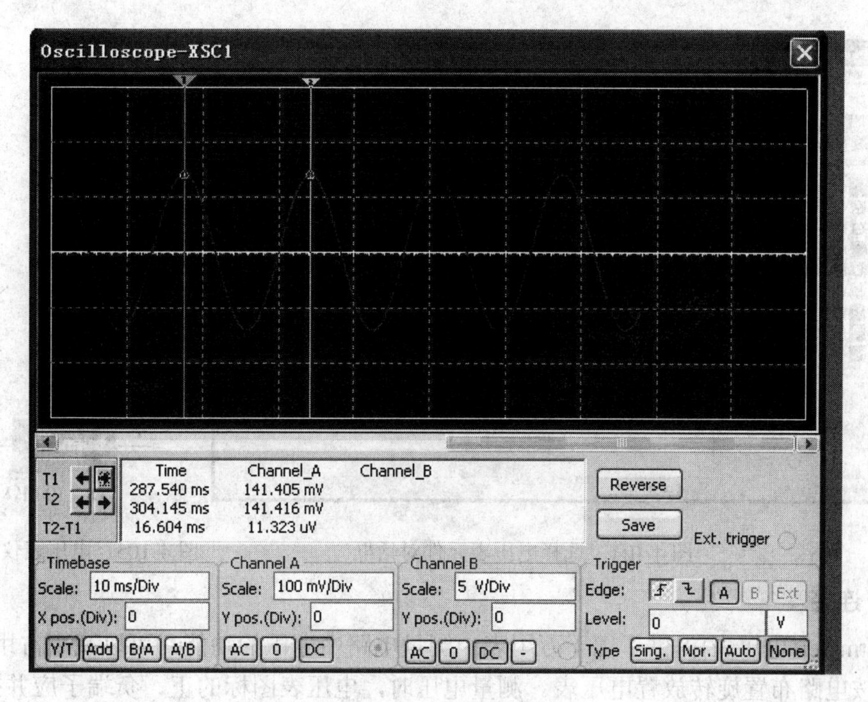

图 4-102　示波器输出波形

4.7　Multisim 11 中的电压表和安培表

在 Multisim 2001 的指示部件库中包含有 8 种可用来显示电路仿真结果的显示器件，Multisim 称之为交互式元件，其中电压表和安培(电流)表在电路测量中使用得非常频繁。对于交互式元件，Multisim 不允许用户在模型上进行修改，只能在元件属性对话框中对某些参数进行设置。Multisim 2001 中指示部件库及电压表和电流表的图标如图 4-103 所示。在 Multisim 11 指示器工具栏中，对电压表和安培表作了一些修改。下面介绍 Multisim 11 中电压表和安培表的使用。

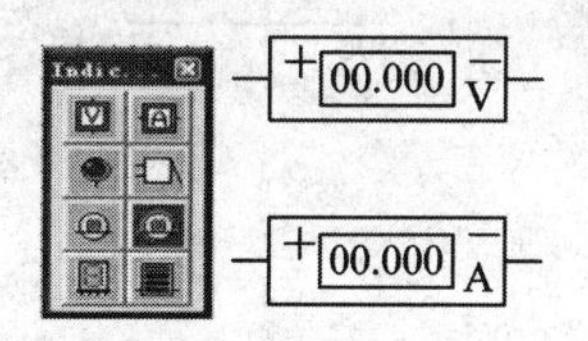

图 4-103　Multisim 2001 中指示部件库及电压表和电流表的图标

4.7.1　电压表

单击工具栏上的放置指示器按钮，弹出一个“Select a Component”(选择元件)对话框，如图 4-104 所示。可以看到在 Indicators(指示器)组的“Family”列表中提供了电压表 VOLTMETER，点击选中电压表。在“Component”给出的四种电路布置旋转电压表放置类型中选择其中的一种，点击 OK 按钮。电压表仪器图标如图 4-105 所示。

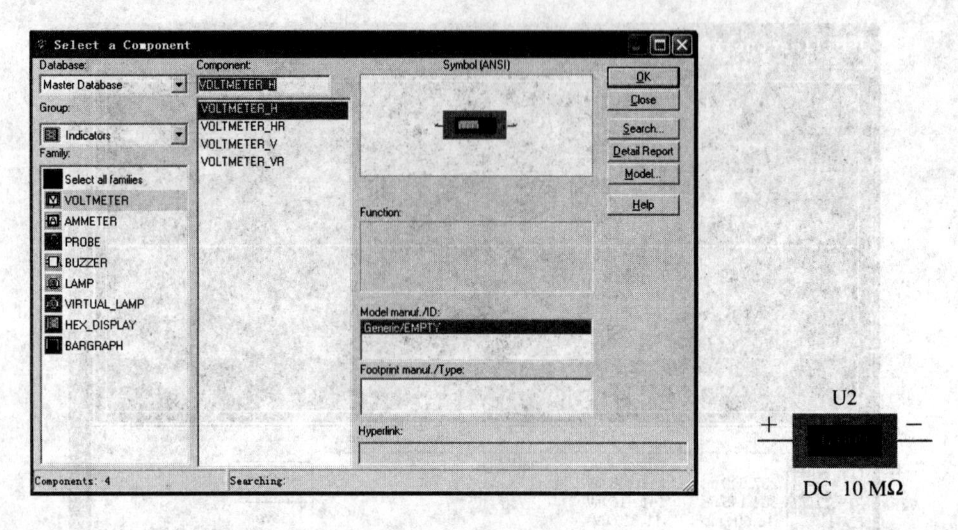

图 4-104　选择电压表元件对话框　　　　图 4-105　电压表仪器图标

1. 连接

Voltmeter(电压表)提供了优于万用表中测量电路中电压的功能，可以减小占用的空间，还可以按电路布置旋转放置电压表。测量电压时，电压表图标的正、负端子应并接在被测元件两端。当电路激活后仿真动作开始，此时电压表显示的是被测负载两端的电压。

2. 面板操作

电压表中提供了很高的内阻，以保证电路正常工作。当测试一个内阻非常大的电路时，就需要提高电压表的内阻获得更精确的测量结果。但在低阻电路测量中使用高内阻的电压表则可能造成运算结果错误。若要修改电压表的内阻，可以用鼠标左键双击仪器图标，在弹出的 Voltmeter(电压表) 属性对话框的“Value”(值)标签页中修改“Resistance”的值即可，如图 4-106 所示。

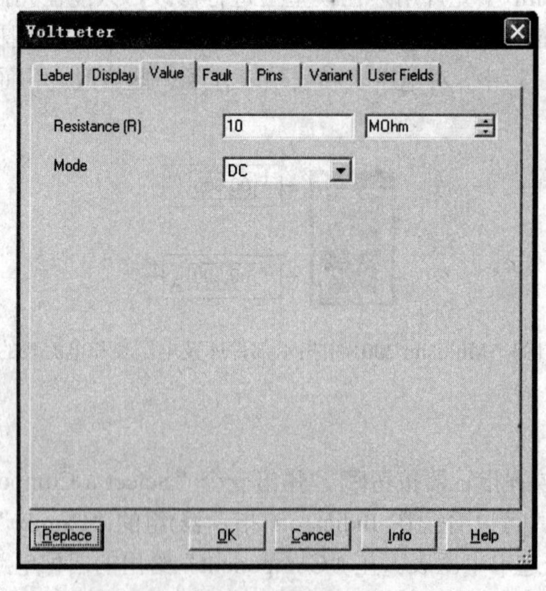

图 4-106　Voltmeter(电压表)属性对话框

电压表可以测量交流或直流电压。在测量直流电压模式下，任何交流信号成分都被去除了，因此测量的就是直流成分。在测量交流电压模式下，任何直流信号成分同样被去除，因此测量的只有交流信号成分。当电压表设置到交流模式时，电压表显示的是被测信号的RMS(有效值)。

修改电压表工作的模式，只要用鼠标左键双击仪器图标，在弹出的对话框的“Value”(值)标签页的“Mode”(模式)处选择交流模式或直流模式即可。

4.7.2　安培表

单击工具栏上的放置指示器按钮，弹出一个“Select a Component”(选择元件)对话框，如图 4-107 所示。可以看到在 Indicators(指示器)组的“Family”列表中提供了安培表 AMMETER，点击选中安培表。在“Component”给出的四种电路布置旋转安培表放置类型中选择其中的一种，点击 OK 按钮。安培表仪器图标如图 4-108 所示。

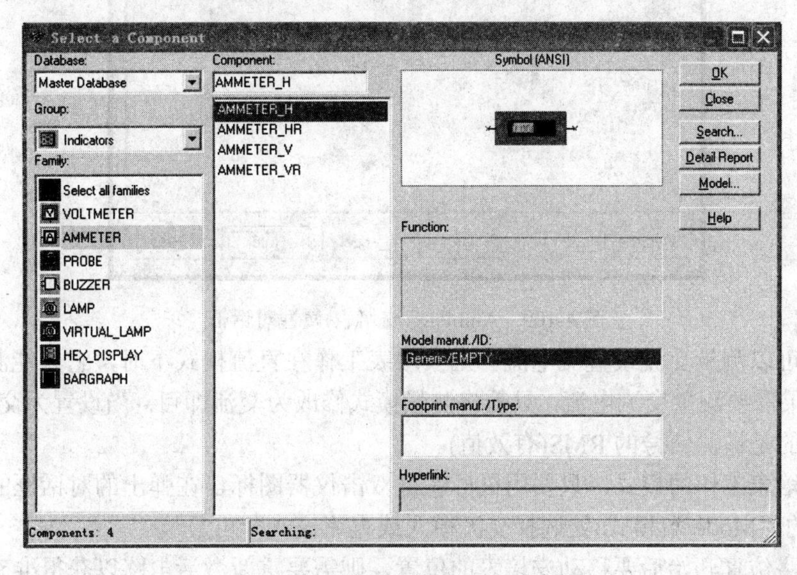

图 4-107　选择安培表元件对话框

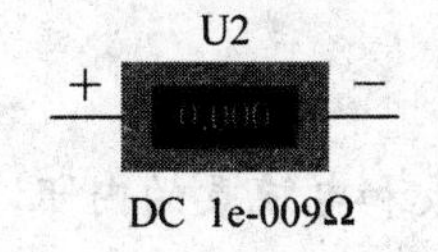

图 4-108　安培表仪器图标

1. 连接

Ammeter(安培表)提供了优于万用表中测量电路中电流的功能，可以减小占用的空间，还可以按电路布置旋转放置安培表。测量电流时，安培表图标的正、负端子应串联于被测支路中。

2. 面板操作

安培表的内阻事先设置为 1 MΩ，用于在电路中起限流作用。如果需要测量一个低阻电路，则可以选择内阻更低的安培表，以便获得更精确的测量结果。同样，使用内阻非常低的安培表在高阻电路中测量，也可能会造成计算结果错误。若要修改安培表的内阻，可以用鼠标双击仪器图标，在弹出的 Ammeter(安培表)属性对话框的“Value”(值)标签页中修改“Resistance”(电阻)的值即可，如图 4-109 所示。

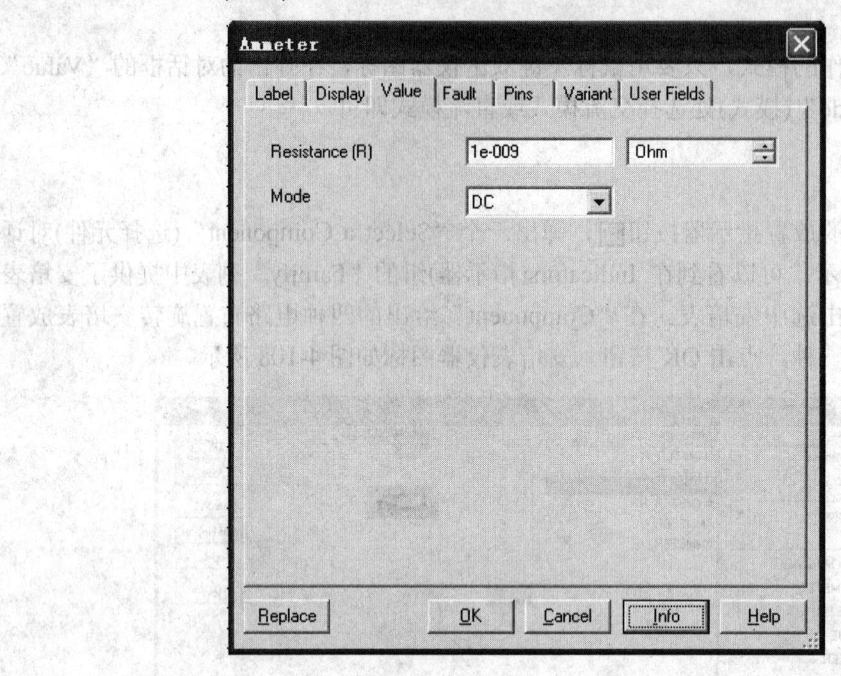

图 4-109 Ammeter(安培表)属性对话框

安培表可以测量交流或直流电流。当安培表工作在直流模式下时，它只能测量直流信号成分。如果需要测量交流电流，只需将测量模式修改为交流即可。当设置为交流模式时，安培表显示的是被测信号的 RMS(有效值)。

修改安培表工作的模式，只要用鼠标左键双击仪器图标，在弹出的对话框的“Value”(值)标签页的“Mode”(模式)处选择交流模式或直流模式即可。

如在电路仿真开始后要移动安培表的位置，则需要重新激活电路以获得准确的读数。

习 题

1. 试改变数字万用表中的电压表和电流表的内阻，观察对测量精度是否有影响。

2. 试将字信号发生器设置成递增编码方式，在 0000H～0100H 范围内循环输出，频率为 1 kHz；试将如下地址设置为断点：0150H、0160H、0380H。

3. 试用逻辑分析仪观察字信号发生器在递增及递减编码方式时的输出波形。

4. 将逻辑函数表达式 $Y = \overline{A} + B\overline{C}D + A\overline{D}$ 转换成真值表。

5. 将逻辑函数表达式 $Y = A\overline{B}C\overline{D} + A\overline{C}D + BD$ 转换成由门电路构成的逻辑电路图。

6. 将逻辑函数表达式 $Y = AC + BD + CD$ 转换成由与非门电路构成的逻辑电路图。

7. 用 Multisim 11 中的电流表测量图 4-14 中基级、集电极的电流。

8. 用电压表测量图 4-19 中第一级放大器基级与发射极、集电极与发射极之间的电压。

9. 用四通道示波器测量图 4-19 中两级放大器基级、集电极的电压信号。

第5章 仿真分析法

Multisim 2001 提供了 18 种基本仿真分析方法。启动 Simulate 菜单中的 Analysis 命令，或点击设计工具栏中的按钮，即可弹出图 5-1 所示的菜单项。从上至下各分析法分别为直流工作点分析、交流分析、瞬态分析、傅立叶分析、噪声分析、失真分析、直流扫描分析、灵敏度分析、参数扫描分析、温度扫描分析、极-零点分析、传递函数分析、最坏情况分析、蒙特卡罗分析、批处理分析、自定义分析、噪声图形分析和 RF 分析。如此多的仿真分析方法是其他电路分析软件所不能比拟的。

Multisim 11 在 Multisim 2001 的基础上新增了单一频率交流分析法、噪声系数分析法、线宽分析法等 3 种分析法。为了让大家更好地了解这些分析方法，本章将结合图 5-2 所示的简单晶体管放大电路，根据各种分析方法的特性，将 Multisim 的所有分析方法分类加以介绍。其中，5.1～5.6 节介绍的分析方法是以 Multisim 2001 为基础进行分析的，而 5.7 节介绍的分析方法是 Multisim11 中新增的分析法。

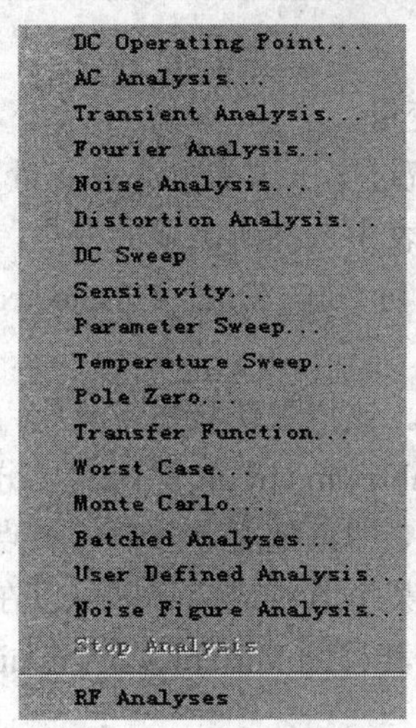

图 5-1 仿真分析菜单

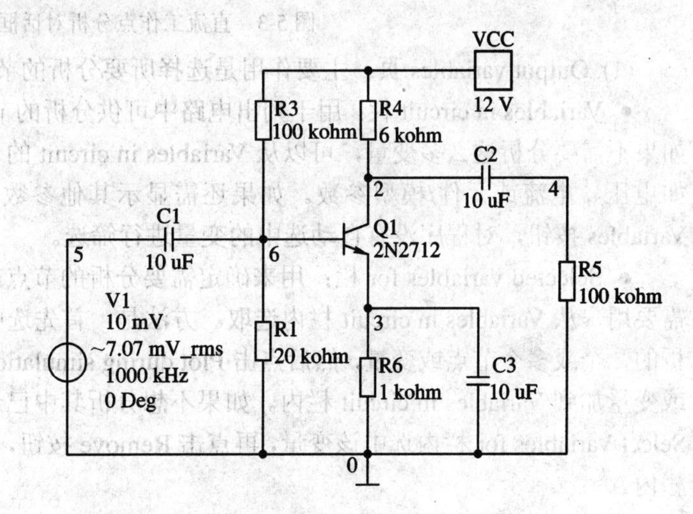

图 5-2 简单晶体管放大电路

5.1 基本仿真分析法

本节将介绍模拟电子线路分析与设计中经常用到的几种基本仿真分析法——直流工作点分析、瞬态分析和交流分析的使用。

5.1.1 直流工作点分析

直流工作点分析(DC Operating Point Analysis)主要用来计算电路的静态工作点。进行直流工作点分析时，Multisim 自动将电路分析条件设为电感短路、电容开路、交流电压源短路。

首先创建图 5-2 所示电路，然后启动 Simulate 菜单中的 Analysis 命令下的 DC Operating Point 命令项，即可弹出图 5-3 所示的对话框。该对话框包括 Output variables、Miscellaneous Options 和 Summary 这 3 个翻页标签。

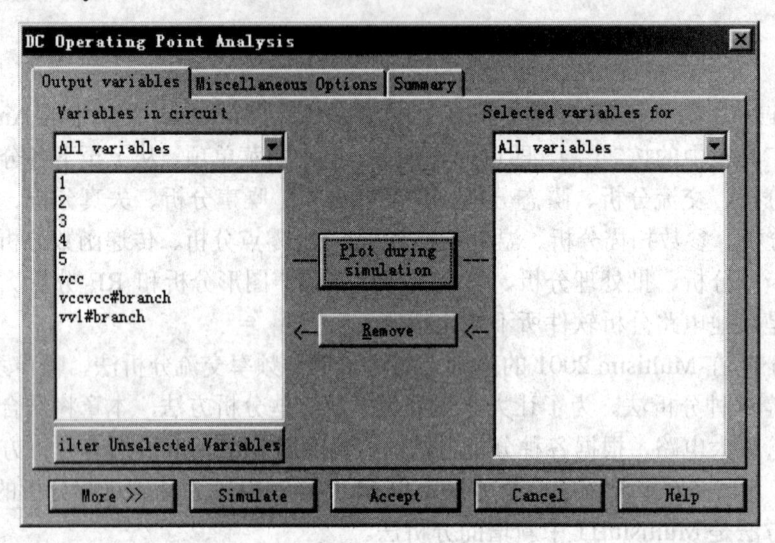

图 5-3　直流工作点分析对话框

(1) Output variables 页：主要作用是选择所要分析的节点或变量。

● Variables in circuit 栏：用于列出电路中可供分析的节点、流过电压源的电流等变量。如果不需要分析这么多变量，可以从 Variables in circuit 的下拉列表中选择所需要的变量，如电压、电流或元件/模型参数。如果还需显示其他参数变量，可点击 Filter Unselected Variables 按钮，对程序没有自动选中的变量进行筛选。

● Selected variables for 栏：用来确定需要分析的节点或变量。该栏默认状态下为空，需要用户从 Variables in circuit 栏内选取。方法是：首先选中 Variables in circuit 栏内需要分析的一个或多个节点或变量，然后点击 Plot during simulation 按钮，即可把所需分析的节点或变量加到 Variables in circuit 栏内。如果不想分析其中已选中的某个节点或变量，可以在 Select Variables for 栏内选中该变量，再点击 Remove 按钮，即可将其移回 Variables in circuit 栏内。

● More 按钮：点击该按钮，可得到图 5-4 所示的对话框。该对话框中共有 3 个按钮：Add device/model parameter，表示添加元件或模型参数；Delete selected variables，表示删除已选的变量；Filter Selected Variables，表示过滤选择的变量。

图 5-4　More 选项对话框

(2) Miscellaneous Options 页：与仿真分析有关的其他分析选项设置页，如图 5-5 所示。

在图 5-5 中，Use this custom analysis 用来选择程序是否采用用户所设定的分析选项。可供选取的设定选项已出现在下面的栏中，其中大部分项目应该采用默认值。如果想要改变其中某一个分析选项，则在选中该项后，再选中下面的 Use this option 选项，此时在其右边会出现一个栏，可在该栏中指定新的参数。

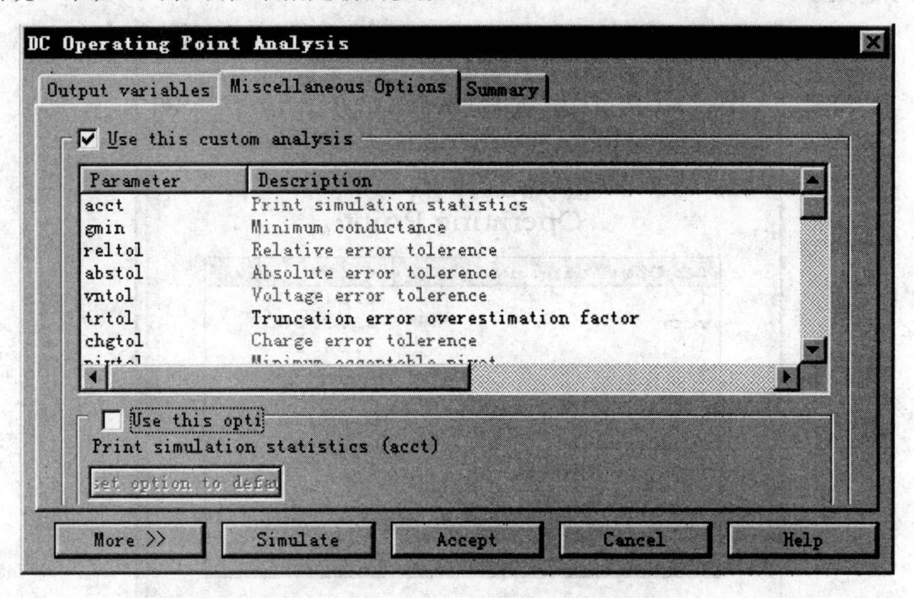

图 5-5　Miscellaneous Options 页对话框

(3) Summary 页：对分析设置进行汇总确认，如图 5-6 所示。

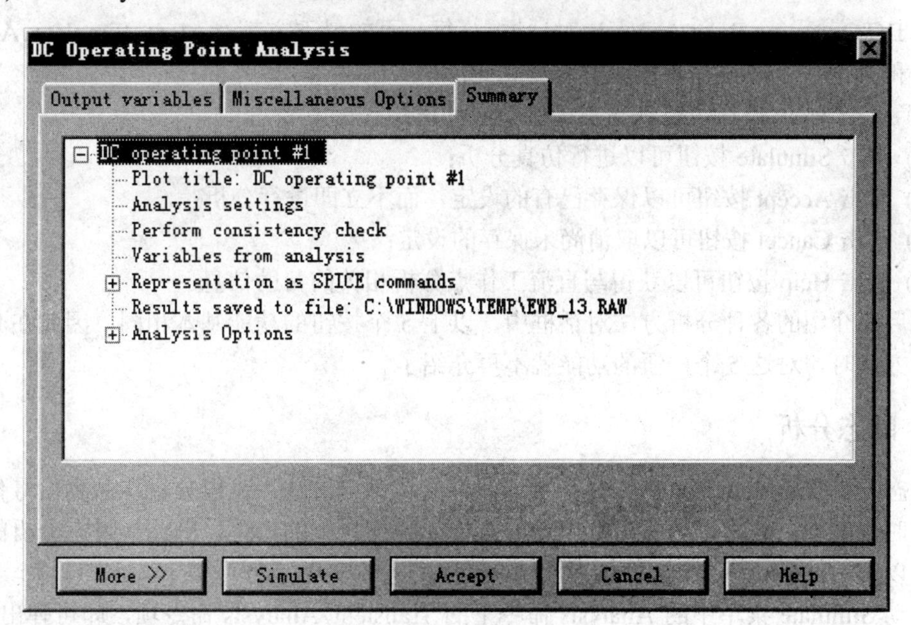

图 5-6　Summary 页对话框

在 Summary 页中，程序给出了所设定的参数和选项，用户可确认并检查所要进行的分析设置是否正确。

经过前两页的设置，再在Summary页内确认前两页设置正确后，点击Simulate按钮即可进行直流工作点分析。对于图5-2所示电路，在Output variables页中的Variable in circuit栏内选择All variables，Selected variables for栏内选择All variables，即选择分析所有的参数变量，分析结果如图5-7所示。图中各数据表示节点电压(单位为V)和电流源支路电流(单位为mA)的大小。

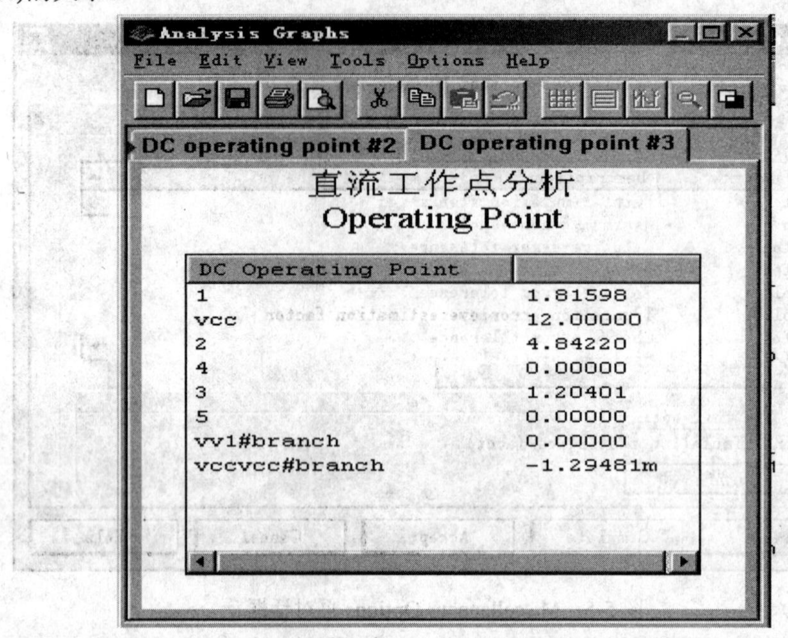

图5-7 直流工作点分析的分析结果

在DC Operating Point Analysis对话框中，每一页的最下方都有More、Simulate、Accept、Cancel和Help 5个按钮，各按钮的功能如下：

(1) 点击More按钮可以获得更多选中页的信息；

(2) 点击Simulate按钮可以进行仿真分析；

(3) 点击Accept按钮可以保存已有的设定，而不立即进行分析；

(4) 点击Cancel按钮可以取消尚未保存的设定；

(5) 点击Help按钮可以获得与直流工作点分析相关的帮助信息。

在后面介绍的各种分析方法对话框中，以上5个按钮的功能基本相同，因此在介绍后续分析方法时，对这5个按钮的功能就不再介绍了。

5.1.2 瞬态分析

瞬态分析(Transient Analysis)是一种非线性时域分析方法，可以分析在激励信号作用下电路的时域响应。通常以分析节点电压波形作为瞬态分析的结果，因此，瞬态分析的结果同样可以用示波器观察到。

启动Simulate菜单中的Analysis命令下的Transient Analysis命令项，即可弹出图5-8所示的对话框。该对话框包括4个翻页标签，除了Analysis Parameters页外，其他3个翻页标签的设置与直流工作点分析中的设置相同，因此，在此仅介绍Analysis Parameters页的功能设置。

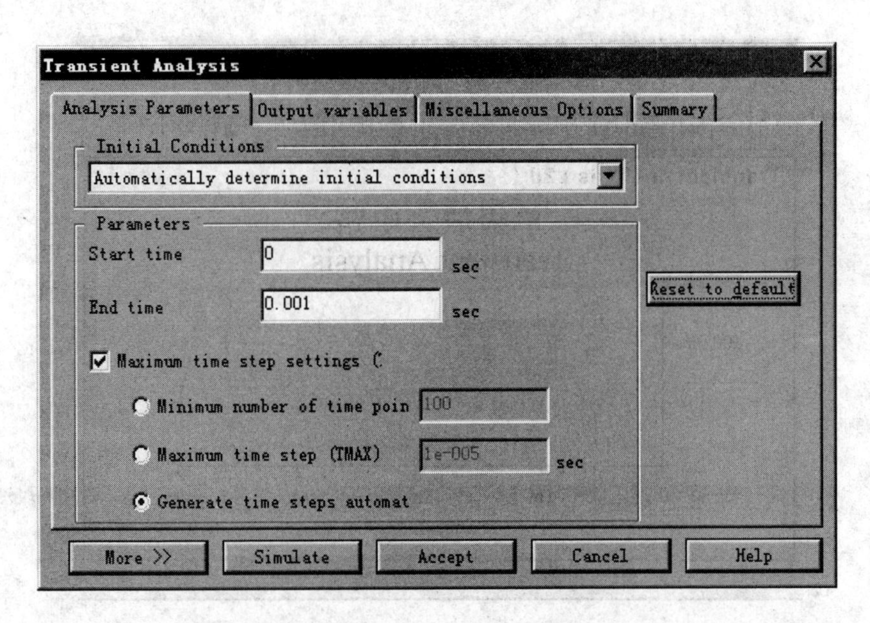

图 5-8　Transient Analysis 对话框

(2) Parameters 区：用于设置分析的时间参数。

● Start time：设置分析的起始时间。

● End time：设置分析的终止时间。

● Maximum time step settings：设置最大时间步长。选择该项后，可以从下面 3 个选项中选取一种。

① Minimum number of time points：以单位时间内的取样点数作为分析的步长。选择该项后，要在右边栏内设定单位时间内最少要取样的点数。

② Maximun time step(TMAX)：以时间间距设置分析步长。

③ Generate time steps automatically：由程序自动设置分析步长。

(3) Reset to default 按钮：按下此按钮，Analysis Parameter 页中的所有设置恢复为默认值。

我们仍以图 5-2 所示电路为例，在图 5-8 所示对话框中，Initial Condition 区选中 Automatically determine initial conditions，即由程序自动设置初态，起始时间(Start time)设为 0，终止时间(End time)设为 0.001 sec，选中 Maximun time step settings 且同时选中 Geanerate time steps automatically，即由程序自动决定分析步长，在 Output Variables 页中选择节点 4 作为分析节点。点击 Simulate 按钮，即可得到图 5-9 所示分析结果。

为了更好地观测输出，可以使用图 5-9 中的分析工具栏中的快捷键。其中，3 个工具按钮▦▤▧的功能分别为：

▦显示/隐藏栅格按钮：按下此按钮，即可显示栅格。

▤显示/隐藏轨迹标记按钮：按下此按钮，即可显示各种颜色的轨迹线分别对应哪个输出节点。

▧显示/隐藏指针按钮：按下此按钮，即可显示各节点波形对应的指针，同时还可以得到一个取值关系变化表。移动指针，即可观测到各点的具体数值。

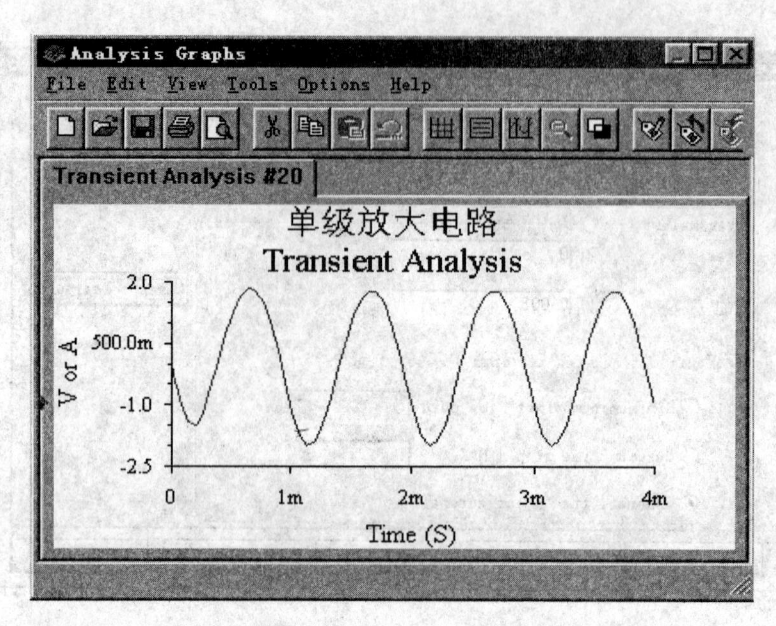

图 5-9 Transient Analysis 仿真结果

若同时按下这 3 个按钮，可得到图 5-10 所示的分析结果。从图 5-10 中可以看到，节点 4 的波形用红颜色表示，移动指针 1 或 2，取值关系表中的 x1、y1 或 x2、y2 的值会随着指针的移动而变化。x1、y1 和 x2、y2 分别表示指针 1 和指针 2 所处的位置，以及指针在该位置时对应的节点电压值。由图 5-10 所示节点 4 的取值关系变化表可以看到：红色指针 1 指示节点 4 在 1.3425 ms 时的电压大小为−673.3 mV；蓝色指针 2 指示节点 4 在 2.6738 ms 时的电压大小为 1.7661 V。

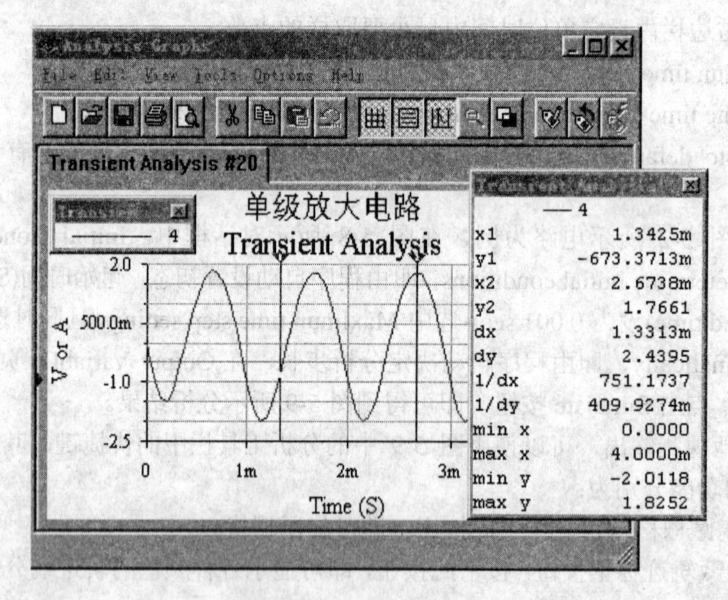

图 5-10 用快捷分析工具栏观测仿真分析结果

分析工具栏中的其他按钮的功能与 Windows 窗口中的各相应按钮功能相同，在此不再赘述。

5.1.3 交流分析

交流分析(AC Analysis)可以对模拟电子线路进行交流频率响应分析，即获得模拟电子线路的幅度频率响应和相位频率响应。在对交流小信号进行分析时，要求直流电压源短路、耦合电容短路。

进行交流分析前，Multisim 2001 会自动进行直流工作点分析，以获得交流分析时非线性元件的线性化小信号模型。而且，在交流分析中，所有输入源都被认为是正弦信号。如果信号发生器设置为方波或三角波，它也将被自动转换为正弦波。

启动 Simulate 菜单中的 Analysis 命令下的 AC Analysis 命令项，即可弹出图 5-11 所示的对话框。除 Frequency Parameters 页外，其他三页的设置方法与直流工作点分析中的设置方法相同，因此，在此仅介绍 Frequency Parameters 页的功能设置。

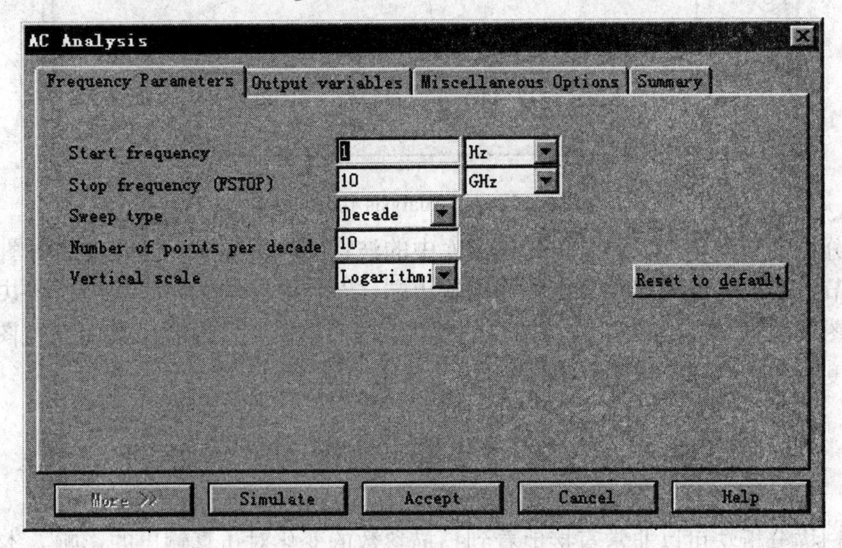

图 5-11 AC Analysis 对话框

Frequency Parameters 页主要用来设置 AC 分析的频率参数。

(1) Start frequency：交流分析法的起始频率。

(2) Stop frequency：交流分析法的终止频率。

(3) Sweep type：扫描方式。可以从下拉菜单中选择线性(Liner)、十倍频(Decade)和八倍频(Octave)。

(4) Number of points per decade：每十倍频中计算的频率点数。

(5) Vertical scale：纵坐标。可以从下拉菜单中选择线性(Liner)、分贝(Decibel)、对数(Logarithmic)或八倍频程(Octave)作为纵坐标的取值刻度。

(6) Reset to default 按钮：功能同前。

对图 5-2 所示电路，我们采用图 5-11 所示频率进行设置。在 Output variables 页中选择节点 4 作为输出节点。在 Summary 页内确认设置无误后，点击 Simulate 按钮即可进行交流仿真分析，分析结果如图 5-12 所示。图 5-12 所示仿真结果描述了图 5-2 所示基本共射放大电路在 1 Hz～10 GHz 频率范围内的幅度频率特性和相位频率特性。

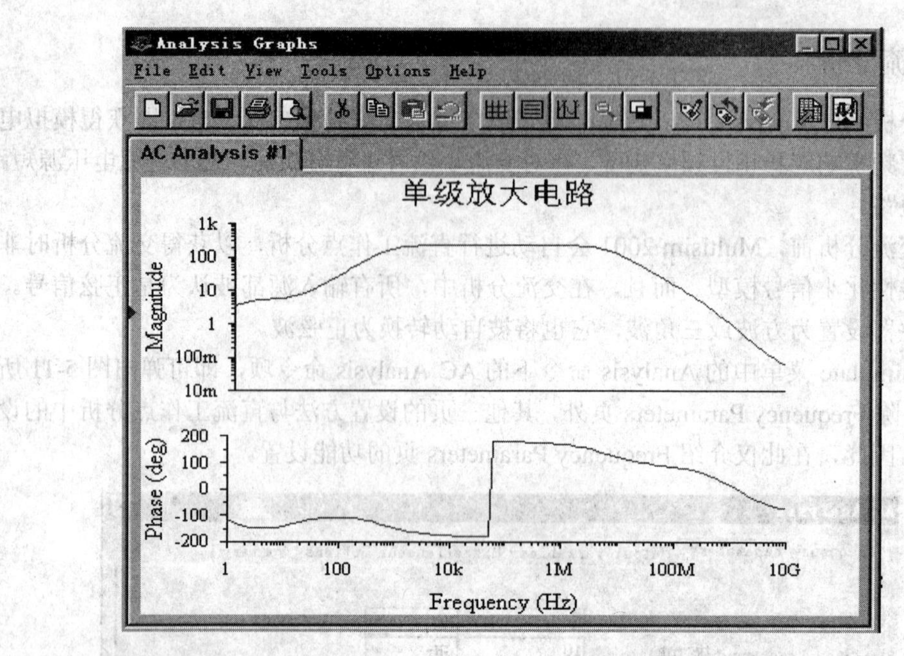

图 5-12　AC Analysis 仿真结果

交流分析的结果也可以通过仿真仪器库中的波特图仪来观察。方法是：将图 5-2 所示电路中的节点 5 作为输入端，节点 4 作为输出端，节点 0 作为输入、输出的公共端，合理设置波特图仪的频率参数(关于波特图仪的使用，请参看第 4 章内容)，即可获得图 5-2 所示电路的幅度频率特性和相位频率特性。

5.2　扫描分析法

通过扫描分析法可以非常直接地看到扫描参数的变化对仿真输出的影响。本节将介绍 Multisim 提供的三种扫描分析法——直流扫描分析、参数扫描分析和温度扫描分析在电路分析中的使用。

5.2.1　直流扫描分析

直流扫描分析(DC Sweep)用于计算电路中某一节点上的直流工作点随电路中的一个或两个直流电压源变化的情况。利用直流扫描分析，可以快速地根据直流电源的变动范围来确定电路的直流工作点。

启动 Simulate 菜单中 Analysis 命令下的 DC Sweep 命令项，即可弹出图 5-13 所示的对话框。在该对话框中，除 Analysis Parameters 页外，其他三页的设置方法与直流工作点分析中的设置方法相同，因此，在此仅介绍 Analysis Parameters 页的功能设置。

Analysis Parameters 页共有 Source 1、Source 2 两个区，提供两个可供选择的电压源。Source 1 和 Source 2 的参数设置方法相同。需要注意的是，Source 2 区各参数必须在选中 Source 2 区右边的 Use Source 2 后才能进行设置。

Source：选择要扫描的直流电压源；

Start value：设置开始扫描的电压源大小；
Stop value：设置结束扫描的电压源大小；
Increment：设置扫描的电压增量值。

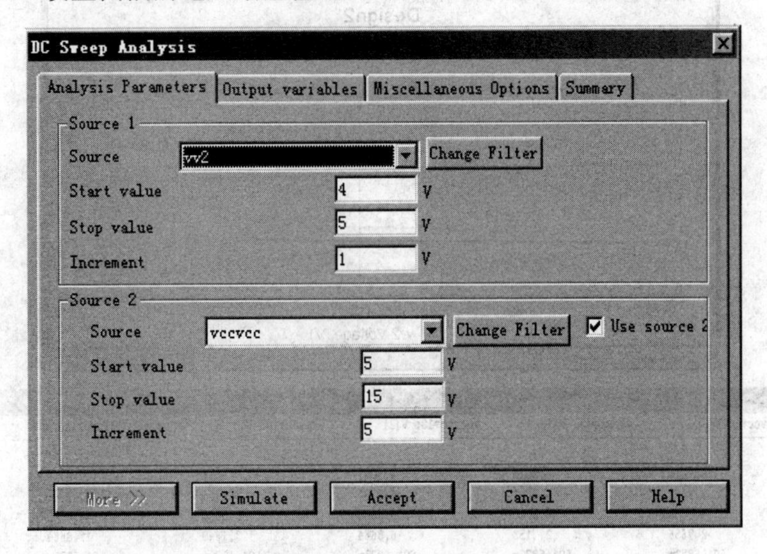

图 5-13　DC Sweep Analysis 对话框

通常，以 Source 1 作为扫描分析的横坐标，然后分析在 Source 2 取不同值时，需要分析的各节点的电压值。

下面以图 5-14 为例进行直流扫描分析，即分析直流偏置电压 V2 和电源电压 VCC 变化时，对三极管的集电极、发射极电压的影响。在图 5-13 所示对话框中，在 Analysis Parameters 页取直流电压源 V2 作为 Source 1，电源 VCC 作为 Source 2，Source 1 中的 Start value 取 4 V，Stop value 取 5 V，Increment 取 1 V，Source 2 中的 Start value 取 5 V，Stop value 取 15 V，Increment 取 5 V，如图 5-13 所示。在图 5-13 所示对话框中的 Output variables 页中取节点 2 和 3 作为分析节点。点击 Simulate 按钮，可获得仿真结果，如图 5-15 所示，该图中共有六条曲线，分别对应 VCC 为 5 V、10 V、15 V 时节点 2、3 的电压随偏置电压 V2 变化的曲线。

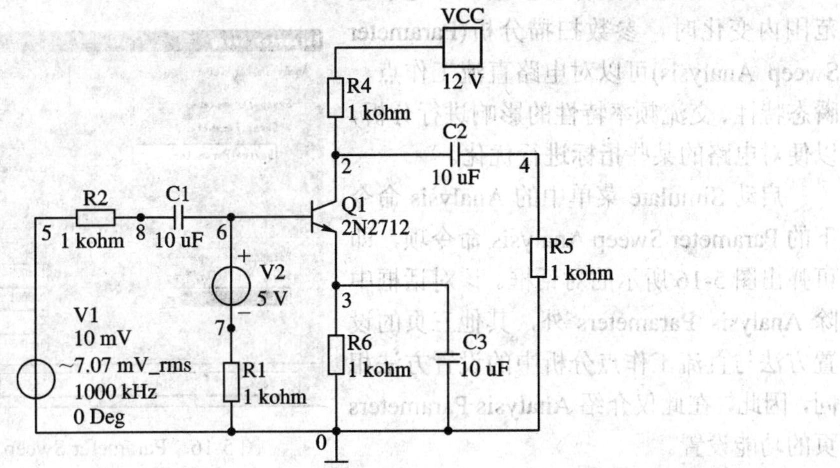

图 5-14　DC Sweep 仿真电路

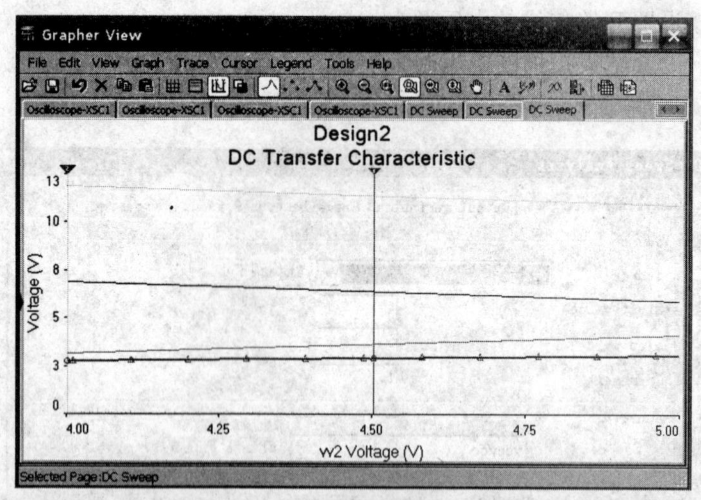

Cursor

	vccvcc=5; V(2)	vccvcc=5; V(3)	vccvcc=10; V(2)	vccvcc=10; V(3)	vccvcc=15; V(2)	vccvcc=15; V(3)
x1	4.5016	4.5016	4.5016	4.5016	4.5016	4.5016
y1	2.9262	2.8841	6.3781	3.6581	11.3781	3.6581
x2	4.0000	4.0000	4.0000	4.0000	4.0000	4.0000
y2	2.7656	2.7153	6.8664	3.1649	11.8664	3.1649
dx	-501.5873m	-501.5873m	-501.5873m	-501.5873m	-501.5873m	-501.5873m
dy	-160.6545m	-168.7115m	488.3014m	-493.1844m	488.3014m	-493.1844m
dy/dx	320.2922m	336.3552m	-973.5123m	983.2474m	-973.5123m	983.2474m
1/dx	-1.9937	-1.9937	-1.9937	-1.9937	-1.9937	-1.9937

图 5-15　DC Sweep 仿真结果

在图 5-15 所示仿真分析结果中，移动指针 1 或 2，可以获得不同偏置电压下节点 2 和节点 3 的电压值。现移动指针 1，可以看到 VCC=15 V，V2=4.5016 V 时，节点 2 的电压 V_2 为 11.3781 V，节点 3 的电压 V_3 为 3.6581 V。$V_{23}=V_2-V_3=11.3781-3.6581=7.72$ V，处于放大区的中间位置，可以作为静态工作点。故选择电源电压为 15 V，静态基极偏置电压为 4.5 V，可以获得较好的静态工作点。

5.2.2　参数扫描分析

当电路中某些元件的参数在一定取值范围内变化时，参数扫描分析(Parameter Sweep Analysis)可以对电路直流工作点、瞬态特性、交流频率特性的影响进行分析，以便对电路的某些指标进行优化。

启动 Simulate 菜单中的 Analysis 命令下的 Parameter Sweep Analysis 命令项，即可弹出图 5-16 所示的对话框。该对话框中除 Analysis Parameters 外，其他三页的设置方法与直流工作点分析中的设置方法相同，因此，在此仅介绍 Analysis Parameters 页的功能设置。

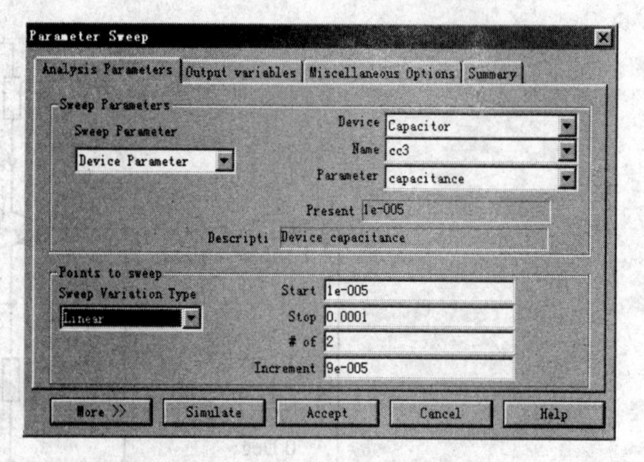

图 5-16　Parameter Sweep Analysis 对话框

Analysis Parameters 页共有 3 个区，各区功能如下：

(1) Sweep Parameter 区用于选择扫描的元件和参数。其中的下拉菜单中有元件参数(Device Parameter)和模型参数(Model Parameter)可供选择。选择 Device Parameter 后，右边出现与元件参数有关的一些信息，需进一步选择。

- Device：从下拉菜单中选择要扫描的元件种类；
- Name：从下拉菜单中选择要扫描的元件序号；
- Parameter：从下拉菜单中选择要扫描的元件的参数。

(2) Points to sweep 区用于选择扫描方式。其中：

Sweep Variation Type：选择变量扫描方式。从下拉菜单中可以选择十倍频扫描(Decade)、八倍频扫描(Octave)、线性刻度扫描(Linear)及列表取值。选定扫描类型后，在 Points to sweep 右部设定扫描的起始值(Start)、终值(Stop)和扫描时间间隔(Increment)。

(3) 点击 More 按钮可选择不同的分析类型。Multisim 提供了三种分析类型：直流工作点分析、交流分析和瞬态分析。选定分析类型后，可点击 Edit Analysis 按钮对该项分析进行进一步的设置(参数设置方法参见 5.1 节中的各分析方法)。

我们仍以图 5-2 电路为例，对旁路电容 C3 进行扫描分析，观察 C3 对放大电路的频率特性的影响。分别取电容 C3 为 10 μf、100 μF，其他参数设置如图 5-16 所示，点击 More 按钮，选择交流分析法(AC Analysis)类型，同时按交流分析法设置交流分析的参数。点击 Simulate 按钮，即可得到图 5-17 所示仿真结果。

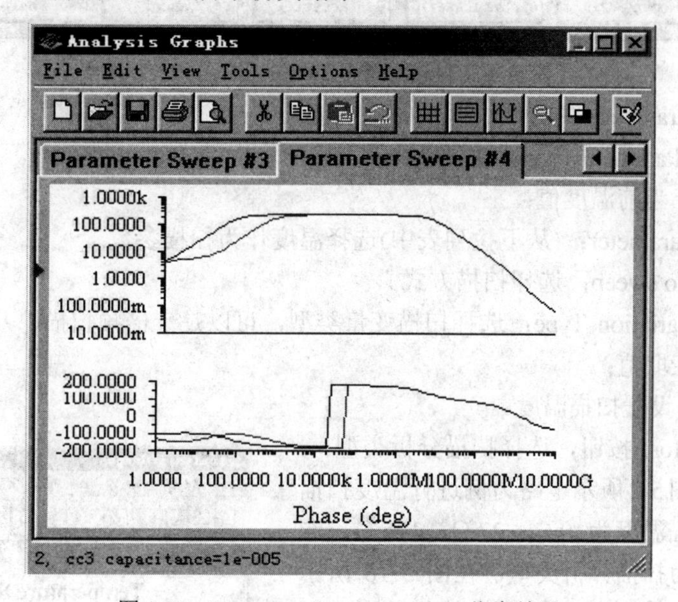

图 5-17 Parameter Sweep Analysis 仿真结果

图 5-17 所示仿真结果为改变 C3 时，图 5-2 所示电路的频率特性。由图 5-17 可以看出，改变旁路电容数值后，放大器的低频特性影响较大，而高频特性曲线基本重合。

5.2.3 温度扫描分析

温度扫描分析(Temperature Sweep Analysis)研究温度变化对电路性能的影响。由于许多元(器)件的参数、特性与温度有关，所以，当温度变化时，电路的性能也会发生一些变化。因此，该分析相当于在不同的工作温度下多次仿真电路性能。不过，Multisim 中的温度扫描仅限于一些半导体器件和虚拟电阻。

启动Simulate菜单中的Analysis命令下的Temperature Sweep Analysis命令项，可弹出图5-18所示的对话框。在该对话框中，除Analysis Parameters页外，其他三页的设置方法与直流工作点分析中的设置方法相同，因此，在此仅介绍Analysis Parameters页的功能设置。

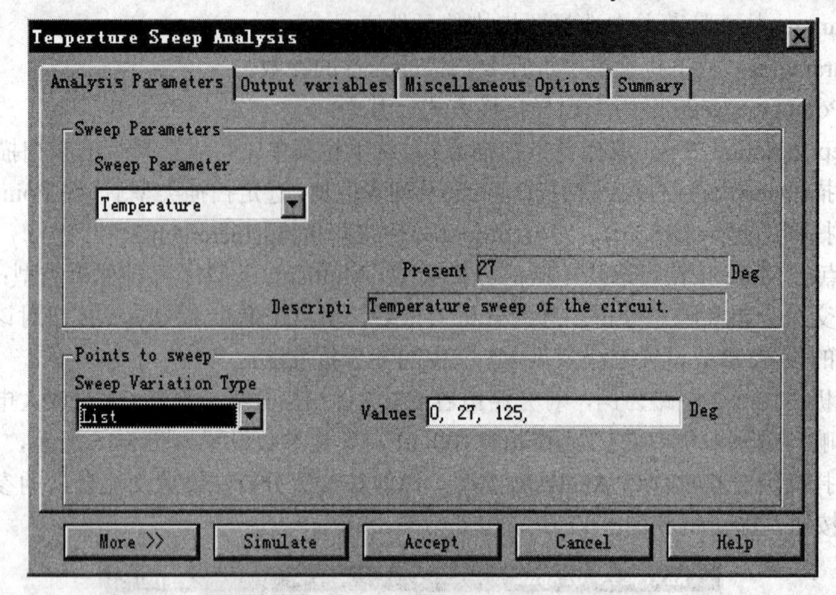

图5-18 Temperature Sweep Analysis对话框

Analysis Parameters共有两个区，各区功能如下：

(1) Sweep Parameter区：扫描参数区。

- Present：当前温度值；
- Sweep Parameter：(从下拉列表中)选择温度作为扫描参数。

(2) Points to sweep：选择扫描方式。

- Sweep Variation Type：选择扫描变量类型，可以是十倍频扫描、八倍频扫描、线性刻度扫描及列表取值；
- Values：设置扫描温度。

(3) 点击More按钮，选择扫描分析类型。

我们仍以图5-2所示电路为例进行温度扫描分析。设定扫描温度为0℃、27℃、125℃，选择瞬态分析作为扫描分析类型，在图5-18所示对话框中的Output Variables页中选择节点2和节点4作为分析变量，观察节点2和节点4在不同温度下的瞬态输出。点击Simulate键，可得仿真分析结果，如图5-19所示。

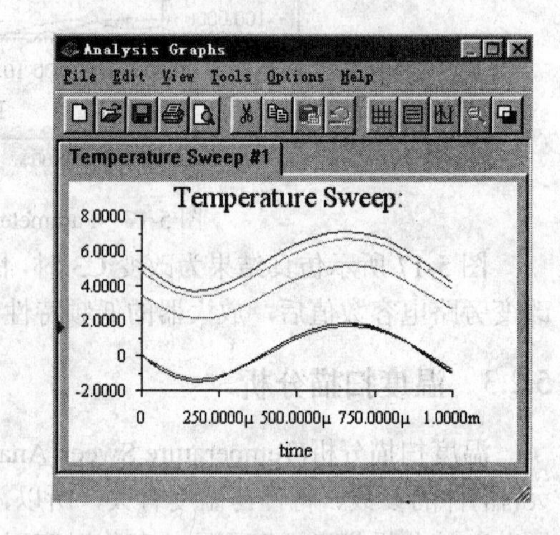

图5-19 Temperature Sweep Analysis仿真结果

图5-19中下面三条近乎重合的曲线为节点4在三种不同温度下的输出波形，而节点2在不同温度下的输出波形并不相同，且其幅值随温度的升高在减小。这是因为温度的变化影响了放大

电路的静态工作点，从而使集电极静态电位发生变化，即节点 2 的静态电位发生变化。节点 4 的输出通过了隔直流电容，仅为交流输出，因此温度的变化对交流输出的影响不大。

5.3 统 计 分 析

统计分析就是根据一些参数变化的统计规律，分析参数变化对电路的影响。本节介绍 Multisim 提供的两种统计分析法——最坏情况分析和蒙特卡罗分析的使用。

5.3.1 最坏情况分析

最坏情况是指电路中的元件参数在其容差域边界点上取某种组合时所引起的电路性能的最大偏差，而最坏情况分析(Worst Case Analysis)是指在给定电路元件参数容差的情况下，估算出电路性能相对于标称值时的最大偏差。

启动 Simulate 菜单中的 Analysis 命令下的 Worst Case Analysis 命令项，即可弹出图 5-20 所示的对话框。该对话框中除 Model tolerance list、Analysis Parameters 外，其他两页的设置方法与直流工作点分析中的设置方法相同，因此，在此仅介绍 Model tolerance list 和 Analysis Parameters 页的功能设置。

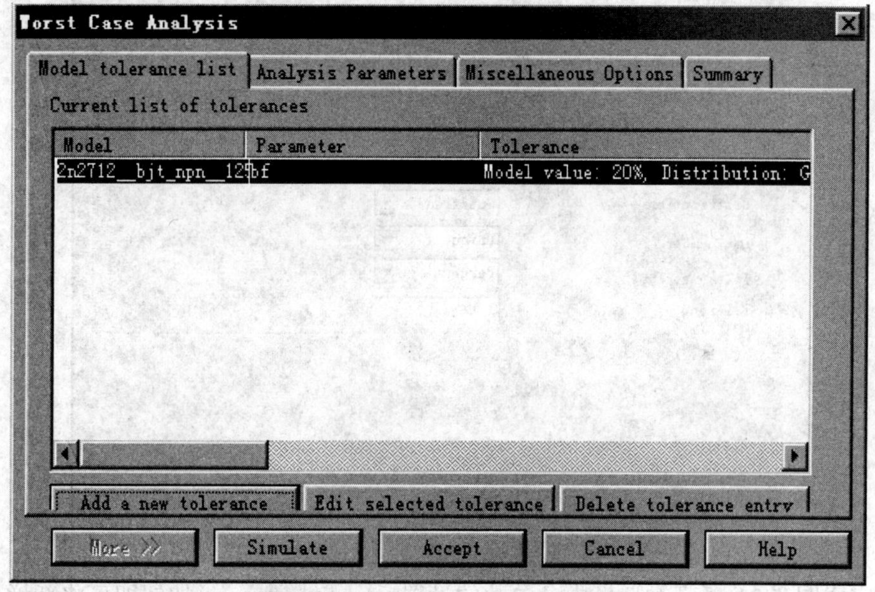

图 5-20 Worst Case Analysis 对话框

1. Model tolerance list 页(模型容差列表页)

Model tolerance list 页中各项的功能如下：

(1) Current list of tolerances 用于列出目前的元件模型误差。

(2) 点击下方的 Add a new tolerance 按钮，弹出图 5-21 所示对话框。在该对话框中各参数的设置如下：

● Parameter Type：选择参数类型。下拉菜单中可供选择的类型有元件模型参数(Model Parameter)和器件参数(Device Parameter)。

● Device Type: 从下拉菜单中选定器件种类，如三极管类(Triode))、电容器类(Capacitor)、二极管类(Diode)、电阻类(Resistor)和电压源类(Source)等。

● Name：从下拉菜单中选择设定器件的元件序号。

● Parameter：从下拉菜单中选择元件类型。

● Distribution：选择元件参数容差的分布类型，如 Guassian(高斯分布)和 Uniform(均匀分布)。均匀分布是指元件参数值在误差范围内以相等概率出现，而高斯分布是指误差分布状态呈现一种高斯曲线的形式。

● Lot number：选择容差随机数出现方式。如 Lot 表示各元件参数具有相同的随机产生的容差，而 Unique 表示每一个元件参数随机产生的容差各不相同。

● Tolerance Type：选择容差的形式，如 Absolute(绝对值)和 Percent(百分比)。

● Tolerance：设定容差的大小。

(3) 点击 Edit selected tolerance，可对所选的误差项目进行重新设置。

(4) 点击 Delete tolerance entry，可删除所选误差项目。

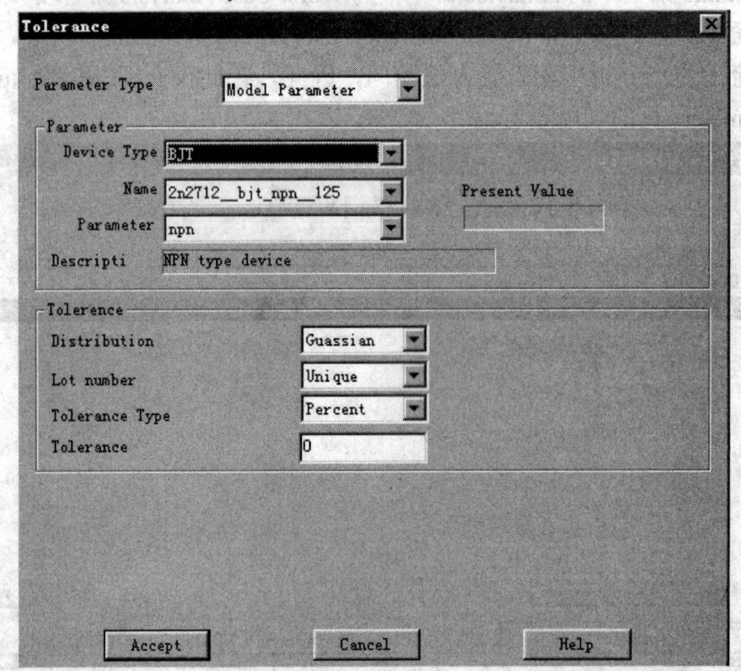

图 5-21 Worst Case Analysis 参数设置

当完成图 5-21 所示对话框中各参数的设置后，点击 Accept 按钮即可将新增项目添加到图 5-20 所示对话框中。

2. Analysis Parameters 页(设定分析参数页)

Analysis Parameters 页对话框如图 5-22 所示，共有两个区，各区功能如下：

(1) Analysis Parameters 区：分析参数。其中：

● Analysis：选择分析类型，如交流分析和直流工作点分析。

● Output：从下拉菜单中选择所要分析的节点。

● Function：选择比较函数。下拉菜单中的 MAX、MIN 分别表示 Y 轴的最大值、最小值，仅在直流工作点分析时选用； RISE-EDGE、FALL-EDGE 分别表示第一次 Y 轴出现大于、小于用户设定的门限时的 X 值，其右边的 Threshold 栏用于输入其门限值。

● Direction：选择容差变化方向。下拉菜单中包括 Default、Low 和 High 3 个选项。

● Restrict to range：用于限定 X 轴的显示范围。选中该项后，在右面的两个输入框中分别输入 X 轴的最小值(默认值为 0)和 X 轴的最大值(默认值为 1)。

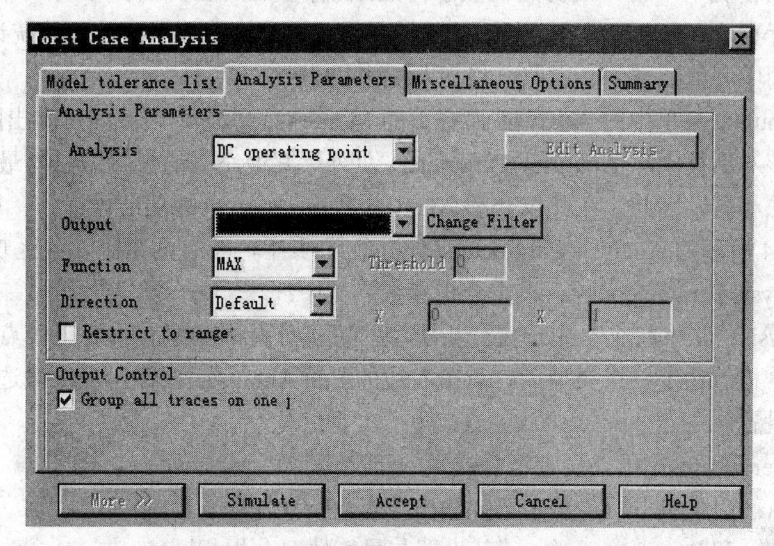

图 5-22　Analysis Parameter 页对话框

(2) Output Control 区：输出控制参数。其中：

● Group all traces on one plot：选中此项表示将所有仿真结果和记录显示在一个图形中；否则，将标称值仿真、最坏情况仿真和 Run Log Descriptions 分别输出显示。

我们仍以图 5-2 电路为例，考虑三极管的放大倍数有 20%的容差，分析时其他参数设置如图 5-21 所示，点击 Simulate 按钮，即可得到仿真结果，如图 5-23 所示。

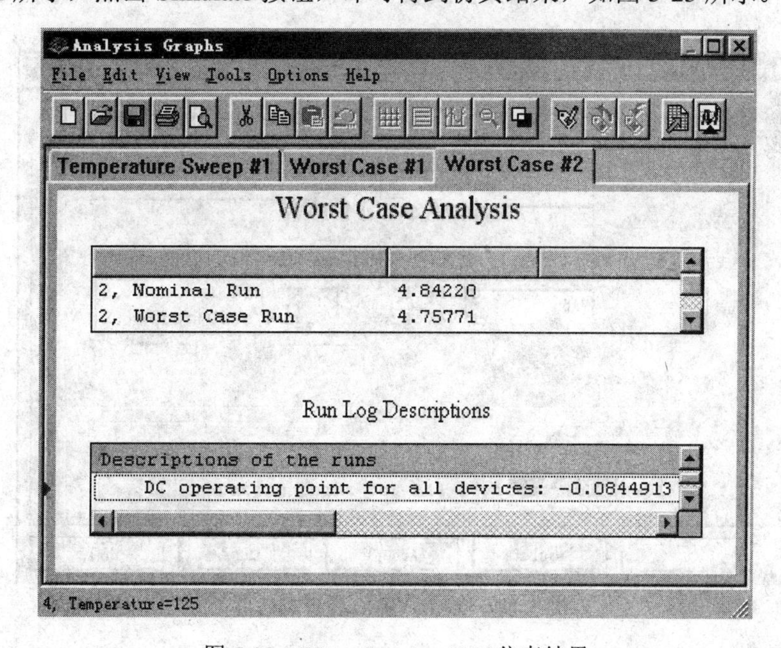

图 5-23　Worst Case Analysis 仿真结果

5.3.2 蒙特卡罗分析

蒙特卡罗(Monte Carlo)分析是一种统计模拟方法，它在给定电路元(器)件参数容差的统计分布规律的情况下，用一组伪随机数求得元(器)件参数的随机抽样序列，对这些随机抽样的电路进行直流、交流和瞬态分析，并通过多次分析结果估算电路性能的统计分布规律，如电路性能的中心值和方差、电路合格率及成本等。

启动 Simulate 菜单中的 Analysis 命令下的 Monte Carlo 命令项，即可弹出图 5-24 所示的对话框。该对话框中除 Analysis Parameters 页外，其他三页的设置方法与最坏情况分析中的设置方法相同，因此，在此仅介绍 Analysis Parameters 页的功能设置。

在图 5-24 所示的 Analysis Parameters(分析参数)页中，共有两个区，各区功能如下：

(1) Analysis Parameters 区：设定分析参数。其中：

- Analysis：从下拉菜单中选定分析类型。可供分析的类型有直流工作点分析、交流分析和瞬态分析。选定分析类型后，点击右边的 Edit Analysis 按钮，可以对选定的分析类型进行参数设置。
- Number of runs：用来设定运行次数(不能小于 2)。
- Output：用于从下拉菜单中选择输出节点。
- Function 和 Restrict to range：其设置与最坏情况分析相同。

(2) Output Control 区：输出控制区。

- Group all traces on one plot：选中该项后，表示把所有的仿真结果和记录显示在一个图形中。

我们仍以图 5-2 电路为例，若电容 C3 的容差为 20%，选择瞬态分析类型进行蒙特卡罗分析，蒙特卡罗参数设定如图 5-24 所示。点击 Simulate 键，得到仿真结果，如图 5-25 所示。

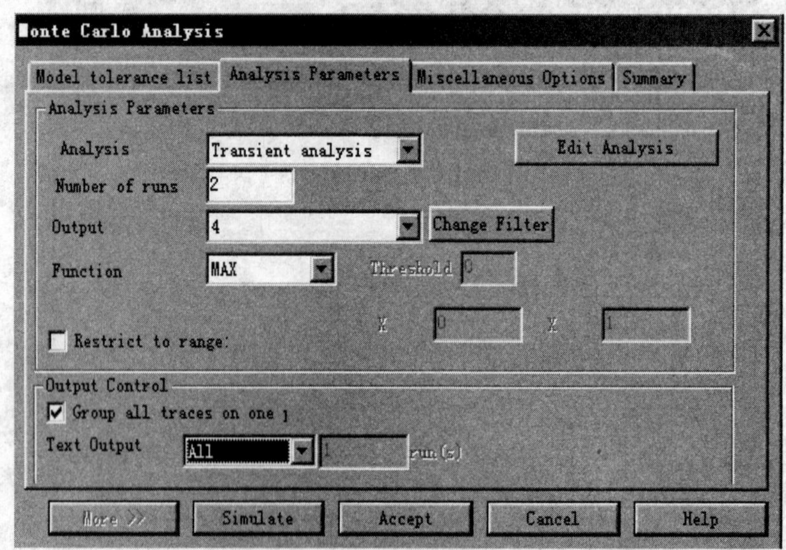

图 5-24 Monte Carlo 分析对话框

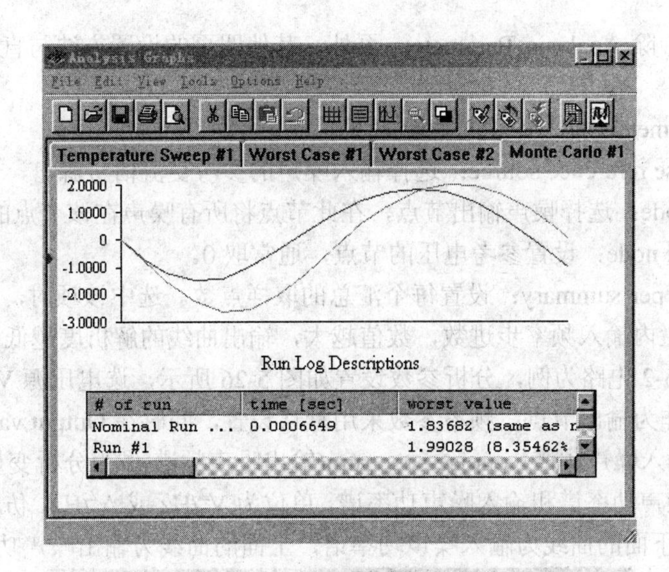

图 5-25　Monte Carlo 仿真结果

5.4　电路性能分析

本节主要介绍 Multisim 提供的四种分析电路性能的仿真分析法——噪声分析、失真分析、极-零点分析和传递函数分析。

5.4.1　噪声分析

噪声分析(Noise Analysis)用于分析噪声对电路性能的影响，检测电路输出信号的噪声功率幅度，分析并计算电路中各种无源器件或有源器件产生的噪声效果。噪声分析提供了三种不同的噪声模型：热噪声、散弹噪声和闪烁噪声。分析时，假定电路中各噪声源互不相关，总噪声为每个噪声源对指定的输出节点产生的噪声均方根的和。

启动 Simulate 菜单中的 Analysis 命令下的 Noise Analysis 命令项，即可弹出图 5-26 所示的对话框。

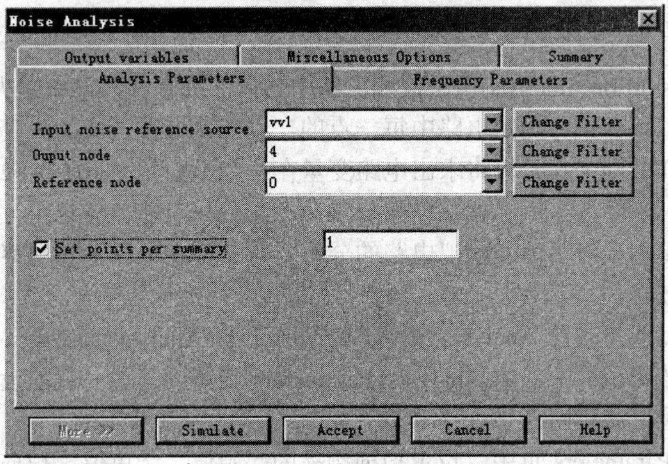

图 5-26　Noise Analysis 对话框

该对话框中，除 Analysis Parameters 页外，其他四页的设置方法与直流工作点分析中的设置方法相同。

Analysis Parameters 页中各项的功能如下：

(1) Input noise reference source：选择输入噪声的参考交流信号源。

(2) Output node：选择噪声输出节点，在此节点将所有噪声在该节点的影响求和。

(3) Reference node：设置参考电压的节点，通常取 0。

(4) Set point per summary：设置每个汇总的取样点数。选中该项时，将产生所选噪声量曲线。在右边栏内输入频率步进数，数值越大，输出曲线的解析度越低。

我们仍以图 5-2 电路为例，分析参数设置如图 5-26 所示，选电压源 V1 作为输入噪声参考源，节点 4 作为输出节点；频率参数采用默认设置，同时在 Output variables 页中选择 inoise-spectrum(输入噪声频谱)、onoise-spectrum(输出噪声频谱)作为分析变量。点击 Simulate 按钮，显示输出噪声功率谱和输入噪声功率谱，单位为 V^2/Hz 或 A^2/Hz，仿真结果如图 5-27 所示。图 5-27 中下面的曲线为输入噪声功率谱，上面的曲线为输出噪声功率谱。

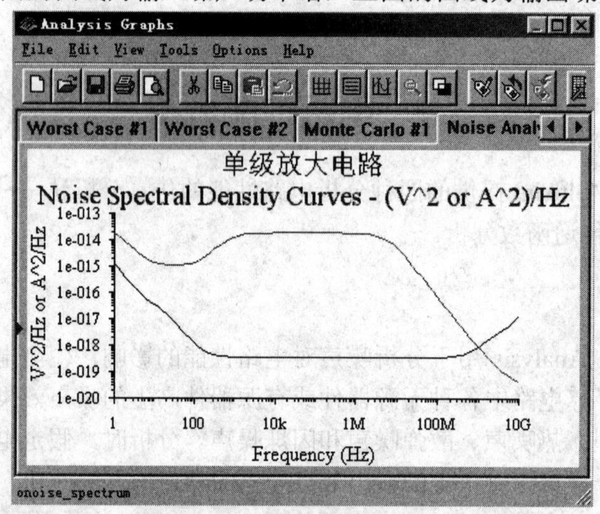

图 5-27 Noise Analysis 仿真结果

5.4.2 失真分析

失真分析(Distortion Analysis)用于检测电路中的谐波失真和内部调制失真。如果电路中只有一个交流源，该分析将确定电路中每一点的二、三次谐波造成的失真。如果电路中有两个交流源 F1 和 F2，则失真分析将求出电路变量在三个不同频率点(F1+F2、F1−F2、2F1−F2)的复数值。

失真分析主要用于对小信号模拟电路的分析。对于瞬态分析不易观察到的较小失真，失真分析比较有效。

启动 Simulate 菜单中的 Analysis 命令下的 Distortion Analysis 命令项，即可弹出图 5-28 所示的对话框。该对话框中，除 Analysis Parameters 页外，其他三页的设置方法与直流工作点分析中的设置方法相同。

在 Analysis Parameters 页中，设定扫描频率的起始值、结束值，扫描的类型，扫描的点数和纵坐标。F2/F1 ratio 用于在分析电路内部互调失真时，设置 F1、F2 的比值，该比值的大小在 0～1 之间。值得注意的是：F1 不是电路中的交流电压源的频率，而是对话框中设定的频率；F2 是“F2/F1 ratio”的值与对话框中设定的 F1 的起始频率的乘积。

我们仍以图 5-2 所示单级放大电路为例，Analysis Parameters 页的设置如图 5-28 所示，选择节点 4 作为输出节点，点击 Simulate 按钮，即可得到仿真结果，如图 5-29 所示。

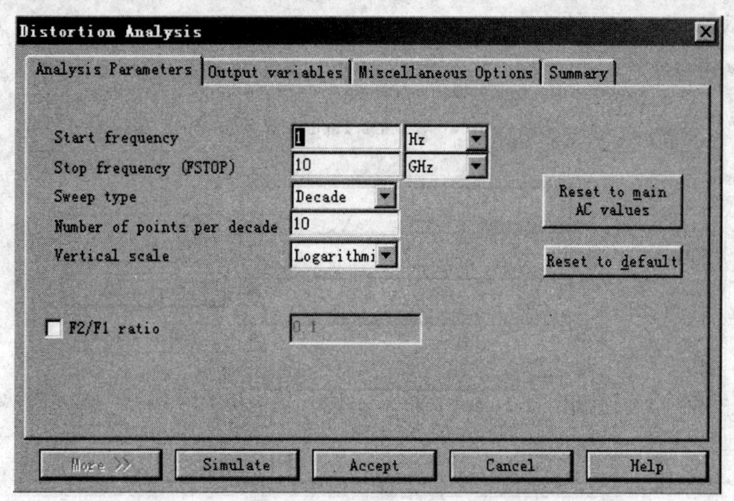

图 5-28　Distortion Analysis 对话框

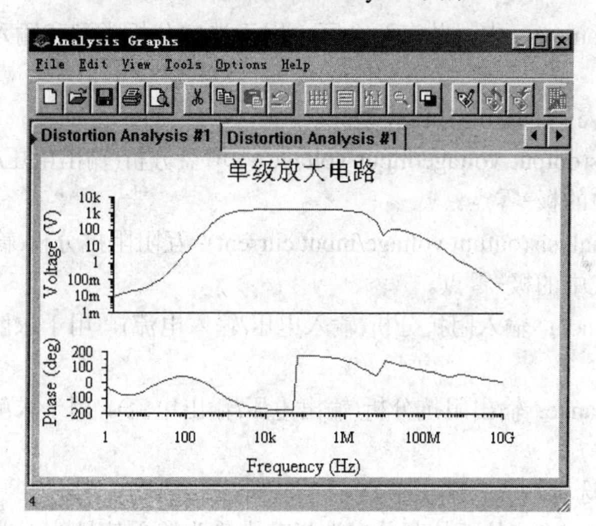

图 5-29　Distortion Analysis 仿真结果

由仿真结果可以看到 F1 在 1 Hz～10 GHz 范围内各频率的二次、三次谐波在节点 4 产生的幅度失真和相位失真。

5.4.3　极-零点分析

极-零点分析(Pole-Zero Analysis)用于求解交流小信号电路传递函数中极点、零点的个数和数值，为负反馈放大器和自动控制系统的稳定性分析提供了一个很好的工具。进行极-零点分析时，系统会自动计算电路的静态工作点，然后求得非线性元件在交流小信号条件下的线性化模型。

启动 Simulate 菜单中的 Analysis 命令下的 Pole-Zero Analysis 命令项，即可弹出图 5-30 所示的对话框。该对话框中，除 Analysis Parameters 页外，其他两页的设置方法与直流工作点分析中的设置方法相同。

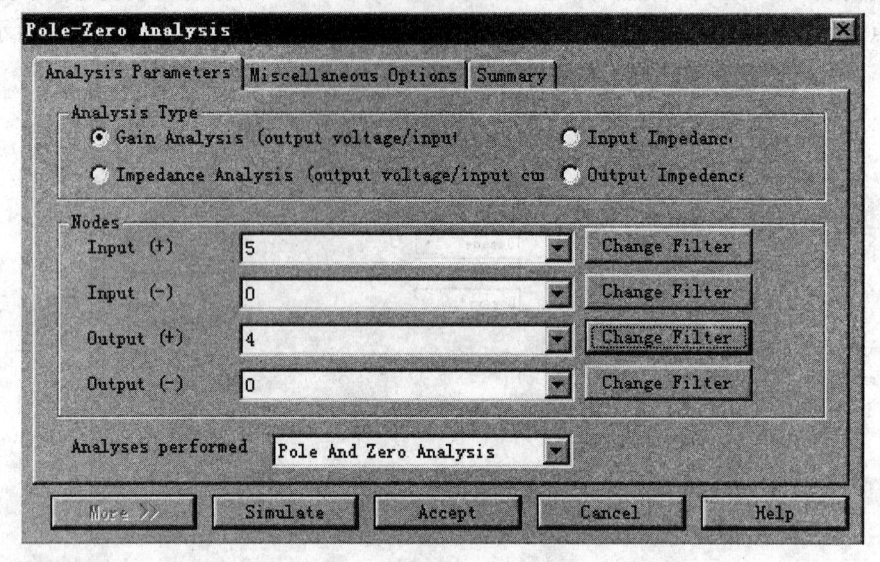

图 5-30　极-零点分析对话框

在 Analysis Parameters 中，共有两个区，用于选定分析类型和输入、输出节点。各区功能如下：

(1) Analysis Tpye 区：选定分析类型。

- Gain Analysis(output voltage/input voltage)：增益分析(输出电压/输入电压)，用于求解电压增益表达式中的极-零点。
- Impedance Analysis(output voltage/input current)：互阻阻抗分析(输出电压/输入电流)，用于求解互阻表达式中的极-零点。
- Input Impedance：输入阻抗分析(输入电压/输入电流)，用于求解输入阻抗表达式中的极-零点。
- Output Impedance：输出阻抗分析(输出电压/输出电流)，用于求解输出阻抗表达式中的极-零点。

(2) Nodes 区：选定输入、输出节点。

- Input(+)、Input(−)：从下拉菜单中选择节点作为输入信号的正端和负端。
- Output(+)、Output(−)：从下拉菜单中选择节点作为输出信号的正端和负端。

以图 5-2 所示电路为例，进行增益函数的极-零点分析。在 Pole-Zero Analysis 对话框中，选择 Gain Analysis 作为 Analysis Type；选节点 0 作为 Input(−)、Output(−)；选节点 5 作为 Input(+)，节点 4 作为 Output(+)。参数设置如图 5-30 所示。点击 Simulate 按钮，可以得到图 5-31 所示仿真结果。仿真分析结果分别以实部、虚部数值表示，单位为 rad/s。由图 5-31 可知，图 5-2 所示放大电路有两个极点、一个零点，且这些零、极点都只有实部，没有虚部。

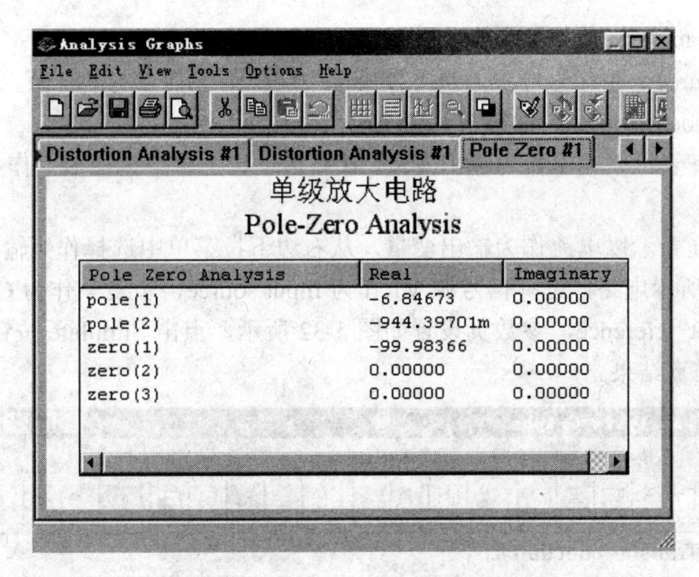

图 5-31　Pole-Zero Analysis 仿真结果

5.4.4　传递函数分析

传递函数分析(Transfer Function Analysis)用于在直流小信号状态下，求解电路中一个输入源与两个节点的输出电压之间或一个输入源和一个输出电流变量之间的传递函数(注意：电路中的输入源必须是独立源)。传递函数分析也具有计算电路输入阻抗和输出阻抗的功能，分析结果以表格形式显示输出阻抗、传递函数和从输入源两端向电路看进去的输入阻抗。

启动 Simulate 菜单中的 Analysis 命令下的 Transfer Function Analysis 命令项，即可弹出图 5-32 所示的对话框。该对话框中，除 Analysis Parameters 页外，其他两页的设置方法与直流工作点分析中的设置方法相同。

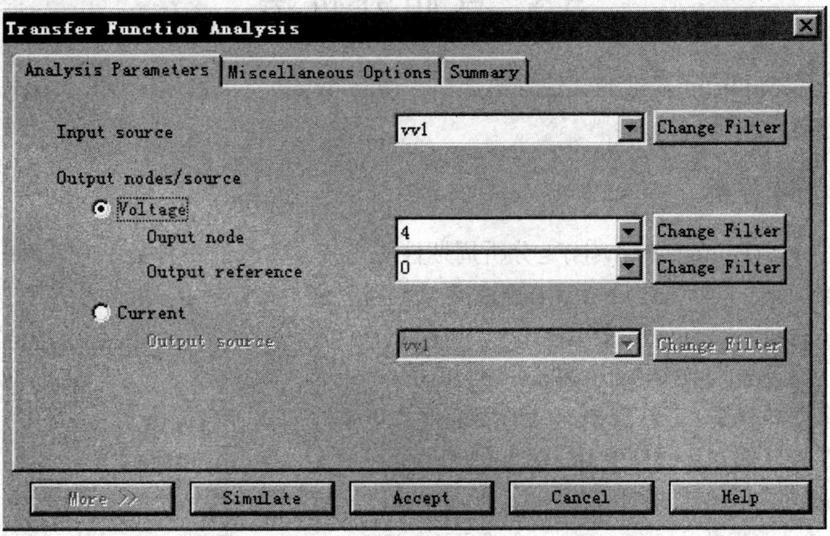

图 5-32　Transfer Function Analysis 对话框

Analysis Parameters 页中各参数设置如下：

(1) Input source：输入信号源。从下拉菜单中选择一个独立的信号源。

(2) Output nodes/source：输出节点/变量。

选中 Voltage 表示以电压作为输出变量，从右边下拉菜单中选择节点作为 Output node、Output reference。

选中 Current 表示以电流作为输出变量，从右边下拉菜单中选择作为输出电流的支路。

对于图 5-2 所示电路，选择信号源 V1 作为 Input source，节点 4 作为 Output node，节点 0 作为 Outptut reference，参数页设置如图 5-32 所示，点击 Simulate 按钮，即可得到如图 5-33 所示的仿真结果。

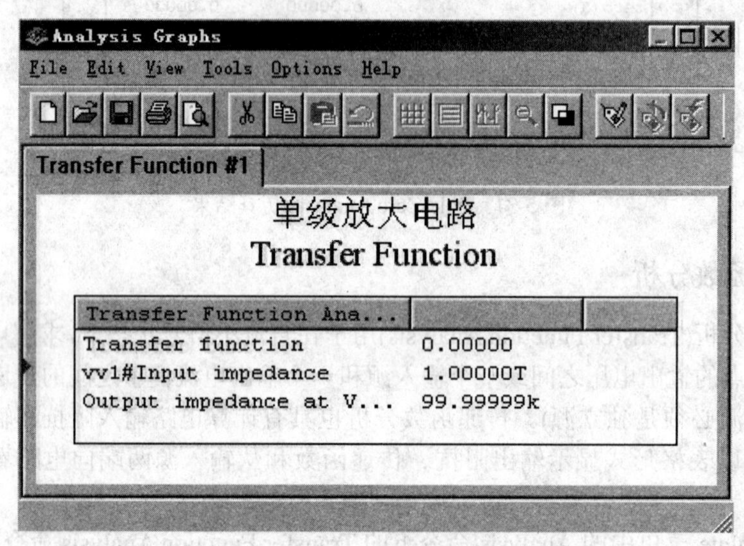

图 5-33 Transfer Function Analysis 仿真结果

5.5 其他分析法

本节介绍 Multisim 提供的其他分析法——傅立叶分析、灵敏度分析、批处理分析、用户自定义分析的使用。

5.5.1 傅立叶分析

傅立叶分析(Fourier Analysis)是分析周期性非正弦波信号的一种数学方法。它能将角频率为 ω 的周期性非正弦波信号 f(t)转换成一系列正弦波、余弦波的和，即

$$f(t)=A_0+A_1\cos\omega t+B_1\sin\omega t+A_2\cos\omega t+B_2\sin\omega t+\cdots$$

通过傅立叶分析，可以清楚地知道周期性非正弦波信号中的直流分量、基波分量和各次谐波分量的大小。

在 Multisim 电路窗口创建图 5-34 所示电路，然后启动 Simulate 菜单中 Analysis 命令下的 Fourier Analysis 命令项，即可弹出图 5-35 所示对话框。该对话

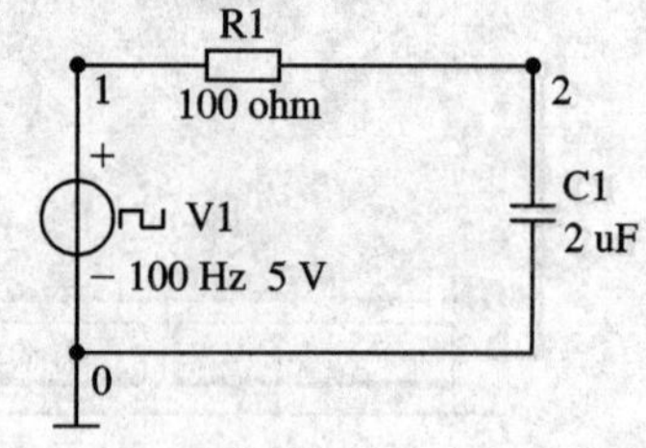

图 5-34 Fourier Analysis 仿真电路

框中，除了 Analysis Parameters 页外，其他两页的设置与直流工作点分析中的设置方法相同。

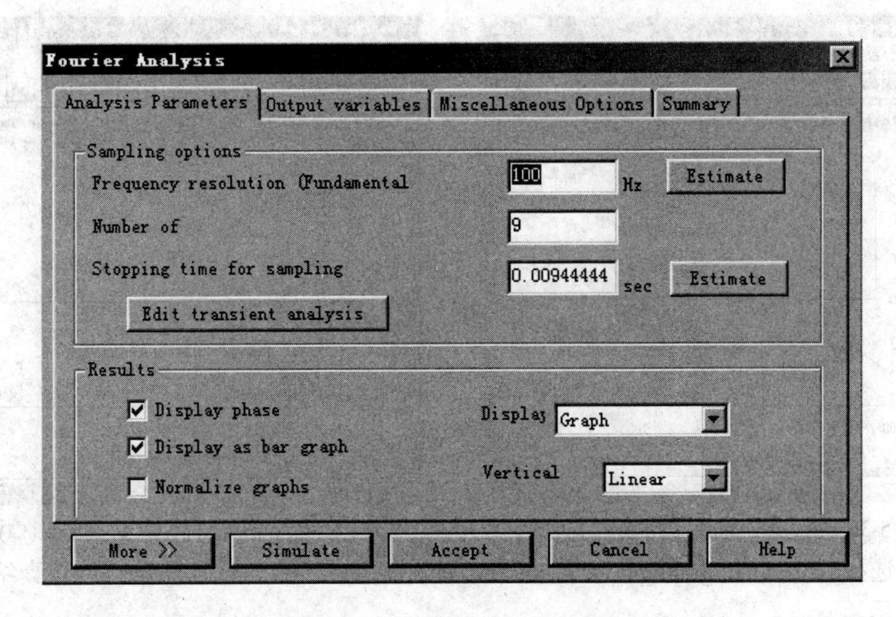

图 5-35　Fourier Analysis 对话框

Analysis Parameters 页包括参数设置区和分析结果显示区，各区功能如下：

(1) Sampling options：参数设置区。

● Frequency resolution(Fundamental Frequency)：设置基频。如果电路中有多个信号源，则取各自信号源频率的最小公倍数。如果不知道如何设置，可点击 Estimate 按钮，由程序自动设置。

● Number of：设置希望分析的谐波的次数。

● Stopping time for sampling：设置停止取样的时间。如果不知道如何设置，可点击 Estimate 按钮，由程序自动设置。

(2) Results：结果显示区，选择仿真结果的显示方式。Multisim 提供了三种仿真结果显示方式：

● Display phase：显示幅度频谱和相位频谱；

● Display as bar graph：以线条绘出频谱图；

● Normalize graphs：显示归一化频谱图。

在结果区右侧的 Display 框中可以选择要显示的项目，如图表(Chart)、曲线(Graph)、图表和曲线(Chart and Graph)；Vertical 框用于设置频谱的纵轴刻度，其中包括分贝刻度、八倍频刻度、线性刻度和对数刻度等。

对于图 5-34 所示电路，取基频为 100 Hz，谐波次数为 9，由程序自动设置取样停止时间，且在结果显示区的 Display 框中选择以图形(Graph)方式显示仿真结果。各参数的设置如图 5-35 所示。在 Output Variables 页中选节点 2 作为输出节点。

若选择 Display phase，则点击 Simulate 按钮后，图 5-34 所示电路的仿真结果如图 5-36 所示。

若选择 Display as bar graph，则点击 Simulate 按钮后，图 5-34 所示电路的仿真结果如图 5-37 所示。

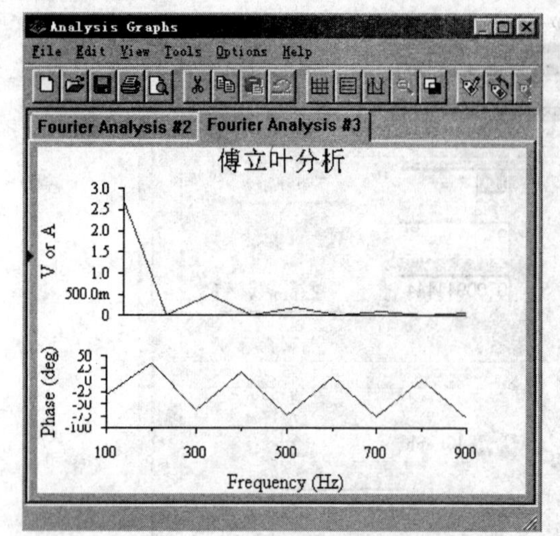

图 5-36　Fourier Analysis 仿真结果(一)

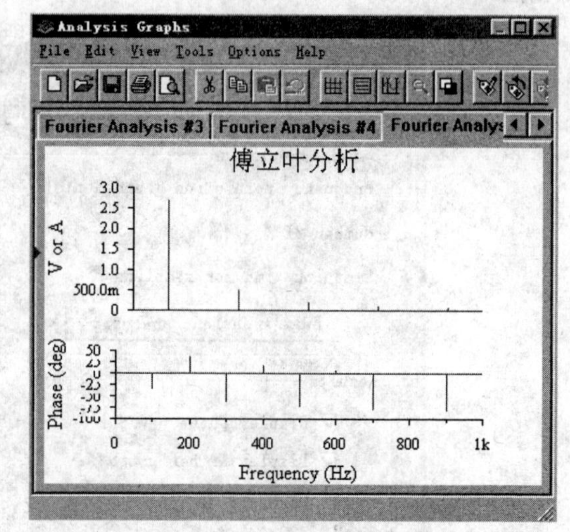

图 5-37　Fourier Analysis 仿真结果(二)

若选择 Normalize graphys，则点击 Simulate 按钮后，图 5-34 所示电路的仿真结果如图 5-38 所示。

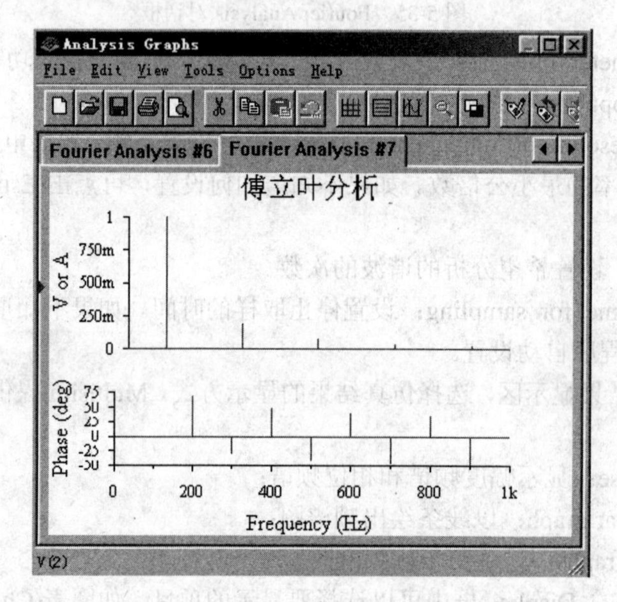

图 5-38　Fourier Analysis 仿真结果(三)

从图 5-36～图 5-38 的仿真结果中可以知道，节点 2 输出的非正弦波信号中所含有的各次谐波的幅度和相位。

5.5.2　灵敏度分析

灵敏度分析(Sensitivity Analysis)用于研究电路中某个元件参数值发生变化时，对电路中节点电压、电流的影响程度。灵敏度分析分为直流灵敏度分析和交流灵敏度分析。直流灵敏度分析的仿真结果以图表的形式显示，而交流灵敏度分析的结果以相应的曲线的形式给出。可以同时对多个参数进行灵敏度分析。

在 Multisim 电路窗口创建图 5-39 所示电路，启动 Simulate 菜单中 Analysis 命令下的 Sensitivity 命令项，即可弹出如图 5-40 所示的对话框。该对话框中，除了 Analysis Parameters 页外，其他两页的设置与直流分析中的设置方法相同。

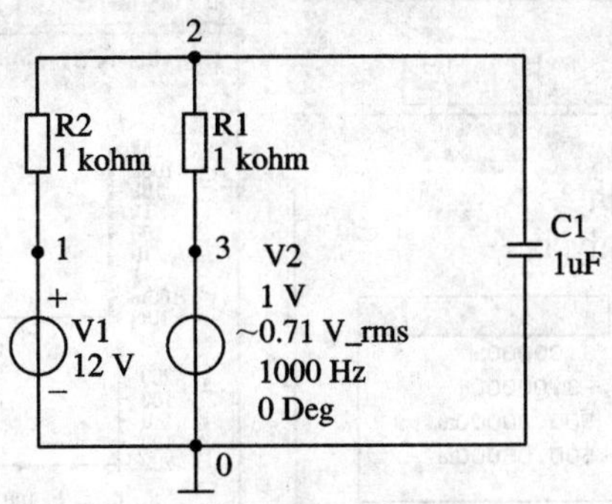

图 5-39　Sensitivity 仿真电路

Sensitivity Analysis
Analysis Parameters | Output variables | Miscellaneous Options | Summary
Output nodes/currents
Voltage
Ouput node　2　Change Filter
Output reference　0　Change Filter
Current
Output source　vv1　Change Filter
Output scaling　Absolute
Analysis Type
DC Sensitivity
AC Sensitivity　Edit Analysis
More >>　Simulate　Accept　Cancel　Help

图 5-40　Sensitivity Analysis 对话框

Analysis Parameters 页参数设置如下：

Voltage：选择进行电压灵敏度分析，同时设定要分析的 Output node(输出节点)、Output reference(输出参考点)。

Current：选择进行电流灵敏度分析。电流灵敏度分析只能对信号源的电流进行分析。

Output scaling：选择灵敏度输出格式，包括 Absolute(绝对灵敏度)和 Relative(相对灵敏度)两项。

在 Analysis Type(分析类型)中选择进行何种灵敏度分析，可供选择的有 DC Sensitivity (直流灵敏度)和 AC Sensitivity(交流灵敏度)。

DC Sensitivity：直流分析时元件参数变化对输出节点电压/电流的影响。

AC Sensitivity：交流分析时元件参数变化对输出节点电压/电流的影响。分析时，还可根据需要对交流灵敏度分析法进行编辑。

对于图 5-39 所示电路，选择节点 2 作为输出节点，进行电压灵敏度分析。当选中 DC

Sensitivity 时，在 Output variables 页中选择全部变量，仿真结果如图 5-41 所示，它描述了电阻 R1、R2，电压源 V1、V2 的变化对节点的输出电压的影响程度。当选中 AC Sensitivity 时，分析电容的变化对输出节点电压的影响，仿真结果如图 5-42 所示。

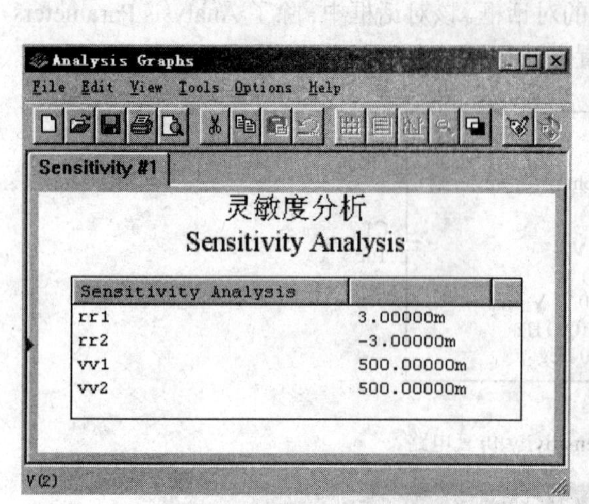

图 5-41　DC Sensitivity 仿真结果

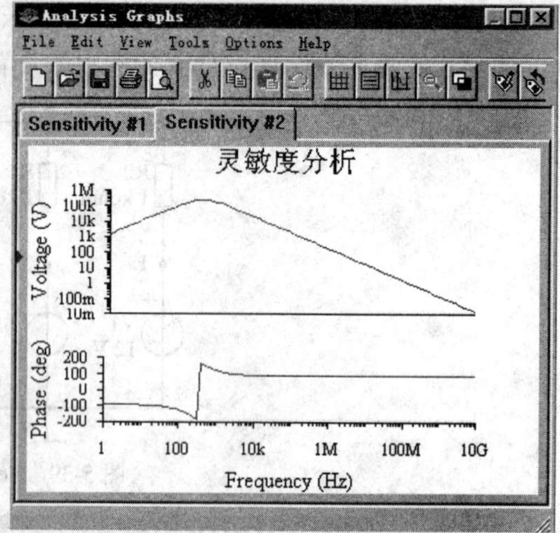

图 5-42　AC Sensitivity 仿真结果

5.5.3　批处理分析

批处理分析(Batched Analysis)是指将不同的分析或者同一分析的不同实例放在一起依次执行。

在电路分析中，通常需要对同一个电路进行多种分析。例如，对于图 5-2 所示单管放大电路，为了确定静态工作点，需要进行直流工作点分析；为了了解其频率特性，需要进行交流分析；为了观察输出波形，可以进行瞬态分析。这时，使用 Multisim 的批处理分析会更快捷方便。

启动 Simulate 菜单中 Analysis 下的 Batched Analysis 命令，即可弹出图 5-43 所示对话框。

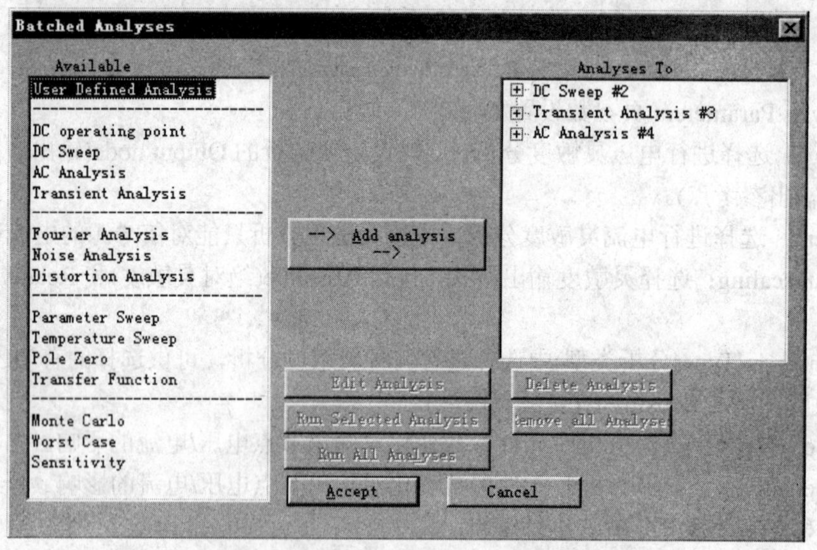

图 5-43　Batched Analysis 对话框

该对话框中，左边 Available 区中提供了 Multisim 的 14 种仿真分析法。选取所要执行的仿真分析法，点击 Add analysis 按钮，则将弹出所选仿真分析的参数设置对话框。该对话框的参数设置和前面介绍的各种仿真分析中的设置基本相同，操作也一样，唯一不同的是前面介绍的各种仿真分析法对话框中的 Simulate 按钮换成了 Add to list 按钮。在设置完各种参数后，点击 Add to list 按钮，即回到批处理分析对话框，这时，右边的 Analysis To 区中将出现前面选取的仿真分析法。点击分析区左侧的+(加号)，则显示该分析的总结信息。

如此继续添加所希望的分析。全部指定完成后，在 Analyses To 中将依次出现添加的所有仿真分析。点击 Run All Analyses 按钮，即可执行所选定的全部仿真分析，仿真的结果依次出现在 Analyses Graphs 中。

图 5-43 中其他几个功能按钮的功能如下：

(1) Edit Analysis：从 Analyses To 中选取某一个分析，并对其参数进行编辑处理。

(2) Run Selected Analysis：从 Analyses To 中选取某一个分析，运行仿真。

(3) Delete Analysis：从 Analyses To 中选取某一个分析，将其删除。

(4) Remove all Analyses：将添加到 Analyses To 中的所有分析全部删除。

(5) Accept：保留批处理分析对话框中的设置，待以后使用。

5.5.4 用户自定义分析

用户自定义分析(User Defined Analysis)是 Multisim 提供给用户扩充仿真分析功能的一个途径。启动 Simulate 菜单中 Analysis 下的 User Defined Analysis 命令，即可弹出如图 5-44 所示对话框。该对话框中共有 3 页，需要用户设置 Commands 页，其他两页的设置与其他分析方法中这两页的设置相同。为了实现某种分析功能，用户可在输入框中输入可执行的 Spice 命令。最后，点击 Simulate 按钮即可执行此项分析。

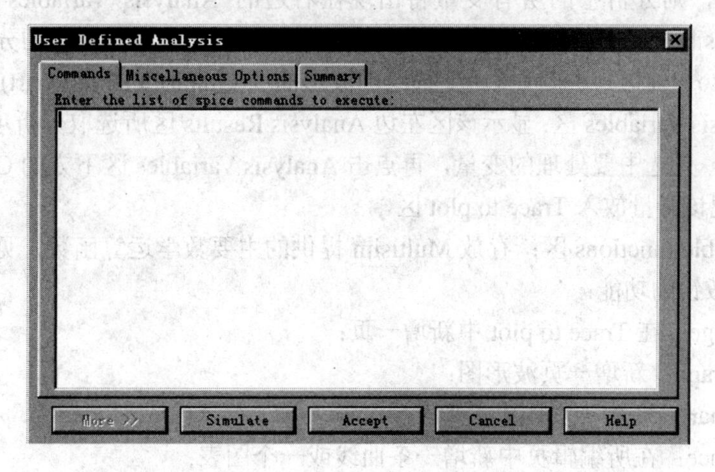

图 5-44 User Defined Analysis 对话框

5.6 后处理器

Multisim 提供的后处理器(Postprocessor)是专门用来对仿真结果进行进一步数学处理的

工具，它不仅能对仿真所得的曲线和数据进行单个化处理(如平方、开方等)，还可以对多个曲线或数据彼此之间进行运算处理。处理的结果仍以曲线或数据表形式显示出来。

5.6.1 后处理器功能介绍

启动 Simulate 菜单中的 Postprocessor 命令，即可弹出图 5-45 所示后处理器对话框。

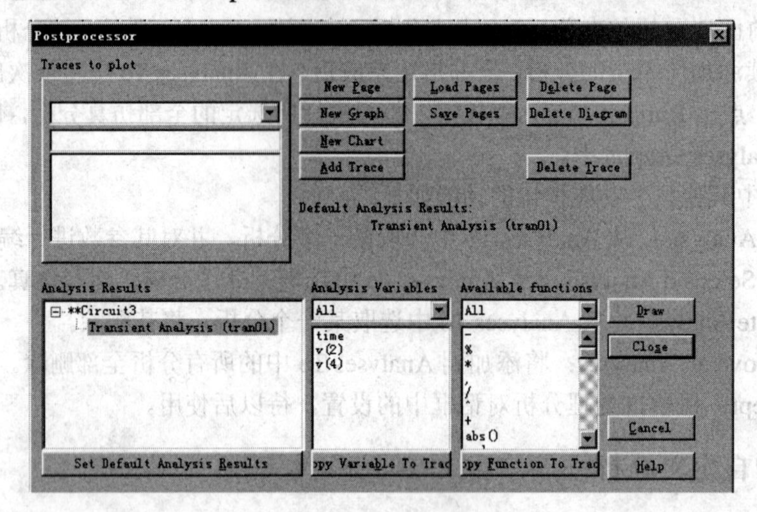

图 5-45 后处理器对话框

该对话框中的各项功能如下：

(1) Analysis Results 区：用来存放已经进行过的电路仿真分析结果。每项左边有个+或–，如果是+，则使用鼠标左键点击这个+号，即可展开这个+号所对应的仿真分析，选取其中的一项分析，则分析中的所有变量将出现在右边的 Analysis Variables 区中。若点击 Analysis Results 区下方的 Set Default Analysis Results 按钮，则恢复预置的分析结果。

(2) Trace to plot 区：用来放置所要描绘的波形曲线(Graph)或图表(Chart)的变量或函数。

(3) Analysis Variables 区：显示该区左边 Analysis Results 区所选取分析项目中的所有变量。在该区中，先选中要处理的变量，再点击 Analysis Variables 区下方的 Copy Variable To Trace 按钮，把该变量放入 Trace to plot 区。

(4) Available functions 区：存放 Multisim 提供的主要数学运算函数，见表 5-1。

(5) 其他按钮的功能：

- New Page：在 Trace to plot 中新增一页；
- New Graph：新增一页波形图；
- New Chart：新增一页图表；
- Add Trace：在所编辑页中新增一条曲线或一个图表；
- Load Pages：加载指定的页；
- Save Pages：存储当前编辑的页；
- Delete Pages：删除当前编辑的页；
- Delete Diagram：删除当前编辑的图表或曲线；
- Delete Trace：删除当前编辑的结果；

- Draw：绘出 Trace to plot 中当前编辑的曲线和图表；
- Close：关闭后处理器对话框；
- Cancel：取消当前的编辑，并关闭后处理器对话框。

表 5-1　后处理器中的函数

符号	类　型	运 算 功 能	符号	类　型	运 算 功 能
+	代数运算	加	image()	复数运算	取向量的虚部
–	代数运算	减	vi()	复数运算	vi(x)=image(v(x))
*	代数运算	乘	vr()	复数运算	vr(x)=real(v(x))
/	代数运算	除	mag()	向量运算	取其幅值
^	代数运算	幂	ph()	向量运算	取其相位
%	代数运算	百分比	norm()	向量运算	归一化
,	代数运算	复数，如 3+j4	md()	向量运算	取随机数
ab()	代数运算	绝对值	mean()	向量运算	取平均值
sqrt()	代数运算	平方根	Vector()	向量运算	取向量的第一个值
sin()	三角函数	正弦	length()	向量运算	取向量长
cos()	三角函数	余弦	deriv()	向量运算	微分
tan()	三角函数	正切	max()	向量运算	取最大值
atan()	三角函数	余切	min()	向量运算	取最小值
gt	比较函数	大于	vm()	向量运算	vm(x)=mag(v(x))
lt	比较函数	小于	vp()	向量运算	vp(x)=ph(v(x))
ge	比较函数	大于等于	yes	常数	是
le	比较函数	小于等于	true	常数	真
ne	比较函数	不等于	no	常数	否
eq	比较函数	等于	false	常数	假
and	逻辑运算	与	pi	常数	π
or	逻辑运算	或	e	常数	自然对数的底数
not	逻辑运算	非	c	常数	光速
db()	指数运算	取 dB 值，即 20 lg(Value)	i	常数	$i=\sqrt{-1}$
log()	指数运算	以 10 为底的对数	kelvin	常数	摄氏温度
ln()	指数运算	以 e 为底的对数	echarge	常数	基本电荷量
exp()	指数运算	e 的幂	boltz	常数	波尔兹曼常数
j()	复数运算	$j=\sqrt{-1}$，例如 j5	planck	常数	普郎克常数
real()	复数运算	取向量的实部	image()	复数运算	取向量的虚部

5.6.2　后处理器的使用

图 5-46 所示为一个简单 RC 电路。利用瞬态分析或示波器很容易获得节点 2 和 4 的输

出波形。但如果要获得电阻 R1 上的电压(VR1=V2−V1)波形，只使用示波器或瞬态分析无法完成，而采用后处理器却非常方便。具体方法如下：

(1) 创建如图 5-46 所示电路。

(2) 启动仿真分析法中的瞬态分析，对电路进行瞬态分析。在瞬态分析对话框中，取节点 2 和 4 作为分析节点，设置仿真分析时间为 0.02 s，运行仿真，得到图 5-47 所示曲线。

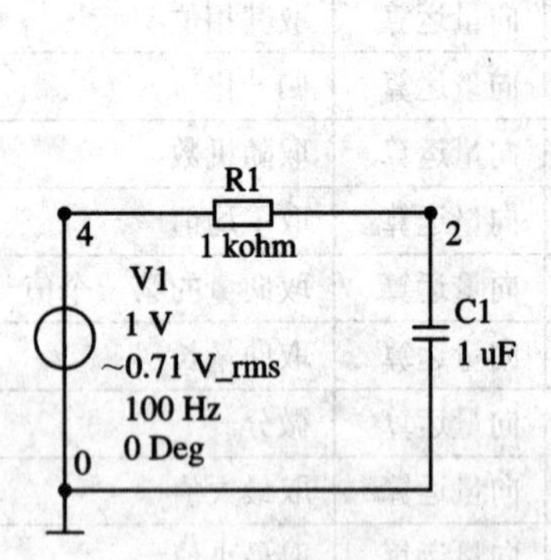

图 5-46　简单 RC 电路

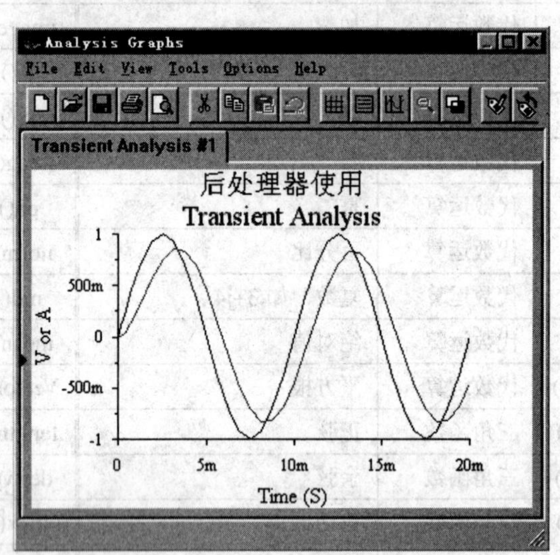

图 5-47　瞬态分析法曲线

(3) 启动 Simulate 菜单中的 Analysis 命令下的 Postprocessor 或点击设计工具栏中的后处理器按钮，启动后处理器。上面进行的瞬态分析法的结果已经在后处理器的 Analysis Results(分析结果)区中。点击分析结果区中的仿真结果，将其变量送到 Analysis Variables(分析变量)区，如图 5-48 所示。

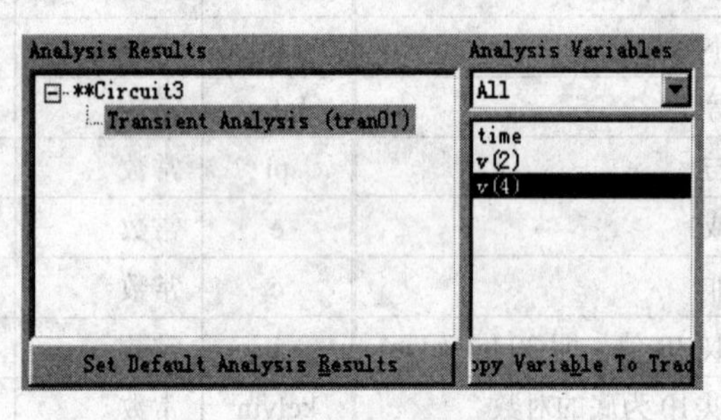

图 5-48　分析变量的传递

(4) 在 Trace to plot 区中：

● 点击 New Page 按钮，在出现的 Page name 对话框中键入“RC 电路分析”，再点击 New Graph 按钮，输入输出曲线名 VR1，表示电阻 R1 两端的电压。

● 在分析变量区选择变量 v(4)，点击 Copy to Trace 按钮，即将 v(4)放到 Trace to plot 区中，然后在 Available Function 区中选取“−”运算符，点击 Copy Function To Trace 按钮，将数学运算符放到变量 v(4)的后面。再在分析变量区选择变量 v(2)，点击 Copy to Trace 按钮，即将 v(2)放到 Trace to plot 区中减法运算符之后。

● 点击 Add Trace 按钮，将 v(4)-v(2)移入下面的分析栏中。为便于观察分析结果，可以将 v(4)、v(2)一起放入待分析栏，如图 5-49 所示。

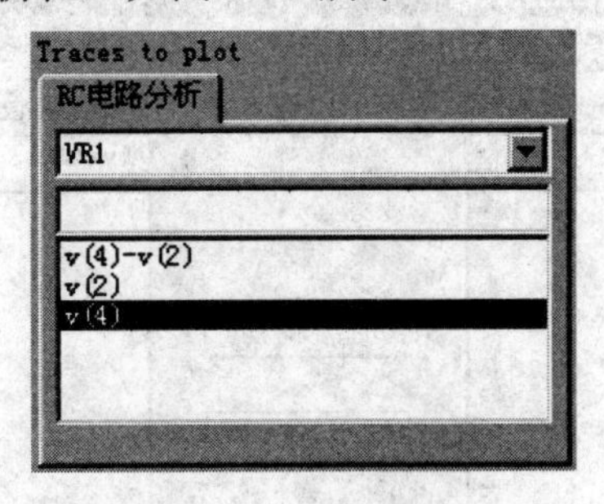

图 5-49　Trace to plot 的设置

(5) 点击 Draw 按钮，即可获得如图 5-50 所示曲线。图 5-50 中，v(2)、v(4)分别表示节点 2、节点 4 的输出波形，v(4)-v(2)表示电阻 R1 上的输出波形。

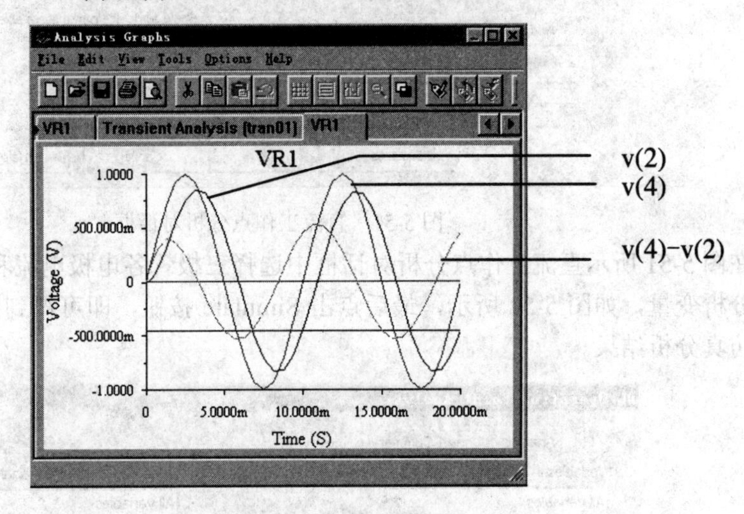

图 5-50　经后处理器处理后的曲线

5.7　Multisim 11 与 Multisim 2001 在分析法中的差异及 Multisim 11 新增分析法

5.7.1　Multisim 11 与 Multisim 2001 在分析法中的差异

在 Multisim 11 中，有些分析法的选项设置与 Multisim 2001 有所不同，我们以直流工作点分析和瞬态分析为例对此作一简单介绍，其他分析法的选项设置可依此参照执行。

1．直流工作点分析

在 Multisim 11 中，对直流工作点进行分析时，程序自动选中的分析变量比 Multisim 2001 要多。我们仍以图 5-2 所示电路为例，其直流工作点分析对话框如图 5-51 所示。该对话框中的三个翻页标签 Output、Analysis options、Summary 替换了 Multisim 2001 中的 Output variables、Miscellaneous Options、Summary，但对应标签页所包括的内容基本相同。

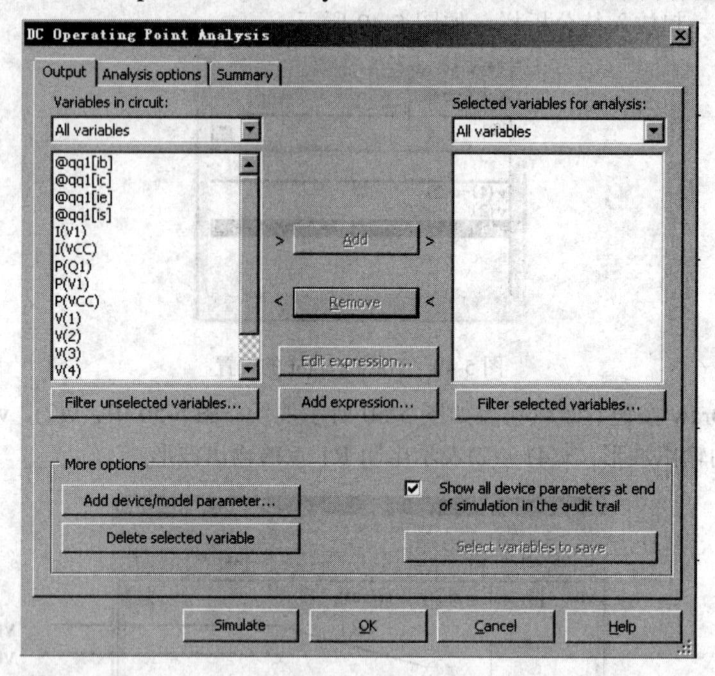

图 5-51　直流工作点分析对话框

在图 5-51 所示直流工作点分析对话框中选择三极管各电极电流和图 5-2 中各节点电位作为分析变量，如图 5-52 所示，最后点击 Simulate 按钮，即可得到图 5-53 所示的直流工作点仿真分析结果。

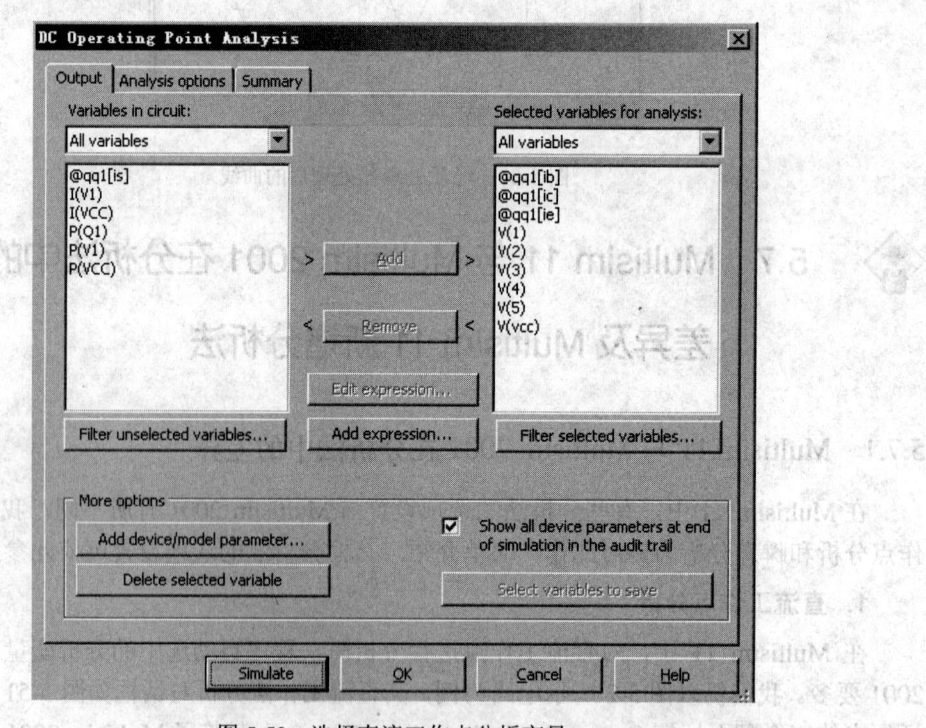

图 5-52　选择直流工作点分析变量

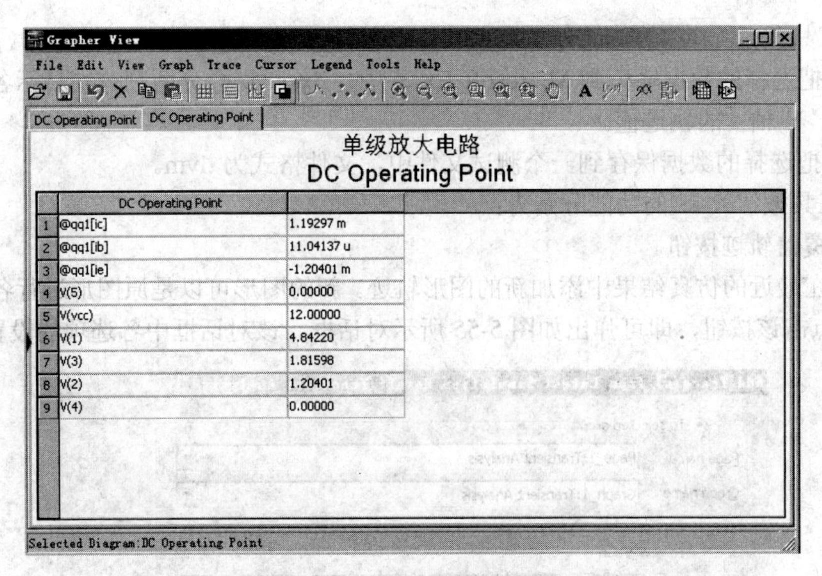

	DC Operating Point	
1	@qq1[ic]	1.19297 m
2	@qq1[ib]	11.04137 u
3	@qq1[ie]	-1.20401 m
4	V(5)	0.00000
5	V(vcc)	12.00000
6	V(1)	4.84220
7	V(3)	1.81598
8	V(2)	1.20401
9	V(4)	0.00000

图 5-53　直流工作点分析结果

2．瞬态分析

在运用 Multisim 11 的仿真分析法分析时，仿真结果将显示在图形视窗中。我们仍以图 5-2 所示电路为例，瞬态分析(Transient Analysis)对话框中各参数的设置仍参照 Multisim 2001 中图 5-8 所示设置，其瞬态分析时的仿真结果如图 5-54 所示。对照图 5-54 和图 5-9 可知，图 5-54 视窗中有些快捷键是 Multisim 11 中新增的，在此作一简单介绍。

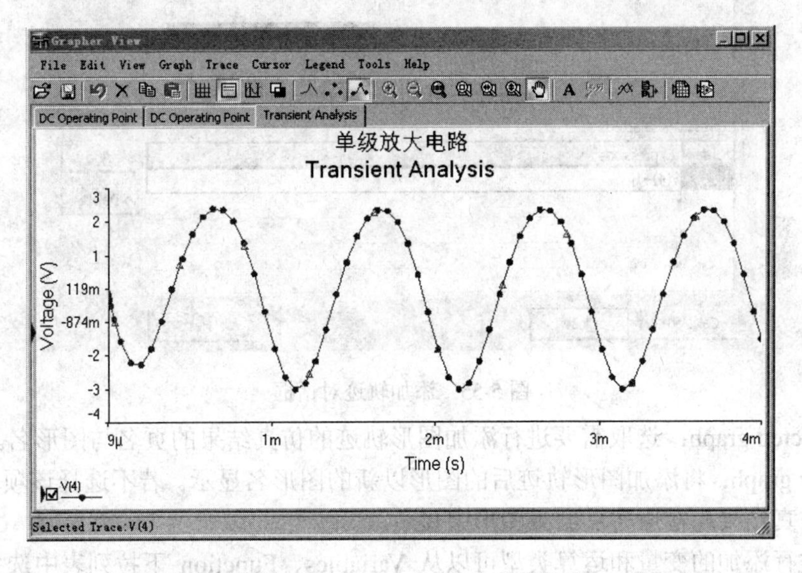

图 5-54　Transient Analysis 分析结果

3 个工具按钮的功能分别为：

：以一条连续的轨迹给出单级放大电路的瞬态分析结果。

：显示单级放大电路进行瞬态分析时形成分析结果的各个数据点。

：显示单级放大电路进行瞬态分析时的分析结果与各个数据点。

2 个工具按钮 的功能分别为：

：把选择的数据输出到 Microsoft Excel 中。Excel 将会分两列分别显示各轨迹数据点在 X 轴、Y 轴上的轨迹值。

：把选择的数据保存到一个测试文件中，文件格式为 .lvm。

2 个工具按钮 的功能分别为：

：覆盖轨迹按钮。

：在最近的仿真结果中添加新的图形轨迹。新的图形可以是原图形进行各种运算后得到的。点击该按钮，即可弹出如图 5-55 所示对话框。该对话框中各选项的设置如下：

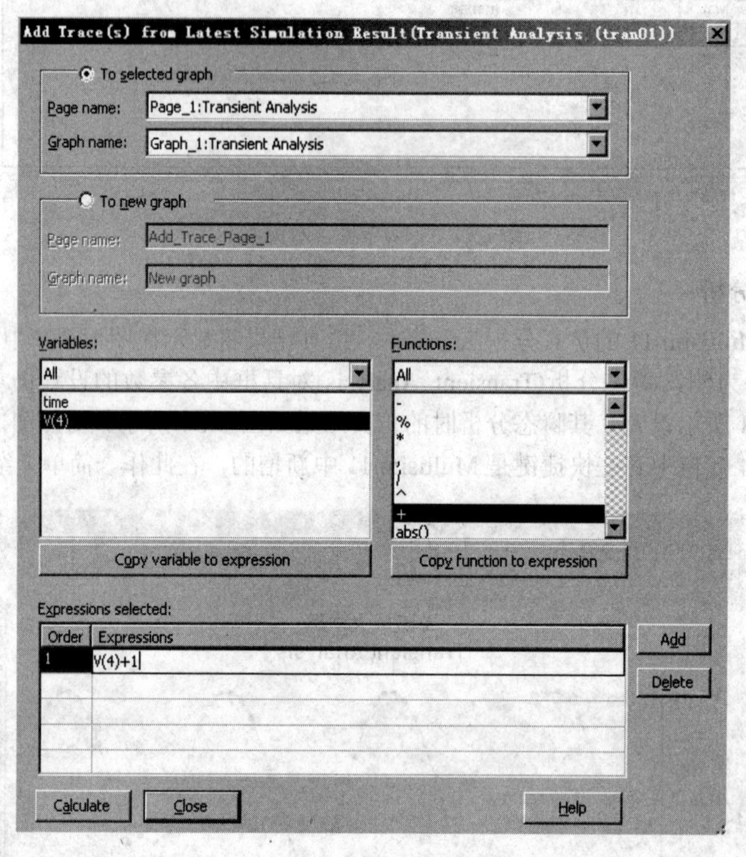

图 5-55　添加轨迹对话框

To selected graph：选取需要进行添加图形轨迹的仿真结果的页名与图形名。

To new graph：将添加图形轨迹后的图形以新的图形名显示。若不选择该项，则新轨迹图形和原仿真结果均在原仿真结果图形中显示。

需要进行添加的变量和运算类型可以从 Variables、Function 下拉列表中选择。我们选择简单运算 v(4)+1 作为添加的新轨迹，最后点击 Calulate 按钮，即可得到仿真结果图形如图 5-56 所示。

图 5-56 所示仿真结果视窗中，有 7 个工具按钮是 Multisim 11 新增的，这 7 个工具按钮的功能如下：

：放大所选图形。

：缩小所选图形。

：将已经放大或缩小后的图形还原。

：选定一个区域，将这个区域的图形放大。

：选定一个水平方向的分析段，将这个水平段内的图像放大。

：选定一个垂直方向的分析段，将这个垂直段内的图像放大。

：移动图形按钮。按下该按钮后，可以移动所选中的图形视窗中的图形，观察其输出与输入的变化关系。

点击按钮 A ，可以在图形视窗中的任意位置添加文字，用以标注、指示等，非常方便。

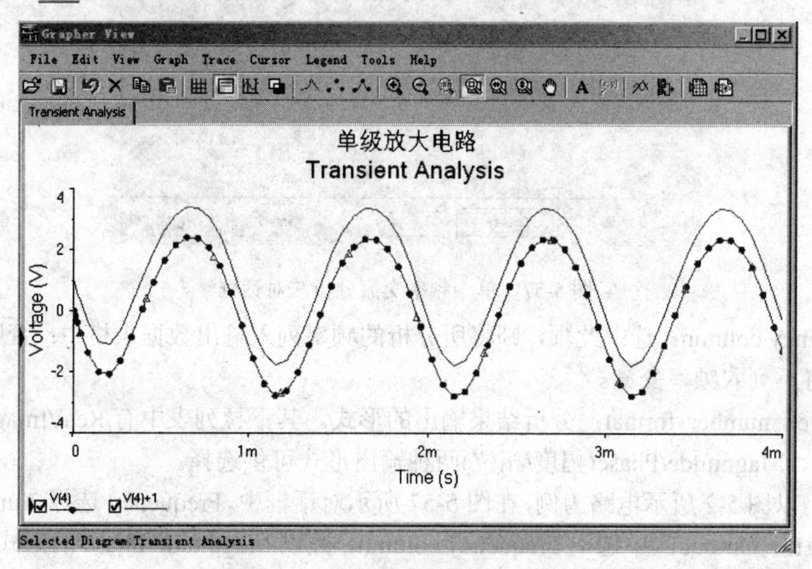

图 5-56　添加轨迹后的仿真结果

5.7.2　Multisim 11 新增分析法

Multisim 11 中新增了 3 种分析法，分别是单一频率交流分析法(Single Frequency AC Analysis)、噪声系数分析法(Noise Figure Analysis)和线宽分析法(Trace Width Analysis)。

1. 单一频率交流分析法

单一频率交流分析法的功能和交流分析法基本相同，不同之处是：交流分析法关注的是一个频段范围内电路的幅度、相位和频率的关系，而单一频率交流分析法仅关心某一个频率点的幅度和相位值。单一频率点的频率值可以自动获取或自行设置。

启动 Multisim 11 菜单中的 Analysis 命令下的 Single Frequency AC Analysis 命令项，即可弹出图 5-57 所示的对话框。除 Frequency parameters 页外，其他 3 页的设置与 AC Analysis 中的设置相同。因此，在此仅介绍 Frequency parameters 页的功能设置。

Frequency parameters 页主要用来设置 Single Frequency AC Analysis 的频率参数。Frequency parameters 页共有 2 个区，功能如下：

(1) Frequency 区：主要用来设置需要进行单一频率分析的频率。该频率可以自行设定，也可以点击右侧的 Auto-detected(自动侦测)按钮由系统自行侦测后自动提供。

(2) Output 区：输出设置。

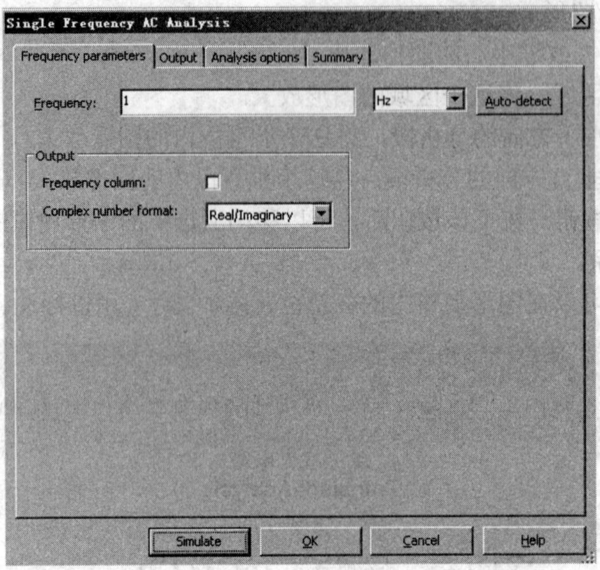

图 5-57　单一频率交流分析法对话框

Frequency column：选中此项，则将所分析的频率列入输出数据表格中；否则，输出数据表格中将不列入频率变量。

Complex number format：分析结果输出的形式。其下拉列表中有 Real/Imaginary(实际值/理想值)、Magnitude/Phase(幅度/相位)两种输出形式可供选择。

我们仍以图 5-2 所示电路为例，在图 5-57 所示对话框中，Frequency 选择 Auto-detected，频率为 1 kHz，Output 区中选中 Frequency column，并以 Magnitude/Phase 的形式输出数据，并在 Output Variables 页中选择节点 4 作为分析节点。点击 Simulate 按钮，即可得到图 5-58 所示分析结果。

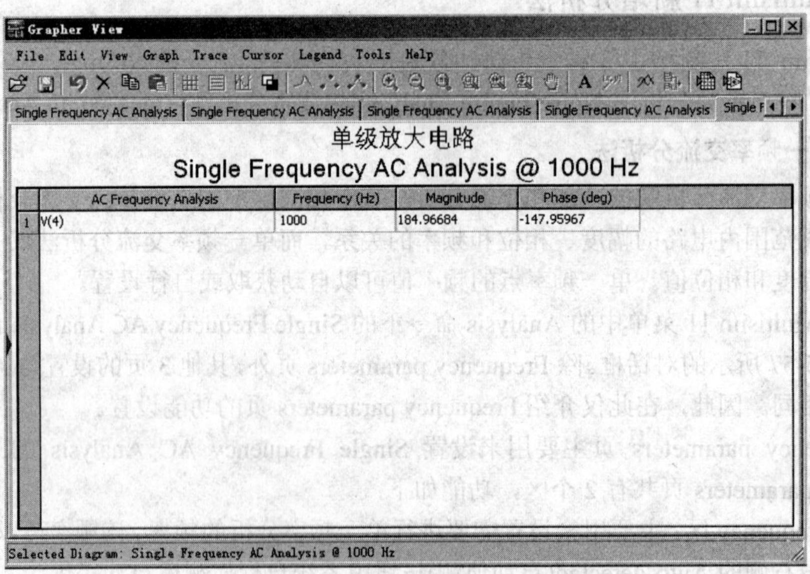

图 5-58　单一频率交流分析结果

该结果显示，图 5-2 所示电路在 f = 1 kHz 时节点 4 的输出幅度约为 185 V，相位约为 −148°。由此可以看到，交流分析法比较适合观察某一节点在较宽频率范围内的幅度频率特性和相位频率特性的输出波形，而单一频率交流分析法能准确地获取某一频率时的幅度/相位值。

2．噪声系数分析法

噪声系数分析法与前面介绍的噪声分析法的设置基本相同，分析结果以噪声的分贝值给出，而噪声分析法中通常给出的是在设定频率范围内的噪声功率幅度波形。

启动 Multisim 11 菜单中的 Analysis 命令下的 Noise Figure Analysis 命令项，即可弹出图 5-59 所示的对话框。该对话框中，除 Analysis parameters 页外，其他 2 页的设置与 Noise Analysis 中的设置相同。因此，在此仅介绍 Analysis parameters 页的功能设置。

Analysis parameters 页中各项的功能如下：

(1) Input noise reference source：选择输入噪声的参考交流信号源。

(2) Output node：选择噪声输出节点，在此节点将所有噪声在该节点的影响求和。

(3) Reference node：设置参考电压的节点，通常取 0。

(4) Frequency：设定分析的频率。

(5) Temperature：设定分析的温度，通常取常温 27℃。

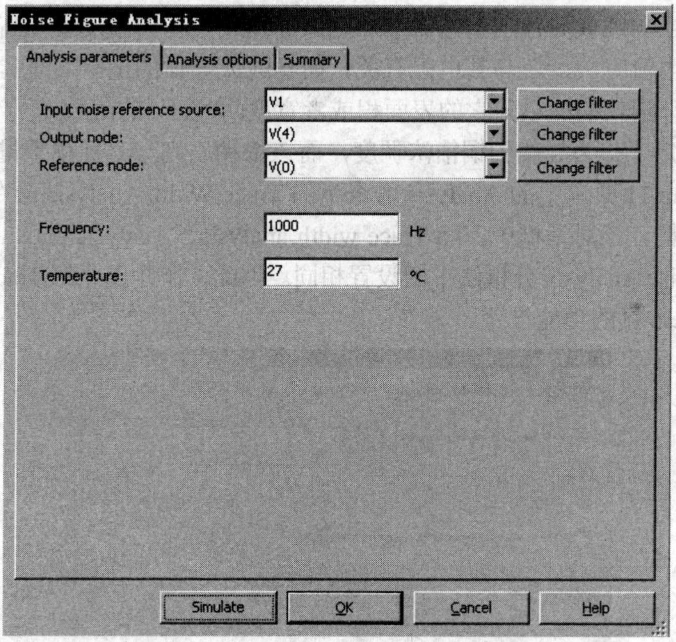

Noise Figure Analysis

Analysis parameters	Analysis options	Summary

Input noise reference source:	V1	Change filter
Output node:	V(4)	Change filter
Reference node:	V(0)	Change filter
Frequency:	1000	Hz
Temperature:	27	°C

Simulate　OK　Cancel　Help

图 5-59　噪声系数分析法对话框

我们仍以图 5-2 所示电路为例，在图 5-59 所示对话框中，选定 V1 作为噪声输入源，选择节点 4 作为噪声输出节点，选取 V0 作为参考电压点，并设分析频率为 1 kHz，温度取常温。点击 Simulate 按钮，即可得到图 5-60 所示分析结果。该分析结果表明，图 5-2 所示电路在节点 4 的输出噪声约为−92 dB。

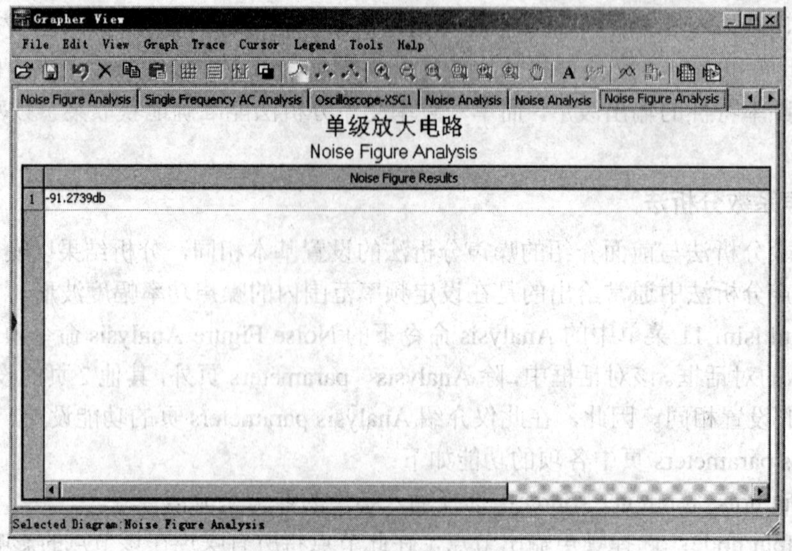

图 5-60　噪声系数分析结果

3．线宽分析法

线宽分析法主要用于计算电路中要处理的任意导体或导线上的 RMS 电流所需的最小线宽。

我们知道，当导线或导体上的电流增加时，导线或导体的温度会升高。导线或导体消耗的功率不仅与电流有关，还与其电阻有关，而导线或导体的电阻又与其横截面积有关。因此，导线或导体消耗的能量为它的表面积或者宽度(单位长)的函数。

PCB 技术限定了作为导线的铜箔浓稠度，而该浓稠度则与其标称重量有关。

启动 Multisim 11 菜单中的 Analysis 命令下的 Trace Width Analysis 命令项，即可弹出图 5-61 所示的对话框。该对话框中，除 Trace width analysis、Analysis parameters 页外，其他 2 页的设置与 Noise Analysis 分析法中的设置相同。因此，在此仅介绍 Trace width analysis、Analysis parameters 页的功能设置。

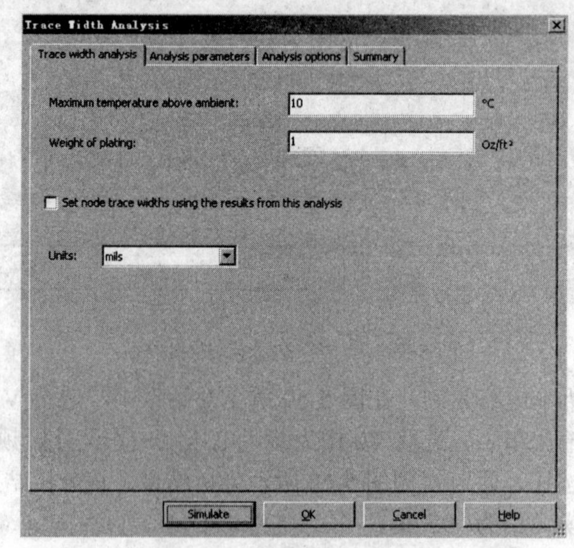

图 5-61　线宽分析法对话框

Trace width analysis 页中各项的功能如下：

(1) Maximum temperature above ambient：设定高于环境温度的最大温度。

(2) Weight of plating：设定覆包线的重量。

(3) Set node trace widths using the results from this analysis：设置是否使用分析结果来建立导线的宽度。

(4) Units：设置一个适合于 trace width 的单位，通常采用 mil(密耳，1 密耳等于千分之一英寸，约为 0.0254 mm)。

Analysis parameters 页(见图 5-62)中共有 3 个区，用于选择初始条件和进行参数设置，各区功能如下：

(1) Initial conditions 区：选定分析的初始条件。可以从其下拉列表中选择 Set to zero(设定初始条件为 0℃)、user-defined(由用户自定义初始条件)、Calculate DC operating point(计算直流工作点作为初始条件)、Automatically determing initial condition(由系统自动给定初始条件)等。

(2) Parameters 区：主要用于设定参数。各参数的设置方法与 AC Analysis 分析法的设置相同。

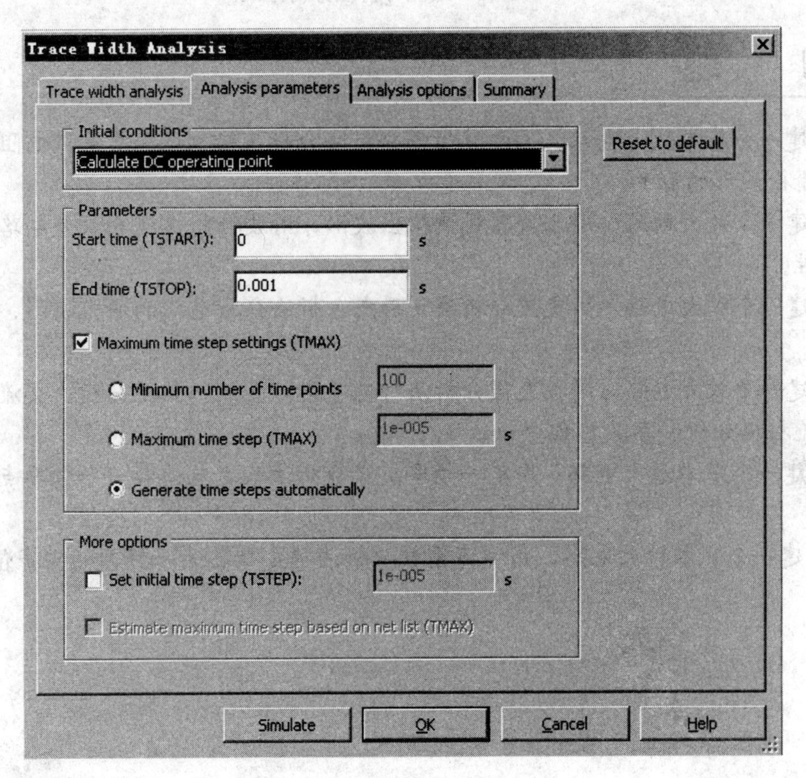

图 5-62　线宽分析法参数设置

我们仍以图 5-2 所示电路为例，在 Trace width analysis 页中进行如下设置：Maximum temperature above ambient 为 10℃，Weight of plating 为 1 oz/ft^2，在 Analysis parameters 页中选择 Set To zero 作为 Initial conditions。点击 Simulate 按钮，图形视窗会以表格的形式将分析结果显示出来，如图 5-63 所示。

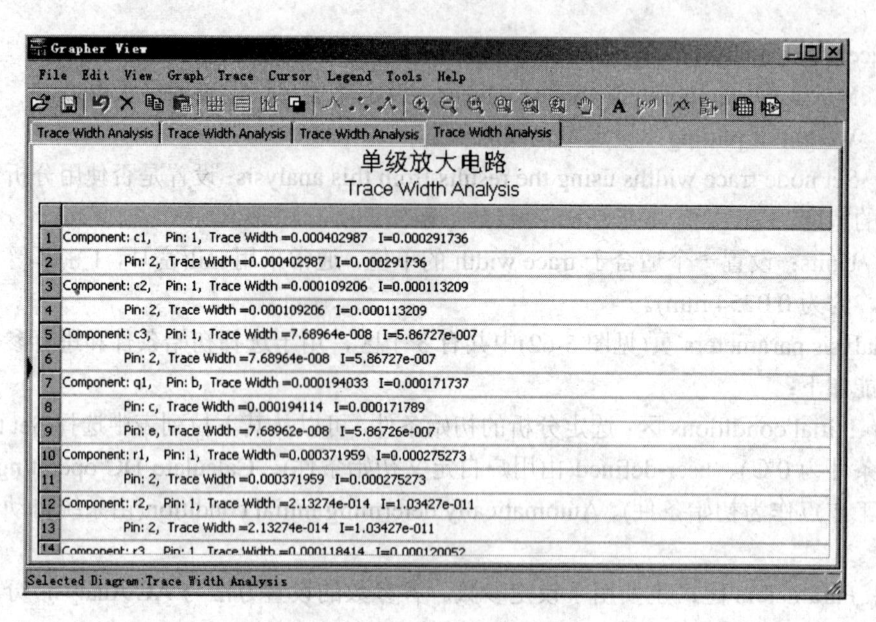

图 5-63　线宽分析法分析结果

习　题

1. 创建一个基本放大电路，用参数扫描分析法分析基极电阻、集电极电阻和负载电阻的变化对输出波形的影响。

2. 创建一个放大电路，用示波器观测输出波形，用波特图仪观测放大电路的幅频特性和相频特性。

3. 创建一个放大电路，用交流分析法、瞬态分析法分析电路的输出波形、幅频特性和相频特性。

4. 创建一个放大电路，用批处理分析法对电路进行直流工作点分析、交流分析、瞬态分析、直流扫描分析和参数扫描分析。

5. 创建一个基本放大电路，用单一频率交流分析法确定电路某一个频率点的幅度、相位值。

6. 创建一个基本放大电路，用噪声系数分析法确定电路某一频率的噪声值。

下　　篇

Multisim 在电子设计中的应用

第 6 章　Multisim 在电路分析中的应用

本章通过 Multisim 在电路分析中的应用实例，使读者对 Multisim 的具体应用有一个初步的认识，并进一步掌握如何利用 Multisim 设计、创建以及仿真一个电路的详细操作过程。

6.1　叠加定理的验证

叠加定理是线性电路中一个很重要的定理，可利用 Multisim 来验证此定理。

以图 6-1 所示电路为例，利用叠加定理，求解电压源、电流源共同作用下 R2 两端的电压。

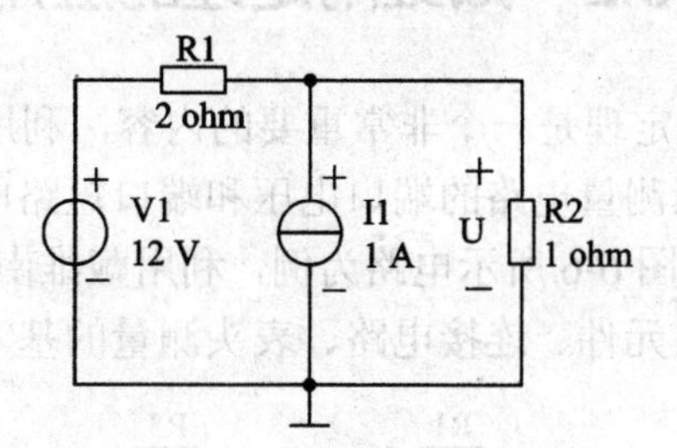

图 6-1　叠加定理应用电路图

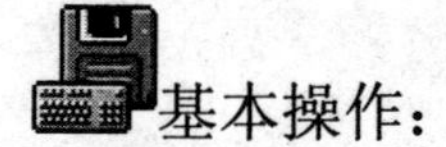
基本操作：

从元件库中选取电流源、电压源以及电阻 R1、R2，再从库中选取电压表，并选择适当的参数，创建如图 6-1 所示电路。

(1) 测量电流源开路时 R2 两端的电压。双击电流源图标，将其设置为开路。启动仿真开关，电压表读数为 4 V。其等效电路如图 6-2 所示。

(2) 测量电压源短路时 R2 两端的电压。双击电压源图标，将其设置为短路。启动仿真开关，电压表读数为 0.667 V。其等效电路如图 6-3 所示。

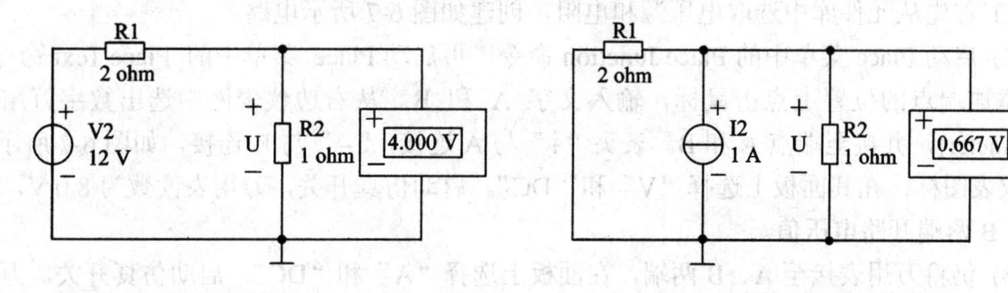

图 6-2　电压源单独作用电路图　　图 6-3　电流源单独作用电路图

(3) 测量两个电源共同作用时 R2 两端的电压。启动仿真开关，电压表读数为 4.667 V，电路如图 6-4 所示。

可以看出，图 6-1 中 R2 两端电压等于图 6-2(只有 12 V 电压源单独作用)中的 R2 两端电压和图 6-3(只有 1A 电流源单独作用)中的 R2 两端电压之和。这就验证了叠加定理。

为进一步加深理解叠加定理，可设计并仿真图 6-5 所示电路，利用叠加定理求 U。

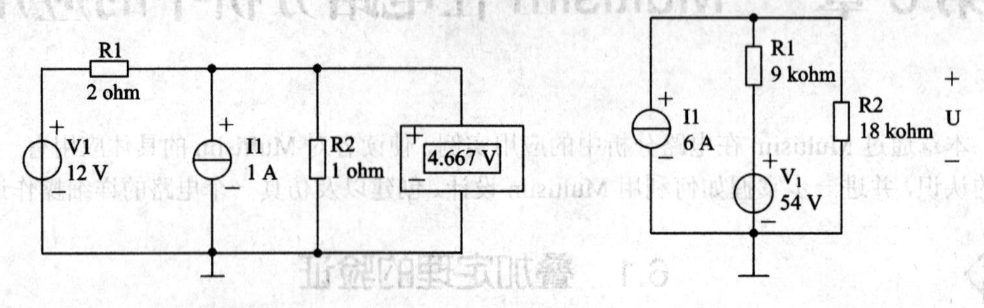

图 6-4　叠加定理应用结果　　　　图 6-5　叠加定理练习图

6.2　戴维南定理的应用

在电路分析中，戴维南定理是一个非常重要的内容，利用其求解电路也是一个难点。在 Multisim 中用万用表分别测量电路的端口电压和端口短路电流，可以轻松求出线性电路的戴维南等效电路。这里以图 6-6 所示电路为例，利用戴维南定理，求解戴维南等效电路，同时熟悉在 Multisim 中选取元件、连接电路、表头测量的基本操作过程。

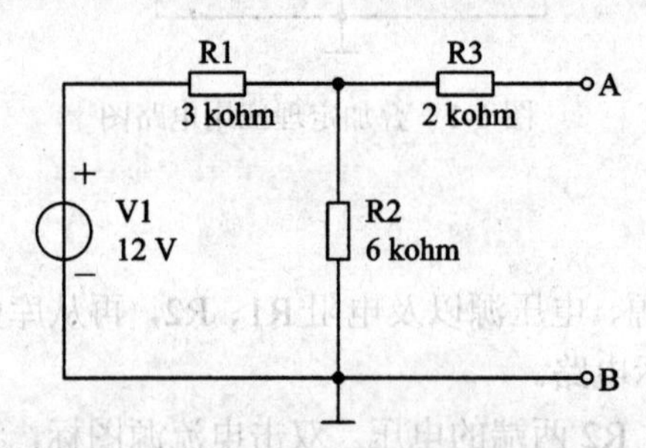

图 6-6　戴维南定理应用电路图

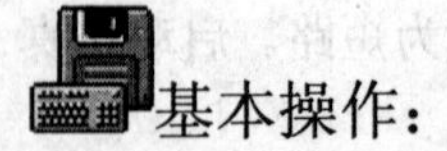

基本操作：

(1) 首先从元件库中选取电压源和电阻，创建如图 6-7 所示电路。

(2) 启动 Place 菜单中的 Place Junction 命令，再启动 Place 菜单中的 Place Text 命令，在需添加端点的位置上点击鼠标，输入文字 A 和 B。从右边仪表库中选出数字万用表(Multimeter)，并接至端点 A 和 B。表头“+”与 A 连接，“−”与 B 连接，如图 6-7 所示。双击仪表图标，在其面板上选择“V”和“DC”。启动仿真开关，万用表读数为 8.0 V，此为 A、B 两端开路电压值。

(3) 仍将万用表接至 A、B 两端，在面板上选择“A”和“DC”，启动仿真开关，万用表读数为 2 mA，此为 A、B 两端短路电流值。

(4) 该电路的戴维南等效电阻 R_{eq} =8 / 2 = 4 kΩ，据此可画出戴维南等效电路，如图 6-8 所示。

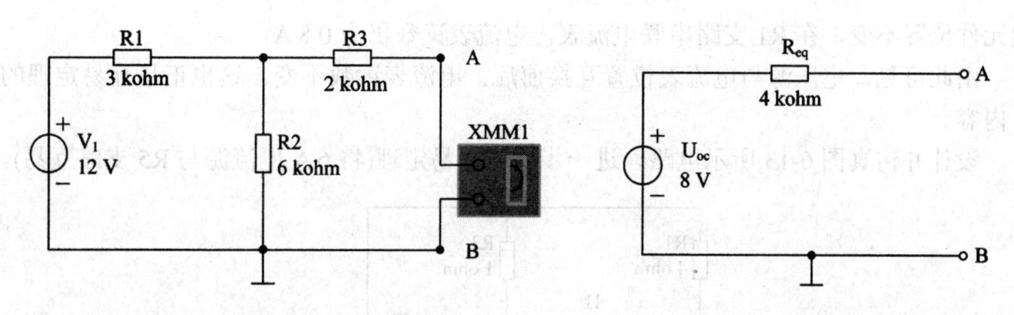

图 6-7　测量开路电压和短路电流　　　　图 6-8　戴维南等效电路

参考上例，设计并仿真以下两个电路：

(1) 仿真如图 6-9 所示电路，利用戴维南等效电路求 U。

(2) 仿真如图 6-10 所示电路，利用戴维南等效电路求 I_{AB}。

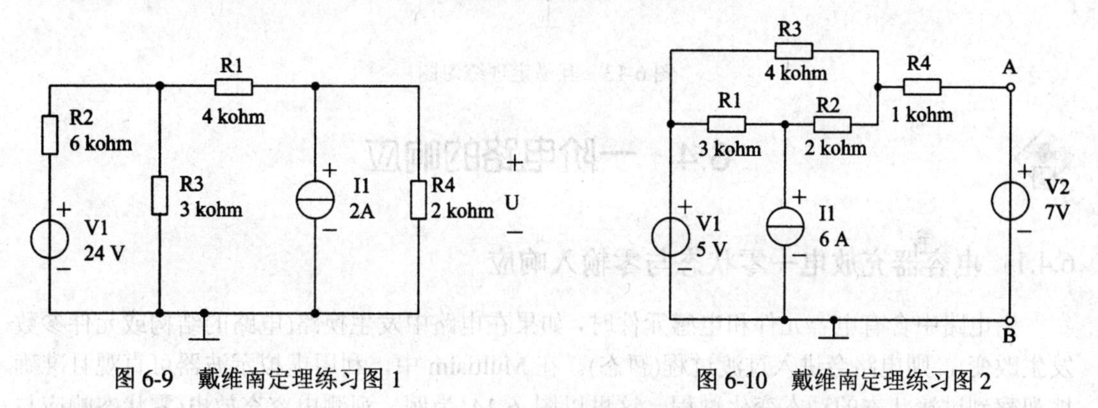

图 6-9　戴维南定理练习图 1　　　　图 6-10　戴维南定理练习图 2

6.3　互易定理的验证

互易定理也是线性电路的一个重要定理，对于简化求解过程和进一步深入分析电路都有较大的作用。用 Multisim 可验证此定理。

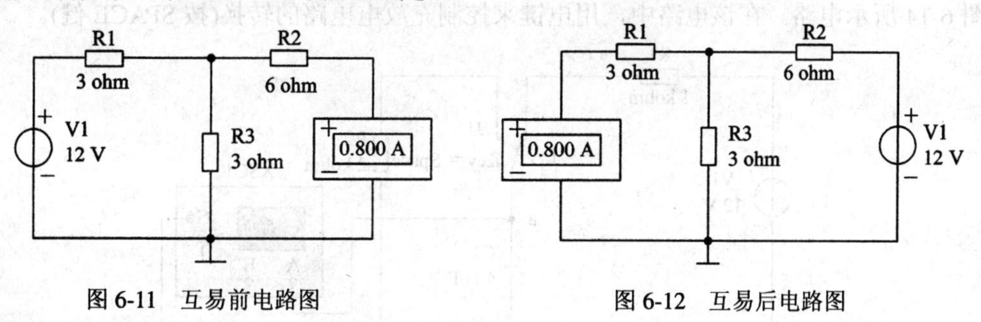

图 6-11　互易前电路图　　　　图 6-12　互易后电路图

基本操作：

(1) 从元件库中选取所需元件，并选择适当参数，创建如图 6-11 所示电路。连接电路，在 R2 支路串联电流表，电流表读数为 0.8 A。

(2) 改变电压源的位置，即让电压源与电流表支路位置互换，如图 6-12 所示。保持其他元件位置不变，在R1支路串联电流表，电流表读数仍为0.8 A。

由此可见，电压源与电流表位置互换前后，电流表读数不变。这也正是互易定理的一个内容。

设计并仿真图6-13所示电路，进一步验证互易定理(将6 A电流源与R5支路互易)。

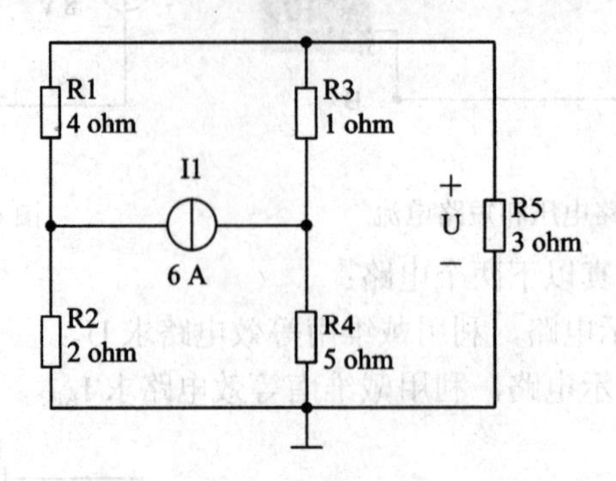

图6-13　互易定理练习图

6.4　一阶电路的响应

6.4.1　电容器充放电—零状态与零输入响应

当电路中含有电容元件和电感元件时，如果在电路中发生换路(电路的结构或元件参数发生改变)，则电路会进入过渡过程(暂态)。在Multisim中，利用虚拟示波器可直观且准确地观察到过渡状态的动态变化过程。这里以图6-14为例，观测电容充放电(零状态响应与零输入响应)这一暂态过程及充放电时间常数对暂态过程的影响。

基本操作：

(1) 从元件库中选取所需要的元件并设置适当的参数。从仪表库中选取示波器，创建如图6-14所示电路。在该电路中，用电键来控制充放电电路的转换(按SPACE健)。

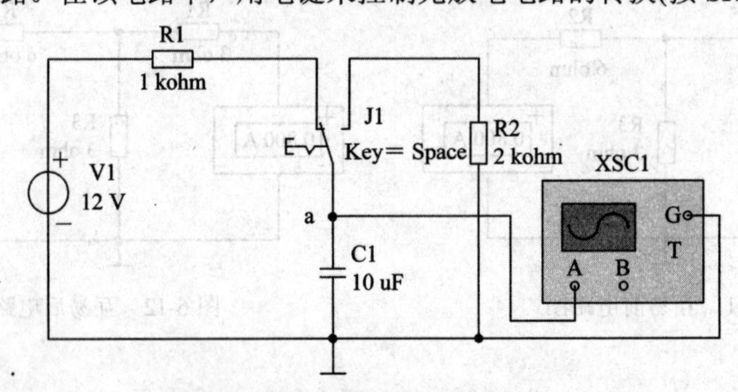

图6-14　电容充放电原理图

(2) 将J1打在右边，电容通过R2放电；将J1打在左边，电源V1通过R1对电容C1充电。

(3) 双击示波器图标，运行仿真开关，再反复按下空格键，使电键J1反复打向左边和右边，就会在示波器的屏幕上观测到如图 6-15 所示的波形曲线，这就是电容的充放电曲线。显然，电容器充电时即对应着零状态响应，电容器放电时即对应着零输入响应。

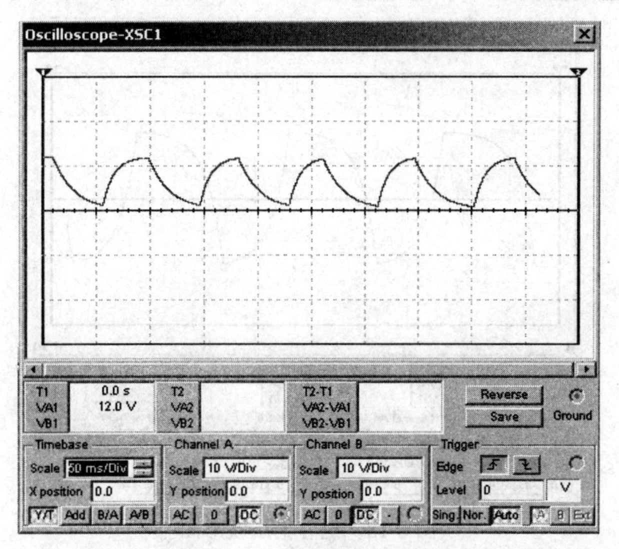

图 6-15　电容电压波形图

参考上例，设计图 6-16 所示电路，利用示波器观察电容的充放电情况。

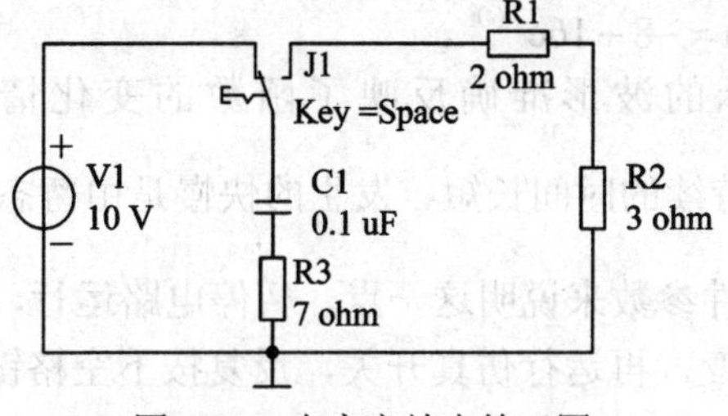

图 6-16　电容充放电练习图

6.4.2　电容器充放电——一阶电路的全响应

建立如图 6-17 所示电路，观察 $u_C(t)$的波形变化。

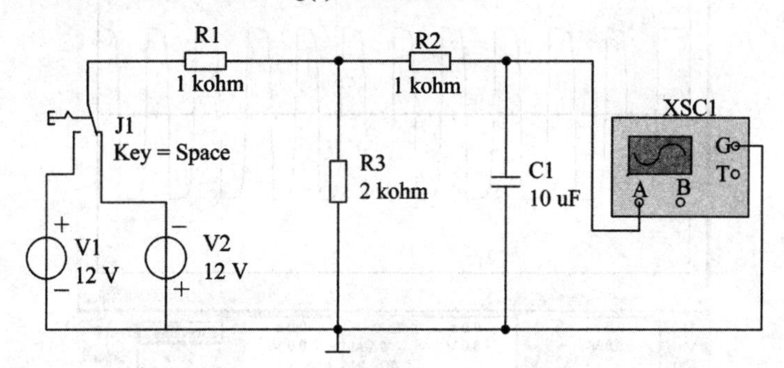

图 6-17　一阶电路全响应电路图

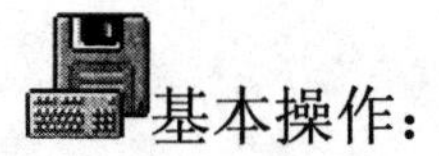基本操作：

从元件库中选取所需元件，并设置适当参数。按图 6-17 连接，将示波器并联在 C1 的

两端，运行仿真开关，反复按下空格键，使电键 J1 反复分别与两个电压源 V1 与 V2 连接，在示波器的屏幕上出现如图 6-18 所示波形。

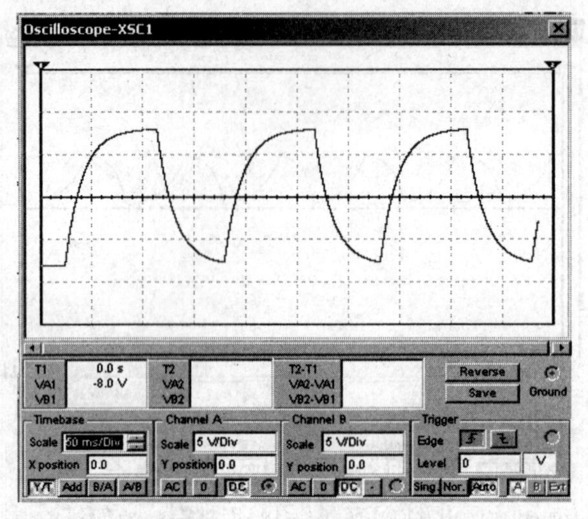

图 6-18　电容电压波形图

通过理论分析不难得到：

当 J1 接 V1 时，$u_C(t) = 8 - 16e^{-60t}$。

当 J1 接 V2 时，$u_C(t) = -8 + 16e^{-60t}$。

显然，图 6-18 所示的波形准确反映了函数的变化情况。该电路的时间常数 $\tau = \frac{5}{3} \times 10^{-2}$ s。过渡过程持续的时间长短、发生的快慢是由暂态电路的时间常数τ决定的。可以通过改变电路中的元件参数来说明这一点。暂停电路运行，将 C1 的值改为 1 μF，保持示波器面板其他选项不变，再运行仿真开关，反复按下空格键，在示波器的屏幕上将出现如图 6-19 所示的波形。

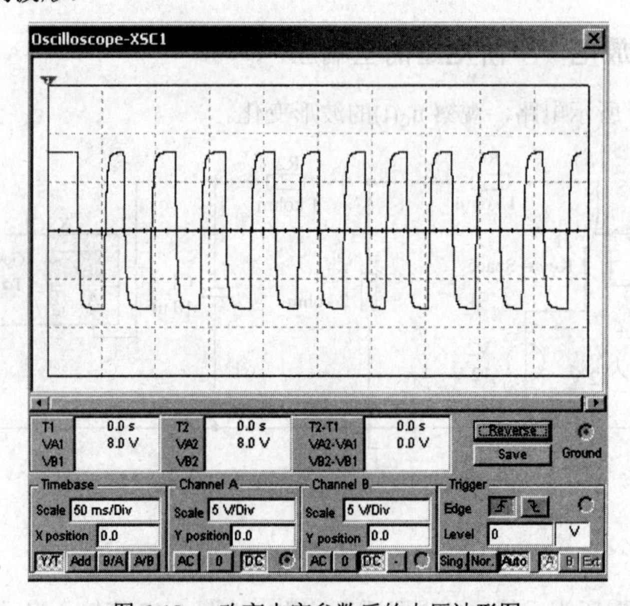

图 6-19　改变电容参数后的电压波形图

控制过渡过程时间的参数是时间常数 τ=RC，如减小 C 值，则过渡过程所经历的时间会比原来的短，波形在上升和下降时都比原来的陡。反之，如增大 C 值，则过渡过程所经历的时间会比原来的长，波形在上升和下降时都会比原来缓慢。

参考上例，设计并仿真图 6-20 所示电路，当 t<0 时电路已达稳态，t=0 时开关断开，改变 L1 的大小，观察改变前后 $u_L(t)$的波形变化。

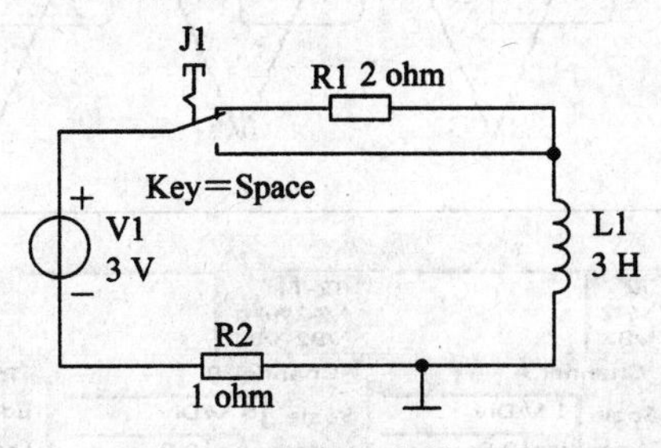

图 6-20　暂态响应练习图

6.5　微分电路和积分电路

微分电路和积分电路是工程上常用的电路。在电路分析中，微分电路和积分电路可以由电容与电阻元件或电感与电阻元件组成。在 Multisim 中，可利用虚拟示波器方便地观察微分电路和积分电路的输入/输出波形。

本例设计的是一个 RC 微分电路，如图 6-21 所示。

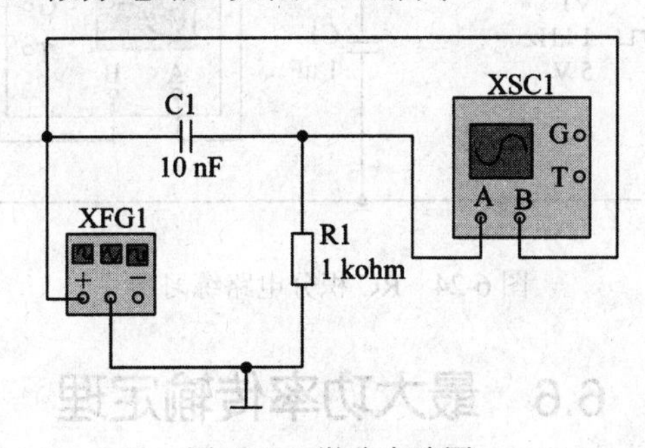

图 6-21　微分电路图

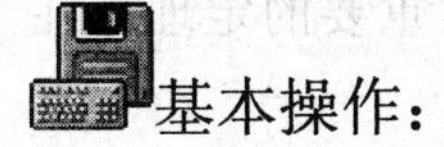基本操作：

(1) 创建图 6-21 所示电路。需要注意的是，电路中的输入源是一个函数发生器。双击函数发生器图标，在 Waveforms 栏选择三角波输入，如图 6-22 所示。

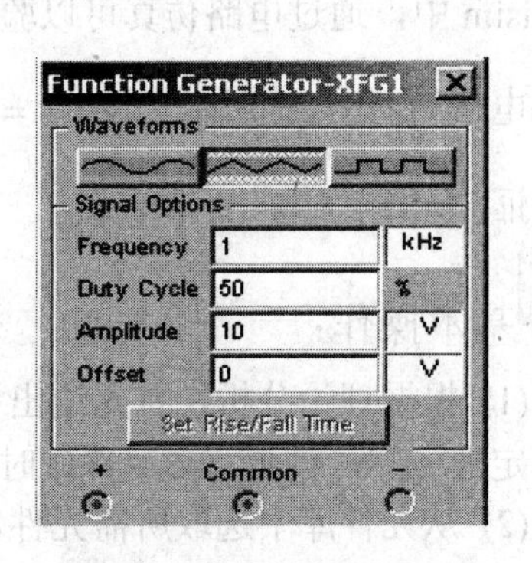

图 6-22　函数发生器面板

(2) 打开仿真开关，在示波器屏幕上会出现如图 6-23 所示的波形，其中蓝色是输入波形，红色是输出波形。从波形可以清晰地看出，输入和输出之间所呈现的是微分关系。

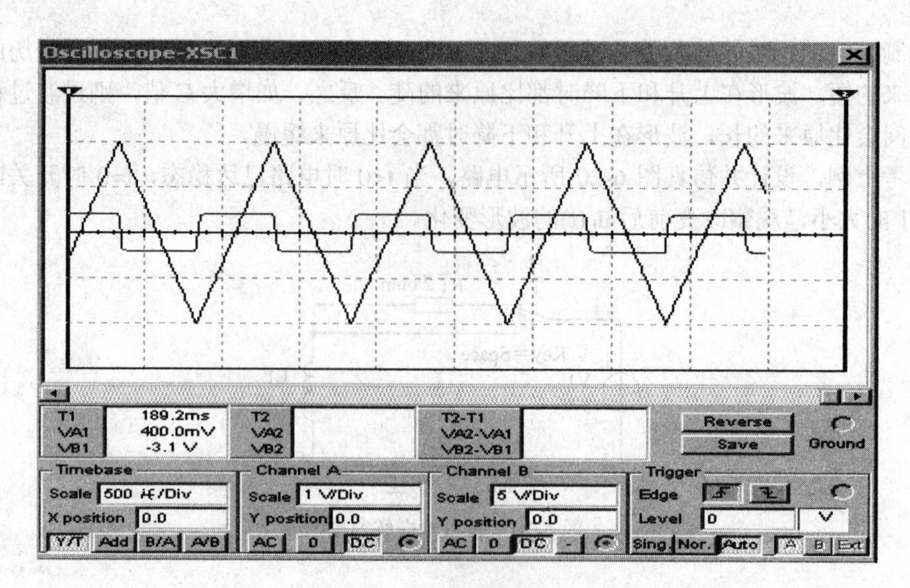

图 6-23　微分波形图

(3) 移动指针 1、指针 2，可以测出输入、输出波形的幅值、周期等参数。

仿照上例，设计并仿真如图 6-24 所示的 RC 积分电路，观察积分波形。

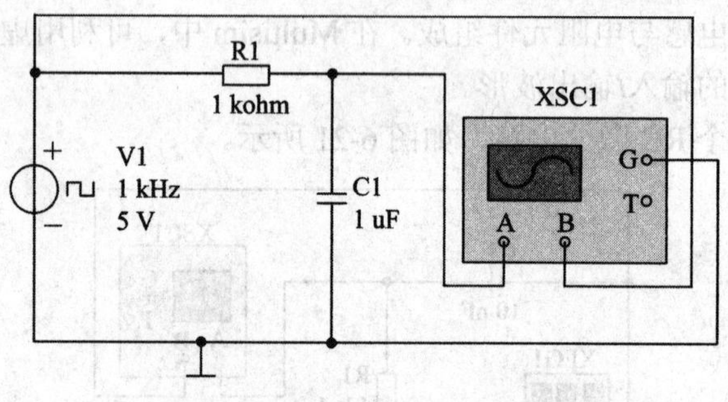

图 6-24　RC 积分电路练习图

6.6　最大功率传输定理

最大功率传输定理在实际中具有非常重要的应用，是电路中非常重要的定理。在 Multisim 中，通过电路仿真可以验证这个定理。

电路如图 6-25 所示。设 $\dot{U}_s = 6\angle 0°\ \text{V}$，求 Z_L 为何值时可以获得最大功率，仿真并加以验证。

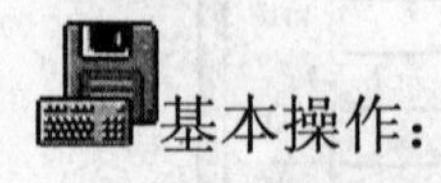基本操作：

(1) 根据理论分析，首先给出该电路的戴维南等效电路，如图 6-26 所示。由最大功率传输定理可知，当 $Z_L = 3 + j3\,\Omega$ 时，Z_L 获得最大功率 P：P=1.5 W。

(2) 从元件库中选取所需元件，并设置适当参数。选定有效值为 6 V、频率 f = 1 kHz，由已知条件计算可得 L = 0.5 mH，C = 27 μF。

(3) 按图 6-27(a)所示连接仿真电路，运行仿真开关，测试结果如图 6-27(b)所示。

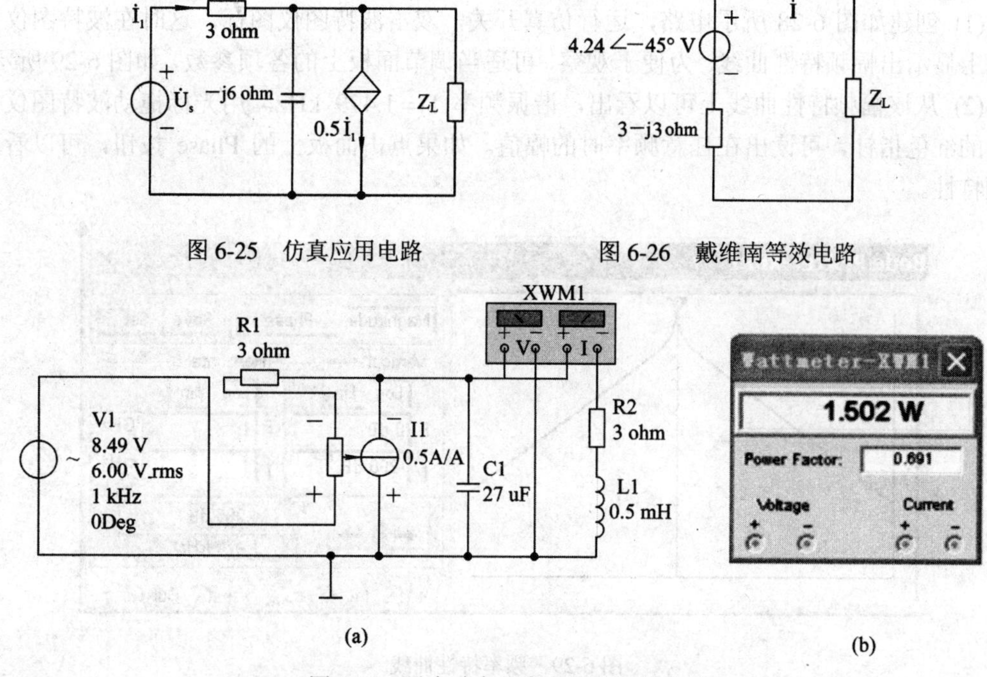

图 6-25　仿真应用电路　　　图 6-26　戴维南等效电路

(a)　　　(b)

图 6-27　最大功率仿真电路及测试结果

6.7　简单谐振电路

谐振是正弦电路中可能发生的一种电路现象。在实际应用中，对它进行频率分析并不是很直观和准确。在 Multisim 中，利用虚拟波特图仪可以很容易地测出电路在谐振时的频率特性。

6.7.1　简单串联谐振电路

仿真并测试如图 6-28 所示电路。

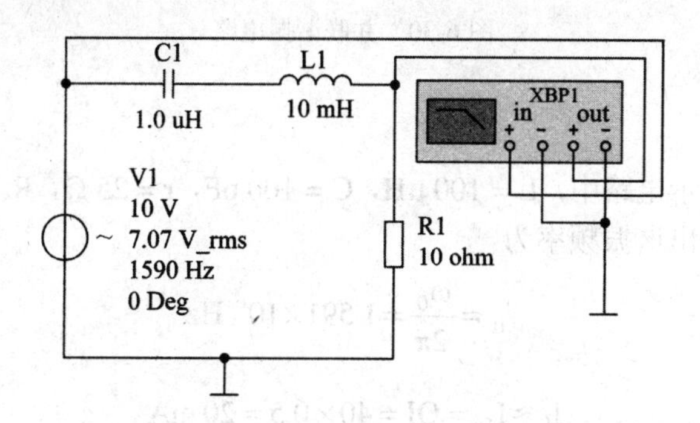

图 6-28　串联谐振电路图

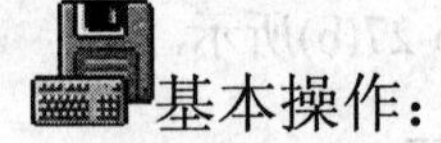基本操作：

(1) 创建如图 6-28 所示电路，运行仿真开关，双击波特图仪图标，这时在波特图仪的面板上显示出幅频特性曲线。为便于观察，可适当调节面板上的各项参数，如图 6-29 所示。

(2) 从该幅频特性曲线上可以看出，谐振频率 $f_0 = 1.479$ kHz。用光标拖动波特图仪面板上的红色指针，可读出在任意频率时的幅值。如果点击面板上的 Phase 按钮，可以看到相频特性。

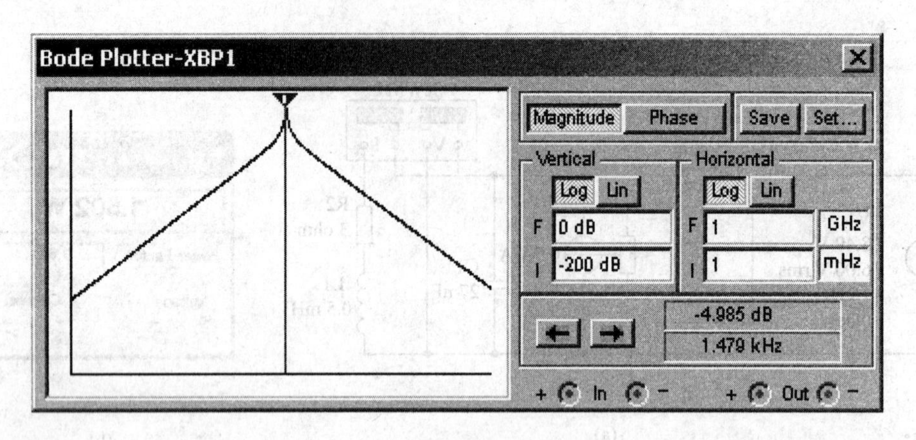

图 6-29 频率特性曲线

6.7.2 简单并联谐振电路

仿真并测试图 6-30 所示谐振电路。已知：L = 100 μH，C = 100 pF，r = 25 Ω，R_s = 40 kΩ，U_s = 40 V。

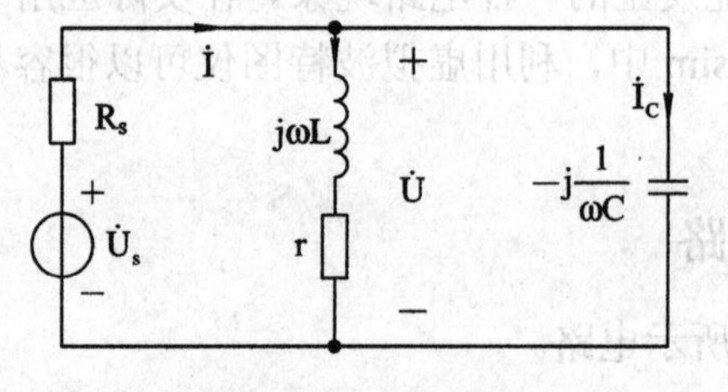

图 6-30 并联谐振电路

基本操作：

(1) 在图 6-30 所示电路中，L = 100 μH，C = 100 pF，r = 25 Ω，R_s = 40 kΩ，U_s = 40 V。由电路分析理论计算出谐振频率为

$$f_0 = \frac{\omega_0}{2\pi} = 1.591\times10^6\ \text{Hz}$$

$$I_L \approx I_C = QI = 40\times0.5 = 20\ \text{mA}$$

谐振回路端电压为

$$U = I \times Z_0 = 20\,V$$

总电流为

$$I = \frac{U_s}{R_s + Z_0} = \frac{40}{40 + 40} = 0.5\,mA$$

(2) 从元件库中选取所需元件，并设置适当参数。选定电源有效值为 40 V，频率 f = 1591 kHz。

(3) 按图 6-31(a)所示连接仿真电路，运行仿真开关，测试结果如图 6-31(b)所示。

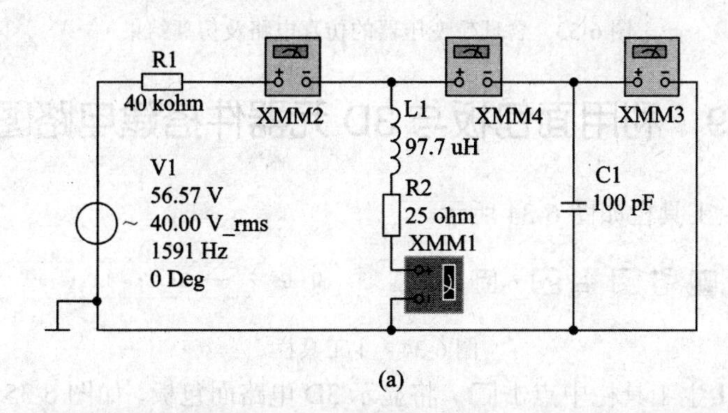

(a)

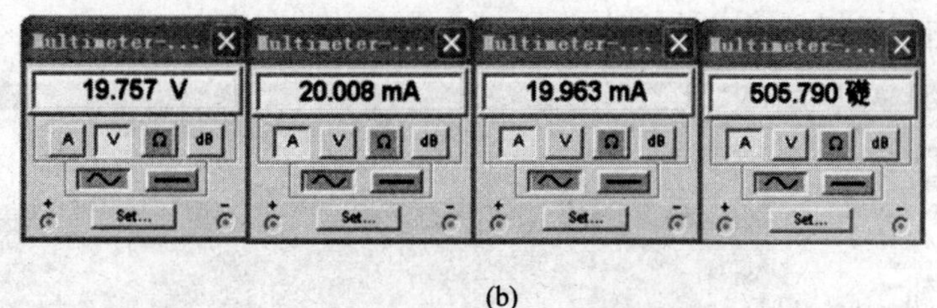

(b)

图 6-31　并联谐振电路仿真电路及测试结果

6.8　理想变压器电路

仿真并测试如图 6-32 所示的含理想变压器的电路。设理想变压器的变比 n = 0.5，R1 = R2 = 10 Ω，$\frac{1}{\omega C} = 50\,\Omega$，$\dot{U} = 50\sqrt{2}$ V。测试图中各电流。

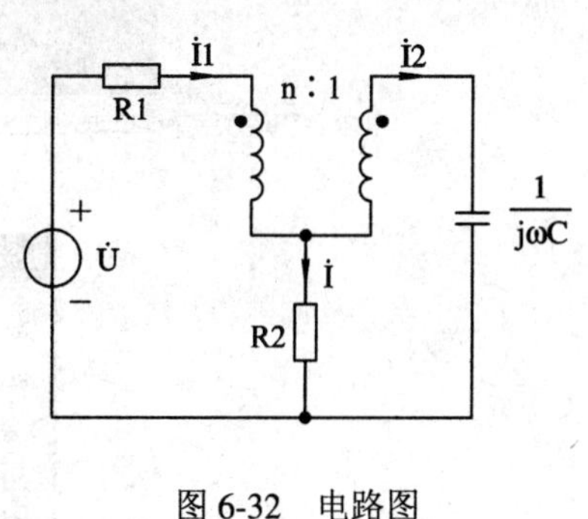

图 6-32　电路图

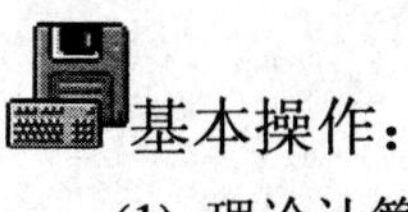基本操作：

(1) 理论计算可得：$\dot{I}1 = 4\angle 45°$ A，$\dot{I}2 = 2\angle 45°$ A。$\dot{I} = 2\angle 45°$。选取电源频率为 200 Hz，由 $\frac{1}{\omega C} = 50\,\Omega$ 可得：C = 16 μF。

(2) 选取元件并确定参数，搭建仿真电路，如图 6-33(a)所示。

(3) 运行仿真电路，测试结果如图 6-33(b)所示。

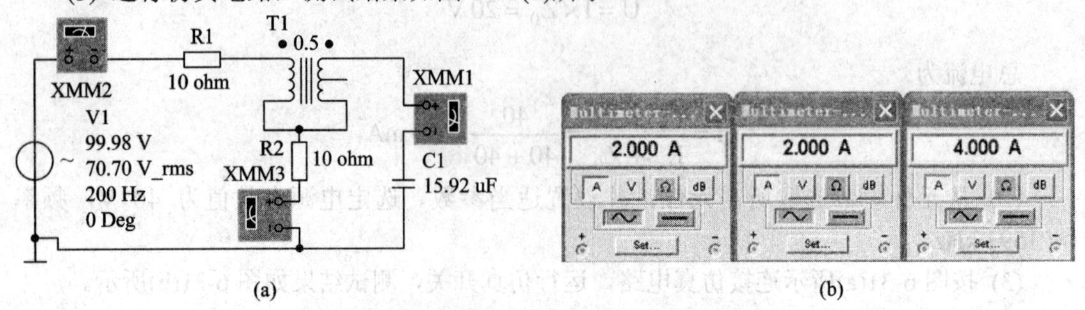

图 6-33　含理想变压器的仿真电路及仿真结果

6.9　利用面包板与 3D 元器件搭建电路图

Multisim 11 主工具栏如图 6-34 所示。

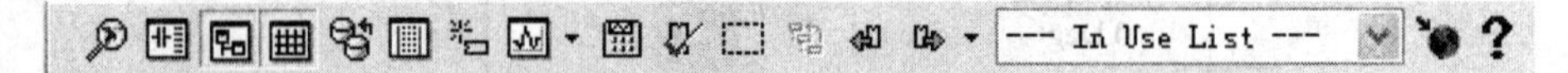

图 6-34　主工具栏

在 Multisim 11 主工具栏中点击，将显示 3D 电路面包板，如图 6-35 所示。点击，则出现电路面包板设置对话框，如图 6-36 所示，可以设置电路面包板的大小。

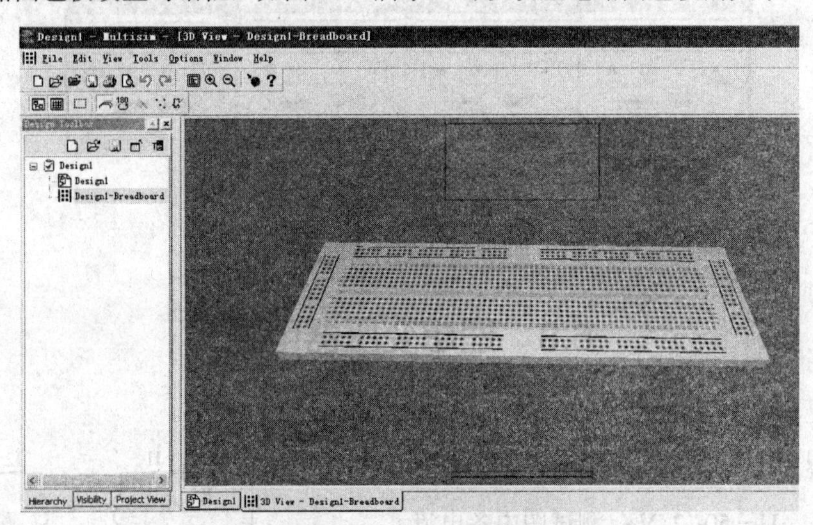

图 6-35　3D 电路面包板

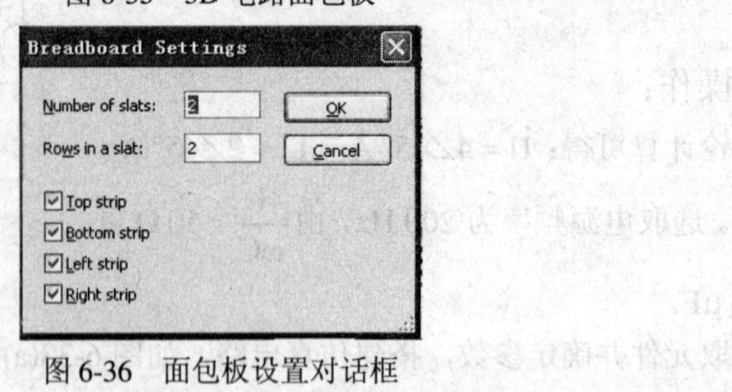

图 6-36　面包板设置对话框

在主数据库 Master Database 中，选择所有的组 All Select all groups ，然后点击 3D 虚拟元件组 3D 3D_VIRTUAL ，在 Multisim 11 中提供了 23 种 3D 虚拟元件，如图 6-37 所示。

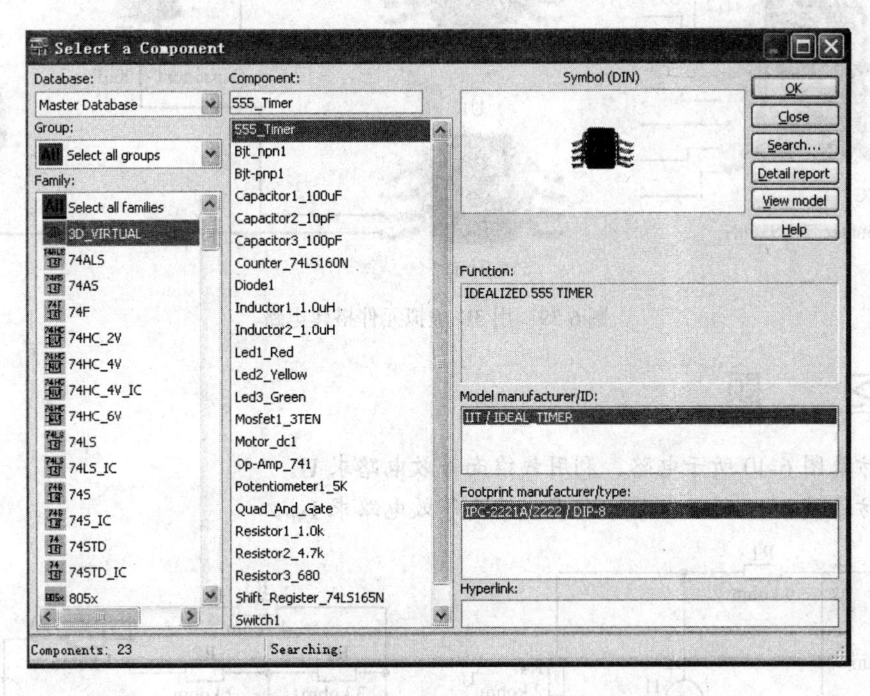

图 6-37 Multisim 11 中的 3D 虚拟元件

可以按照实物的方式在电路面包板上连接电路，如图 6-38 所示，这样可以帮助学生在实验室模拟搭建电路。

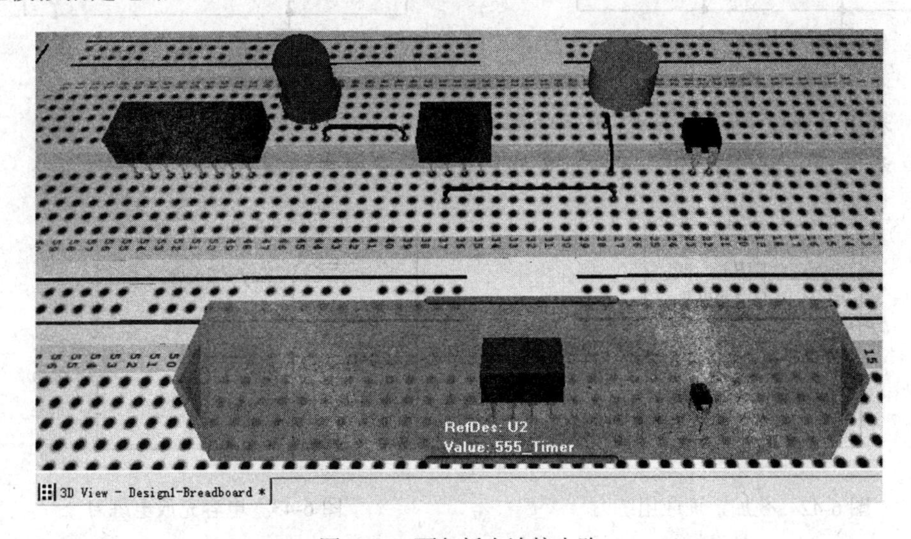

图 6-38 面包板上连接电路

也可以不用面包板，利用 3D 虚拟元件按照实物的方式在电路窗口上连接电路，如图 6-39 所示。这可以帮助学生从逻辑电路图过渡到实物布线，在实验中模拟搭建电路。

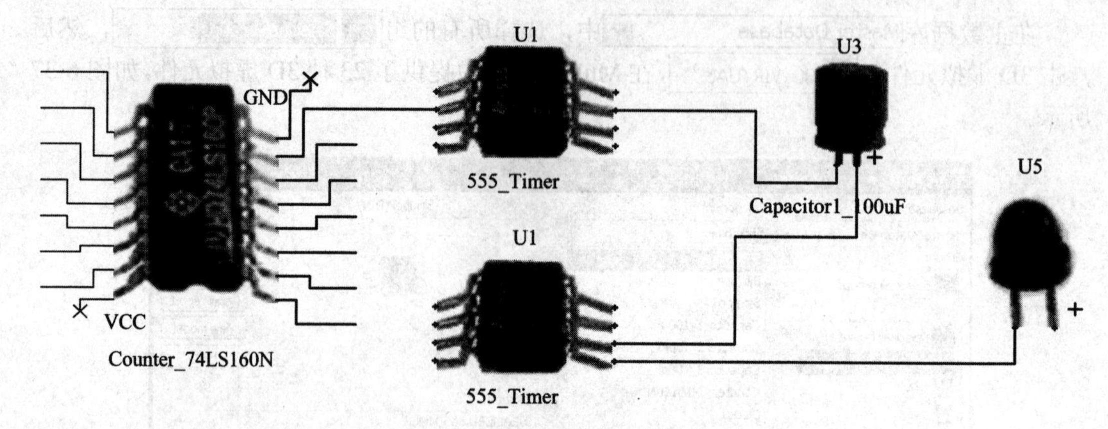

图 6-39 用 3D 虚拟元件搭建电路

习 题

1. 仿真图 6-40 所示电路，利用戴维南等效电路求 U。
2. 仿真图 6-41 所示电路，利用戴维南等效电路求 I_{AB}。

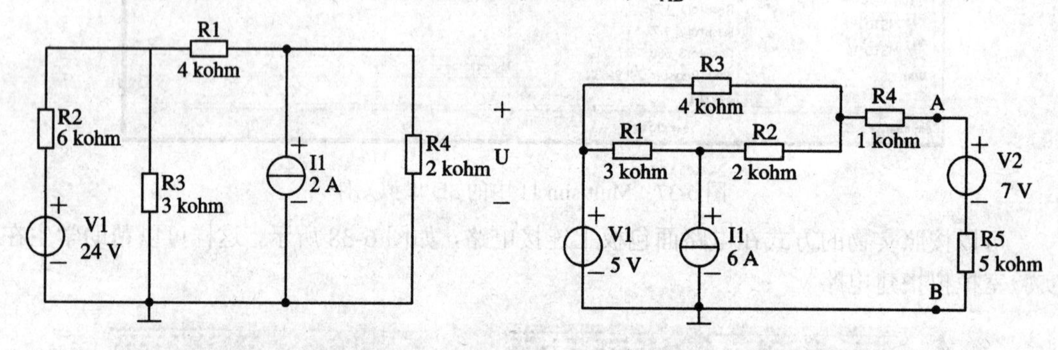

图 6-40 戴维南应用实践一　　　图 6-41 戴维南应用实践二

3. 利用叠加定理求图 6-42 所示电路中的 U。
4. 利用示波器观察图 6-43 所示电路中电容的充放电情况。

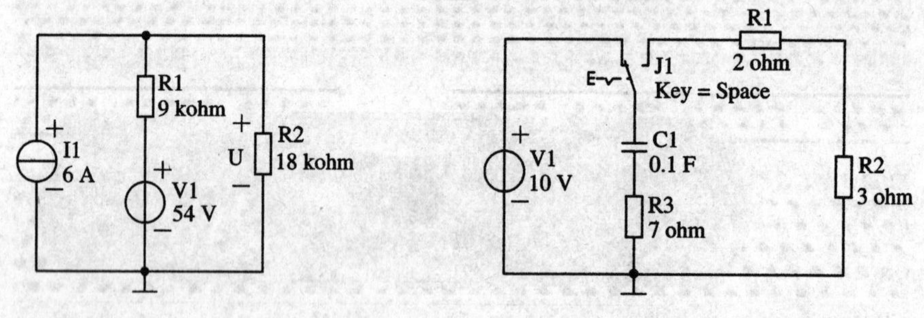

图 6-42 叠加定理应用练习　　　图 6-43 电容充放电练习

5. 已知图 6-44 所示电路在 $t<0$ 时已达稳态，$t=0$ 时开关断开。改变 L1 的大小，观察改变前后 $u_L(t)$ 的波形变化。

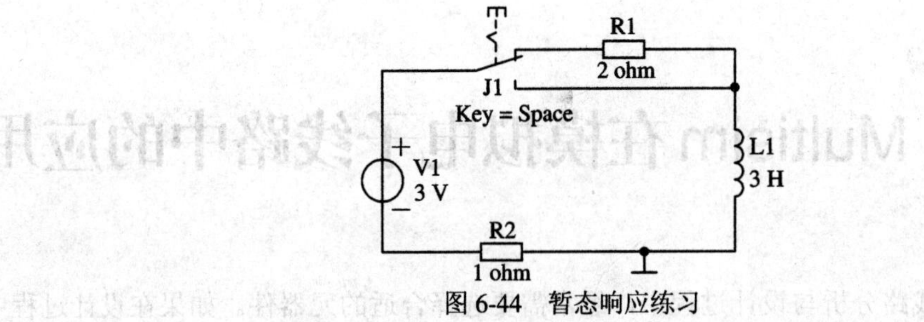

图 6-44　暂态响应练习

6. 仿真图 6-45 所示电路，验证互易定理(将 6 A 电流源与 R5 支路互易)。

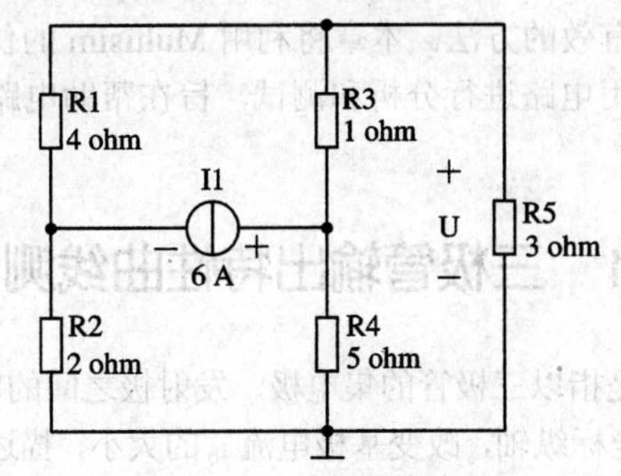

图 6-45　互易定理练习

7. RC 积分电路如图 6-46 所示，用示波器观察积分电路的工作过程。

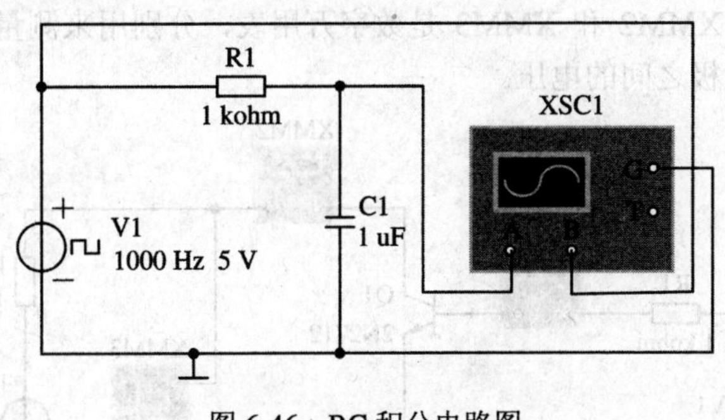

图 6-46　RC 积分电路图

8. 仿真图 6-47 所示电路，利用戴维南等效法求 Z_L 为多大时可获得最大功率。

9. 电路如图 6-48 所示，理想变压器的匝数比为 1∶10，已知 R1 = 1 Ω，R2 = 50 Ω，$u_s = 10\cos(10t)$ V，仿真观察 u_1 与 u_2。

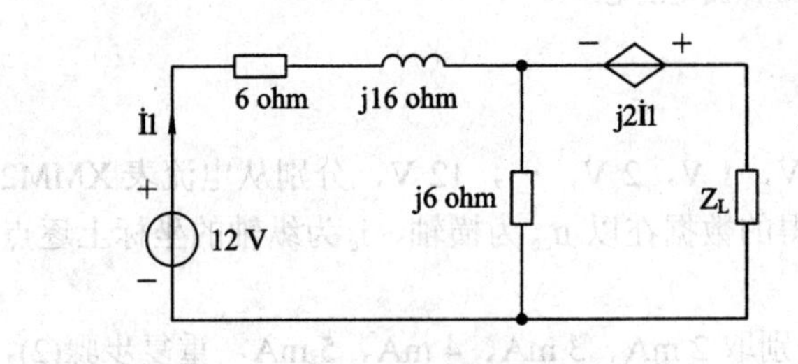

图 6-47　最大功率应用

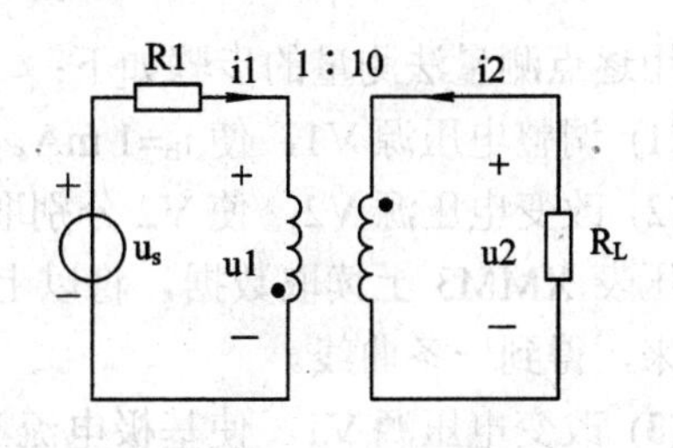

图 6-48　理想变压器电路

第7章　Multisim在模拟电子线路中的应用

在模拟电子线路分析与设计过程中，经常需要选择合适的元器件。如果在设计过程中每换一个元件就进行一次测试，则工作量非常大。利用Multisim提供的大量的仿真分析法，可以为电路设计提供许多有效的方法。本章将利用Multisim的仿真分析法和仿真仪器，对模拟电子线路中的一些常用电路进行分析和测试，旨在帮助电路设计者更好地使用电路仿真软件Multisim。

7.1　三极管输出特性曲线测试

三极管输出特性曲线是指以三极管的集电极、发射极之间的电压 u_{ce} 作为坐标横轴，以三极管集电极电流 i_c 作为坐标纵轴，改变基极电流 i_b 的大小，描述 i_c 与 u_{ce} 之间关系的曲线。

在模拟电子线路中，经常需要测量放大电路的主要器件——三极管的输出特性曲线。对此，可以采用传统的逐点测量法测量，电路如图7-1所示。图中，2N2712是一个NPN型三极管，XMM1、XMM2和XMM3是数字万用表，分别用来测量基极电流、集电极电流以及集电极和发射极之间的电压。

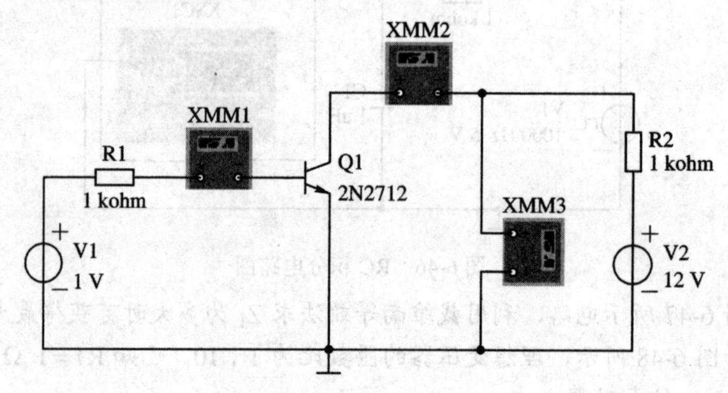

图7-1　逐点测量法电路

用逐点测量法测量的步骤如下：

(1) 调整电压源V1，使 i_b=1 mA。

(2) 改变电压源V2，使V2分别取0 V，1 V，2 V，…，12 V，分别从电流表XMM2和电压表XMM3上读取数据，将以上测得的数据在以 u_{ce} 为横轴、i_c 为纵轴的坐标上逐点描出来，得到一条曲线。

(3) 改变电压源V1，使基极电流 i_b 分别取2 mA、3 mA、4 mA、5 mA，重复步骤(2)，即可得到一组曲线，即三极管输出特性曲线。

由测量过程可以看出，逐点测量法复杂而繁琐。我们不妨利用Multisim仿真分析法

——DC Sweep Analysis 来测量三极管输出特性曲线。方法如下：

(1) 在 Multisim 电路窗口创建图 7-2 所示测试电路。

(2) 启动 Simulate 菜单中 Analysis 下的 DC Sweep Analysis 命令，打开 DC Sweep Analysis 对话框。有关参数设置(如何设置参数请参阅 5.2.1 节)如下：

Source 1 中，Source：vv1(因为 vv1 表示集电极和发射极之间的电压，即 u_{ce}，在三极管特性曲线中以此作为坐标横轴，故选择 vv1 为 Source1)；Start value：0 V；Stop value：8 V；Increment ：0.01 V(该值越小，显示的曲线越平滑)。

Source 2 中，Source：iib(iib 表示三极管基极电流，改变基极电流才能测试一组输出特性曲线，故选择 iib 为 Source 2)；Start value：0 A；Stop value：0.0005 mA；Increment：0.0001 mA(该值越小，显示的曲线越平滑)。

Output variables：vvce#branch，这是流过电压源 V1 的电流，即集电极电流 $-i_c$。

(3) 点击图 5-13 对话框上的 Simulate 按钮，得到如图 7-3 所示的曲线。

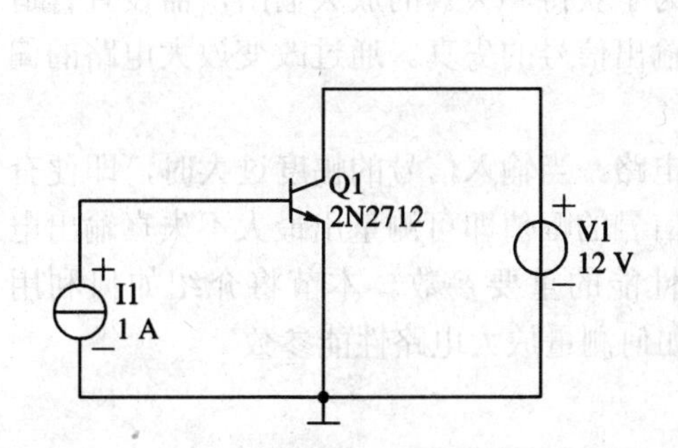

图 7-2 三极管输出特性曲线测试电路

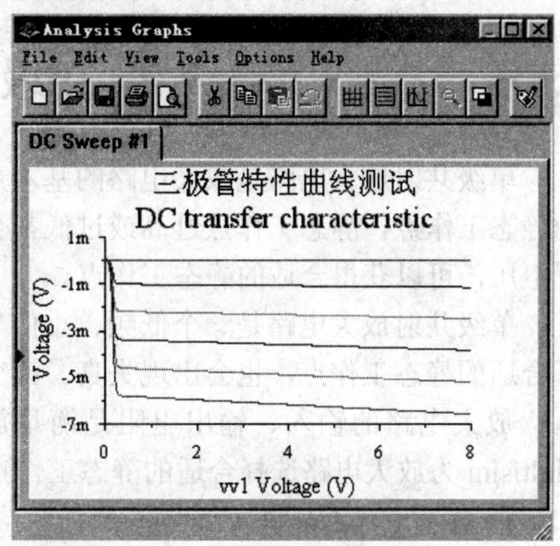

图 7-3 输出曲线图

由于图 7-3 中的输出曲线以集电极电流 $-i_c$ 表示，不符合习惯，故启动 Simulate 菜单中的 Postprocessor 命令，将图 7-3 中的曲线变换成习惯表示法(以 i_c 表示坐标纵轴)。在弹出的 Postprocessor 对话框中，进行如下设置(有关 Postprocessor 的参数设置请参阅 5.6 节)：

(1) 分别点击 New Page 和 New Graph 按钮，建立新页“三极管输出特性曲线”和新曲线图。

(2) 选择 Analysis Results 栏内的“三极管输出特性测试”项下的 DC transfer characteristic(dc01)，然后选中 Analysis Variables 栏中的 vvce#branch 变量，点击 Copy Variable To Trace 按钮，再点击 Add Trace 按钮，这样，一条 dc01.vvce#branch 曲线便出现在 Traces to plot 下部的栏中。

(3) 重复上述步骤，直至 dc05.vvce#branch。这是一簇曲线，后处理器每次只能处理一条曲线。

(4) 点击 Draw 按钮，即可得到图 7-4 所示的常见形式的三极管输出特性曲线。

由上述测量过程可以看出，利用 Multisim 的仿真分析法，无需人工改变电压源的大小，只需确认测试参数，简单方便，而且更准确。

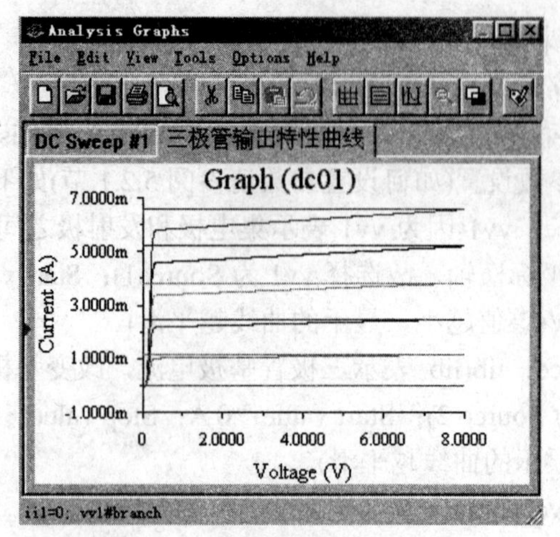

图 7-4　三极管输出特性曲线

7.2　单级共射放大电路

单级共射放大电路是放大电路的基本形式，为了获得不失真的放大输出，需设置合适的静态工作点，静态工作点过高或过低都会引起输出信号的失真。通过改变放大电路的偏置电压，可以获得合适的静态工作点。

单级共射放大电路是一个低频、小信号放大电路。当输入信号的幅度过大时，即便有了合适的静态工作点，也会出现失真。改变输入信号的幅值即可测量出最大不失真输出电压。放大电路的输入、输出电阻是衡量放大器性能的重要参数。本节将介绍如何利用 Multisim 为放大电路选择合适的静态工作点以及如何测量放大电路性能参数。

1. 静态工作点的设置

首先创建图 7-5 所示电路，运行仿真开关，双击示波器图标，可看到图 7-6(a)所示的输出波形。

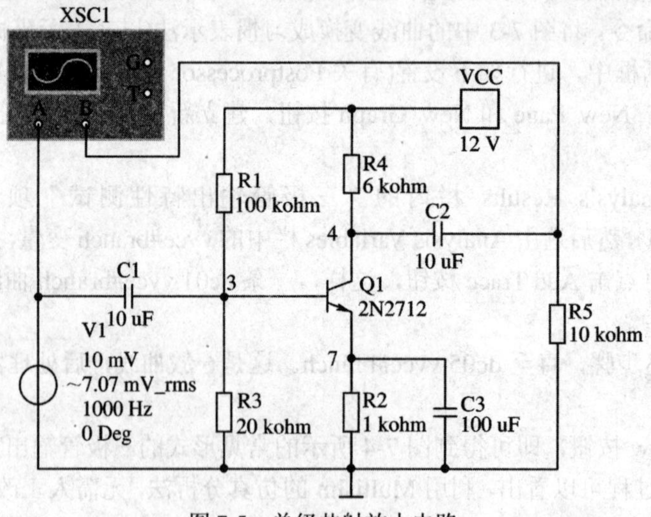

图 7-5　单级共射放大电路

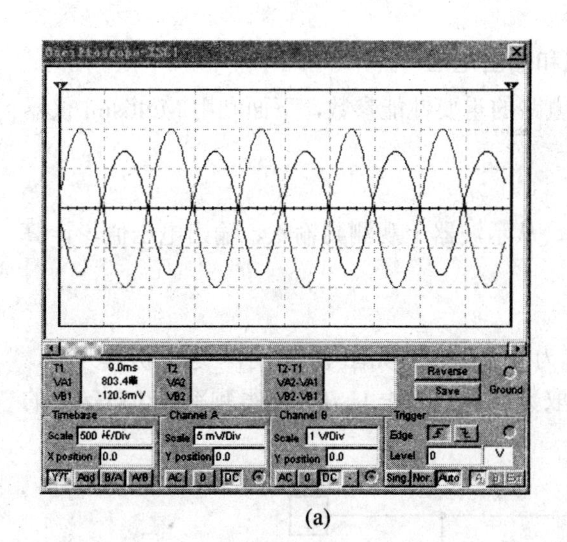

(a)

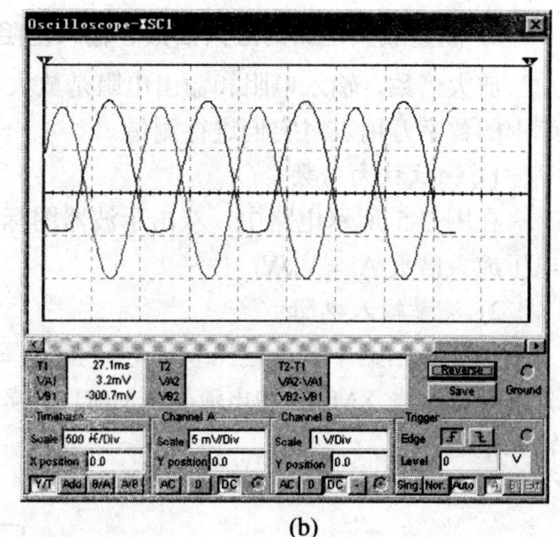

(b)

图 7-6　共射放大电路输出

然后，双击电阻 R3 图标，改变元件参数至 R3=27 kohm，可看到输出波形如图 7-6(b)所示。很显然，由于 R3 增大，三极管基极偏压增大，致使基极电流、集电极电流增大，工作点上移，输出波形出现了饱和失真。

在电路窗口单击鼠标右键，在弹出的快捷菜单中点击 show 命令，选择 show node names。启动 Simulate 菜单中 Analysis 下的 DC Operating Point 命令，在弹出的对话框中的 Output variables 页将节点 3，4，7 作为仿真分析节点。点击 Simulat 按钮，可获得仿真结果如下：V3=1.815 98 V，V4=4.8422 V，V7=1.204 01 V。

2. 输入信号的变化对放大电路输出的影响

当图 7-5 所示电路的输入信号幅值为 5 mV 时，测得输出波形如图 7-7(a)所示。改变输入信号幅值，使其分别为 10 mV、15 mV、20 mV，输出将出现不同程度的非线性失真，即输出波形为上宽下窄。当输入信号幅值为 21 mV 时，输出严重失真，如图 7-7(b)所示。由此说明，图 7-5 所示共射放大电路仅适合于小信号放大，当输入信号太大时，会出现非线性失真。

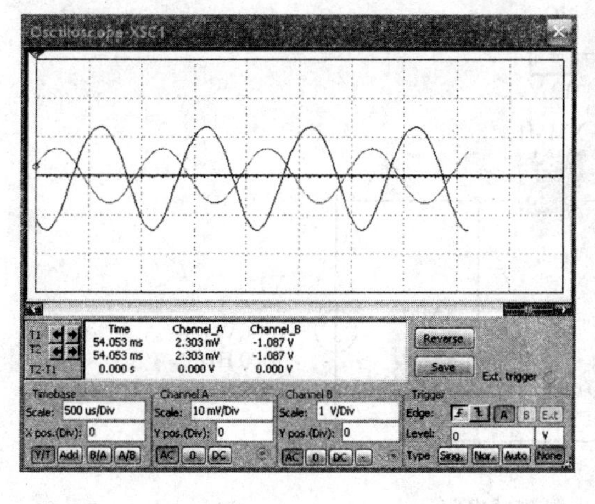

(a)

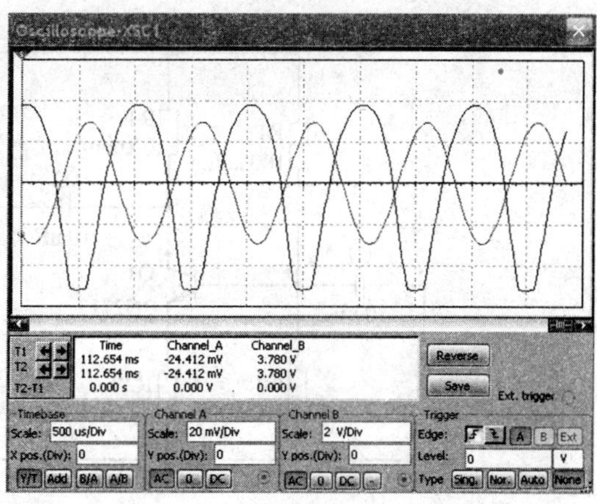

(b)

图 7-7　改变输入时的输出波形

3. 测量放大电路的放大倍数、输入电阻和输出电阻

放大倍数、输入电阻和输出电阻是放大电路的重要性能参数，下面利用 Multisim 仪器库中的数字万用表对它们进行测量。

1) 测试放大倍数

在图 7-5 所示电路中，双击示波器图标，从示波器上观测到输入、输出电压值，计算电压放大倍数 $A_v = V_o/V_i$。

2) 测量输入电阻

在输入回路中接入电压表和电流表(设置为交流 AC)，如图 7-8 所示。运行仿真开关，分别从电压表 XMM2 和电流表 XMM1 上读取数据，则 $R_{if} = U_i / I_i$，测得频率为 1 kHz 时的输入电阻。

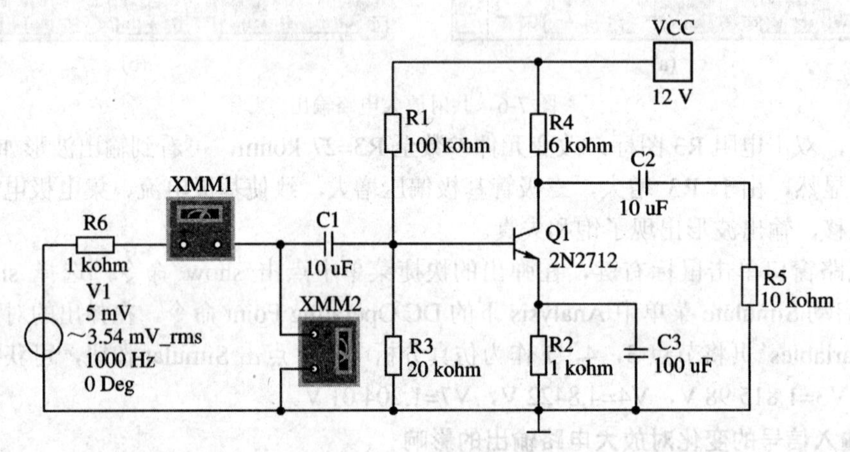

图 7-8　输入电阻测试电路

3) 测量输出电阻

根据输出电阻计算方法，将负载开路，信号源短路，在输出回路中接入电压表和电流表(设置为交流 AC)，如图 7-9 所示，从电压表 XMM2 和电流表 XMM1 上读取数据，则 $R_{of} = U_o/I_o$，测得频率为 1 kHz 时的输出电阻。

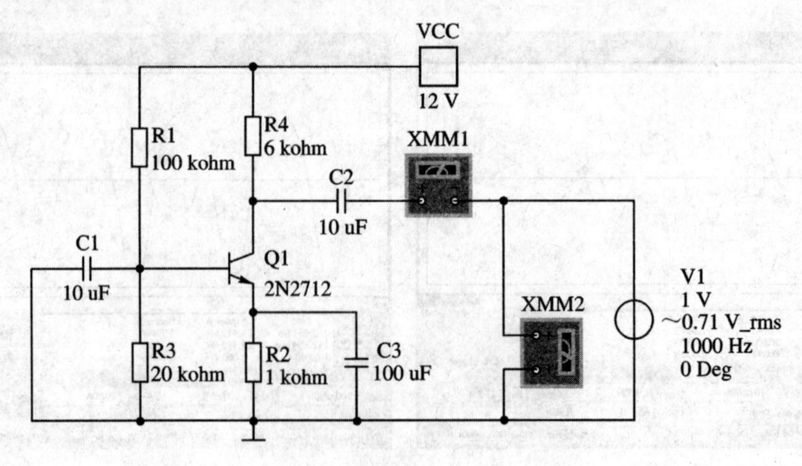

图 7-9　输出电阻测试电路

7.3 差动放大电路

差动放大(简称差放)电路是由两个电路参数完全相同的单管放大电路通过发射极耦合在一起的对称式放大电路，具有两个输入端和两个输出端。图 7-10 所示为一个典型的恒流源差放电路，其中，三极管 Q1、Q2 构成差放的两个输入管，Q1、Q2 的集电极构成差放电路的两个输出端；三极管 Q3、Q4 构成恒流源电路。

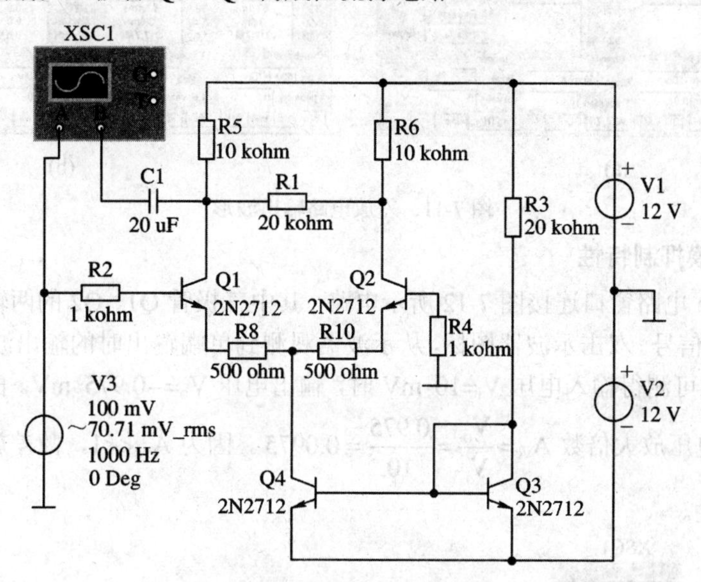

图 7-10　恒流源差放电路

静态时，V_i=0，由于电路对称，双端输出电压为 0。

差模输入时，$V_{i1} = -V_{i2}$，$V_{id} = V_{i1} - V_{i2}$。若采用双端输出，则负载 R1 的中点电位相当于交流零电位，差模放大倍数 A_{vd} 与单级放大倍数 A_{vd1}、A_{vd2} 相同，即 $A_{vd} = A_{vd1} = -A_{vd2}$；若采用单端输出，则 $A_{vd} = A_{vd1}/2$。

共模输入时，$V_{ic} = V_{i1} = V_{i2}$，$V_{c1} = V_{c2}$，双端输出时输出电压为 0，共模放大倍数 A_{vc}=0，共模抑制比 KCMR=∞。

本节将通过示波器来验证差放电路的特性，并用参数扫描分析法分析差放电路不对称时对输出的影响。

1. 测试差模放大特性

在 Multisim 电路窗口连接图 7-10 所示电路，其中，V_{i1}=V3、V_{i2}=0，这是一组任意输入信号，但我们可以将这组任意信号分解为一对差模信号和一对共模信号。双击示波器图标，从示波器观测到单端输出时的输出波形如图 7-11(a)所示。

由示波器可测得输入电压 $V_i = 10$ mV 时，输出电压 $V_o = -45.6$ mV，由此可计算出单端输出时差模电压放大倍数 $A_{vd} = V_o/V_i$。因为 $A_{vd} >> 1$，故差放电路对差模信号具有放大特性。

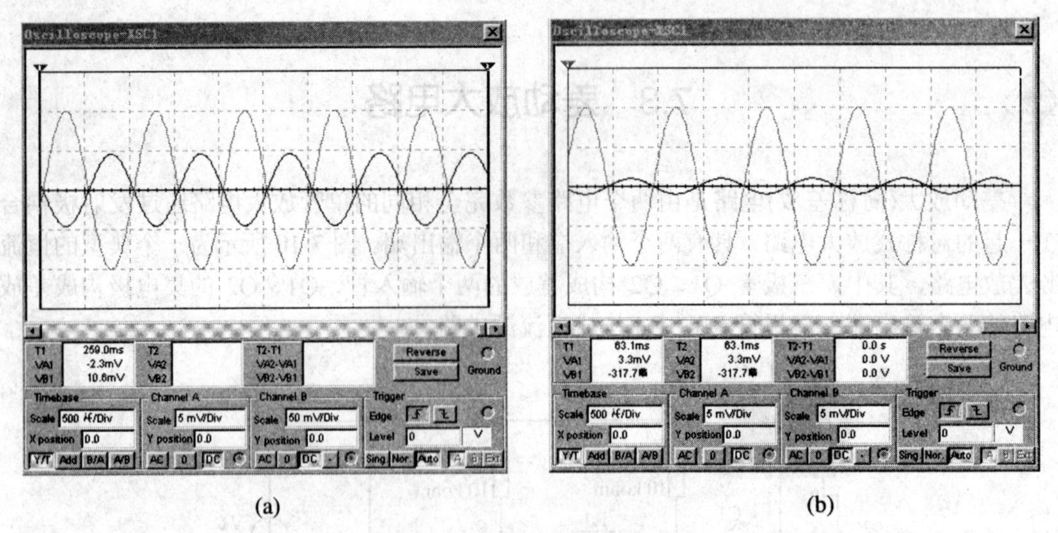

图 7-11　差放电路输出波形

2. 测试共模抑制特性

在 Multisim 电路窗口连接图 7-12 所示电路，其中三极管 Q1、Q2 的两输入端并接在一起，为共模输入信号。双击示波器图标，从示波器观测到单端输出时的输出波形如图 7-11(b)所示。由示波器可测得输入电压 V_i=10 mV 时，输出电压 V_o=−0.975 mV。由此可计算出单端输出时共模电压放大倍数 $A_{vc}=\dfrac{V_o}{V_i}=\dfrac{0.975}{10}=0.0975$。因为 $A_{vc}<<1$，故差放电路对共模信号具有抑制特性。

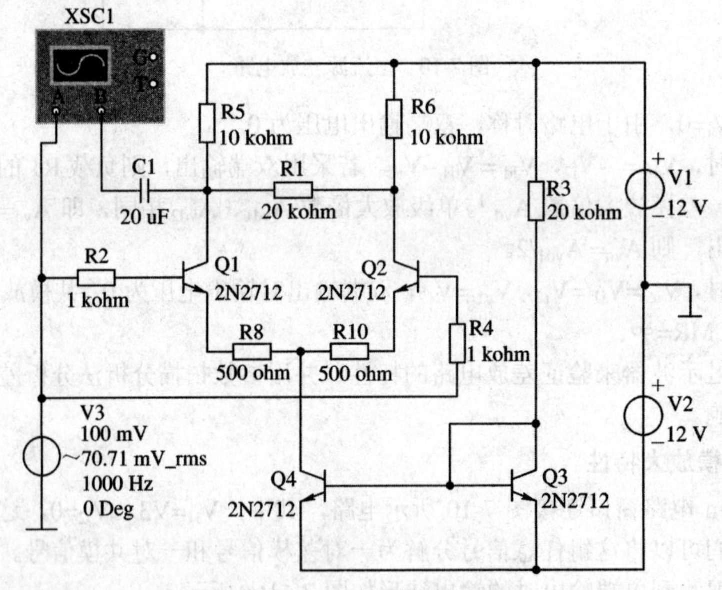

图 7-12　共模特性测试电路

3. 参数扫描分析

差动放大电路为完全对称电路，当 R8 与 R10 不相等，即差动放大电路不再对称时，输出会发生什么变化呢？我们不妨用 Multisim 仿真分析法中的参数扫描分析来观测输出的变化。

启动 Simulate 菜单中 Analysis 命令下的 Parameter Sweep 命令项，在弹出的对话框中进行如下设置：

(1) Analysis Parameter 页参数设置如下：

Sweep Parameter：Device Parameter；

Device：Resistor；

Name：rr8；

Parameter：Resistence；

Sweep Variation Type：Linear；

Start：500；

Stop：800；

Increment：300。

(2) 点击 More 按钮，在 More option 页将 Analysis to 选为 Transient analysis。再点击 Edit Analysis，设置参数 Start time 为 0，End time 为 0.002。最后点击 Accept 按钮。

(3) 点击参数扫描法对话框中的 Simulate 按钮，即可得到图 7-13 所示仿真结果。图 7-13 中，曲线(1)、(4)分别表示 R8=0.8 kohm 时 V_{c1}、V_{c2} 的输出波形，曲线(2)、(3)分别表示 R8=0.5 kohm 时 V_{c1}、V_{c2} 的输出波形。

由图 7-13 可知，电路是否对称对集电极静态电压有影响。R8=0.5 kohm 时，电路对称，三极管 Q1、Q2 具有相同的静态偏置电压；而当 R8=0.8 kohm 时，电路不对称，三极管 Q1、Q2 的静态偏置电压明显不同。

为了更直观地观测差放电路不对称时的双端输出波形，可以启动 Multisim 中的后处理器(Postprocessor)进行处理。在后处理器对话框中设置参数(如何设置，请参阅 5.6 节)，选择 V(1)−V(2)，即可得到图 7-14 所示的输出波形。曲线(1)、(2)分别表示差放电路对称、不对称时的双端输出波形。由图 7-14 所示输出波形可以看出，差放电路不对称时，静态双端输出不为 0，且交流输出幅度略有减小。

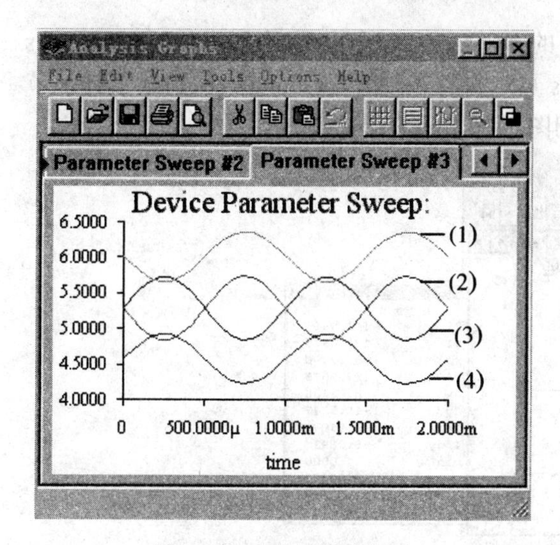

图 7-13　参数扫描曲线图

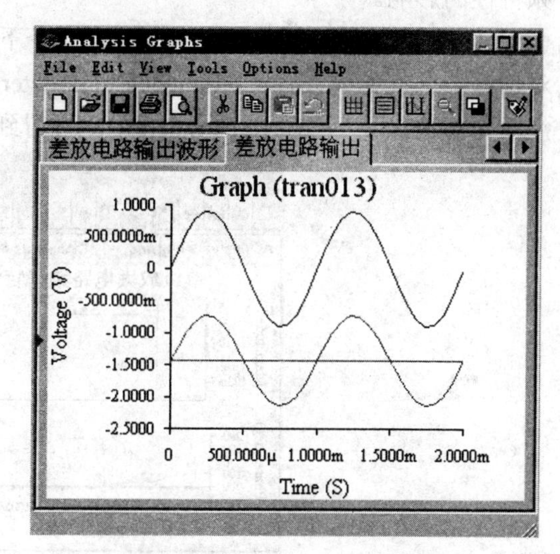

图 7-14　差放电路双端输出波形

7.4 共射放大电路频率特性

在放大电路中，由于耦合电容、旁路电容、极间电容的影响，以及三极管的共射电流放大系数 β 随频率变化的特性，放大电路的放大倍数、输入电阻、输出电阻等性能参数都与频率有关。共射放大电路在低频区时，由于耦合电容、旁路电容的影响，其增益随频率的下降而下降；在高频区，由于极间电容的影响，其增益随频率的增大而下降；在中频区，极间电容、耦合电容、旁路电容都可视为短路，故中频区增益基本不随频率变化。本节将采用 Multisim 仿真分析法——交流分析来观测电容的变化对放大器频率特性的影响。

1. 测试放大电路的低频频率特性

首先创建图 7-15 所示电路。

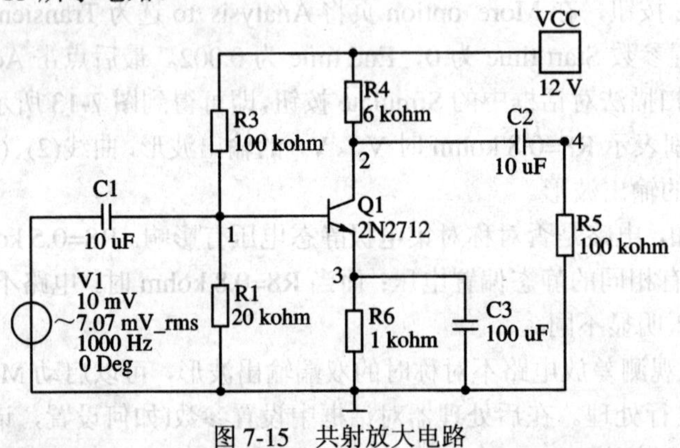

图 7-15　共射放大电路

在输入信号频率较低时，放大电路的耦合电容 C1、旁路电容 C3 对放大电路的频率特性有影响。下面以图 7-15 所示共射放大电路为例，观察旁路电容 C3 的变化对放大电路低频特性的影响。

(1) 启动 Simulate 菜单中 Analysis 命令下的 AC Analysis 命令项，在弹出的 AC Analysis 对话框中进行如下设置：Frequency Parameters 页选择默认设置，Output variables 页选择节点 4 作为输出节点。点击 Simulate，即可得到图 7-16 所示的仿真结果。

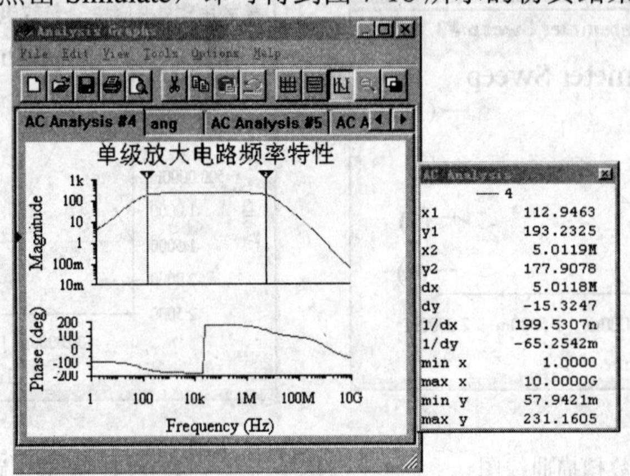

图 7-16　C3=100 μF 时的仿真曲线

(2) 双击图 7-15 中电容 C3 的图标，使电容 C3 取值为 10 μF，重复步骤(1)，即可得到图 7-17 所示的仿真结果。

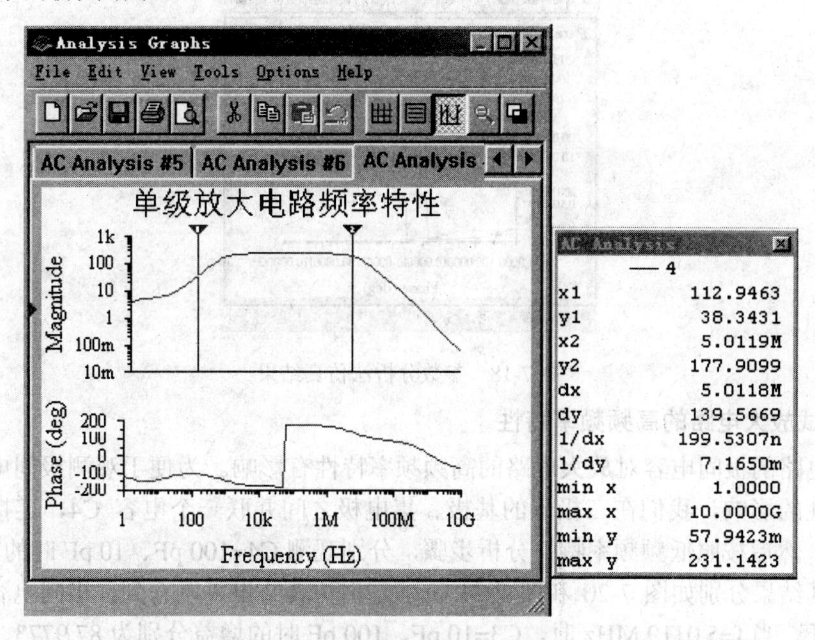

图 7-17　C3=10 μF 时的仿真曲线

从仿真结果可以看到，旁路电容 C3 越大，下限频率越低。当 f=112.9463 Hz 时，C3=10 μF、100 μF 时的增益分别为 38.3431、193.2325。

以上是仅采用交流分析法进行的仿真分析，如果能将 C3=10 μF、100 μF 时的频率特性描绘在同一坐标系中，则可以更方便地观测电容的变化对放大器频率特性的影响，以便设计者选择合适的电容值。为此，我们采用 Multisim 仿真分析法中的参数扫描分析。步骤如下：

(1) 启动 Simulate 菜单中 Analysis 命令下的 Parameter Sweep Analysis 命令项，在弹出的对话框中进行如下设置：

Sweep Parameter：Device parameter;

Device：Capacitor;

Name：cc3;

Parameter：capacitance;

Sweep Variation Type：Linear;

Start：10 uF;

Stop：100 uF;

Increment：90。

(2) 点击 More 按钮，在 More option 页中，Analysis to 选 AC Analysis，再点击 Edit Analysis，将参数设置为默认值。

(3) 点击 Accept 按钮，即可得图 7-18 所示仿真结果。由仿真结果能很清楚地看到 C3 对放大电路幅频特性、相频特性的影响。

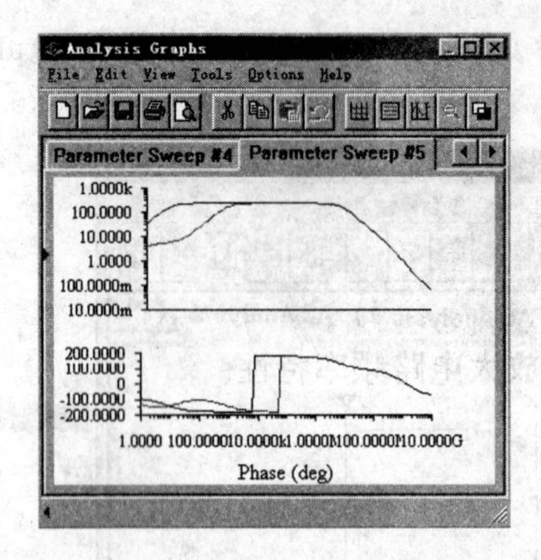

图 7-18　参数分析法仿真结果

2. 测试放大电路的高频频率特性

放大电路的极间电容对放大电路的高频频率特性有影响。为便于观测极间电容对放大器频率特性的影响，我们在三极管的基极、集电极之间并联一个电容 C4，连接电路如图 7-19 所示。然后按照低频频率特性分析步骤，分别观测 C4=100 pF、10 pF 时的输出波形，得到的仿真结果分别如图 7-20 和图 7-21 所示。由仿真结果可以看到，极间电容越大，上限频率越低。当 f=5.0119 MHz 时，C3=10 pF、100 pF 时的增益分别为 87.9773、13.7334。

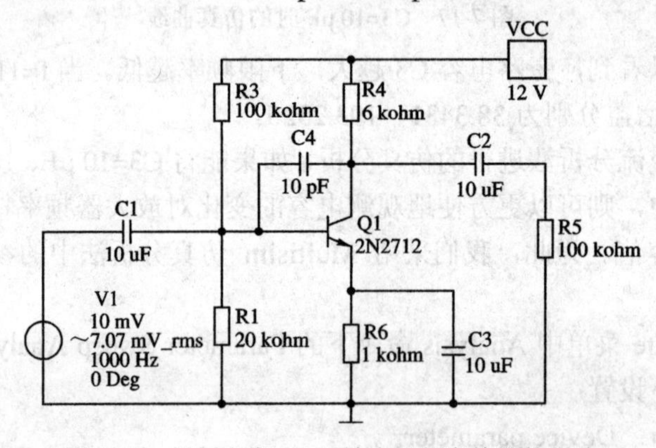

图 7-19　极间电容 C4 对放大器频率特性的影响

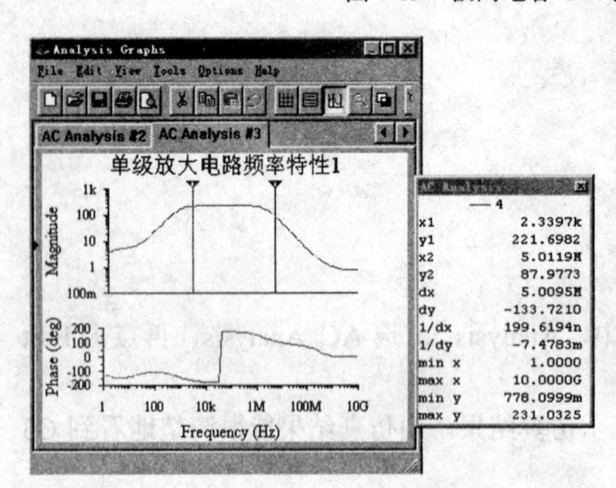

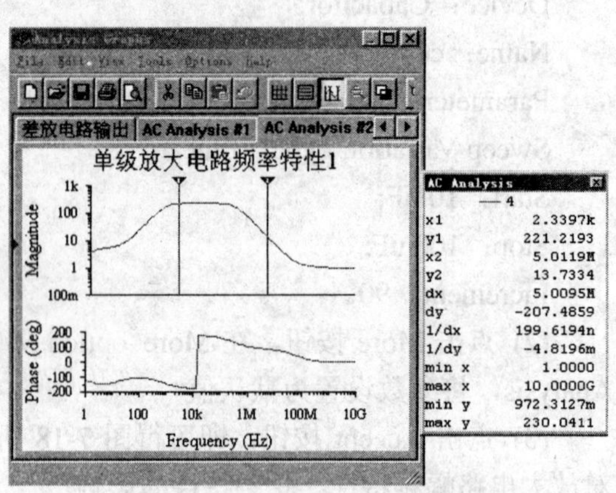

图 7-20　C4=100 pF 时的仿真曲线　　图 7-21　C4=10 pF 时的仿真曲线

信号源内阻对放大电路的频率特性也有影响，其测试方法与上面的相同，在此不再重复。

7.5 负反馈放大电路

负反馈放大电路按输出的取样方式可以分为电压反馈和电流反馈，按输入的比较方式可以分为并联反馈和串联反馈。负反馈对放大器性能的影响可以从以下几个方面来分析：

(1) 改善了放大器的频率特性，使放大器的上限频率提高，而下限频率降低，从而展开了带宽 $BW_f=(1+A_mF)\omega_H$(式中 BW_f 为负反馈放大电路的带宽，A_m 为放大器的中频增益，F 为反馈系数，ω_H 为上限角频率)，但带宽的增加是以牺牲放大倍数为代价的。

(2) 负反馈对放大器输入、输出电阻的影响：

串联负反馈使放大器输入电阻提高，并联负反馈使放大器输入电阻减小；

电流负反馈使放大器输出电阻增大，电压负反馈使放大器输出电阻减小。

(3) 减小了本级放大器自身产生的非线性失真。

(4) 抑制了局部噪声和干扰。

本节将以并联电压负反馈放大电路为例，利用 Multisim 的仿真分析方法——交流分析和虚拟仪器——示波器来观测负反馈对放大器性能的影响。

1. 观测负反馈对放大电路输出波形的影响

首先在 Multisim 电路窗口中创建图 7-22 所示电路，该电路由电阻 R4 构成电压并联负反馈。

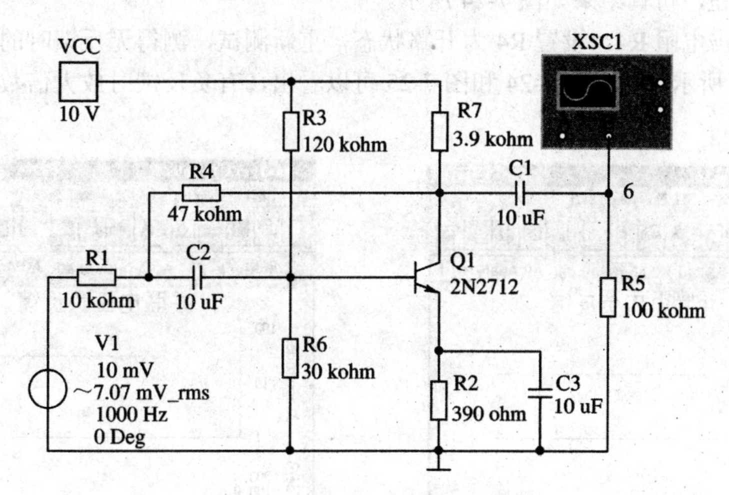

图 7-22 并联电压负反馈电路

将输入正弦信号 V1 设置参数为：频率 1 kHz，幅值 100 mV；在输出负载 R5 两端接入一个示波器，适当设置面板上的参数，测得有反馈时的输出波形如图 7-23(a)所示；然后，双击电阻 R4，设置 R4 为开路状态，即断开电压并联负反馈，此时从示波器测得输出波形如图 7-23(b)所示。由输出波形可以看出，没有负反馈时，输出波形幅度较大，但出现了明显的失真；而引入负反馈后，输出没有了失真，但幅度却减小了。

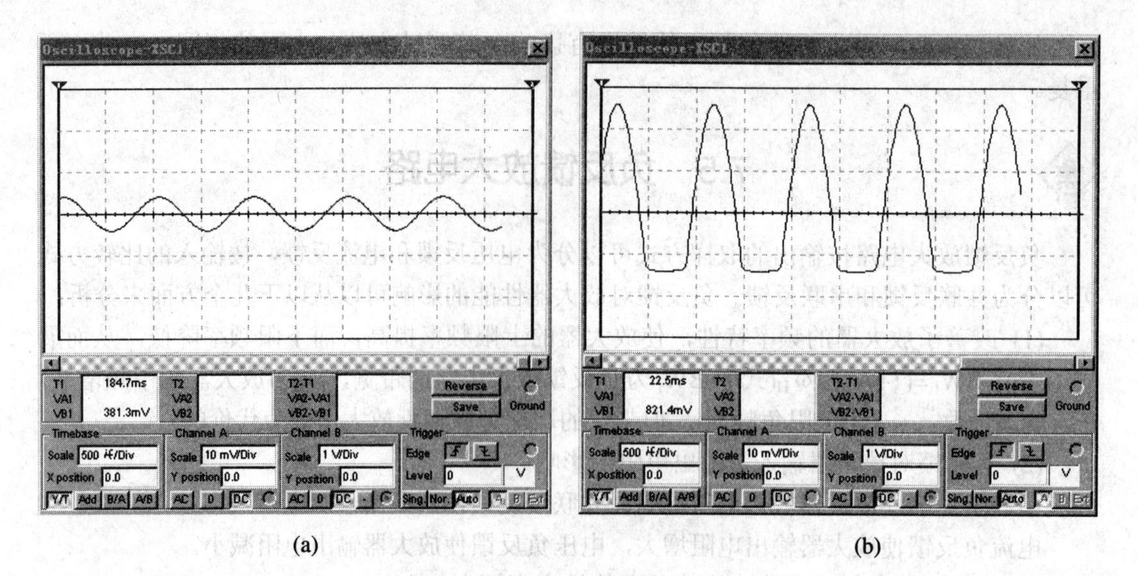

(a) (b)

图 7-23　有反馈和无反馈时的输出波形

2. 观测负反馈对电路放大倍数的影响

在 Multisim 电路窗口中单击鼠标右键，在弹出的快捷菜单中点击 show 命令，选择 show node names，显示电路节点。

启动 Simulate 菜单中 Analysis 下的 AC Analysis 命令，在弹出的对话框的 Frequency Parameters 页面采用默认设置，在 Output variables 页中选定输出节点 6 作为分析节点，点击 Simulate 按钮，仿真结果如图 7-24 所示。

然后，双击电阻 R4，设置 R4 为开路状态，重新测试，测得无反馈时的幅频特性仿真结果如图 7-25 所示。比较图 7-24 和图 7-25 可以看出，有负反馈时放大倍数降低了，但频带得到了扩展。

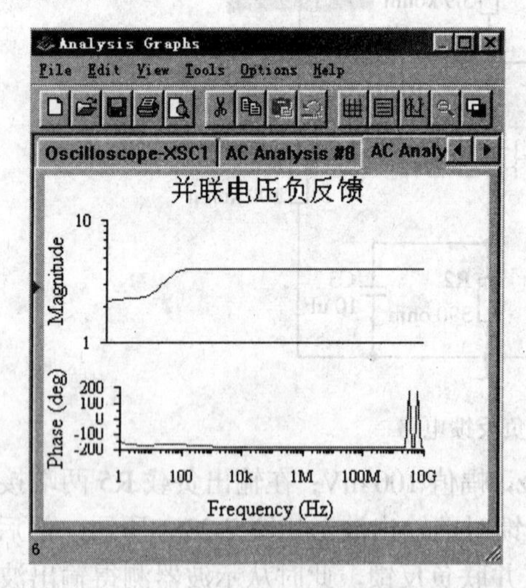

图 7-24　有反馈时的幅频特性

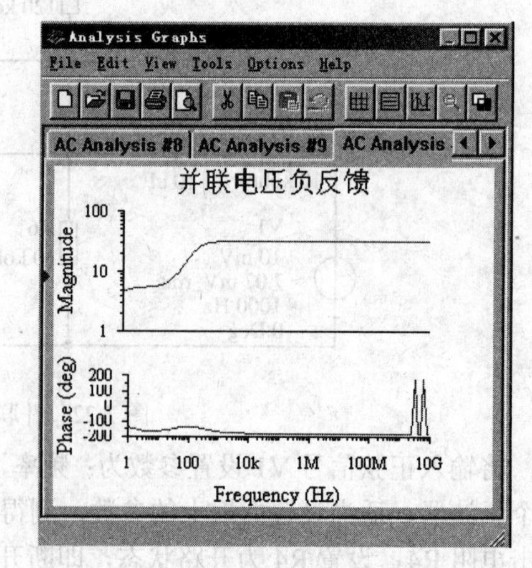

图 7-25　无反馈时的幅频特性

3. 观测负反馈对输入、输出电阻的影响

首先，在图 7-22 所示的输入回路中接入电压表和电流表(设置为交流 AC)，如图 7-26

所示，测得输入回路电压和电流，则 $R_{if} = U_i / I_i$。然后，双击电阻 R4，设置 R4 为开路状态，重新测量输入电压和电流，则没有负反馈时的输入电阻 $R_i = U_i/I_i$。由测试结果可以发现：并联负反馈将使放大电路的输入电阻减小。

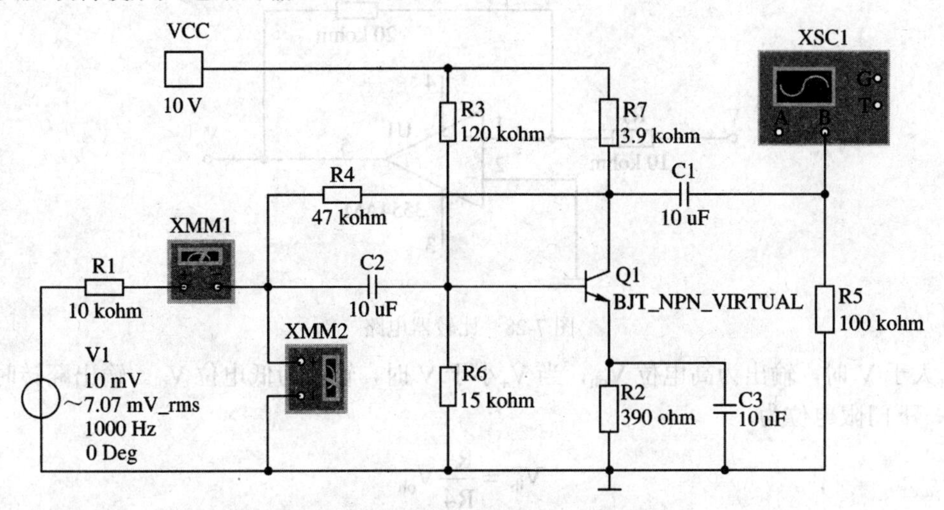

图 7-26　输入电阻测试电路

双击电阻 R5，设置 R5 为开路状态，同时在输出端接入电压源和电流表，且使输入回路中的信号源短路，如图 7-27 所示，测得输出回路电压和电流，则 $R_{of} = U_o/I_o$。然后，双击电阻 R4，设置 R4 为开路状态，重新测量无反馈时的输出回路电压和电流，则 $R_o = U_o/I_o$。由测试结果可以发现：电压负反馈将使放大器的输出电阻减小。

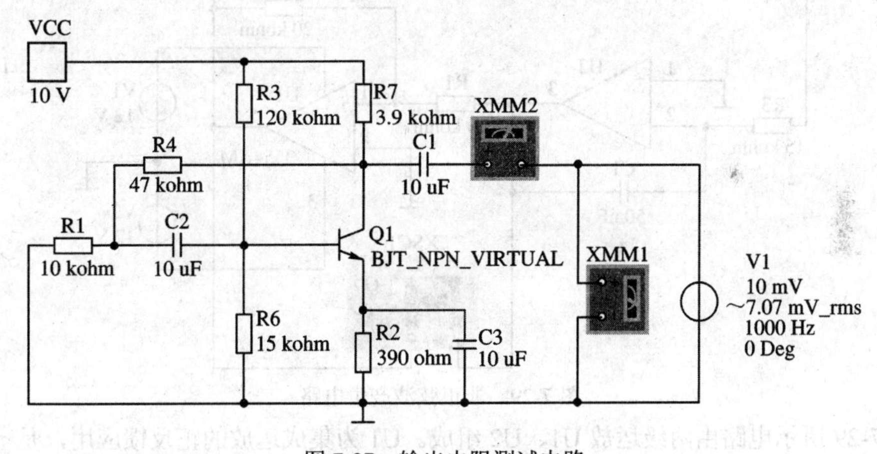

图 7-27　输出电阻测试电路

7.6　非正弦波产生电路

当运放连接成负反馈电路时，即可构成运算电路、积分电路、微分电路等，当运放连接成正反馈时，即可构成比较器电路，如图 7-28 所示。

在图 7-28 所示比较器中

$$V_+ = \frac{R4}{R1+R4}V_i + \frac{R1}{R1+R4}V_o$$

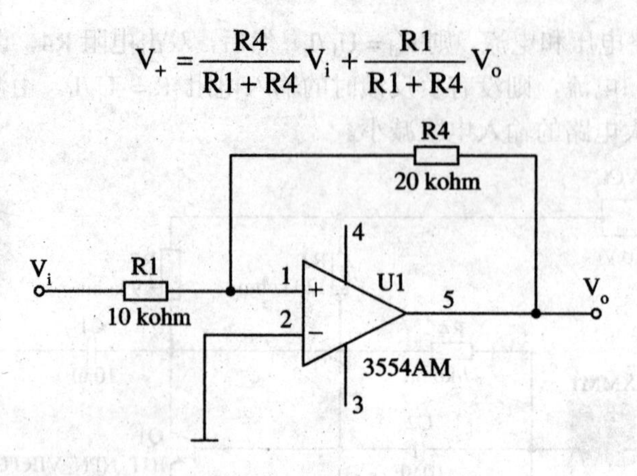

图 7-28　比较器电路

当 V_+大于 V_-时，输出为高电位 V_{oh}，当 V_+小于 V_-时，输出为低电位 V_{ol}。输出翻转时的输入上、下门限电位为

$$V_{ih} = \frac{R1}{R4}V_{oh}$$

$$V_{il} = \frac{R1}{R4}V_{ol}$$

本节将利用运放构成一个非正弦波产生电路，并观测电路参数对输出信号波形的影响。首先创建图 7-29 所示电路。

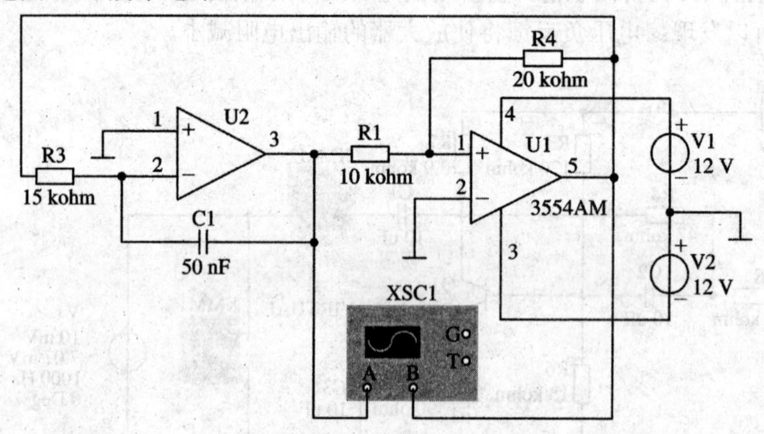

图 7-29　非正弦波产生电路

图 7-29 所示电路由两级运放 U1、U2 组成。U1 为集成运放的正反馈应用，是一个比较器电路；U2 为一个反向积分器电路。比较器的输出作为反向积分器的输入，反向积分器的输出作为比较器的输入。为便于观测输出波形，我们将 U1、U2 的输出分别加到示波器的 A、B 两个通道上。双击示波器图标，合理设置示波器参数后，即可得到图 7-30 所示输出波形。

若改变图 7-29 中积分电路参数，使 C1=100 nF，重新观测示波器输出波形，可得图 7-31 所示仿真结果。由图 7-30 和图 7-31 可以看到，积分电路中电容 C1 增大后，输出方波、锯齿波的周期变大了。这是因为 C1 加大后，积分电路输出电压达到比较器翻转电压的时间延长了。

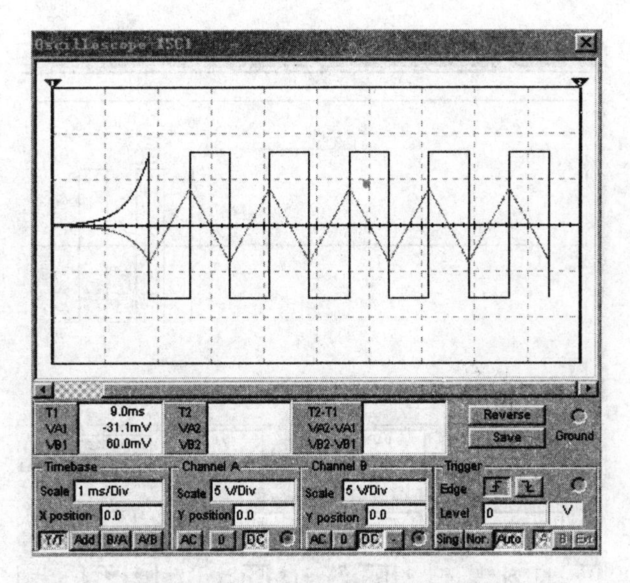

图 7-30　非正弦波产生电路输出波形

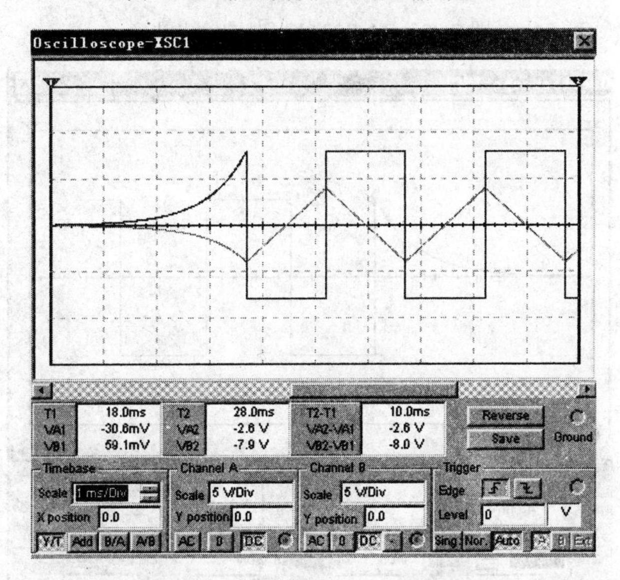

图 7-31　C1=100 nF 时的输出波形

若改变图 7-29 所示电路中电阻 R4 的大小，使 R4=30 kohm，重新观测示波器输出波形，可得仿真结果如图 7-32 所示。由图 7-32 可以看到，输出方波、锯齿波的周期变小了。这是因为 R4 增大后，比较器 U1 的翻转电压下降，积分电路输出电压达到比较器翻转电压的时间缩短了。

若改变图 7-29 所示电路中电阻 R4 的大小，使 R4=10 kohm，重新观测示波器输出波形，可得图 7-33 所示仿真结果。由图 7-33 可以看到，输出方波、锯齿波的幅度相等，且输出波形的周期较 R4=30 kohm 时加大了。这是因为 R4 减小后，比较器 U1 的翻转电压增大，积分电路输出电压达到翻转电压的时间延长了。同时，由于 R1=R4，因此，上门限、下门限电压的大小和输出方波的幅值相等。

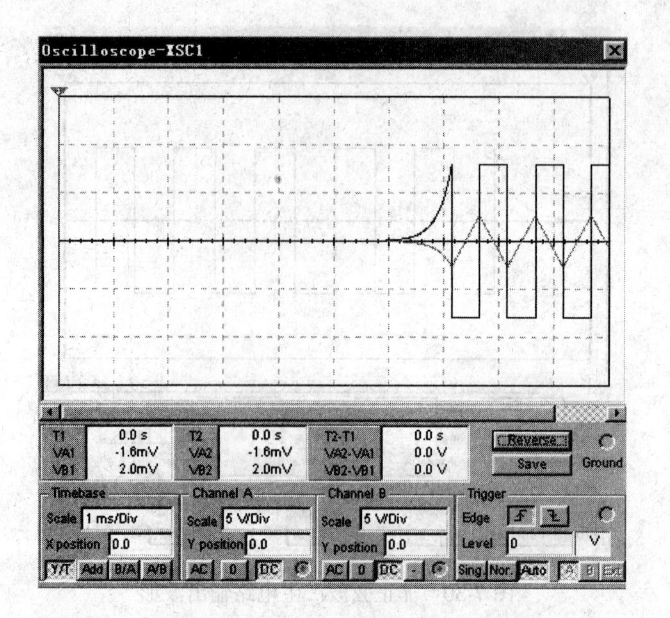

图 7-32　R4=30 kohm 时的输出波形

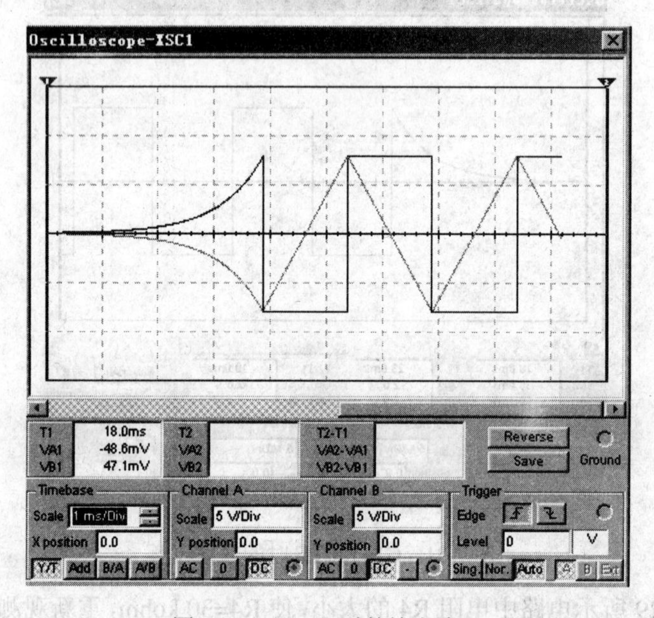

图 7-33　R1=R4 时的输出波形

若将图 7-29 中积分电路 U2 的同相输入端 V_+由接地改为接电压源 V_{EE}，则只需改变 V_{EE}的大小，即可构成一个输出脉宽可调的矩形波产生电路。

7.7　整流与滤波

整流、滤波电路利用二极管的单向导电性，把交流电压变换成脉动很小的直流电压，而稳压电路的作用是使输出的直流电压在电网电压或负载电流发生变化时保持稳定。

首先连接图 7-34 所示电路，该电路是一个由二极管构成的桥式整流、滤波电路。运行仿真开关，双击示波器图标，即可得到纯电阻负载时的输出波形，如图 7-35 所示，这是桥式整流电路的整流输出波形。

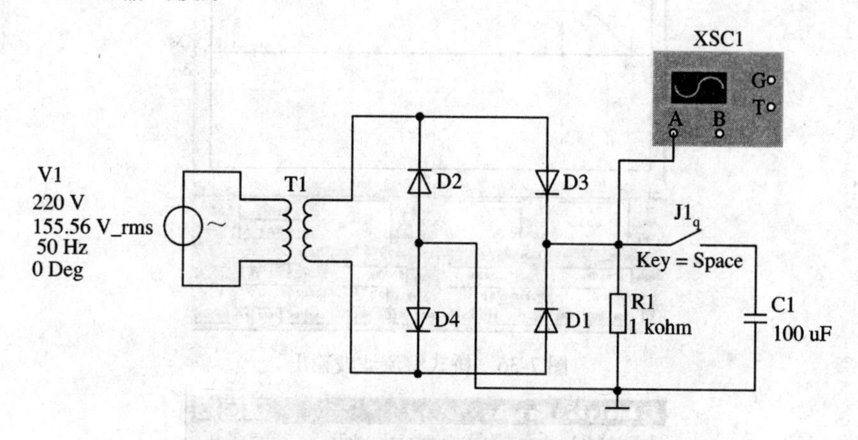

图 7-34　桥式整流滤波电路

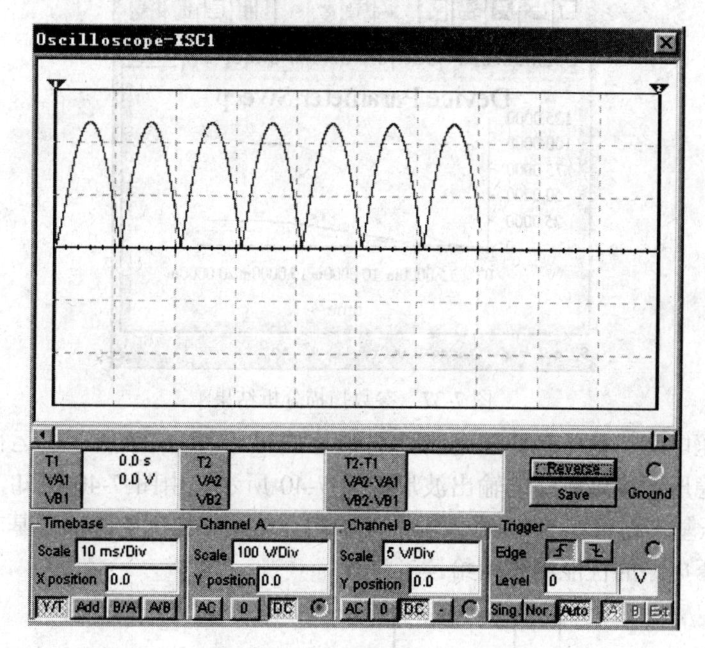

图 7-35　桥式整流输出波形

点击“感测开关”$J1_q$，按键盘上的空格键使 $J1_q$ 闭合，从示波器观测到整流滤波输出波形，如图 7-36 所示。

为便于观察滤波电容对桥式整流、滤波输出的影响，这里利用 Multisim 仿真分析法——参数扫描分析对滤波电容 C1 进行扫描分析，分别取 C1 为 100 μF、500 μF、1000 μF，观测输出波形，得仿真结果如图 7-37 所示。由图 7-37 可以看出，C1 越大，整流滤波输出幅度越小。

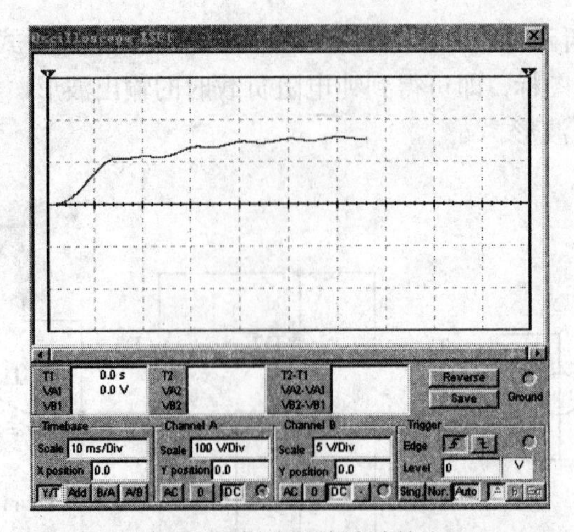

图 7-36　桥式整流滤波输出

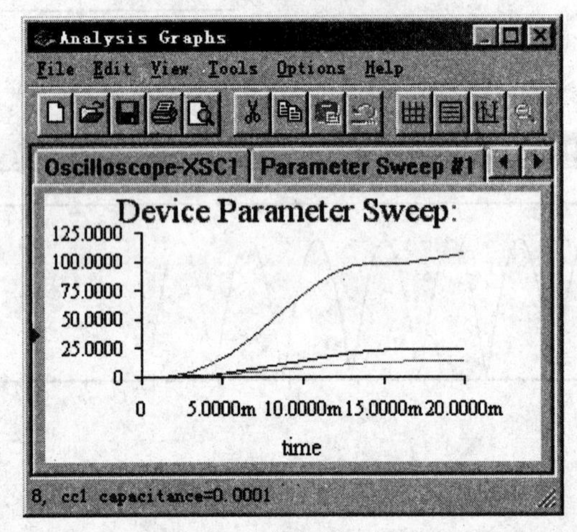

图 7-37　参数扫描分析结果

串联型稳压电路、稳压管稳压电路分别如图 7-38 和图 7-39 所示。运行仿真开关，从示波器观测到稳压管稳压电路的输出波形如图 7-40 所示。由图 7-40 可知，加上稳压二极管后，输出电压基本稳定在 5 V。改变输入交流电压幅值，稳压电路输出基本不变。图 7-38 所示串联型稳压电路的性能测试留给读者进行。

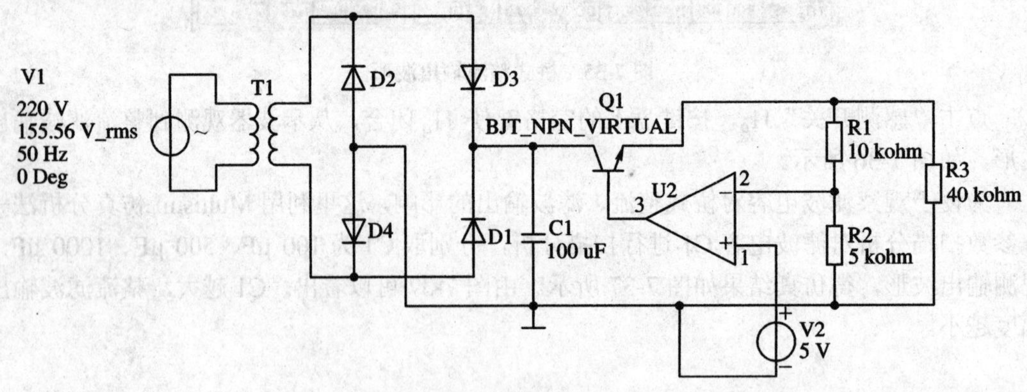

图 7-38　串联型稳压电路

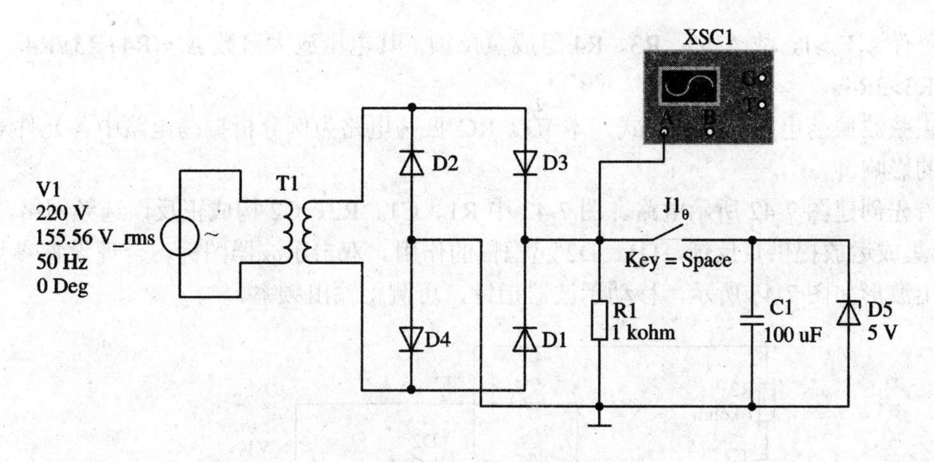

图 7-39　稳压管稳压电路

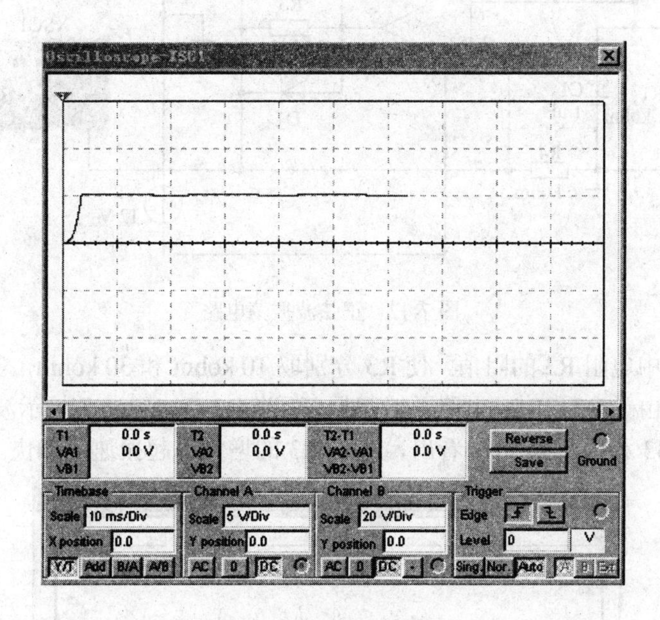

图 7-40　稳压输出波形

7.8　正弦波振荡电路

一个反馈电路要产生自激振荡，必须符合两个条件：① 反馈为同相反馈，即为零相移；② 反馈系数与电压放大倍数的乘积大于 1。

RC 振荡电路如图 7-41 所示，R1、C1、R2、C2 组成正反馈选频网络，提供零相移，构成同相放大器，通常取 R1=R2，C1=C2。R3、R4 构成深度负反馈，以获得良好的输出波形。当振荡频率 $\omega=\omega_0=1/(RC)$时，RC 正反馈网络的相移为 0，反馈系数最大，等于 1/3。为了保证振荡器起

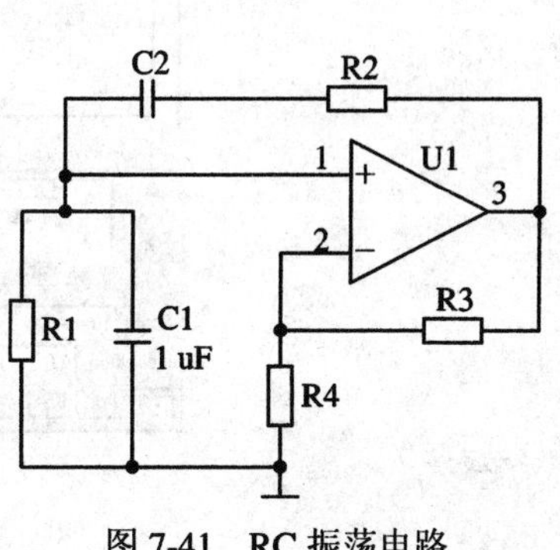

图 7-41　RC 振荡电路

振，应有 $A_vF_v>1$，故 $A_v>3$。R3、R4 组成负反馈，其电压放大倍数 $A_v=(R4+R3)/R4$。所以，要求 R3>2R4。

正弦波振荡电路有很多形式，本节以 RC 振荡电路为例分析振荡电路中各元件对输出波形的影响。

首先创建图 7-42 所示电路。图 7-42 中 R1、C1、R2、C2 构成正反馈选频网络，R3、R4 为集成运放提供负反馈，D1、D2 起稳幅的作用。双击示波器图标，合理设置参数，测得输出波形如图 7-43 所示，移动示波器指针，可测得输出频率。

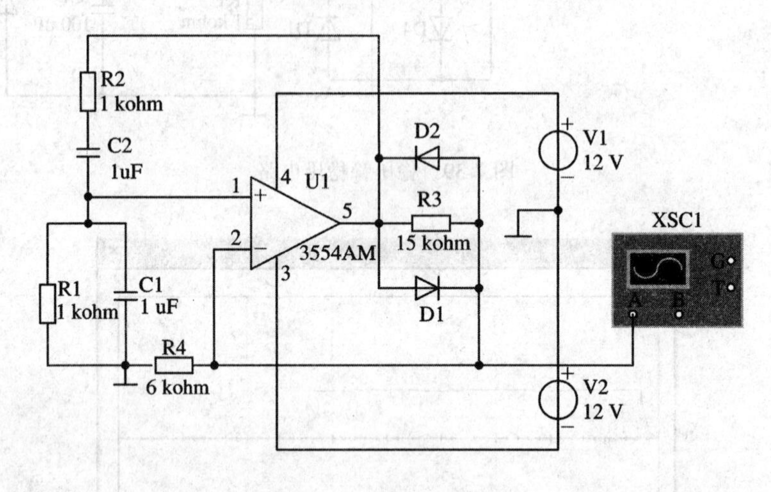

图 7-42 正弦波振荡电路

改变图 7-42 中电阻 R3 的阻值，使 R3 分别取 10 kohm 和 30 kohm，观测输出波形。当 R3=10 kohm 时，由于 R3<2R4，电路不能起振；而当 R3=30 kohm 时，示波器波形如图 7-44 所示。比较图 7-43 和图 7-44 可以看出，随着 R3 的增大，起振速度加快。

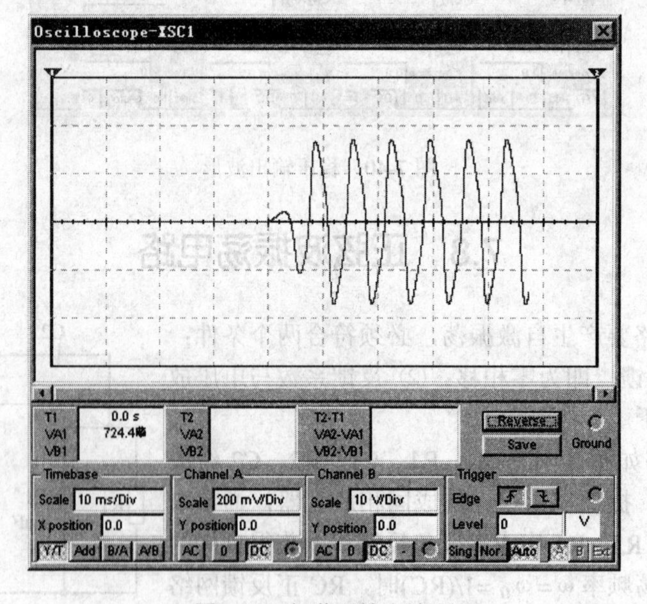

图 7-43 振荡器输出波形

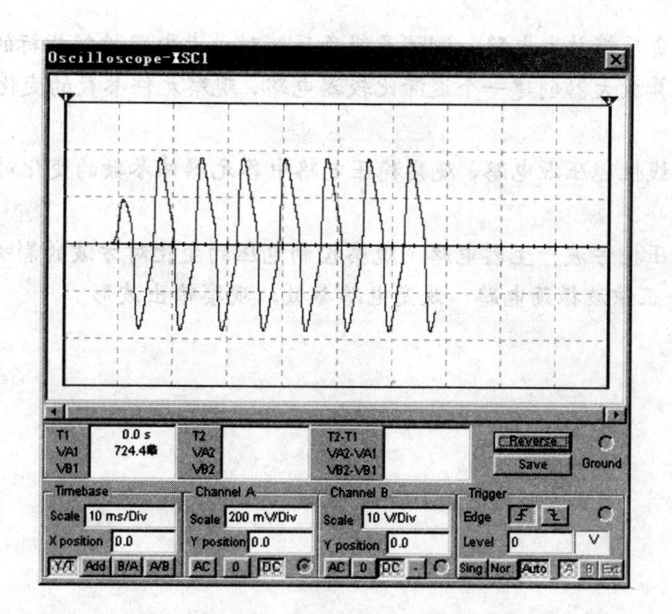

图 7-44 R3=30 kohm 时的输出波形

在图 7-42 中，双击电阻 R1 和 R2 的图标，改变电阻阻值，使 R1=R2=0.5 kohm，重新启动仿真开关，从示波器可观测到输出波形如图 7-45 所示。比较图 7-43 和图 7-45 可知，将选频网络中电阻阻值减小后，不仅振荡频率加快，而且起振速度也加快。

在图 7-42 中，双击二极管 D1，设置 D1 为开路状态时，测得输出波形如图 7-46 所示。由图 7-46 可知，此时的输出产生了失真。

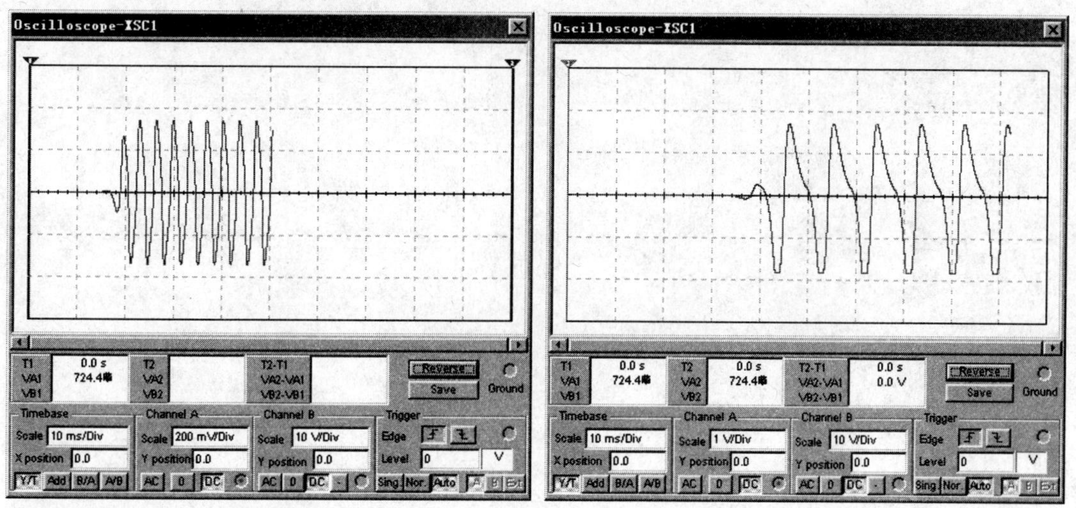

图 7-45 R1=0.5 kohm 时的输出波形

图 7-46 D1 开路时的输出波形

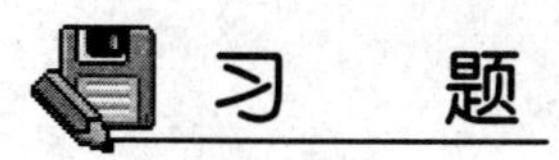

习 题

1. 创建一个放大电路，观察基极电阻、集电极电阻和负载电阻的变化对电压放大倍数和输出波形的影响。

2. 创建一个负反馈放大电路，测试多级负反馈对放大电路性能指标的影响。

3. 用集成运算放大器创建一个迟滞比较器电路，观察元件参数的变化对迟滞比较器输出参数的影响。

4. 创建一个线性稳压源电路，观察稳压电路中各元器件参数的变化对稳压电路性能指标的影响。

5. 创建一个压控方波产生器电路，观察控制电压的变化对方波的影响。

6. 创建一个正弦波振荡电路，改变电路参数，观察输出波形。

第8章　Multisim在数字逻辑电路中的应用

为了让大家更好地掌握Multisim分析方法，能灵活应用Multisim进行电路特性的仿真设计，本章将结合数字电路仿真实例，介绍电路设计的过程和方法。

8.1　数字逻辑电路的创建

在组合逻辑电路分析与设计中，经常需要实现真值表、逻辑函数表达式以及逻辑电路之间的转换。用虚拟仪器逻辑转换仪可以方便地进行逻辑函数的各种转换，尤其是对五变量以上的函数，用卡诺图化简很不方便，而在逻辑转换仪中，只需要输入逻辑函数真值表，即可得到其最小项表达式、最简表达式和逻辑电路等。

1．创建数字逻辑电路

(1) 在元器件库中单击TTL，再单击74系列，选中非门7404N芯片，单击OK按钮确认。这时会出现图8-1所示窗口，该窗口表示7404N这个芯片里有六个功能完全相同的非门，可以选用Section A、B、C、D、E、F六个非门中的任何一个。若不用，则单击Cancel。

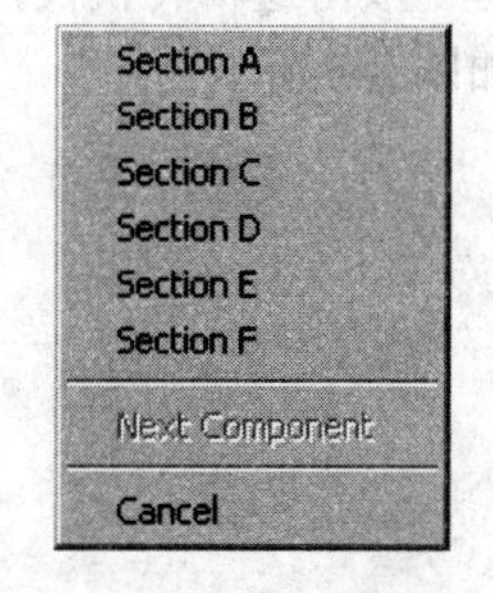

图8-1　7404N芯片窗口

(2) 同理，在元器件库中单击TTL，再单击74系列，选中或门7432N和与非门7400N芯片。

(3) 在仪器库中单击Logic converter(逻辑转换仪)，这时会出现一个仪器，将其拖到指定位置单击即可。

(4) 输入信号接逻辑转换仪的输入端A，B，C，…，输出信号接逻辑转换仪的输出端(OUT)。连接电路如图8-2所示。

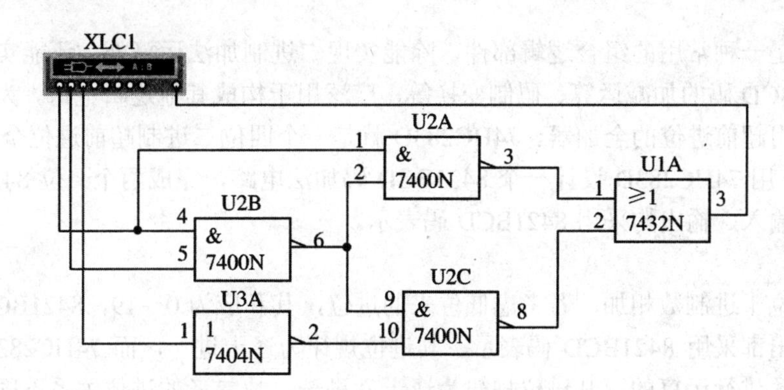

图8-2　数字逻辑电路

2．用逻辑转换仪得到电路的真值表

双击逻辑转换仪，再点击[按钮]，则得到电路的真值表如图8-3所示。

3. 用逻辑转换仪对电路进行逻辑函数的化简

双击逻辑转换仪，再点击 10|1 SIMP A|B ，则由真值表得到电路的最简表达式，如图 8-4 中最下面一行所示。

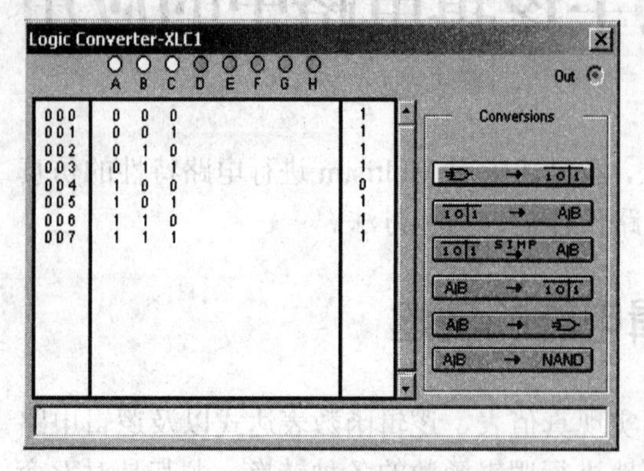

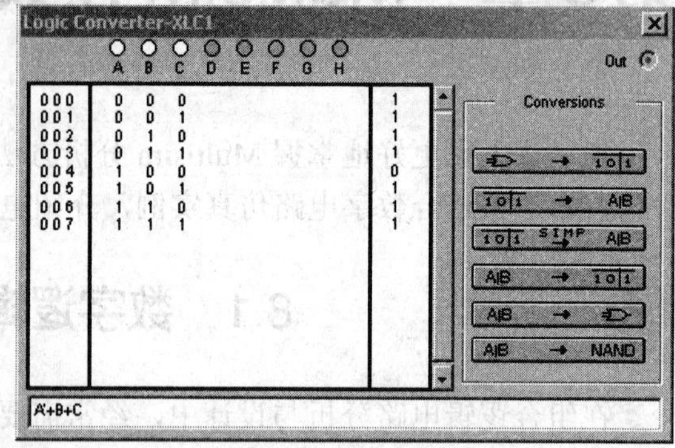

图 8-3 数字逻辑电路的真值表　　　　图 8-4 最简表达式

4. 用逻辑转换仪得到用与非门构成的电路

双击逻辑转换仪，再点击 A|B → NAND ，则由表达式得到用与非门构成的电路，如图 8-5 所示。

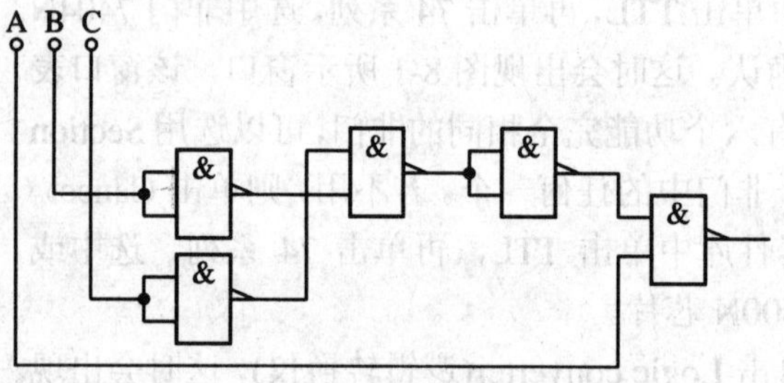

图 8-5 用与非门构成的电路

8.2 全加器及其应用

全加器是一种常用的组合逻辑部件，除能实现二进制加法运算外，还能实现二进制减法、乘法、BCD 码的加减运算、码制变换等，广泛用于构成其他逻辑电路。为了提高运算速度，常采用超前进位的全加器。74HC283D 就是一个四位二进制超前进位全加器。

例 8.1 用 74HC283D 设计一个 8421BCD 码加法电路，完成两个一位 8421BCD 码的加法运算。输入、输出均采用 8421BCD 码表示。

1) *原理*

两个一位十进制数相加，若考虑低位来的进位，其和应为 0～19，8421BCD 码加法器的输入、输出都采用 8421BCD 码表示，其进位规律为逢十进一，而 74HC283D 是按两个四位二进制数进行运算的，其进位规律为逢十六进一，故二者的进位关系不同，当和数大于 9 时，8421BCD 码应产生进位，而十六进制还不可能产生进位。为此应对结果进行修正，当结果大于 9 时，需要加 6(0110B)修正。故修正电路应含一个判 9 电路，当结果大于 9 时对结果加 0110，小于等于 9 时加 0000。

大于 9 的数是最小项的 m10～m15，除大于 9 的情况外，如相加结果产生了进位位，其结果也必定大于 9，因此大于 9 的条件为

$$F = C4 + SUM4 \cdot SUM3 + SUM4 \cdot SUM2 = \overline{\overline{C4} \cdot \overline{SUM4 \cdot SUM3} \cdot \overline{SUM4 \cdot SUM2}}$$

全加器 74HC283D 的 A4A3A2A1、B4B3B2B1 为两个四位二进制数输入端，SUM1、SUM2、SUM3、SUM4 为相加的和，C0 为低位来的进位，C4 为向高位产生的进位。

2) 创建电路

用字信号发生器产生 8421BCD 码，并用显示器件显示 8421BCD 码。

(1) 在元器件库中单击 CMOS，再单击 74HC 系列，选中 74HC283D，单击 OK 按钮确认。这时会出现一个器件，将其拖到指定位置单击即可。

(2) 在器件库中单击 TTL，再单击 74 系列，选中二输入与非门 7400N 和三输入与非门 7410N 芯片。

(3) 在右侧仪器库中单击 Word Generator(字信号发生器)，这时会出现一个仪器，将其拖到指定位置单击即可。

(4) 在器件库中单击显示器件，选中数码管，单击 OK 按钮确认。这时会出现一个器件，将其拖到指定位置单击即可。为了便于观察，可将输入、输出信号均接入数码管，由此得到具有修正电路的 8421BCD 码加法电路，如图 8-6 所示。

3) 观测输出

双击 Word Generator(字信号发生器)图标，对其面板上的各个选项和参数进行适当设置：

在 Address(地址)区，起始地址(Initial 栏)为 0000，终止地址(Final 栏)为 0009。

在 Controls(控制)区，点击 Cycle 按钮，选择循环输出方式。点击 Pattern 按钮，在弹出的对话框中选择 Up Counter 选项，按逐个加 1 递增的方式进行编码。

在 Trigger 区，点击按钮 Internal，选择内部触发方式。

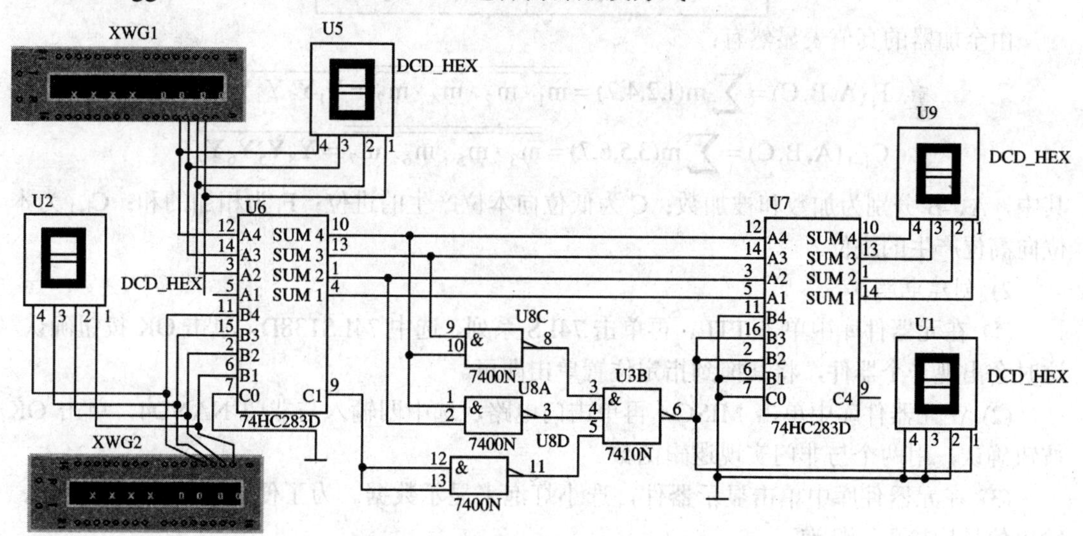

图 8-6　一位 8421BCD 码加法电路

在 Frequency 区，设置输出的频率为 1 kHz，调整频率可以改变显示的速度。

启动仿真电源开关，可以观察运算结果。

8.3 译码器及其应用

常见的 MSI(中规模集成电路)译码器有二进制译码器(如 2–4、3–8、4–16 译码器等)和二–十进制译码器(也称 4-10 译码器)等。MSI 译码器 74LS138 是 3–8 译码器，其逻辑符号如图 8-7 中器件 U4 所示。U4 中 A、B、C 是地址输入端，G1、G2A、G2B 是使能端，Y0、Y1、Y2、Y3、Y4、Y5、Y6、Y7 是输出端，且输出低电平有效。输入变量的每一种取值组合只能使某一个输出有效。

例 8.2 用集成 3-8 译码器 74LS138D 组成一位全加器，完成两个一位二进制数的加法运算。

1) 原理

两个一位二进制数的加法运算的真值表如表 8-1 所示。

表 8-1 全加器的真值表

C	B	A	F_i	C_{i+1}
0	0	0	0	0
0	0	1	1	0
0	1	0	1	0
0	1	1	0	1
1	0	0	1	0
1	0	1	0	1
1	1	0	0	1
1	1	1	1	1

由全加器的真值表显然有：

$$F_i(A,B,C)=\sum m(1,2,4,7)=\overline{\overline{m_1}\cdot\overline{m_2}\cdot\overline{m_4}\cdot\overline{m_7}}=\overline{Y_1Y_2Y_4Y_7}$$

$$C_{i+1}(A,B,C)=\sum m(3,5,6,7)=\overline{\overline{m_3}\cdot\overline{m_5}\cdot\overline{m_6}\cdot\overline{m_7}}=\overline{Y_3Y_5Y_6Y_7}$$

其中，A、B 分别为加数和被加数；C 为低位向本位产生的进位；F_i 为相加的和；C_{i+1} 为本位向高位产生的进位。

2) 创建电路

(1) 在元器件库中单击 TTL，再单击 74LS 系列，选中 74LS138D，单击 OK 按钮确认。这时会出现一个器件，将其拖到指定位置单击即可。

(2) 在元器件库中单击 MISC，再单击门电路，选中四输入与非门 NAND4，单击 OK 按钮确认，用两个与非门实现逻辑函数。

(3) 在元器件库中单击显示器件，选小灯泡来显示数据。为了便于观察，可将输入、输出信号均接入小灯泡。

(4) 在元器件库中单击 Word Generator(字信号发生器)，将其拖到指定位置，用它产生数码。

(5) 在元器件库中单击 Sources(信号源)，选中电源 VCC 和地，双击电源 VCC 图标，设置电压为 5 V。使能端 G1 接电源 VCC，G2A、G2B 接地。连接电路如图 8-7 所示。

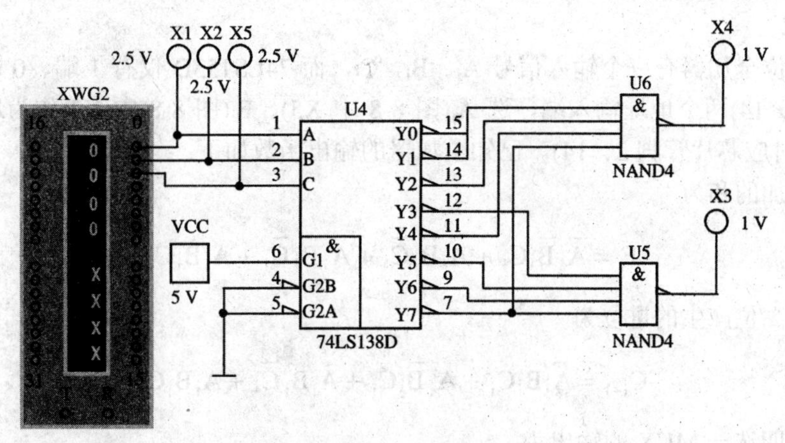

图 8-7　用 74LS138D 译码器构成一位全加器

3) 观测输出

双击 Word Generator(字信号发生器)图标，在 Address(地址)区，将起始地址(Initial 栏)设为 0000，终止地址(Final 栏)设为 0007。

在 Controls(控制)区，点击 Cycle 按钮，选择循环输出方式。点击 Pattern 按钮，在弹出的对话框中选择 Up Counter 选项，按逐个加 1 递增的方式进行编码。

在 Trigger 区，点击按钮 Internal，选择内部触发方式。

在 Frequency 区，设置输出的频率为 1 kHz。

运行仿真开关，可以观察运算结果。探测器发光表示数据为“1”，不发光表示数据为“0”。其中，X1、X2 分别表示加数、被加数；X5 表示低位向本位产生的进位；X4 表示相加的和；X3 表示本位向高位产生的进位。

8.4　数据选择器及其应用

集成数据选择器(MUX)74LS151D(八选一)、74LS153D(双四选一)是较常用的数据选择器。双四选一数据选择器 74LS153D 包含了两个四选一 MUX，地址输入端 A1 和 A0 由两个 MUX 公用。每个 MUX 各有四个数据输入端、一个使能端 EN 和一个输出端 Y。74LS153D 的逻辑符号如图 8-8 中器件 U3 所示。U3 最上边的 1 端和 0 端分别对应芯片管脚 2 和 14，是地址 A_1 和 A_0 的输入端；EN 对应芯片管脚 1、15，是使能端，且输入低电平有效；0 端、1 端、2 端、3 端分别对应芯片管脚 6、5、4、3，是数据 $1D_0$、$1D_1$、$1D_2$、$1D_3$ 的输入端，芯片管脚 10、11、12、13 是数据 $2D_0$、$2D_1$、$2D_2$、$2D_3$ 的输入端；芯片的管脚 7 和 9 分别是输出端 1Y 和 2Y。

单个四选一 MUX 的输出函数为

$$Y = \overline{A}_1\overline{A}_0D_0 + \overline{A}_1A_0D_1 + A_1\overline{A}_0D_2 + A_1A_0D_3$$

数据选择器用途很多，可以实现组合逻辑函数、多路信号分时传送、并/串转换以及产生序列信号等。

例 8.3 用 74LS153D 双四选一数据选择器实现一位全加器。

1) *原理*

由于一位全加器有三个输入信号 A_i、B_i、C_i，而 74LS153D 仅有 1 端、0 端(分别对应芯片管脚 2、14)两个地址输入端，选 A_i(图 8-8 中 X5)、B_i(图 8-8 中 X2)作为地址输入 A_1 和 A_0(分别对应芯片管脚 2、14)。已知全加器的输出函数如下：

本位相加的和为

$$F_i = \overline{A}_i\overline{B}_iC_i + \overline{A}_iB_i\overline{C}_i + A_i\overline{B}_i\overline{C}_i + A_iB_iC_i$$

本位向高位产生的进位为

$$C_{i+1} = \overline{A}_iB_iC_i + A_i\overline{B}_iC_i + A_iB_i\overline{C}_i + A_iB_iC_i$$

考虑到四选一 MUX 的输出为

$$Y = \overline{A}_1\overline{A}_0D_0 + \overline{A}_1A_0D_1 + A_1\overline{A}_0D_2 + A_1A_0D_3$$

则 F_i 相应的余函数为 C_i、$\overline{C}_i$、$\overline{C}_i$ 和 C_i。即现在 A_1(2 脚) = A_i，A_0(14 脚) = B_i，若 $1D_0$(6 脚) = $1D_3$(3 脚) = C_i，$1D_1$(5 脚) = $1D_2$(4 脚) = $\overline{C}_i$，则 1Y(7 脚) = F_i。

同样，将 C_{i+1} 表示为：$C_{i+1} = \overline{A}_i\overline{B}_i \cdot 0 + \overline{A}_iB_iC_i + A_i\overline{B}_iC_i + A_iB_i \cdot 1$，若四选一 MUX 的输入 $2D_0$(10 脚) = 0，$2D_1$(11 脚) = $2D_2$(12 脚) = C_i，$2D_3$(13 脚) = 1，则 2Y(9 脚) = C_{i+1}。

因此用一片双四选一 MUX 74LS153D 即可实现函数 F_i 和 C_{i+1}。

2) *创建电路*

(1) 在元器件库中单击 TTL，再单击 74LS 系列，选中 74LS153D。

(2) 将 74LS153D 的使能端 EN(1、15 脚)接地，地址 1(2 脚)、地址 0(14 脚)分别接字信号发生器的 2 端、1 端。变量 C_i(图中 X1)接字信号发生器的 0 端，$2D_3$(13 脚) = 1 接 VCC，$2D_0$(10 脚) = 0 接地。

(3) 用字信号发生器的 2 端、1 端、0 端分别作为一位全加器的三个输入信号 A_i(图 8-8 中的 X5)、B_i(图 8-8 中的 X2)和 C_i(图 8-8 中的 X1)。

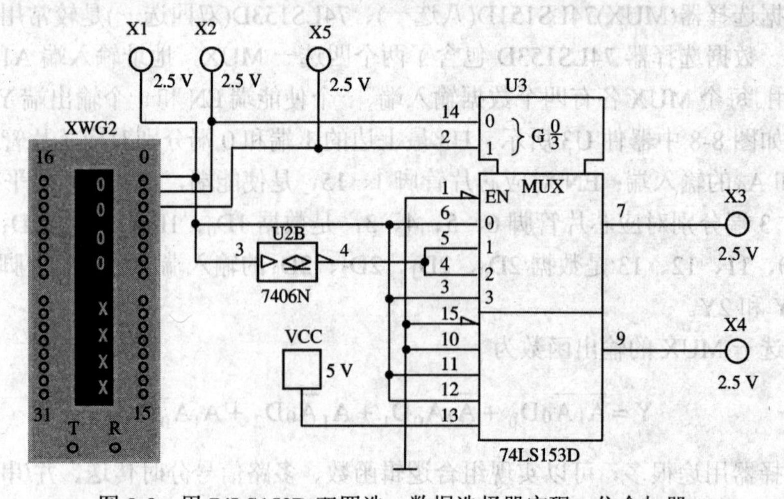

图 8-8　用 74LS153D 双四选一数据选择器实现一位全加器

(4) 在元器件库中单击指示器件，选小灯泡来显示数据。为了便于观察，可将输入、输出信号均接入小灯泡。连接电路如图 8-8 所示。

3) 观测输出

双击 Word Generator(字信号发生器)图标，在 Address(地址)区，将起始地址(Initial 栏)设为 0000，终止地址(Final 栏)设为 0007。

在 Controls(控制)区，点击 Cycle 按钮，选择循环输出方式。点击 Pattern 按钮，在弹出的对话框中选择 Up Counter 选项，按逐个加 1 递增的方式进行编码。

在 Trigger 区，点击按钮 Internal，选择内部触发方式。

在 Frequency 区，设置输出的频率为 1 kHz。

启动仿真开关，可以观察运算结果。小灯泡亮表示数据为“1”，小灯泡灭表示数据为“0”。

8.5 组合逻辑电路的冒险现象

由于组合逻辑电路的设计都是在输入、输出处于稳定的逻辑电平时进行的，因此，为了保证系统工作的可靠性，有必要考察在输入信号逻辑电平发生变化的瞬间，电路是怎样工作的。在较复杂的电路系统中，如果竞争冒险产生的尖峰脉冲使后级电路产生错误动作，就会破坏原有的设计功能。由于引线和器件传输与变换时存在延迟，因此，输出并不一定能立即达到预定的状态并立即稳定在这一状态，可能要经历一个过渡过程，其间逻辑电路的输出端有可能会出现不同于原先所期望的状态，产生瞬时的错误输出，这种现象称为冒险现象(简称险象)。险象分逻辑险象和功能险象两类。由逻辑竞争所引起的险象称为逻辑险象，而由功能竞争所引起的险象称为功能险象。逻辑险象是由单个输入信号的变化引起的，而功能险象则是由多个输入信号“同时”变化引起的。

例 8.4 观察逻辑函数 $F=BC+\overline{A}B+\overline{BC}$ 的竞争冒险。

1) 原理

当函数表达式为 $F=X+\overline{X}$ 或 $F=X\overline{X}$ 时，变量 X 的变化会引起险象。据此可用以下两种方法来判断是否存在逻辑险象。在卡诺图中，函数表达式的每个积项(或和项)对应于卡诺图上的一个卡诺圈。如果两个卡诺圈存在相切部分，且相切部分又未被其他卡诺圈包含，那么该电路必然存在险象。

因为电路的逻辑表达式 $F=BC+\overline{A}B+\overline{BC}$ 在 $A=C=0$ 时，$F=B+\overline{B}$，所以 B 的变化会产生险象。而 A、B 不论怎样变化，都不会出现 $F=C+\overline{C}$，所以当 C 变化时，不会引起险象。

2) 创建电路

(1) 在元器件库中单击 TTL，再单击 74 系列，选中非门 74LS04D 和二输入与门 74LS08J。

(2) 在元器件库中单击 MISC，再单击门电路，选中三输入或门 OR3。

(3) 在元器件库中单击 Sources(信号源)，选中方波发生器。为了便于观察冒险现象，用方波发生器的输出作为变量 B 的输入，将输入变量 A、C 接地。

(4) 将变量 B 输入端和电路输出端 F 信号送到示波器，创建图 8-9 所示的用非门、与门、或门构成的逻辑函数 $F=BC+\overline{A}B+\overline{BC}$ 的组合逻辑电路。

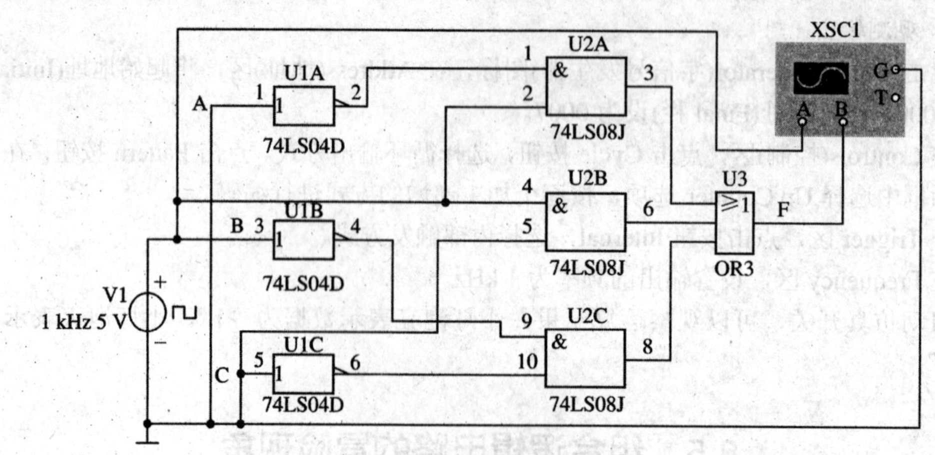

图 8-9　数字逻辑电路

3) 观测输出

双击方波发生器图标，设置电压为 5 V，频率为 1 kHz。双击示波器图标，启动仿真开关，可得到示波器输出波形，如图 8-10 所示。

由电路的逻辑表达式可知 F = 1，而观察发现，在输入信号 B 由 1 到 0 变化时，输出 F 会出现非常短暂的负脉冲，这说明产生了险象。

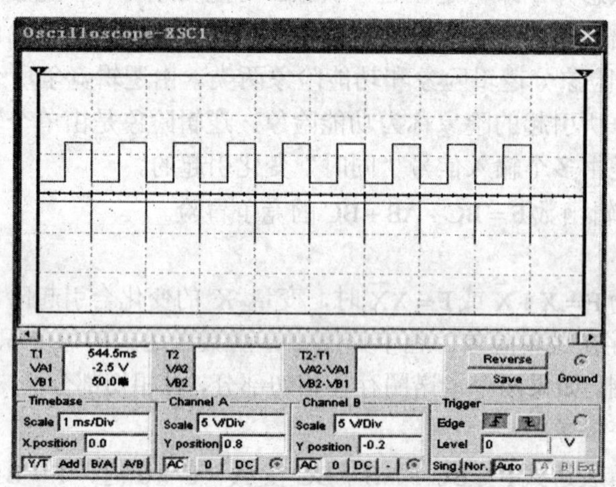

图 8-10　输入及输出波形

8.6 触　发　器

触发器具有两个稳定的状态，分别用来代表所存储的二进制数码 1 和 0。触发器具有两个特点：① 可以长期地稳定在某个稳定状态，即长期地保持所存储的信息；② 只有在一定的外加触发信号的作用下，它才能翻转到另一个稳定的状态，即存入新的数码。大多数集成触发器都是响应于 CP 边沿的触发器。本节将通过 RS 触发器、JK 触发器来验证触发器的逻辑功能和特点。

1. 验证基本 RS 触发器的逻辑功能

1) 创建电路

由两个与非门构成的基本 RS 触发器如图 8-11 所示。7400N 的管脚 1、5 分别为 RS 触发器的输入 R、S；管脚 3、6 分别为 RS 触发器的输出 $\overline{Q}$、Q。

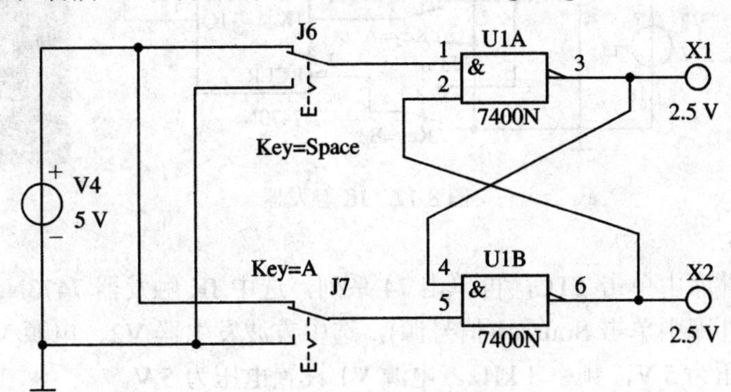

图 8-11 基本 RS 触发器

(1) 在元器件库中单击 TTL，再单击 74 系列，选取与非门 7400N。在元器件库中单击 Basic(基本元器件)，然后单击 SWITCH(开关)，再单击 SPDT，选取两个开关 J6、J7。在元器件库中单击 Sources(信号源)，取一个电源 V4 和地，将电源 V4 设置为 5 V。

(2) 因为开关 J6 和 J7 都为“Key=Space”，所以按空格键可改变开关位置。为了便于控制，双击开关 J7 图标，打开 SWITCH 对话框，在对话框的 Value 页中的 Key for Switch 下拉菜单中选择字母符号 A，则“Key=A”。也可以选择不同字母符号或者数字符号，来表示对应开关的开关键。

(3) 在元器件库中单击指示器件，选小灯泡来显示数据。连接电路如图 8-11 所示。

2) 观测输出

通过两个开关改变输入数据，按对应的开关键符号，即可改变开关位置，从而改变输入数据。电源 V4 和地分别表示数据 1 和 0。

小灯泡亮表示数据为“1”，小灯泡灭表示数据为“0”。

当触发器的输入 R = 0、S = 1 时，触发器的输出 Q = 0、$\overline{Q}$ = 1。只要不改变开关 J6、J7 的状态，RS 触发器的输出 $\overline{Q}$ 和 Q 将保持不变。取其他输入数据，即可列出 RS 触发器真值表，如表 8-2 所示。

表 8-2 RS 触发器真值表

R	S	Q
0	1	0
1	0	1
1	1	不变
0	0	不允许

2. 验证 JK 触发器的逻辑功能

JK 触发器的电路如图 8-12 所示。

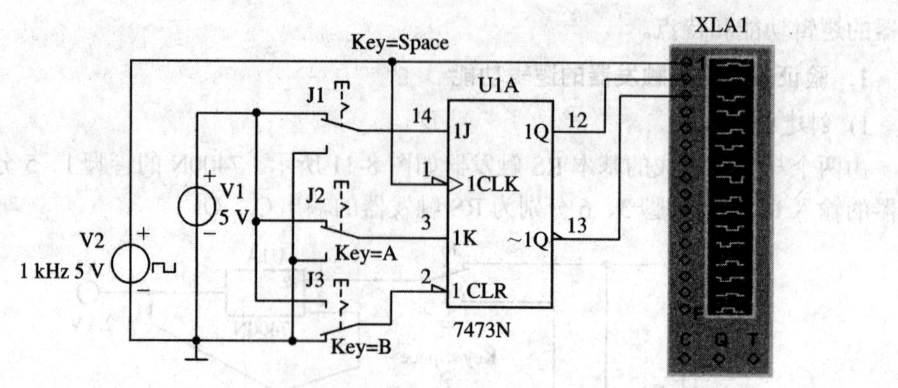

图 8-12　JK 触发器

1) 创建电路

(1) 在元器件库中单击 TTL，再单击 74 系列，选中 JK 触发器 7473N。

(2) 在元器件库中单击 Sources(信号源)，选中方波发生器 V2、电源 V1 和地。方波发生器 V2 设置电压为 5 V，频率 1 kHz。电源 V1 设置电压为 5 V。

(3) 在元器件库中单击 Basic(基本元器件)，然后单击 SWITCH，再单击 SPDT，选取开关 J1、J2 和 J3。为了便于控制，选择不同字母符号或者数字符号来表示对应开关的开关键。J1 用空格键控制，J2 用 A 键控制，J3 用 B 键控制。

(4) 在仪器库中选取逻辑分析仪。

(5) 在图 8-12 中，JK 触发器的输入端 1J、1K、清零端 1CLR 分别由开关 J1、J2、J3 控制。CLR 是清零端，低电平时清零。时钟 1CLK 由方波发生器 V2 提供。为了便于观察，可将时钟信号 1CLK、JK 触发器输出信号 Q 和 $\overline{\text{Q}}$ 分别接逻辑分析仪的管脚 1、2、3。

2) 观测输出

通过三个开关改变输入数据。按对应开关的开关键符号，即可改变开关位置，从而改变输入数据。电源 V1 和地分别表示数据 1 和 0。

(1) 改变开关 J3，使 1CLR=0，观测清零现象，其输出波形如图 8-13 所示，可见输出 Q 被清零。

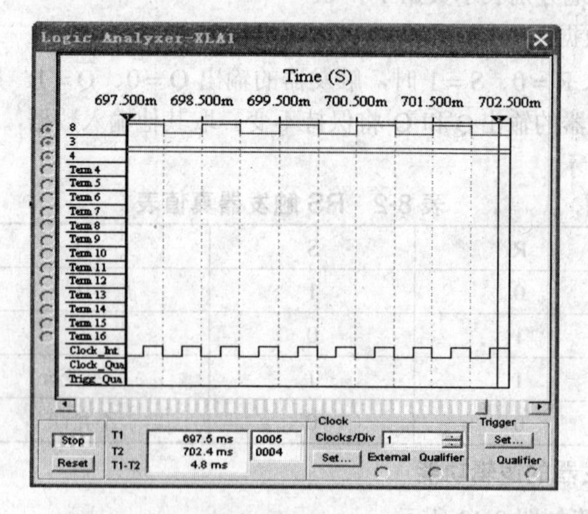

图 8-13　输出波形

(2) 清零端 1CLR=1，改变开关 J1、J2，使 J = K = 0，输出波形如图 8-13 所示，可见输出 Q 保持原态。

(3) 清零端 1CLR=1，改变开关 J1、J2，使 J = 0，K = 1，输出波形如图 8-13 所示，可见输出 Q 置 0。

(4) 清零端 1CLR=1，改变开关 J1、J2，使 J = 1，K = 0，输出波形如图 8-14 所示，可见输出 Q 置 1。

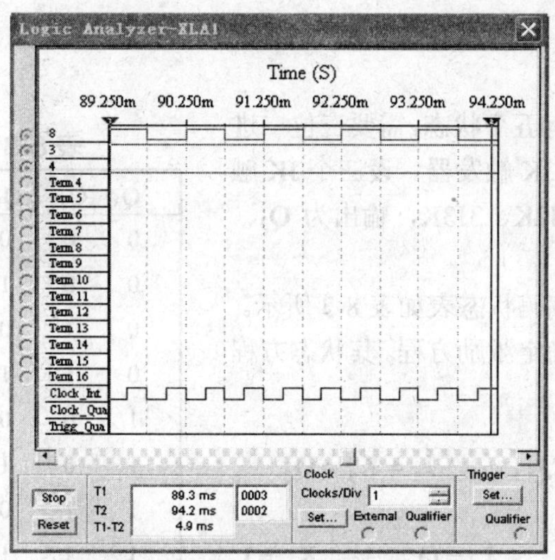

图 8-14　J=1，K=0 时的输出波形

(5) 清零端 1CLR=1，改变开关 J1、J2，使 J=K=1，输出波形如图 8-15 所示，可见输出 Q 翻转。

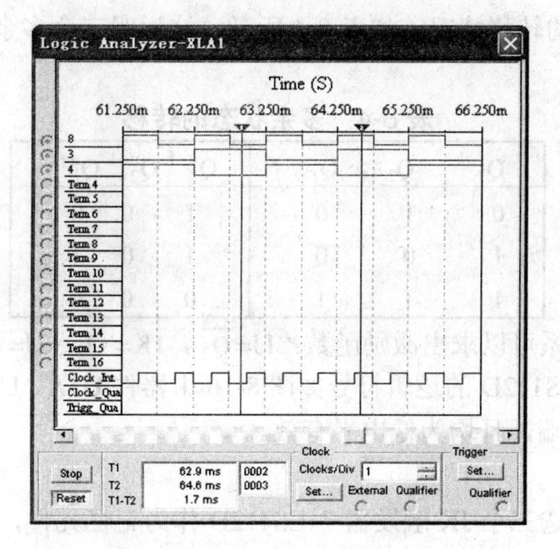

图 8-15　J=K=1 时的输出波形

8.7　同步时序电路分析及设计

时序电路的分析就是根据给定的时序逻辑电路的结构，找出该时序电路在输入信号及

时钟信号作用下，存储电路状态变化规律及电路的输出，从而了解该时序电路所完成的逻辑功能。设计同步时序电路时，要根据具体的逻辑问题要求，用尽可能少的触发器及门电路来实现电路。本节以同步时序电路的设计为例介绍设计过程及仿真测试。

例 8.5 用 JK 触发器设计一个五进制同步计数器，其状态转移关系如下：

$$000 \rightarrow 001 \rightarrow 010 \rightarrow 101 \rightarrow 110$$

（110 返回 000）

1) 原理

(1) 五进制计数器有五个状态，需要三位二进制数码，因此需要三个 JK 触发器。设三个 JK 触发器的输入为 1J1K、2J2K、3J3K，输出为 Q_3、Q_2、Q_1。

① 根据要求列出编码状态表如表 8-3 所示。

② 用状态方程法确定激励方程。其状态方程和激励方程如下：

$$Q_3^{n+1} = Q_2\overline{Q}_3 + \overline{Q}_2 Q_3, \qquad J_3 = K_3 = Q_2$$

$$Q_2^{n+1} = \overline{Q}_2 Q_1, \qquad J_2 = Q_1, \qquad K_2 = 1$$

$$Q_1^{n+1} = \overline{Q}_3 Q_1 + \overline{Q}_2 \overline{Q}_1, \quad J_1 = \overline{Q}_2, \qquad K_1 = Q_3$$

表 8-3 编码状态表

Q_3	Q_2	Q_1	Q_3^{n+1}	Q_2^{n+1}	Q_1^{n+1}
0	0	0	0	0	1
0	0	1	0	1	1
0	1	0	×	×	×
0	1	1	1	0	1
1	0	0	×	×	×
1	0	1	1	1	0
1	1	0	0	0	0
1	1	1	×	×	×

③ 检查多余状态的转移情况，如表 8-4 所示，这说明三个多余状态都进入了主循环，电路能够自启动。

表 8-4 多余状态的转移

Q_3	Q_2	Q_1	Q_3^{n+1}	Q_2^{n+1}	Q_1^{n+1}
0	1	0	1	0	0
1	0	0	1	0	1
1	1	1	0	0	0

(2) 由状态转移关系可以求出激励函数：1J=$\overline{Q_2}$，1K= Q_3，2J= Q_1，2K=1，3J=3K= Q_2。

(3) JK 触发器 74LS112D 的逻辑符号如图 8-16 中器件 U1A、U1B、U2A 所示，使能端 R 为置 0 端，S 为置 1 端，且均为低电平有效。

2) 创建电路

(1) 在元器件库中选三个 JK 触发器 74LS112D 作为记忆元件，选方波发生器产生时钟脉冲信号。电源 V1 设置为 5 V。

(2) 三个 JK 触发器 74LS112D 从左至右依次为 Q_1、Q_2、Q_3，其使能端 R、S 均接 1(V1)，1J 接 $\overline{Q_2}$，1K 接 Q_3，2J 接 Q_1，2K 接 1，3J 和 3K 接 Q_2。

(3) 三个 JK 触发器的时钟信号都接在方波发生器的 + 端以构成同步计数。方波发生器 V2 设置电压为 5 V，频率为 1 kHz。

(4) 用逻辑分析仪显示输出。连接电路如图 8-16 所示。

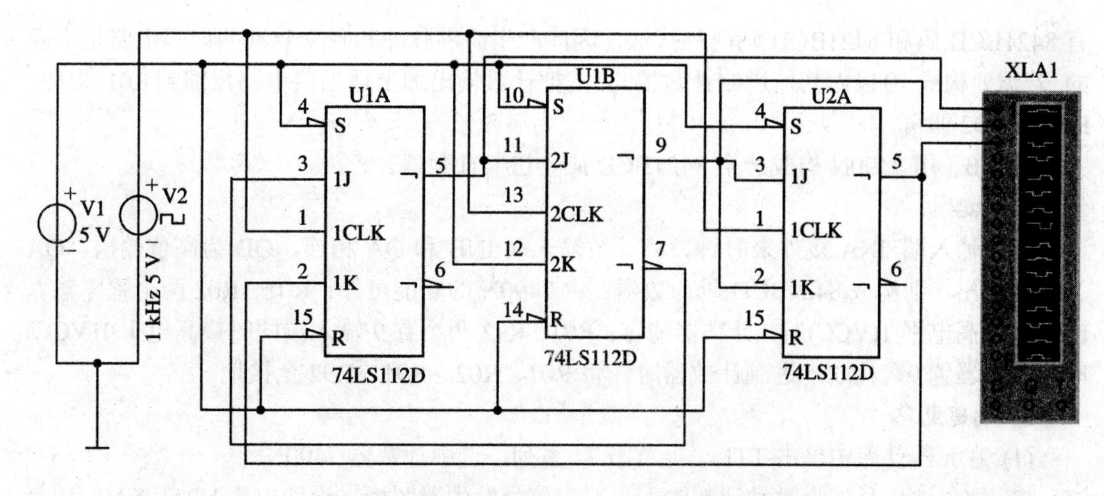

图 8-16　用 JK 触发器设计的五进制同步计数器

3) 观测输出

三个 JK 触发器 74LS112D 的输出 Q 均接在逻辑分析仪上，以测试各触发器的输出。电路的输出波形如图 8-17 所示。由输出波形可以看出 $Q_3Q_2Q_1$ 的状态按 000、001、011、101、110 循环，从而构成五进制同步计数器。

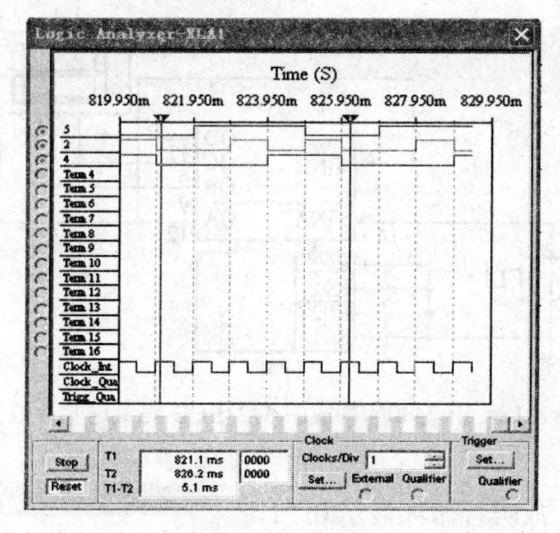

图 8-17　输出波形

8.8　集成异步计数器及其应用

不同型号的计数器，其功能亦不尽相同，其不同点表现在计数方式、计数规律、预置方式、复位方式、编码方式等几个方面。7490N 是一个二-五-十进制异步计数器，由一个二进制计数器和一个五进制异步计数器构成。7490N 的逻辑符号如图 8-18 中的器件 U3 所示。INA 是时钟脉冲输入端，与 QA 构成一个二进制计数器。INB 也是时钟脉冲输入端，与 QD、QB、QC 构成一个五进制计数器。R01、R02 是异步清零控制端，且均为高电平有效，当 R01、R02 同时为高电平时清零。R91、R92 是异步置 9 控制端，且均为高电平有效，当 R91、R92 同时为高电平时置 9。通过简单的外部连接可以构成十进制计数器。由于 7490N

有 8421BCD 码和 5421BCD 码两种接法，因此产生清零脉冲和置 9 脉冲的译码电路是不同的。若需要构成 10 以内其他进制计数器，只需把计数输出加上适当门电路反馈到 R01、R02、R91 和 R92 即可。

例 8.6 用 7490N 构成一个 8421BCD 码十进制计数器。

1) 原理

计数输入端 INA 接外来时钟，将计数输入端 INB 和 QA 相连，QD 为高位输出，QA 为低位输出，则构成 8421BCD 码计数器。由 7490N 的功能可知：R01、R02 两个置零输入端同时接高电平 1(VCC)时，计数器清零；R91、R92 两个置 9 输入端同时接高电平 1(VCC)时，计数器置 9。构成十进制计数器时，将 R01、R02、R91、R92 全接地。

2) 创建电路

(1) 在元器件库中单击 TTL，再单击 74 系列，选中计数器 7490N。

(2) 取方波信号作为时钟计数输入。双击信号发生器图标，设置电压 V2 为 5 V，频率为 0.1 kHz。

(3) 在元器件库中单击显示器件，选中带译码的七段 LED 数码管 U4，管脚 4 接 QD，管脚 3 接 QC，管脚 2 接 QB，管脚 1 接 QA。

由 7490N 构成的 8421BCD 码十进制计数器电路如图 8-18 所示。

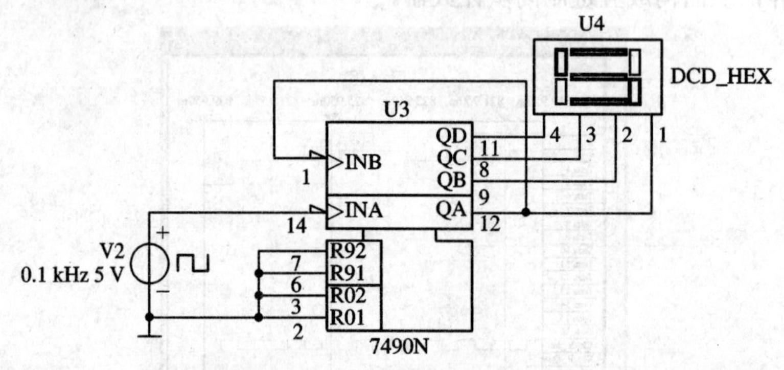

图 8-18 用 7490N 构成的 8421BCD 码十进制计数器

3) 观测输出

(1) 启动仿真开关，数码管循环显示 0，1，2，3，4，5，6，7，8，9。调整计数脉冲频率，可改变数码管的显示速度。

(2) 也可以用逻辑分析仪测试电路的输出波形来验证分析的结果。逻辑分析仪测试电路的输出波形如图 8-19 所示，显然其输出也按 0000、0001、0010、0011、0100、0101、0110、0111、1000、1001 的顺序循环，构成 8421BCD 码十进制计数器。

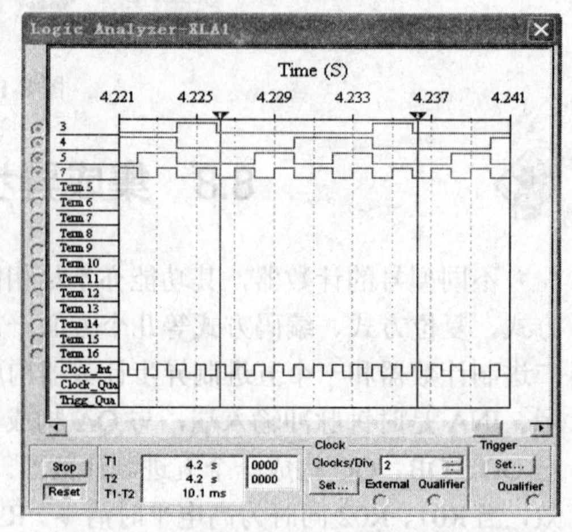

图 8-19 逻辑分析仪测试电路的输出波形

例 8.7 用 7490N 实现模 54 计数器。

1) 原理

实现模 54 计数器需用两片 7490N。当采用两片 7490N 级联时，可以构成一百进制计数器，然后利用清零端 R01、R02 或利用置 9 端 R91、R92 去掉 46(54～99)个多余状态，也可以分解成 $M = 54 = 6 \times 9$，构成异步电路。下面我们对用异步清零构成的电路进行仿真，其他电路留给读者自行设计、仿真。

2) 创建电路

(1) 需要选择两片 7490N 计数器，7490N U7 为个位，7490N U6 为十位。U7、U6 两个置 9 输入端 R91、R92 在计数输出时全接地。INA 为计数输入，将 INB 和 QA 相连，则 QD 为高位输出，QA 为低位输出。

(2) 时钟脉冲取方波信号输出，接 U7(个位)计数输入端 INA，U7(个位)的 QD 接 U6(十位)的计数输入端 INA，构成 8421BCD 码一百进制计数器。

(3) U7、U6 两个清零输入端 R01、R02 接清零信号。因为 7490N 是异步清零，所以当 U6 的 QDQCQBQA = 0101，U7 的 QDQCQBQA = 0100 时取清零信号。与门 U2 取 U6 的 QCQA 和 U7 的 QC 之与。

(4) 在显示器件库中选用两个带译码的七段 LED 数码管 U8 和 U9。它们的管脚 4、3、2、1 分别接 U6、U7 的 QD、QC、QB、QA。用 7490N 实现模 54 计数器的电路如图 8-20 所示。

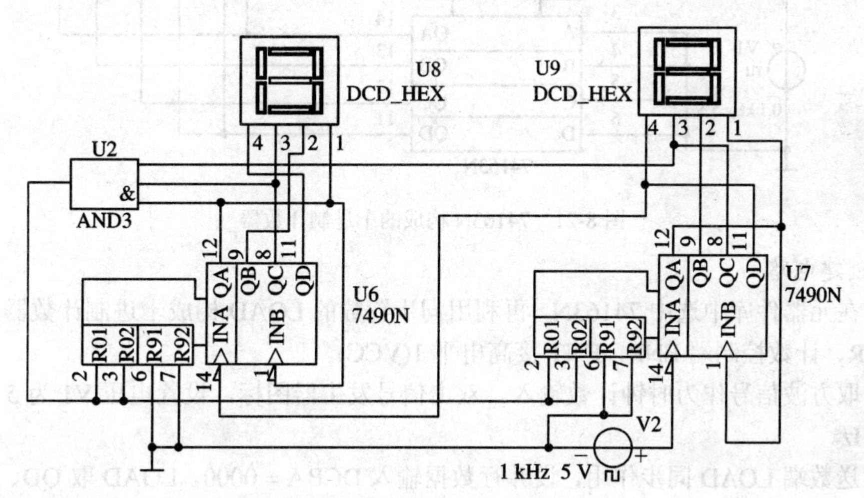

图 8-20 用 7490N 实现模 54 计数器

3) 观测输出

启动仿真开关，两只数码管 U8、U9 循环显示 00，01，02，03，…，53。调整计数脉冲频率，可改变显示频率。

改变与门 U2 的输入，可改变计数器的模值。

8.9 集成同步计数器及其应用

集成同步计数器 74LS160(异步清零)、74LS162(同步清零)为十进制计数器，74LS161(异步清零)、74LS163(同步清零)为四位二进制计数器，它们都是边沿触发的同步加法计数器。CLR 为清零端，LOAD 为置数端，一般均以低电平为有效电平。若需要构成其他进制计数器，只需把计数输出加上适当门电路反馈到异步清零端 CLR 或同步置数端 LOAD 即可。

例 8.8 用四位二进制计数器 74163N 构成十进制计数器。

1) 原理

74163N 为同步清零、同步预置的同步四位二进制计数器。74163N 的逻辑符号如图 8-21 中器件 U1 所示。CLR 为同步清零端；LOAD 为同步置数端；ENT、ENP 为计数控制端，且均为高电平有效；D、C、B、A 为预置数据输入端；QD、QC、QB、QA 为输出端，RCO 为进位端，且逢十六进一。

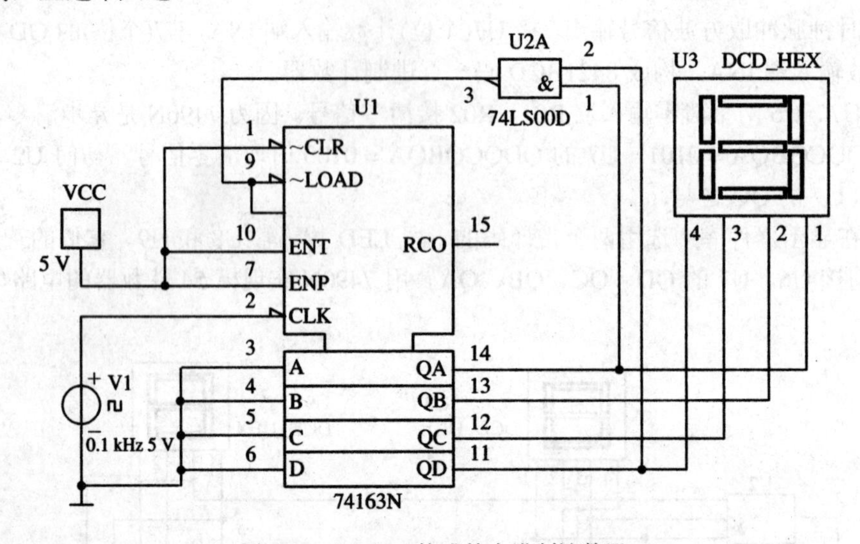

图 8-21 74163N 构成的十进制计数器

2) 创建电路

(1) 在元器件库中选中 74163N，再利用同步置数的 LOAD 构成十进制计数器，故取清零端 CLR、计数控制端 ENP、ENT 接高电平 1(VCC)。

(2) 取方波信号作为时钟计数输入。双击信号发生器图标，设置电压 V1 为 5 V，频率为 0.1 kHz。

(3) 送数端 LOAD 同步作用，设并行数据输入 DCBA = 0000，LOAD 取 QD、QA 的与非，当 QDQCQBQA = 1001 时，LOAD = 0，等待下一个时钟脉冲上升沿的到来，将并行数据 DCBA = 0000 置入计数器。

(4) 在元器件库中单击显示器件，选中带译码的七段 LED 数码管 U3。连接电路如图 8-21 所示。

3) 观测输出

启动仿真开关，数码管循环显示 0，1，2，3，4，5，6，7，8，9。

仿真输出也可以用逻辑分析仪观察。双击信号发生器图标，将频率改为 1 kHz。将 74163N 的时钟输入 CLK，输出 QA、QB、QC、QD 及进位 RCO 从上到下依次接逻辑分析仪，双击逻辑分析仪图标，电路输出波形如图 8-22 所示。显然输出 QDQCQBQA 按 0000、0001、0010、0011、0100、0101、0110、0111、1000、1001 循环，且 QDQCQBQA=1001 时，RCO 无进位输出。

改变与非门 U2A 的输入，可改变计数器的模值。

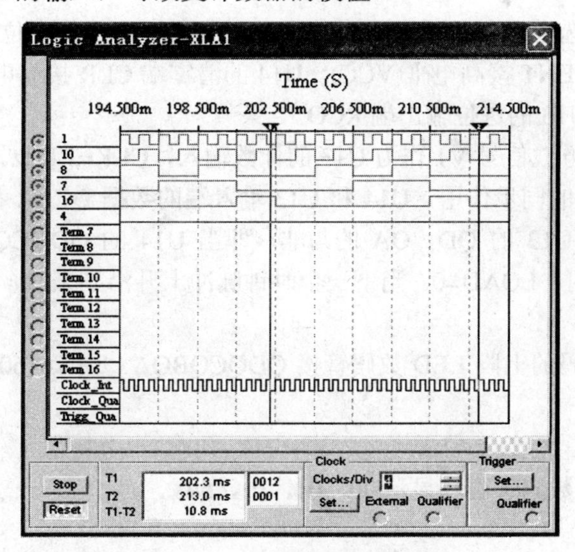

图 8-22 逻辑分析仪的输出波形

例 8.9 用两块集成计数器 74160N 实现六十进制计数器。

74160N 的逻辑符号如图 8-23 中器件 U14、U13 所示。CLR 为异步清零端，LOAD 为同步置数端，它们均为低电平有效；ENT、ENP 为计数控制端，均为高电平有效；D、C、B、A 为预置数据输入端；QD、QC、QB、QA 为输出端；RCO 为进位端，且逢十进一。

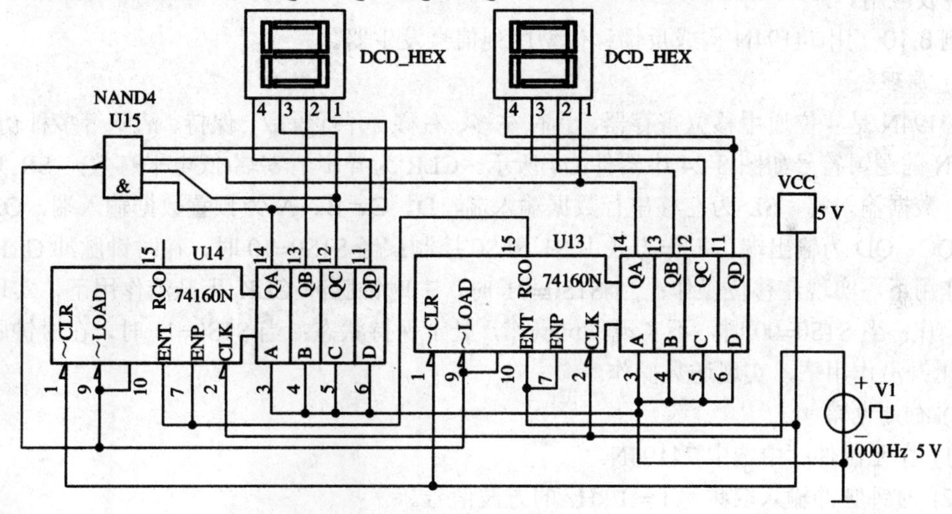

图 8-23 六十进制计数器

1) *原理*

74160N 为异步清零、同步预置的十进制计数器。要实现模 60 计数器，需用两片 74160N。当采用两片 74160N 级联时，可以构成一百进制计数器，然后利用异步清零端 CLR 或利用同步置数端 LOAD，去掉 40(60～99)个多余状态，电路连接的方法有很多。也可以分解成 $M = 60 = 6 \times 10$，构成异步电路。下面我们对利用同步置数端 LOAD 构成的电路进行仿真，其他电路留给读者自行设计、仿真。

2) 创建电路

(1) 在器件库中选中两个 74160N，其中 U13 为低位，U14 为高位。U13 的清零端 CLR 和计数控制端 ENP、ENT 接高电平(VCC)。U14 的清零端 CLR 接高电平(VCC)，计数控制端 ENP、ENT 应接 U13 的进位输出端 RCO。

(2) 时钟脉冲取方波信号 V1 作为 U13 的计数输入，CLK=1 kHz。

(3) 由于 LOAD 的同步作用，U14 和 U13 输入端的数据 DCBA 都取 0000，LOAD 取 U14 的 QC、QA 及 U13 的 QD、QA 的与非，即当 U14 的 QDQCQBQA=0101，U13 的 QDQCQBQA=1001 时，LOAD=0。当下一个时钟脉冲上升沿到来时，计数器置入并行数据 0000，0000。

(4) 用两个带译码的七段 LED 数码管接 QDQCQBQA。由 74160N 构成的六十进制计数器如图 8-23 所示。

3) 观测输出

启动仿真开关，数码管循环显示 00，01，…，59。

8.10 移位寄存器及其应用

移位寄存器可以用来实现数据的串/并转换，也可以构成移位型计数器进行计数、分频，还可构成序列信号发生器、序列信号检测器等。现主要以 74LS194 为例来说明移位寄存器的功能及应用。

例 8.10 用 74194N 构成反馈移位型序列信号发生器。

1) 原理

74194N 是 4 位通用移位寄存器，具有左移、右移、并行置数、保持、清除等多种功能。74194N 的逻辑符号如图 8-24 中器件 U4 所示。CLR 为异步清零端(低电平有效)，SR 为右移串行数据输入端，SL 为左移串行数据输入端，D、C、B、A 为预置数据输入端，QA、QB、QC、QD 为输出端。工作方式由 S1 和 S0 控制：当 S1S0=10 时，在时钟脉冲 CLK 上升沿作用下，实现左移位操作；当 S1S0=01 时，在时钟脉冲 CLK 上升沿作用下，实现右移位操作；当 S1S0=00 时，不实现移位操作，处于保持状态；当 S1S0=11 时，在时钟脉冲 CLK 上升沿作用下，实现送数操作。

2) 创建电路

(1) 在元器件库中选中 74194N。

(2) 时钟脉冲输入取频率 f = 1 kHz 的方波信号。

(3) 在元器件库中选中数选器 74153N，用它实现反馈函数。对 74153N 进行如下设置：使能端 EN 接地；数据输入 0 端接 1，数据输入 1 端接 QD，数据输入 2 端接 1，数据输入 3 端接 0；地址 1 端接 QA，地址 0 端接 QC；数选器 74153N 输出 1Y(7 端)作为反馈函数送到左移串行输入端 SL。

(4) 74194N 的输出 QA、QB、QC、QD 从上到下依次接逻辑分析仪。电路如图 8-24 所示。

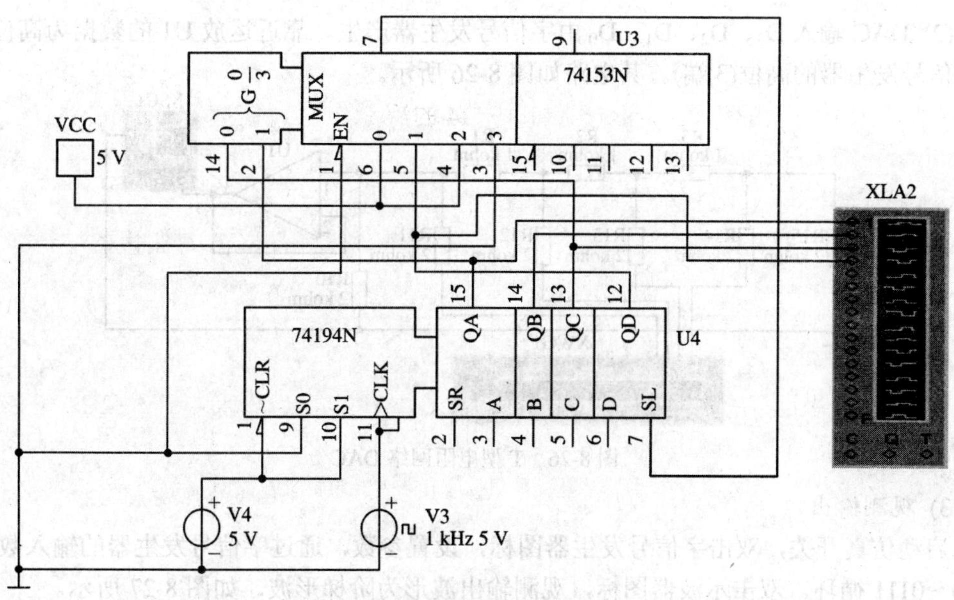

图 8-24　反馈移位型序列信号发生器

3) 观测输出

启动仿真开关，双击逻辑分析仪图标，观察输出波形，如图 8-25 所示。由输出波形可知：QA、QB、QC、QD 输出的序列全按 100111 循环，只是初始相位不同，且 QAQBQCQD 依次实现左移位操作。

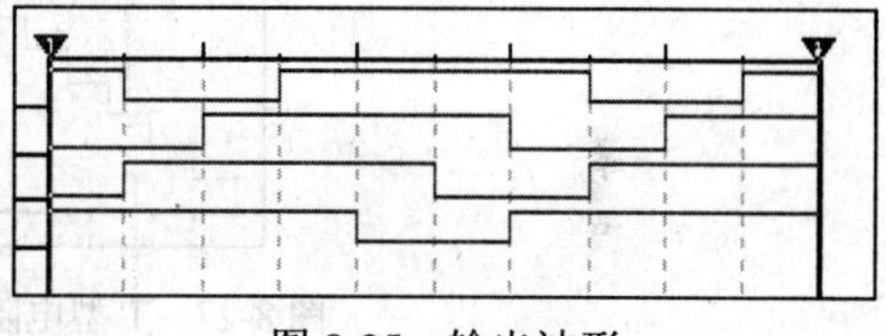
图 8-25　输出波形

8.11　电阻网络 DAC 设计

数/模转换就是把在时间上和幅度上离散的数字量转换为连续变化的模拟量(电流或电压)，实现这一转换的电路或器件称为数/模转换器，又称 D/A 转换器(DAC)。

例 8.11　用 T 型电阻网络设计一个 DAC。

1) 原理

若四位 T 型电阻网络 D/A 转换器的 $R_f = 3R$，则 V_o 可表示为

$$V_o = -\frac{1}{2^4} V_R (2^3 D_3 + 2^2 D_2 + 2^1 D_1 + 2^0 D_0)$$

四位倒 T 型 R−2R 电阻网络 DAC 中同样也只有 R 和 2R 两种阻值，其电路特点为：基准电压为 $-V_R$；$D_i = 1$ 时电流流向运算放大器，$D_i = 0$ 时电流流向地。电源所提供的电流是恒定的。如果 $R_f = R$ 由倒 T 型电阻网络得出，则

$$V_o = \frac{V_R R_f}{16R}(8D_3+4D_2+2D_1+D_0) = \frac{V_R}{2^4}(8D_3+4D_2+2D_1+D_0)$$

2) 创建电路

(1) 在元器件库中单击 Basic(基本元器件)，再单击电阻，分别取 R1、R2、R3 为 1 kohm，R10、R11、R12、R13、R14、R15 为 2 kohm。

(2) DAC 输入 D_3、D_2、D_1、D_0 由字信号发生器产生。靠近运放 U1 的数据为高位(D_3)接字信号发生器的高位(3 端)。其电路如图 8-26 所示。

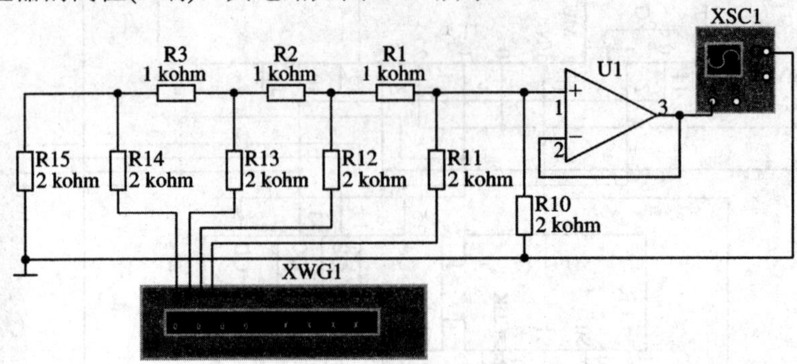

图 8-26　T 型电阻网络 DAC

3) 观测输出

启动仿真开关，双击字信号发生器图标，设置参数，通过字信号发生器的输入数据按 0000～0111 循环。双击示波器图标，观测输出波形为阶梯形波，如图 8-27 所示。

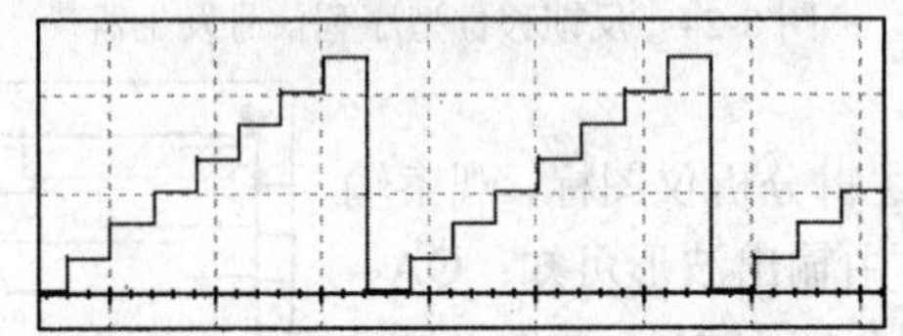

图 8-27　T 型电阻网络 DAC 构成的梯形波发生器

8.12　555 定时器及其应用

555 定时器有 TTL 型和 CMOS 型两类产品，它们的功能和外部引脚排列完全相同。

LM555H 定时器的逻辑符号如图 8-28 中的器件 U1 所示。

管脚 1 为接地端 GND。

管脚 2 为低电平触发输入端 TRI。该端电平低于 VCC/3(或 VCO/2，VCO 为 5 脚外接的控制电压)时，输出 QUT 为高电平。

管脚 3 为输出端 OUT。

管脚 4 为复位端 RST。RST=0 时，QUT=0。

管脚 5 为控制电压输入端 CON。

管脚 6 为高电平触发端 THR。该端电平高于 2VCO/3 (或 VCO)时，输出 QUT 为低电平。

管脚 7 为放电端 DIS。

管脚 8 为电源 VCC。

当管脚 5 外接控制电压 VCO 时，管脚 6 的比较电压为 VCO，管脚 2 的比较电压为 VCO/2。

例 8.12　利用 LM555H 定时器设计多谐振荡器。

1) 原理

当 LM555H 定时器按图 8-28 所示电路连接时，就构成了自激多谐振荡器，其中 R1 和

R2 是外接定时电阻，C2 是外接定时电容。图中电阻 R1、R2 及电容 C2 构成充放电回路，当 V_{C2} > 2VCC/3 时，LM555H 内部的三极管导通，电容 C2 通过电阻 R2 放电；当 V_{C2}<VCC/3 时，LM555H 内部的三极管截止，电容开始充电。负脉冲宽度 T_{WL}=0.7 • R2 • C2，正脉冲宽度 T_{WH}=0.7 • (R1+R2) • C2，振荡频率 f=1/[0.7 • (R1+2R2) • C2]。

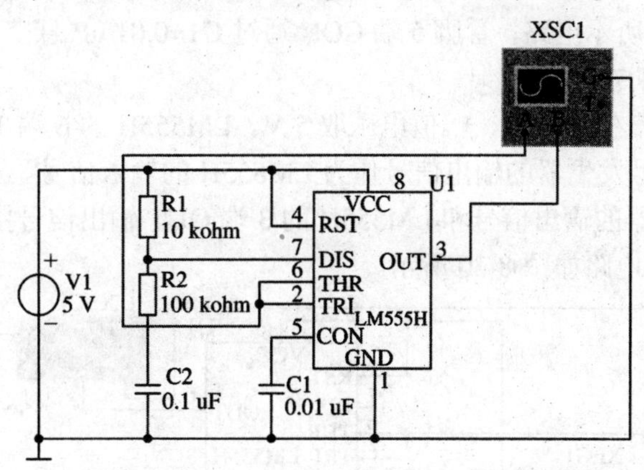

图 8-28　用 LM555H 定时器构成的多谐振荡器

2) 创建电路

(1) 在元器件库中单击 MIXED(混合集成电路)，再单击 555，选中 LM555H 芯片，单击 OK 按钮确认。

(2) 在元器件库中单击 Basic(基本元器件)，选取电阻 R1、R2 以及电容 C2。

(3) 管脚 5 端 CON 通过 C1=0.01 μF 悬空，管脚 4 端 RST 通过 V1 接高电位。将定时电容 C2 上的电位信号和 3 端 OUT 输出信号接示波器。由 LM555H 定时器构成的多谐振荡器如图 8-28 所示。

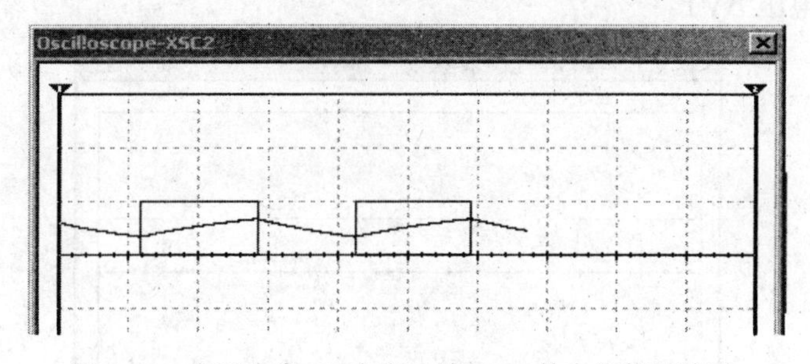

图 8-29　定时电容 C2 上和 3 端 OUT 的电位信号波形

3) 观测输出

启动仿真开关，双击示波器图标，可得输出波形，如图 8-29 所示。锯齿波形为电容 C2 上的电位信号，矩形波为 3 端 OUT 电位信号。显然该电路无需激励，可自动产生脉冲信号。

移动示波器指针 1 和指针 2，可测量负脉冲宽度 T_{WL}、正脉冲宽度 T_{WH} 和振荡频率 f。

例 8.13　利用 LM555H 定时器设计施密特电路。

1) 原理

将 LM555H 定时器管脚 6(高电平触发端 THR)和管脚 2(低电平触发输入端 TRI)连接在一起作为输入，输出端 OUT 作为输出(或放电端 DIS 通过上拉电阻作为输出)，便可构成施密特触发器。由 LM555H 的内部结构可知，当管脚 2、6 电压大于 2VCC/3(VT+)时，输出为低电位，当管脚 2、6 电压小于 VCC/3(VT−)时，输出为高电位。取 VCC=5 V，则 VT+ =2VCC/3≈3.3 V，VT− =VCC/3≈1.7 V，回差电压 ΔVT =VCC/3≈1.7 V。

2) 创建电路

(1) 连接图 8-30 所示电路，管脚 5 端 CON 通过 C1=0.01 μF 悬空，管脚 4 端 RST 通过 VCC 接高电位，管脚 7 悬空。

(2) 信号发生器产生三角波，幅值电压取 5 V。LM555H 的 6 端 THR 和 2 端 THI 接信号发生器的+端，信号发生器的输出信号作为 LM555H 的输入信号。

(3) 将信号发生器的输出信号和 LM555H 的 3 端 OUT 输出信号接示波器。用 LM555H 定时器构成的施密特电路如图 8-30 所示。

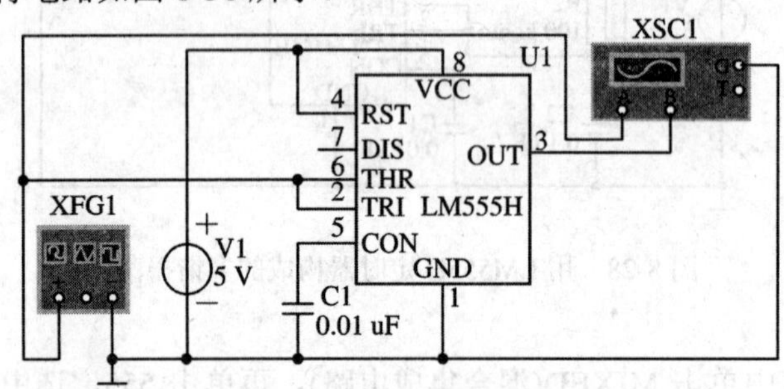

图 8-30 用 LM555H 定时器构成的施密特电路

3) 观测输出

启动仿真开关，双击示波器图标，可得输出波形如图 8-31 所示。由波形可知，该电路将三角波变成了矩形波信号，且状态变化时的输入电位不同。

移动示波器指针 1 和指针 2，可测量输入、输出波形及状态变化时刻，测量 VT+ 和 VT−，计算回差电压 ΔVT。

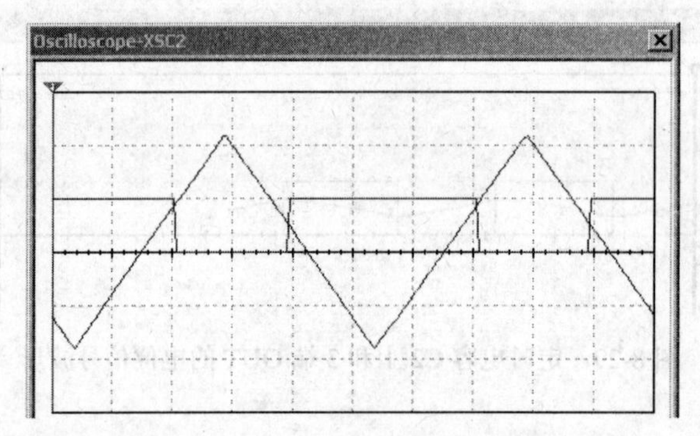

图 8-31 用 LM555H 定时器构成的施密特电路的输出波形

 8.13 数字电路综合设计——数字钟

数字钟是用数字集成电路构成的、用数码显示的一种现代计时器，与传统机械表相比，它具有走时准确、显示直观、无机械传动装置等特点，因而广泛应用于车站、码头、机场、商店等公共场所。在控制系统中，数字钟也常用来作为定时控制的时钟源。

1．任务要求

(1) 设计一个具有“时”、“分”、“秒”的十进制数字显示(小时从00～23)的计时器；

(2) 具有手动校时、校分的功能；

(3) 用74系列中小规模集成器件去实现。

2．数字计时器的基本工作原理

数字计时器一般都由振荡器、分频器、译码器、显示器等几部分组成。其中，振荡器和分频器组成标准秒信号发生器，由不同进制的计数器、译码器和显示器组成计时系统。秒信号送入计数器进行计数，把累计的结果按“时”、“分”、“秒”的数字显示出来。“时”显示由二十四进制计数器、译码器和显示器构成；“分”和“秒”显示分别由六十进制计数器、译码器和显示器构成。数字钟原理框图如图8-32所示。

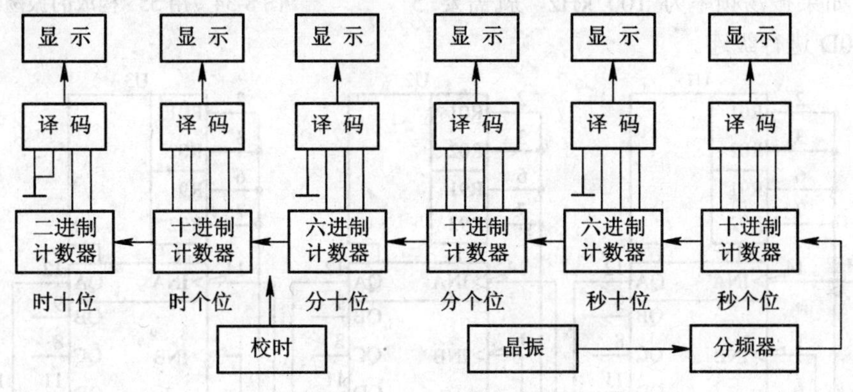

图8-32 数字钟原理框图

1) 振荡器

振荡器是计时器的核心，振荡器的稳定度和频率的精准度决定了计时器的准确度，因此通常选用石英晶体来构成振荡器电路。一般来说，振荡器的频率越高，计时的精度就越高，但耗电量将增大。故设计者在设计电路时，一定要根据需要设计出最佳电路。

图8-33所示电路的振荡频率是100 kHz。把石英晶体串接于由非门U1A和U1B组成的振荡反馈电路中。非门U1C是振荡器整形缓冲级。凭借与石英晶体串联的微调电容C1，可以对振荡器频率作微量的调节。

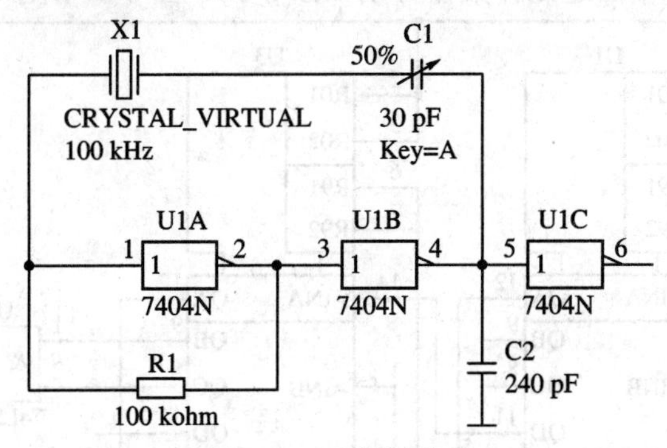

图8-33 晶体振荡器

如果精度要求不高，可采用集成电路LM555H定时器与RC组成的多谐振荡器，如图

8-34 所示。R3 为可调电位器，微调 R3 可调出 1000 Hz 的输出频率。

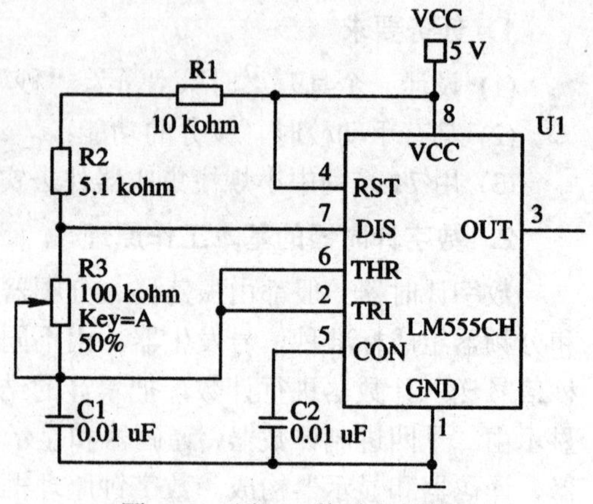

图 8-34　用 555 构成的振荡器

2) 分频器

分频器的功能主要有两个：一是产生标准秒脉冲信号，二是提供功能扩展电路所需要的信号。选用中规模计数器 74LS90D 就可以完成上述功能。用 74LS90D 构成的分频电路如图 8-35 所示。

将三片 74LS90D 进行级连，因为每片为 1/10 分频器，三片级连正好获得 1 Hz 标准秒脉冲信号。如果振荡频率为 100 kHz，就需要 5 片 74LS90D 进行级连。

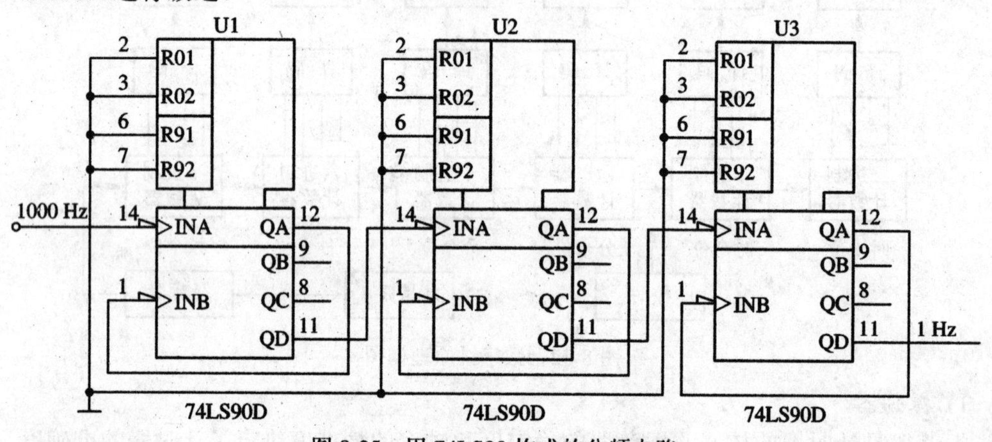

图 8-35　用 74LS90 构成的分频电路

3) 计数器

根据图 8-32 所示方框图可清楚地看到，显示“时”、“分”、“秒”需要 6 片中规模计数器。其中，“分”、“秒”位计时各为六十进制计数器，“时”位计时为二十四进制计数器。六十进制计数器和二十四进制计数器都选用 74LS90D 集成块来实现。实现的方法采用反馈清零法。六十进制和二十四进制计数器分别如图 8-36、图 8-37 所示。

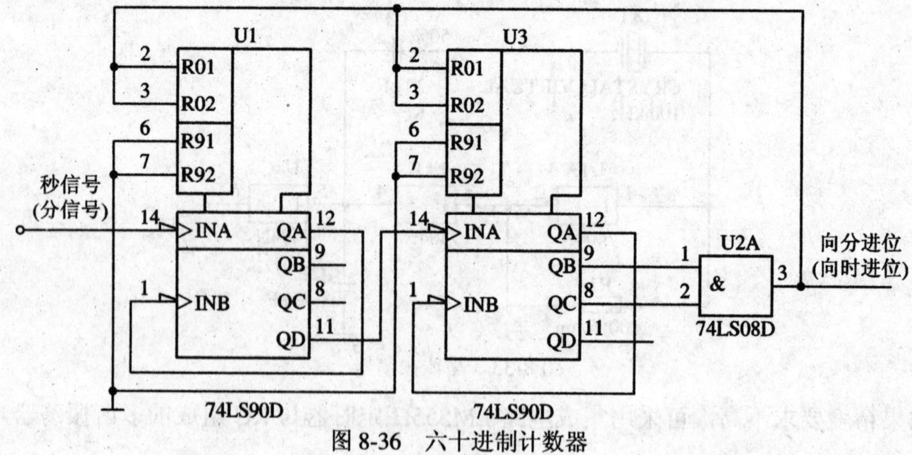

图 8-36　六十进制计数器

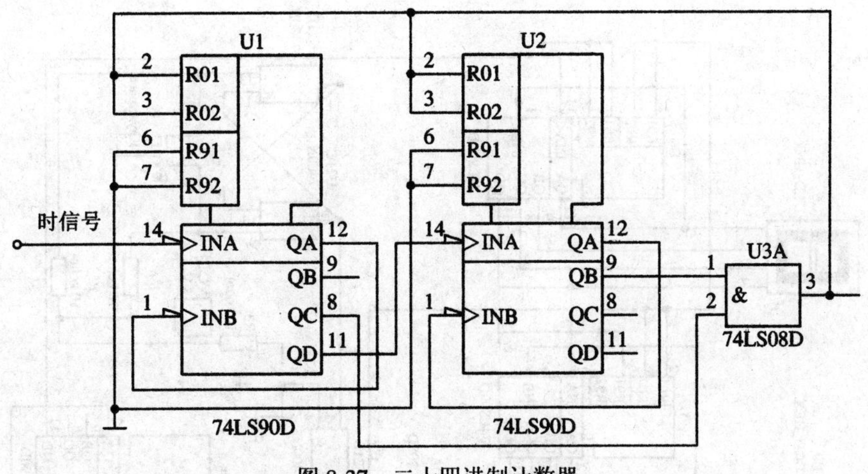

图 8-37　二十四进制计数器

4) 校时电路

当刚接通电源或计时出现误差时，都需要对时间进行校正。校正电路如图 8-38 所示。

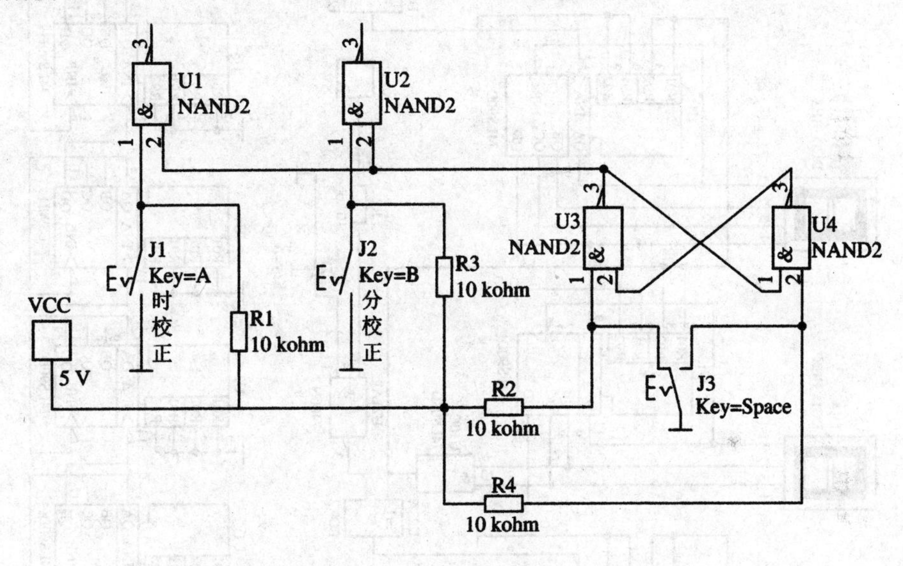

图 8-38　校正电路

J1、J2 分别是时校正、分校正开关。不校正时，J1、J2 是闭合的。当校正时位时，需把 J1 打开，然后用手拨动 J2，来回拨动一次，就能使时位增加 1。校正完毕后把 J1 开关合上。校分位和校时位的方法一样。

5) 原理总图

原理总图如图 8-39 所示。图中所用元器件如下：

74LS90D：11 片；

74LS04：1 片；

74LS08：2 片；

7400：1 片。

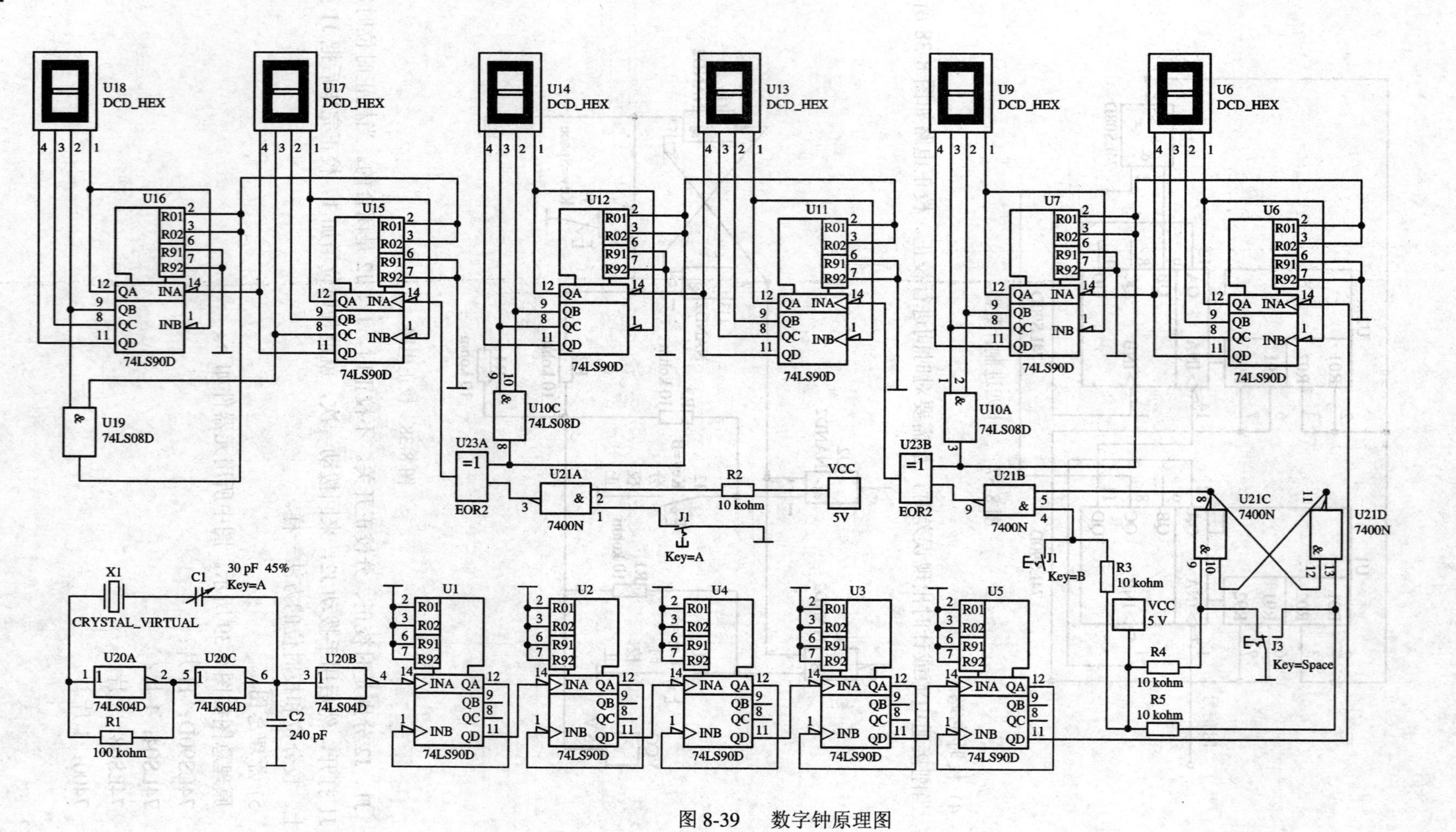
U18
DCD_HEX
U17
DCD_HEX
U14
DCD_HEX
U13
DCD_HEX
U9
DCD_HEX
U6
DCD_HEX
U16
U15
U12
U11
U7
U6
74LS90D
R01
R02
R91
R92
INA
INB
QA
QB
QC
QD
U19
74LS08D
U10C
74LS08D
U10A
74LS08D
U23A
EOR2
U23B
EOR2
U21A
7400N
U21B
7400N
U21C
7400N
U21D
7400N
R2
10 kohm
VCC
5V
J1
Key=A
Key=B
R3
10 kohm
VCC
5 V
R4
10 kohm
R5
10 kohm
J3
Key=Space
X1
CRYSTAL_VIRTUAL
C1
30 pF 45%
Key=A
U20A
74LS04D
U20C
74LS04D
U20B
74LS04D
R1
100 kohm
C2
240 pF
U1
U2
U4
U3
U5

图 8-39　数字钟原理图

8.14 数字电路综合设计——数字式抢答器

数字式抢答器具有数码显示、锁存功能，广泛应用于各类知识竞赛场合。

1．任务要求

(1) 抢答器应该具有数码显示、锁存功能。

(2) 抢答组数分为八组，即序号 0，1，2，3，4，5，6，7，优先抢答者按动本组序号开关，该组号立即锁存到LED显示器上，同时封锁其他组号。

(3) 系统设置外部清除键。按动清除键，LED显示器自动清零灭灯。

(4) 数字式抢答器定时为30 s。启动开始键后，要求：

① 30 s定时器开始工作；

② 扬声器(在此用条形光柱表示)要短暂报警。

(5) 在30 s内进行抢答，抢答有效，终止定时；30 s定时时间到，无抢答者，本次抢答无效，系统短暂报警。

2．数字式抢答器的基本工作原理

数字式抢答器一般包括定时电路、门控电路、8线-3线优先编码器、RS锁存器、译码显示和报警电路等几个部分。其中。定时电路、门控电路及8线-3线优先编码器三部分的时序配合尤为重要。当启动外部操作开关(起始键)时，定时器开始工作，同时打开门控电路，输出有效，8线-3线优先编码器等待数据输入。在规定时间内，优先按动序号开关的组号立即被锁存到LED显示器上；与此同时，门控电路变为输出无效，8线-3线优先编码器禁止工作。若定时时间已到而无抢答者，定时电路立即关闭门控电路，输出无效，封锁8线-3线优先编码器，同时发出短暂报警信号。数字式抢答器的原理框图如图8-40所示。

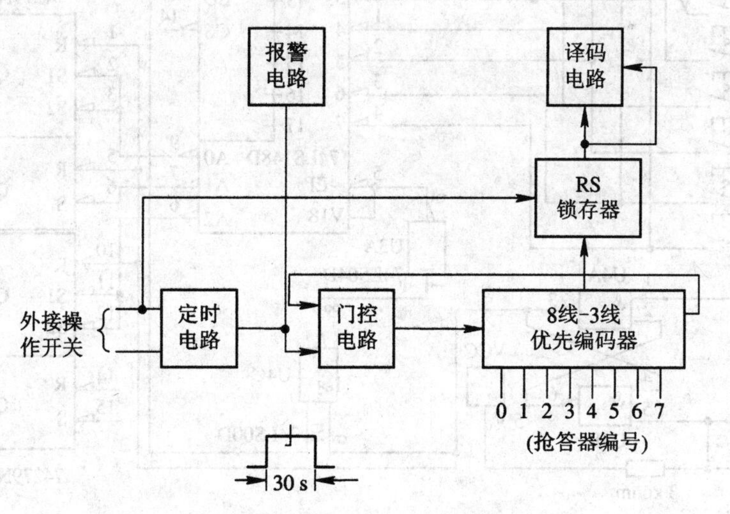

图8-40 数字式抢答器的原理框图

为了设计及调试方便，将系统划分为简单的数字抢答器和定时报警电路两部分。分别对这两部分进行设计及调试，最后再进行联调。

1) 简单的数字式抢答器

数字式抢答器的核心是编码器。74LS148D 是一种典型的 8 线-3 线优先编码器，它的 EI 是输入使能端，低电平有效。即当输入使能端 EI=1 时，不管其他输入端是否有信号，电路都不会有输出，所有输出都处于高电位。只有当输入使能端 EI=0 时，电路才会有输出信号。EO 是输出使能端，GS 是片优先编码标志输出端。当 EI=0 时，编码器工作，其中至少有一个输入端有编码请求信号(逻辑 0)时，EO 为 1，否则为 0；当 EI=1 时，优先标志和输出使能均为 1，编码器处于不工作状态。简单的数字抢答器没有定时功能，当启动清除/开始键(J9 闭合)时，由两个与非门 U4A、U4B 构成的 RS 触发器 Q 置 0，将 RS 锁存器 74279N 全部清零，当释放清除/开始键(J9 打开)时，与非门 U4A、U4B 构成的 RS 触发器 Q 置 1，此时，由于 74LS148D 的输出使能端 EO 为 0，因此门 U3A 的输出仍为 0，即 EI=0，此时可以开始抢答。在这期间只要按动任一输入数字键，编码器按 8421 码输出，经 RS 锁存器锁存。与此同时，输出使能端 EO 由 0 翻转为 1，经门 U3A 输出为 1，即 EI=1，编码器输入使能无效，停止编码；74LS148D 的片优先编码标志输出端 GS 由 1 翻转为 0，LED 数码管 U2 显示最先按动的对应数字键的组号，实现优先抢答功能。简单的数字式抢答器如图 8-41 所示。

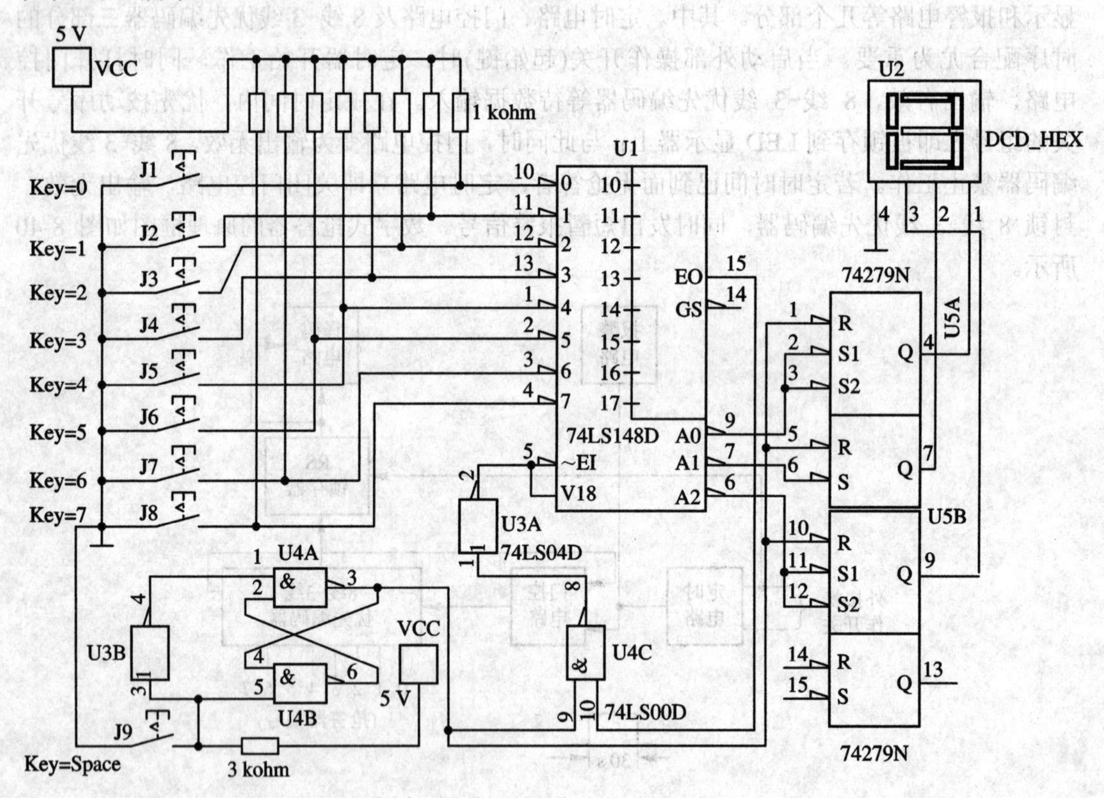

图 8-41 简单的数字式抢答器

2) 报警电路

用 LM555H 定时器构成多谐振荡器，它产生的矩形波(频率 f=1/[0.7(R1+2R2)C])经三极管构成的推动级输出，使扬声器或条形光柱报警。通过开关键 J9 可以控制多谐振荡器的启停。由 LM555H 定时器和三极管构成的报警电路如图 8-42 所示。

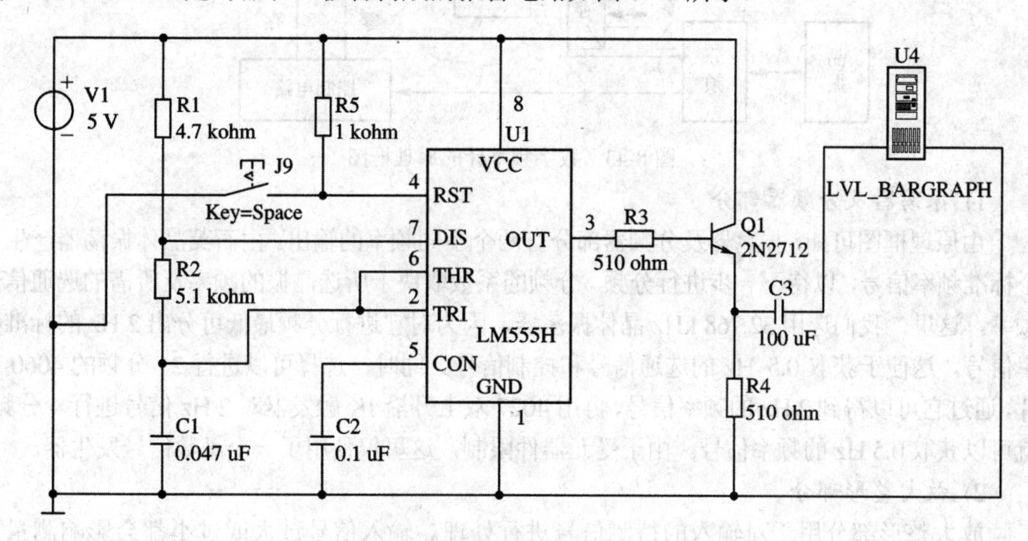

图 8-42 报警电路

8.15 数字电路综合设计——数字频率计

数字频率计是直接用十进制数字来显示被测信号频率的一种测量装置。它不仅可以测量正弦波、方波、三角波和尖脉冲信号的频率，而且还可以测量它们的周期。数字频率计经过改装，可以做成数字式脉宽测量仪，用来测量脉冲宽度；还可以做成数字式电容测量仪，用来测量电容；在电路中增加传感器，还可以将数字频率计做成数字脉搏计、计价器等。因此，数字频率计在测量物理量方面应用广泛。

1. 任务要求

(1) 频率测量范围：1 Hz～10 kHz；

(2) 数字显示位数：四位静态十进制数显示被测信号的频率。

2. 数字频率计的基本工作原理

数字频率计一般都由振荡器、分频器、放大整形电路、控制器、计数译码器、显示器等几部分组成。由振荡器的振荡电路产生一标准频率信号，经分频器分频分别得到 2 Hz 和 0.5 Hz 的控制脉冲及选通脉冲。控制脉冲经过控制器中的门电路分别产生锁存信号和计数器清零信号。待测信号经过限幅、放大、整形之后，输出一个与待测信号同频率的矩形脉冲信号，该信号在检测门与选通信号合成，产生计数信号。计数信号与锁存信号和清零复位信号共同控制计数、锁存和清零三个状态，然后通过数码显示器件来进行显示。数字频率计的原理框图如图 8-43 所示。

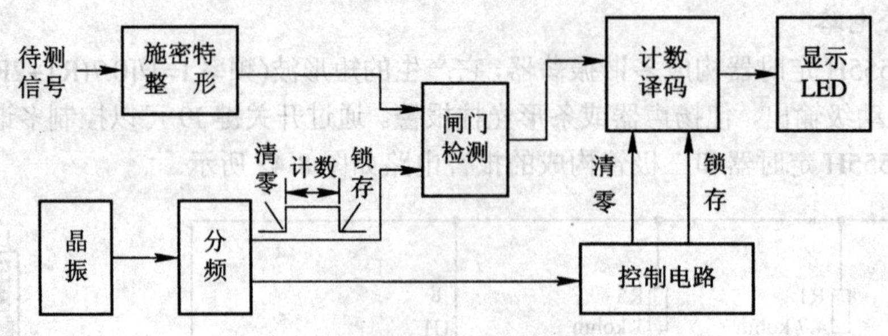

图 8-43　数字频率计的原理框图

1) 振荡器及分频器部分

由原理框图可知，振荡器及分频器部分有两个不同频率的输出。由石英晶体振荡器产生一个标准频率信号，以待下一步进行分频。分频的系数取决于所选晶振的频率及所需的选通信号频率。这里，我们选用 32.768 kHz 晶体振荡器，因为对它进行分频最低可分出 2 Hz 的标准频率信号，这便于获取 0.5 Hz 的选通信号和控制信号。同时，选择可以进行 2^{14} 分频的 4060 芯片，通过它可以得到 2 Hz 的频率信号，再用 4027 双上升沿 JK 触发器对 2 Hz 信号进行 4 分频，就可以获取 0.5 Hz 的频率信号。由于受元器件限制，这里仅使用了一个函数信号发生器。

2) 放大整形部分

放大整形部分用于对输入的待测信号进行处理。输入信号过大或过小都会影响测量，为了排除这一影响，采用了双二极管限幅电路对过大信号进行限幅处理，再采用运放对输入待测信号进行放大；幅度过小的信号也可以通过运放放大达到测量要求。其次，为了获取同频率的待测量信号，需要用施密特整形电路对限幅放大的信号进行整形处理，以使待测的矩形脉冲及非矩形脉冲转化为同频的方波脉冲，送入选通门，从而产生正常的计数信号。在选通控制门输出高电平时，计数器正常计数；选通控制门输出低电平时，由锁存信号锁存数据，此时不计数。放大整形电路如图 8-44 所示。

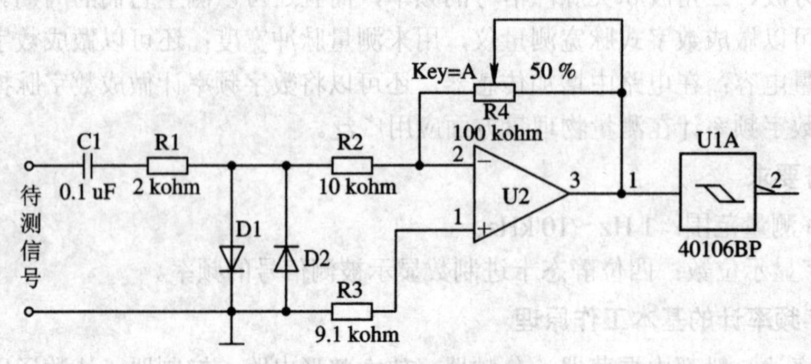

图 8-44　放大整形电路

3) 控制电路部分

控制电路是数字频率计正常工作的中枢部分。在这一部分的设计构思过程中，应认真地对各种频率信号的组合及搭配进行分析，以分别得到用来控制计数译码的锁存信号和清零信号。其时序要求如图 8-45 所示。

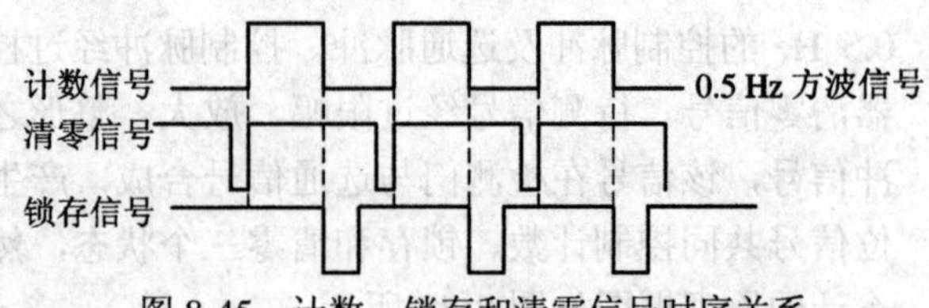

图 8-45　计数、锁存和清零信号时序关系

计数、锁存和清零信号时序电路如图 8-46 所示。

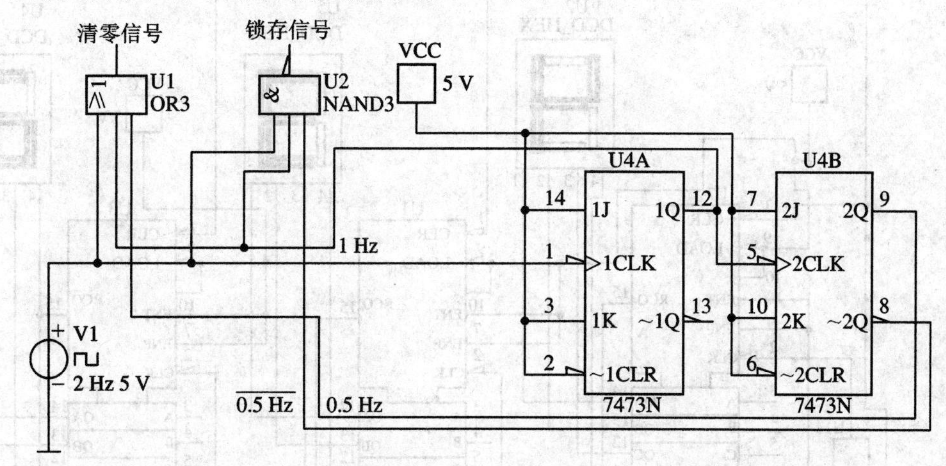

图 8-46　计数、锁存和清零信号时序电路

4) 计数译码及显示部分

为了方便，可以选用带译码器的集成十进制计数芯片 40110，该芯片有锁存控制端，可对计数进行锁存。计数部分只显示锁存后的数据，每锁存一次，计数部分就跳动一次，更新数据，如此往复。由于受元器件限制，这里仅使用了计数芯片 74160N，且只做了三位。四位甚至更多位电路的原理与此相同。计数译码显示电路如图 8-47 所示。

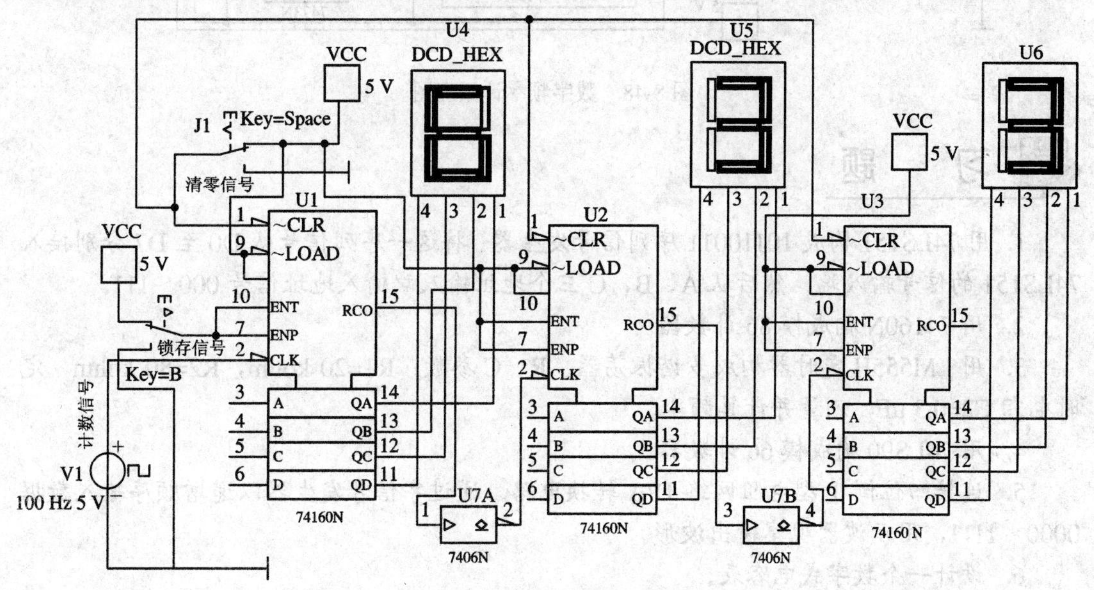

图 8-47　计数译码显示电路

5) 总体设计图

在调试过程中，应逐个检测每一个部分是否能够正常工作。接正弦波输入时，若幅度不符合要求，可加一电容隔去直流，从而降低幅度，以保证正常工作。

数字频率计总体电路图如图 8-48 所示。

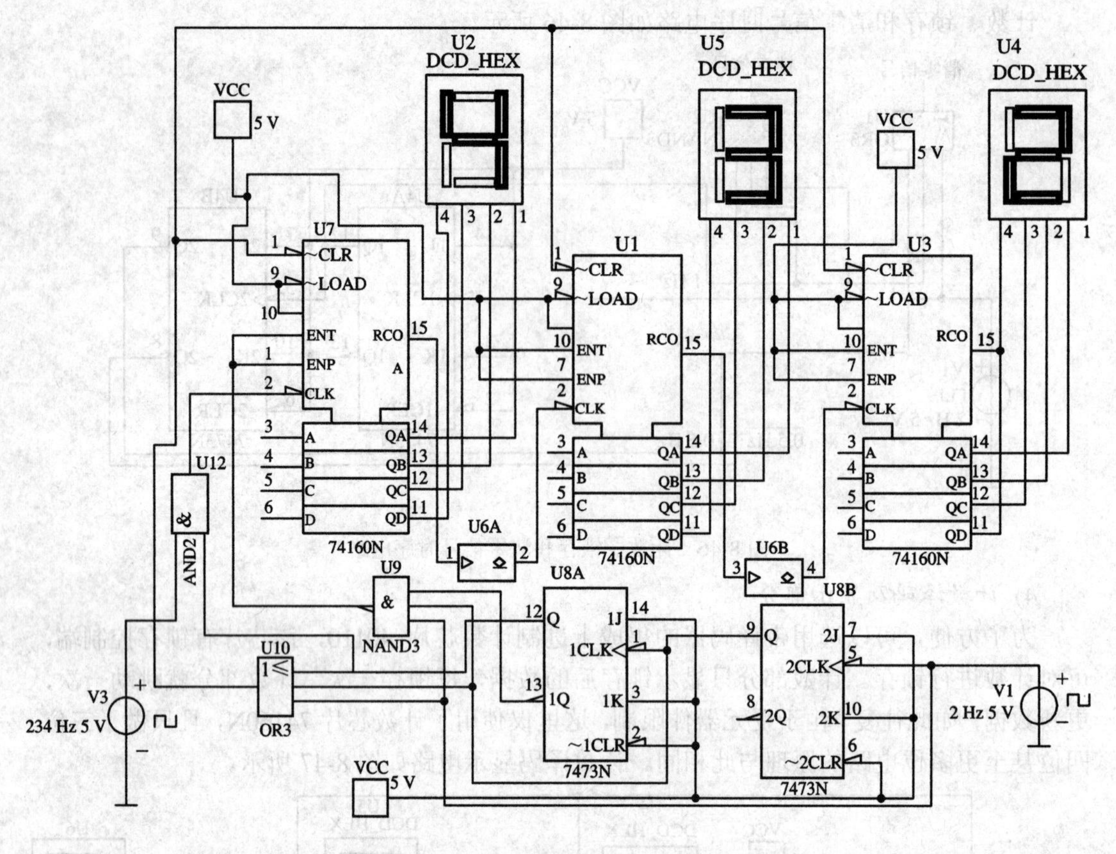

图 8-48　数字频率计原理图

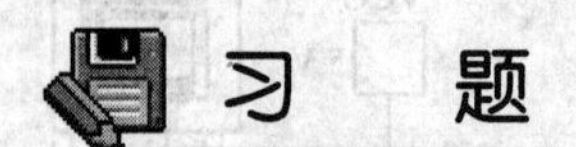

习　题

1. 用 74LS151 构成 10110011 序列信号发生器。将这一序列信号从 D0 至 D7 分别接入 74LS151 的信号输入端，然后从 A、B、C 三个地址输入端输入地址信号 000～111。

2. 用 74160N 构成模 86 计数器。

3. 用 LM555H 定时器构成多谐振荡器。R、C 参数：R1=20 kohm，R2=80 kohm，定时电容 C2=0.3 μF，测量并计算频率。

4. 用 74LS90 构成模 66 计数器。

5. 连接四位倒 T 型电阻网络 D/A 转换电路。通过字信号发生器以递增顺序输入数据 0000～1111，用示波器观察输出波形。

6. 设计一个数字式电容表。

7. 用计数器设计一个 10 分频、15 分频的分频器。

8. 用 LM555H 定时器和 D 触发器构成方波信号源。

第 9 章　Multisim 在高频电路中的应用

Multisim 11 与 Multisim 2001 相比，增加了四通道示波器等更适合观察高频实验结果的仪器。本章以三端式振荡器、高频功率放大器和小信号放大器等为例，介绍 Multisim 在通信电子线路中的应用。

9.1　三端式振荡器

在没有激励信号的情况下自行产生周期性振荡信号的电子线路，即为振荡器。根据电容三端式振荡器的原理，振荡器的平衡条件是 KF=1，这是它的复数形式，相位条件需满足射同它异的原则。

下面就通过考必兹电路观察该振荡器产生正弦波的过程。

(1) 在 Multisim 仿真电路窗口创建如图 9-1 所示电路。交流等效满足相位条件。输出端分别接示波器和频率计，用以观察输出波形和显示振荡频率。

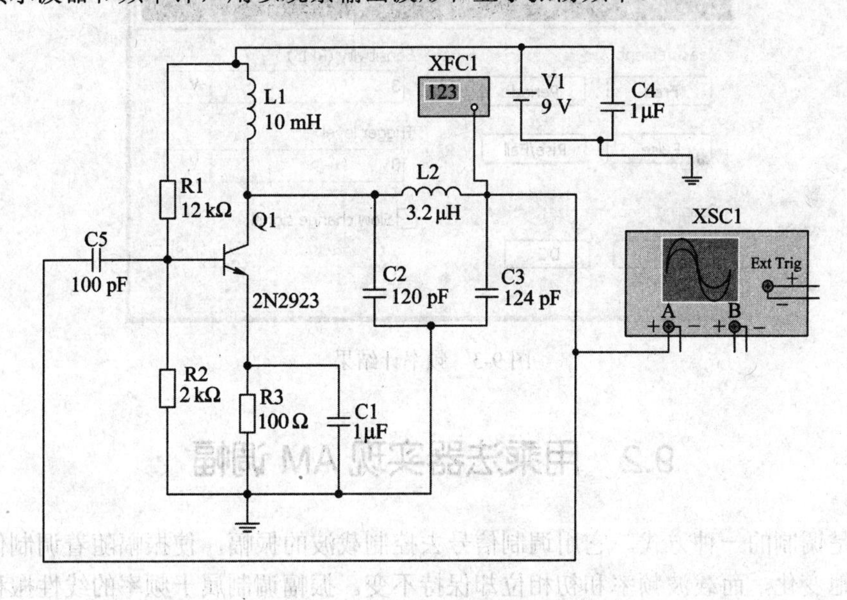

图 9-1　电容三端式振荡器原理图

(2) 运行仿真开关，通过示波器观察该电路的振荡波形，如图 9-2 所示。

(3) 用频率计测得的振荡频率为 10.838 MHz，如图 9-3 所示。

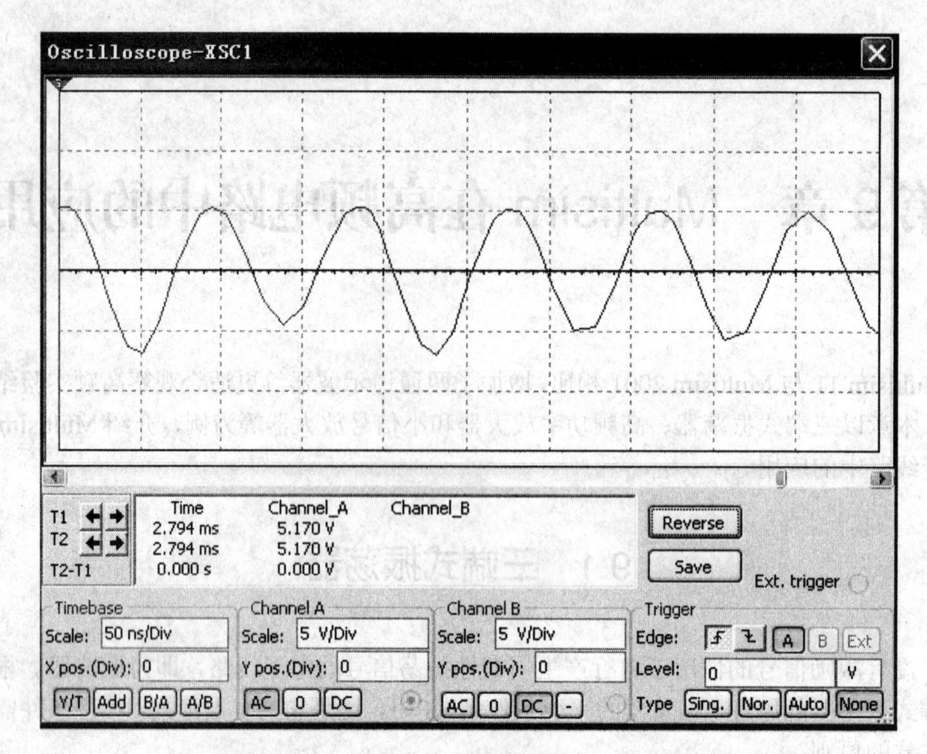

图 9-2　输出波形

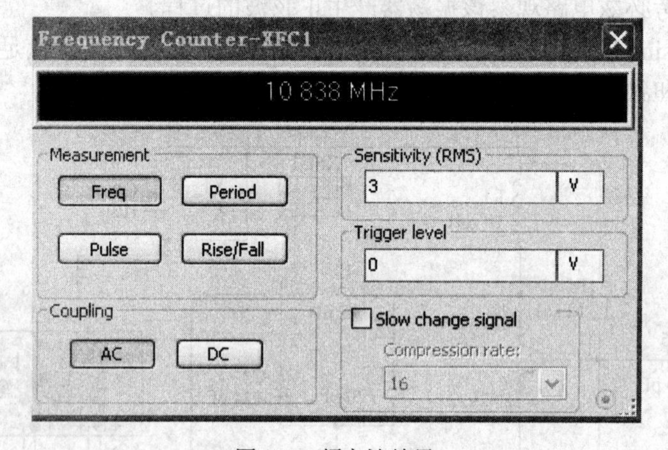

图 9-3　频率计结果

9.2　用乘法器实现 AM 调幅

调幅是调制的一种方式。它用调制信号去控制载波的振幅，使振幅随着调制信号瞬时值而线性地变化，而载波频率和初相位却保持不变。振幅调制属于频率的线性搬移，可以用乘法器来实现。

(1) 在 Multisim 环境下创建如图 9-4 所示电路。其中 V1 是载波信号，V2 是调制信号。

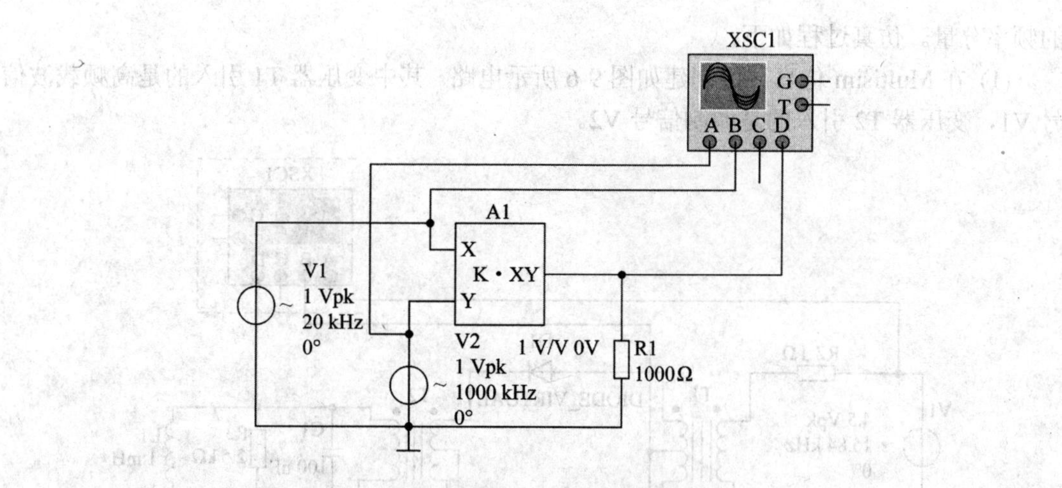

图 9-4　用模拟乘法器实现信号调幅原理电路

(2) 在 Multisim 11 中可以采用四通道示波器同时观察多路输入、输出波形，这里我们同时观察载波信号、调制信号、已调制信号的波形，如图 9-5 所示。

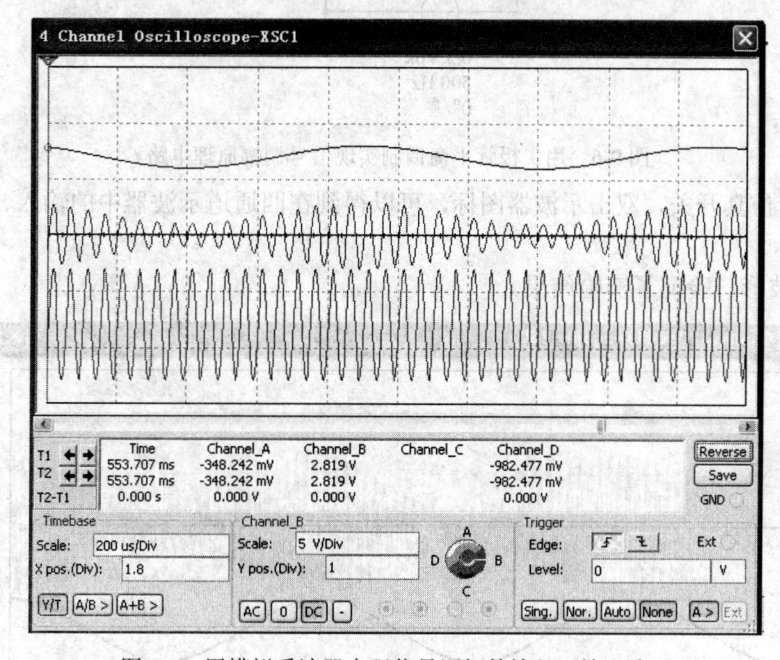

图 9-5　用模拟乘法器实现信号调幅的输入、输出波形

图 9-5 中，最上面的曲线是低频调制信号，最下面的是高频载波，中间的是高频已调制信号。可以看出，已调 AM 信号振幅的变化规律与低频调制信号一致，这与理论分析的结果完全一致。

 9.3　二极管平衡调幅

在 9.2 节我们利用乘法器电路实现了 AM 调制，本节采用二极管平衡电路来实现 AM 调制。在该电路中，两个性能完全一样的二极管与变压器组成了平衡电路，减少了不必要

的频率分量。仿真过程如下：

(1) 在 Multisim 仿真窗口创建如图 9-6 所示电路。其中变压器 T1 引入的是高频载波信号 V1，变压器 T2 引入的是调制信号 V2。

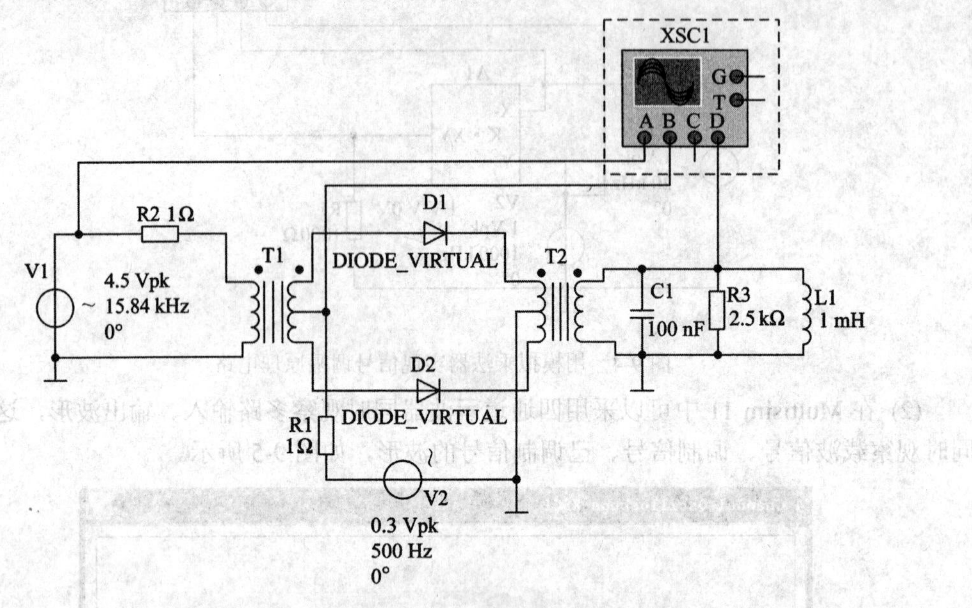

图 9-6 用二极管平衡调制实现信号调幅原理电路

(2) 运行仿真开关，双击示波器图标，可以得到在四通道示波器中的输入、输出波形，如图 9-7 所示。

观察该波形，验证了实验结果。

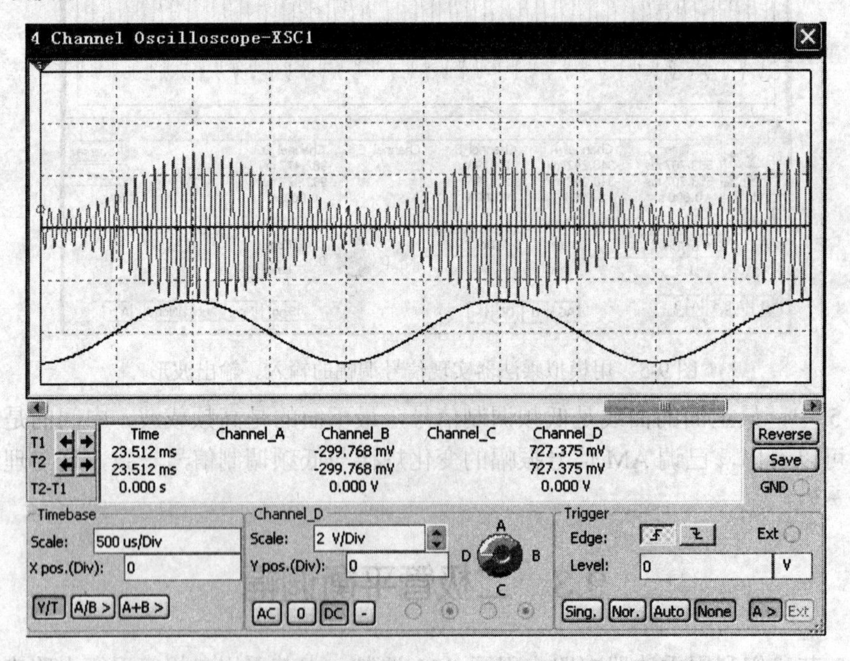

图 9-7 用二极管平衡调制实现信号调幅的输入、输出波形

9.4 DSB 信号的乘法器调制与解调

DSB 信号是抑制了载波信号的双边带信号。对于 DSB 信号，其包络的变化反映了调制信号绝对值的变化。

DSB 信号的解调就是从它幅度的变化上提取调制信号的过程。仿真过程如下：

(1) 在 Multisim 11 环境下创建如图 9-8 所示电路。

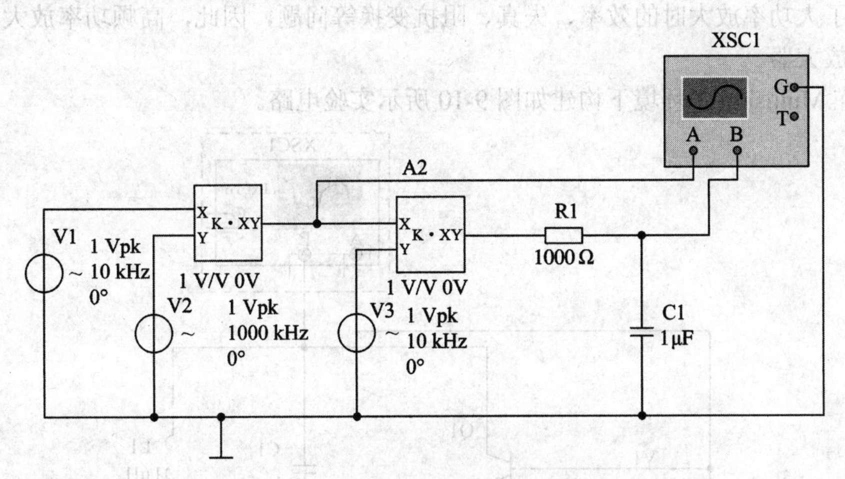

图 9-8　DSB 调制原理电路图

(2) 利用示波器观察输出波形，如图 9-9 所示。

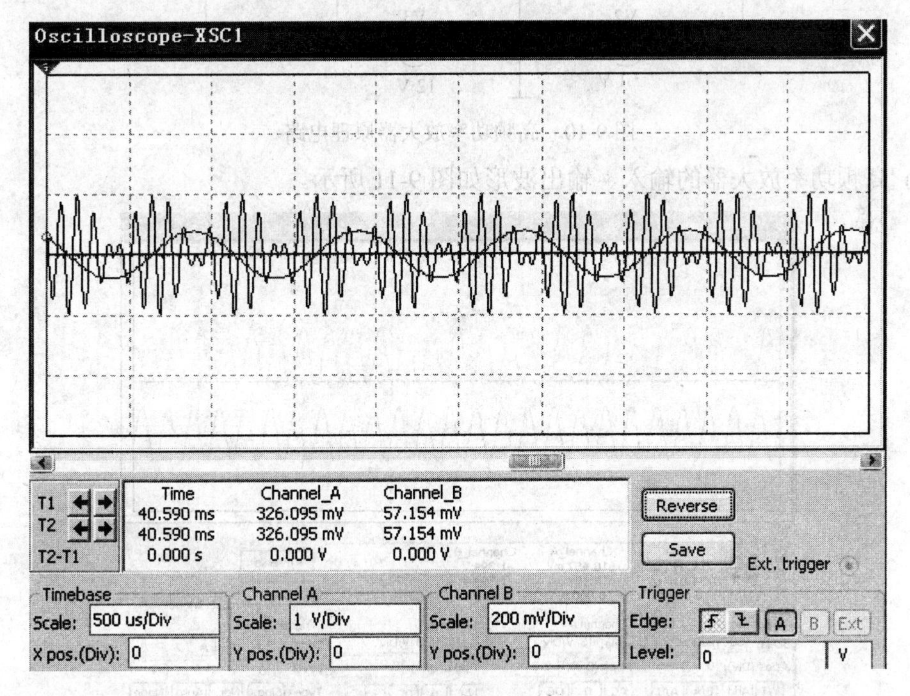

图 9-9　DSB 调制原理输入、输出波形图

从信号输出波形可以看出：载波信号和调制信号经过 A1 乘法器后，产生了有相位突变的 DSB 信号，该信号再经过乘法器 A2 检波，恢复出低频消息信号，从而验证了实验原理。

9.5 高频功率放大器

高频功率放大器主要用于放大高频信号或高频已调波信号，由于采用了谐振回路做负载，解决了大功率放大时的效率、失真、阻抗变换等问题，因此，高频功率放大器又称为谐振功率放大器。

(1) 在 Multisim 11 环境下构建如图 9-10 所示实验电路。

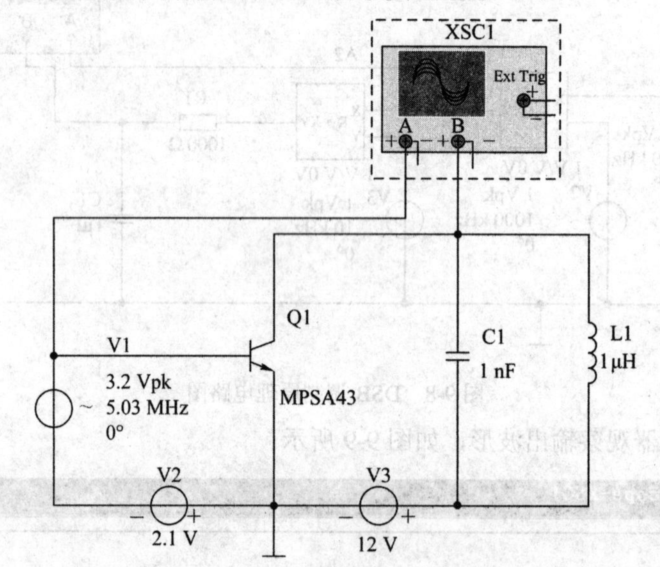

图 9-10　高频功率放大器原理电路

(2) 高频功率放大器的输入、输出波形如图 9-11 所示。

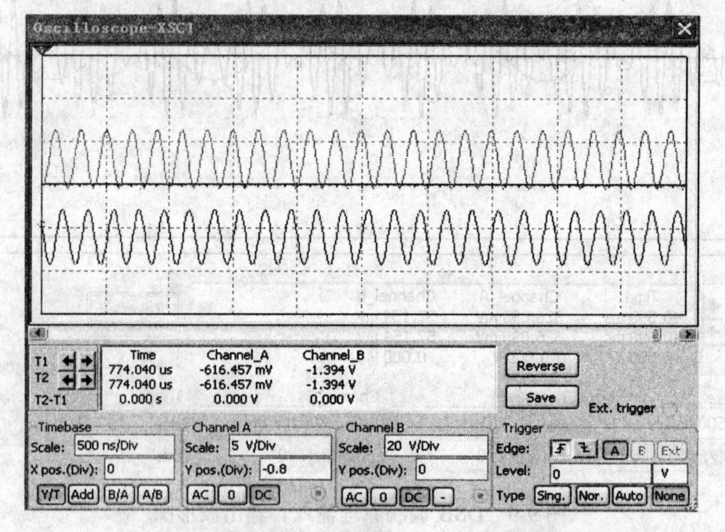

图 9-11　高频功率放大器输入、输出电压波形

(3) 为了观测高频功率放大器的输出电流波形，在三极管的发射极串联一个小电阻。通过观察该电阻的电压波形，可以观测高频功率放大器的输出电流波形。电路如图 9-12 所示。

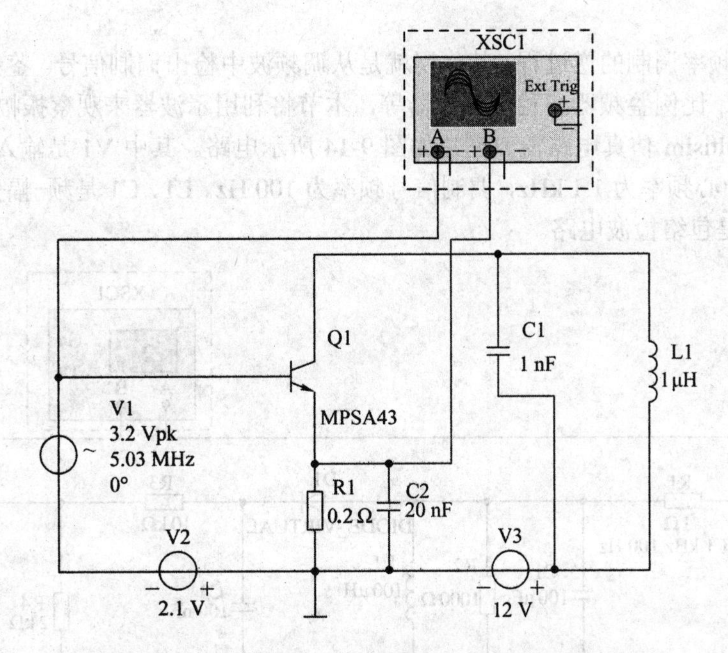

图 9-12　高频功率放大器输出电流测量电路

(4) 在示波器上观察电阻上的输出电压波形，也就是高频功率放大器的输出电流波形，如图 9-13 所示。

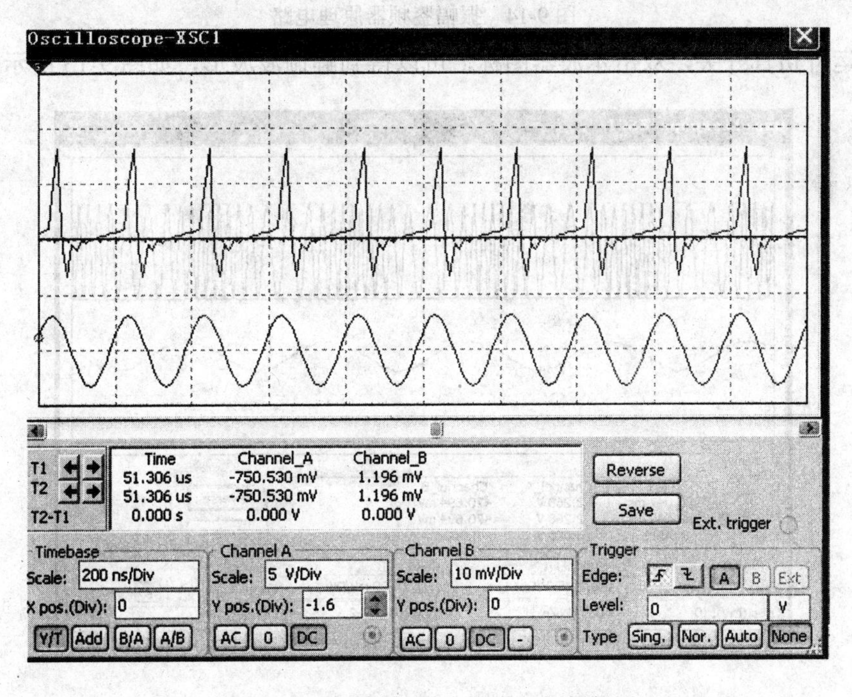

图 9-13　高频功率放大器输出电流波形

高频功率放大器是非线性放大器，我们可以看到实验结果与理论上的分析结论相吻合。

9.6 振幅鉴频器

鉴频器是频率调制的逆过程，其作用就是从调频波中检出调制信号。鉴频器种类很多，有振幅鉴频器、比例鉴频器、相位鉴频器等，本节将利用示波器来观察振幅鉴频过程。

(1) 在 Multisim 仿真电路窗口创建如图 9-14 所示电路。其中 V1 是输入调频波。参数设置为：5 V 中心频率为 1.1 kHz，调制信号频率为 100 Hz。L1、C1 是频-幅变换电路，D1、R4、R3、C2 是包络检波电路。

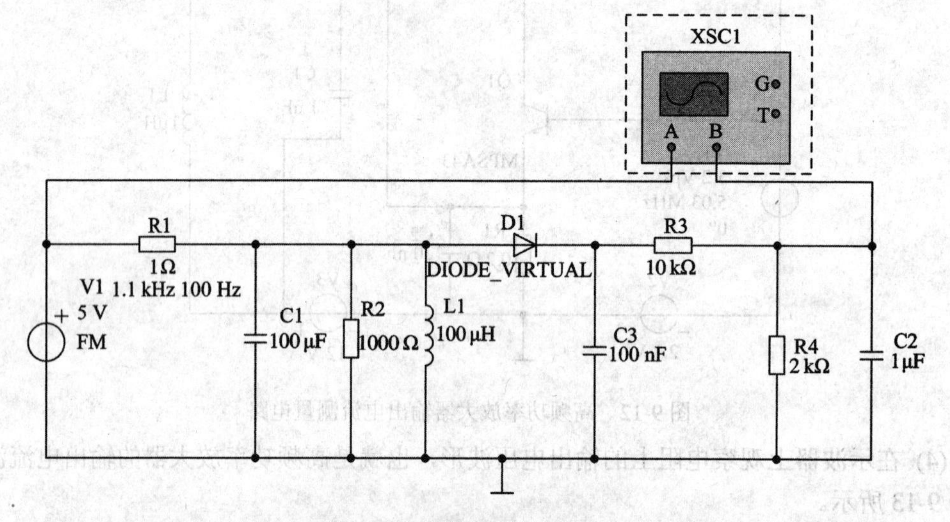

图 9-14　振幅鉴频器原理电路

(2) 运行仿真开关，双击示波器图标，可以得到解调波波形，如图 9-15 所示。

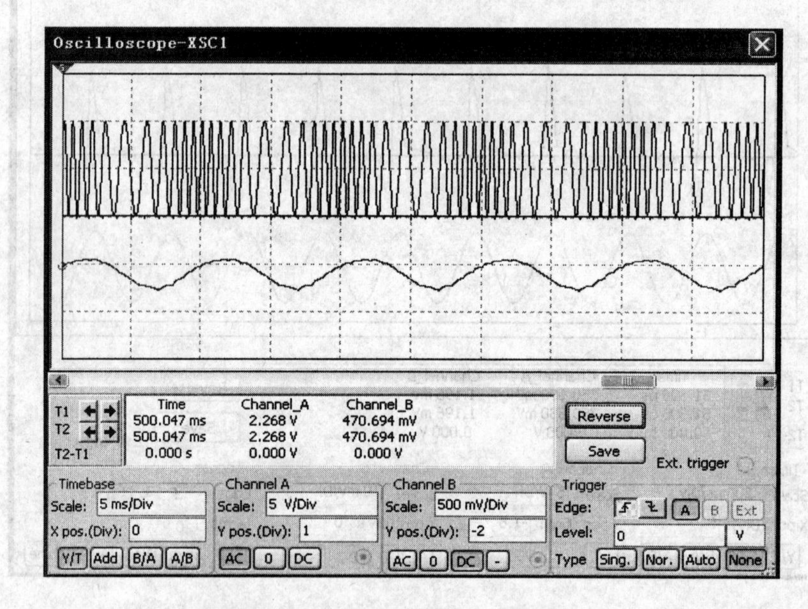

图 9-15　振幅鉴频器输入、输出波形

由输出波形可以看到，输出解调信号反映了调频波的频率变化情况，即跟踪了输入信号的频率，起到了鉴频的作用。

9.7 双调谐小信号调谐放大器

在高频电子线路中，需要对高频小信号进行放大。放大的核心仍然是三极管，但是考虑到极间的电容效应，所以放大时不仅要有直流偏置，还应有调谐电路。

(1) 在 Multisim 环境下创建双调谐回路放大电路，如图 9-16 所示。该电路主要由 L1、L2、C3、C4、C5 等组成。

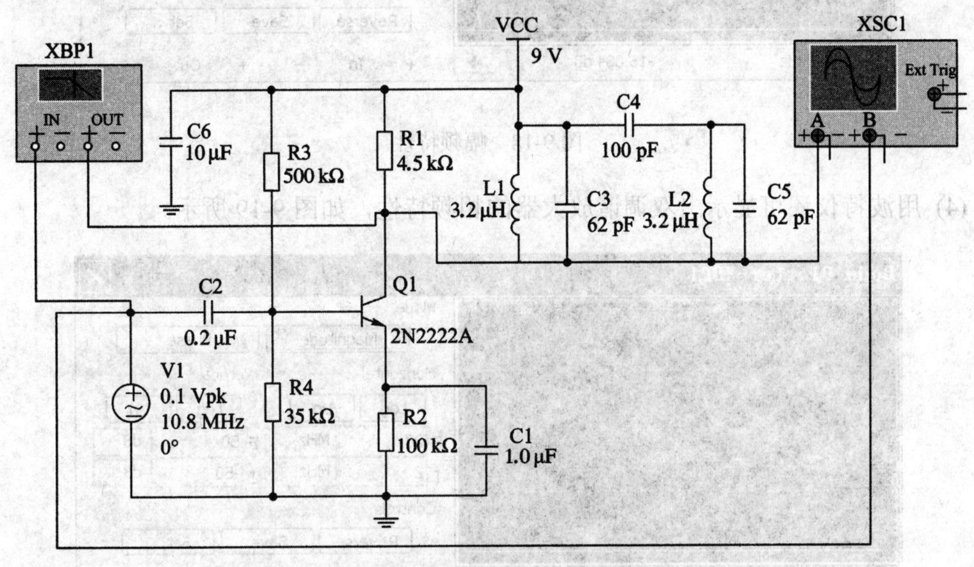

图 9-16 双调谐放大器原理

(2) 运行仿真开关，可以得到调谐回路放大器的输入、输出波形，如图 9-17 所示。

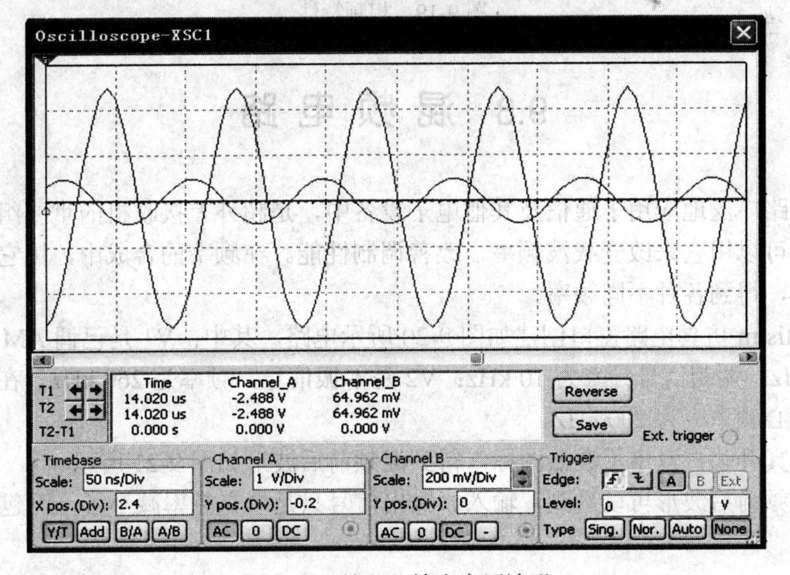

图 9-17 输入、输出电压波形

(3) 双调谐回路放大器比单调谐放大器的通频带宽。用波特仪可显示出双调谐放大器的幅频特性，如图 9-18 所示。

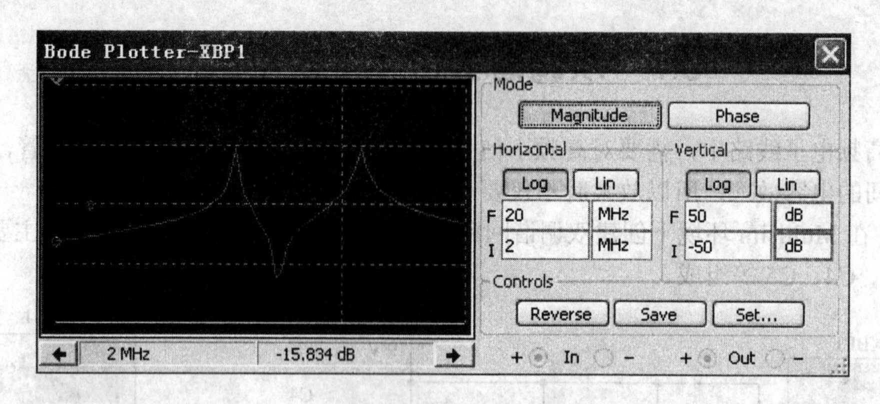

图 9-18　幅频特性

(4) 用波特仪还可显示出双调谐放大器的相频特性，如图 9-19 所示。

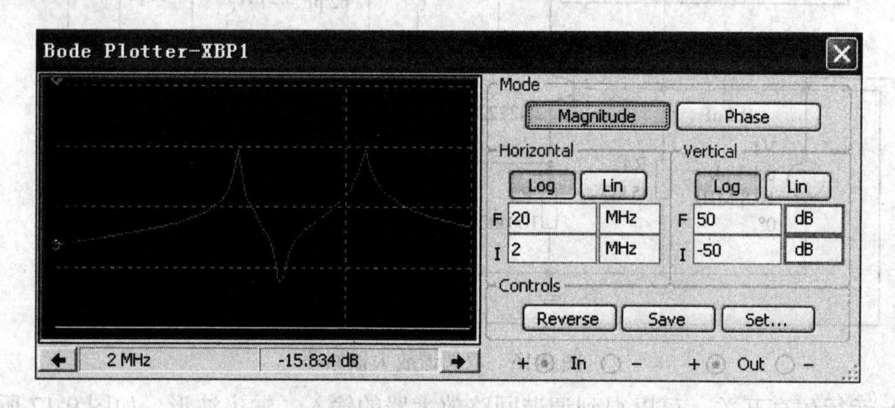

图 9-19　相频特性

9.8　混 频 电 路

混频电路广泛地应用于通信及其他电子设备中，是超外差接收机的重要组成部分。在发射设备中可以用它来改变载波频率，改善调制性能。在频率的合成中，用它可实现频率的加减运算，得到各种不同频率。

在 Multisim 仿真电路窗口创建如图 9-20 所示电路。其中：V1 是已调 AM 波，载波频率为 200 kHz，调制信号频率为 10 kHz；V2 是本振信号，频率是 260 kHz。在向下的混频中，输出中心频率应为 200 kHz。

运行仿真开关，双击示波器图标，得到混频前后波形如图 9-21 所示。

观察混频前后波形可以看到，输入、输出信号只是填充频率减小了，而包络相同。

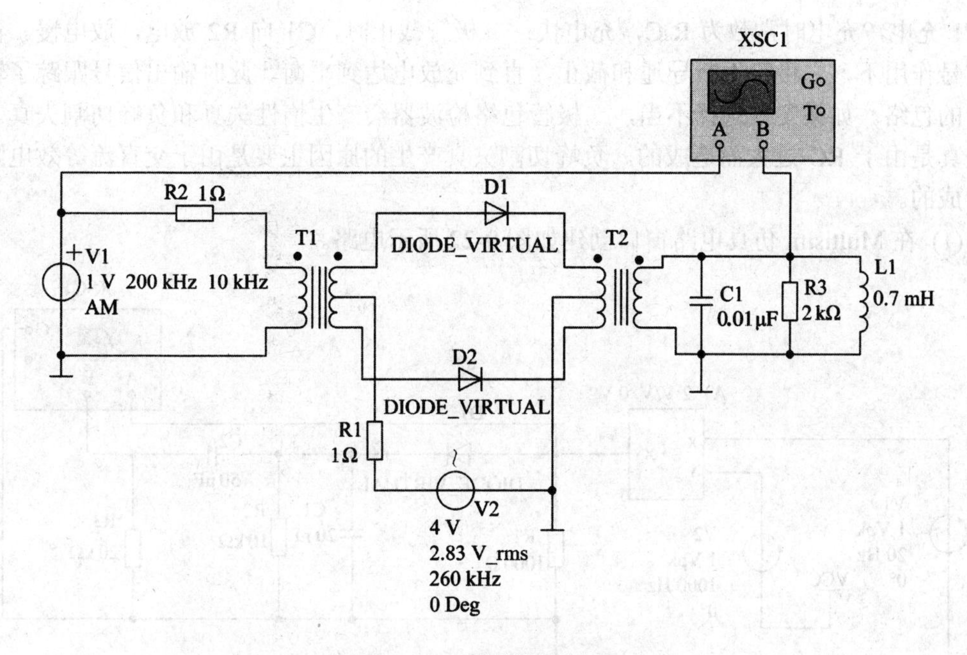

图 9-20　二极管混频电路

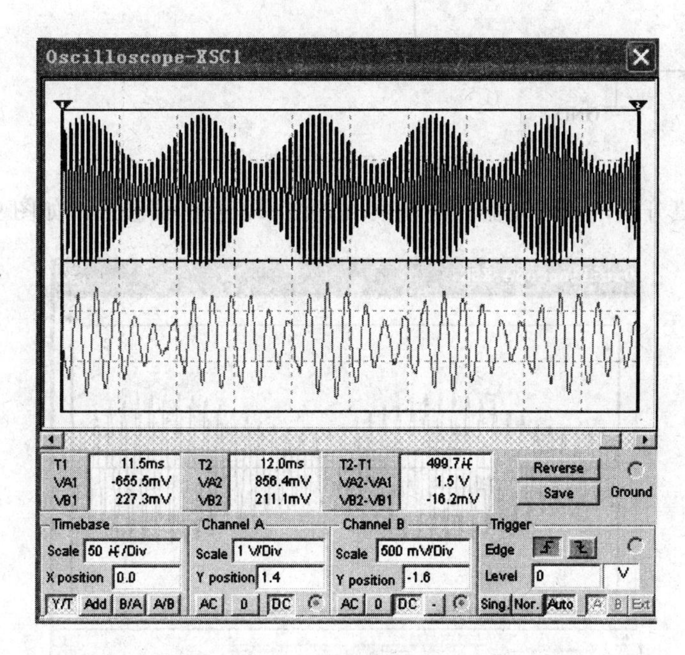

图 9-21　混频前后波形

9.9　二极管包络检波器

包络检波器在电子线路中是一种很常用的电路。本节将利用示波器，观测包络检波器的检波作用和失真情况。

二极管包络检波器主要由二极管和 RC 低通滤波电路组成。二极管导通时，输入信号向 C1 充电，充电时常数为 R_dC，充电快；二极管截止时，C1 向 R2 放电，放电慢。在输入信号作用下，二极管不断导通和截止，直到充放电达到平衡。此时输出信号跟踪了输入信号的包络。如果参数选择不当，二极管包络检波器会产生惰性失真和负峰切割失真。惰性失真是由于 RC 过大而造成的。负峰切割失真产生的原因主要是由于交直流等效电阻不同造成的。

(1) 在 Multisim 仿真电路窗口创建如图 9-22 所示电路。

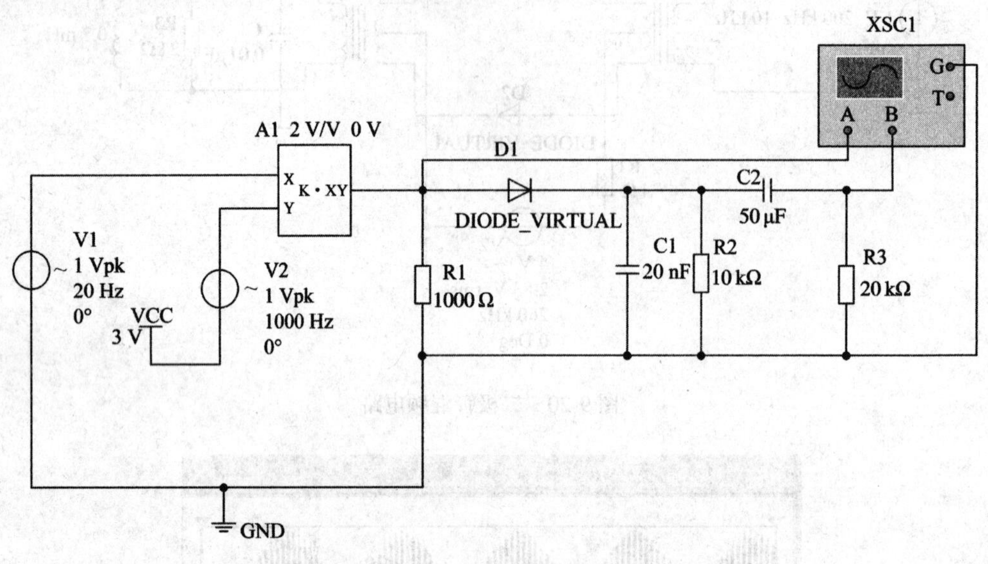

图 9-22　包络检波器电路

(2) 运行仿真开关，在示波器界面观察 AM 波形以及解调波形，如图 9-23 所示。

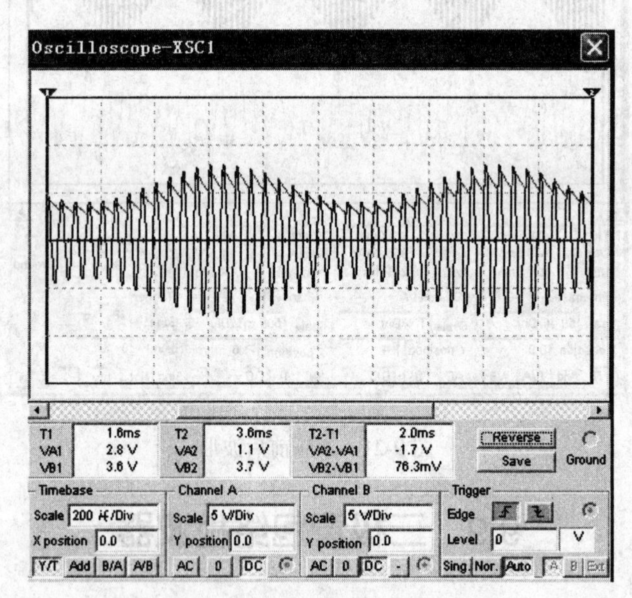

图 9-23　包络检波器输出波形

由输入、输出波形可以看出，输出信号跟踪了输入信号包络的变化情况。

(3) 适当改变电阻 R1 的值和输入信号调幅度，观察惰性失真情况下的输出波形，如图 9-24 所示。

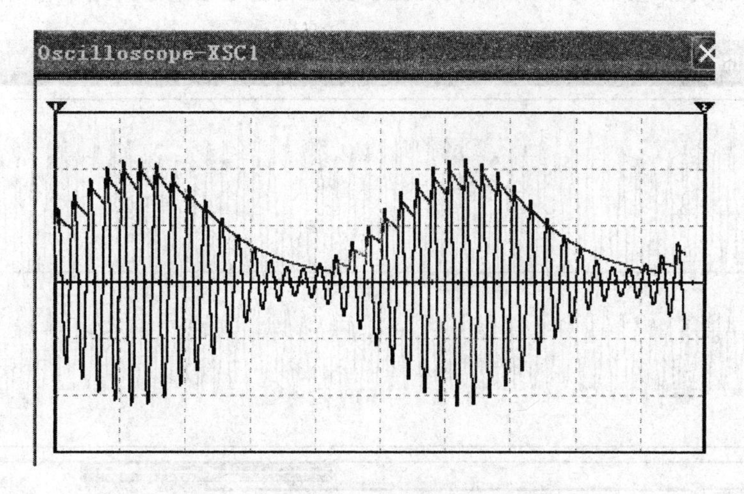

图 9-24　包络检波器惰性失真波形

9.10　非线性电路的时变分析法

如果在非线性器件工作点上作用了两个交流信号，一个是大信号，一个是小信号，那么可以使用非线性电路的时变分析法进行分析。

(1) 构建非线性电路的时变分析法仿真电路，如图 9-25 所示。其中，V3 给二极管提供直流偏置电压，V1 是高频大信号，V2 是低频调制信号。示波器的两个通道分别接非线性电路的时变分析法仿真电路的输入和输出端。

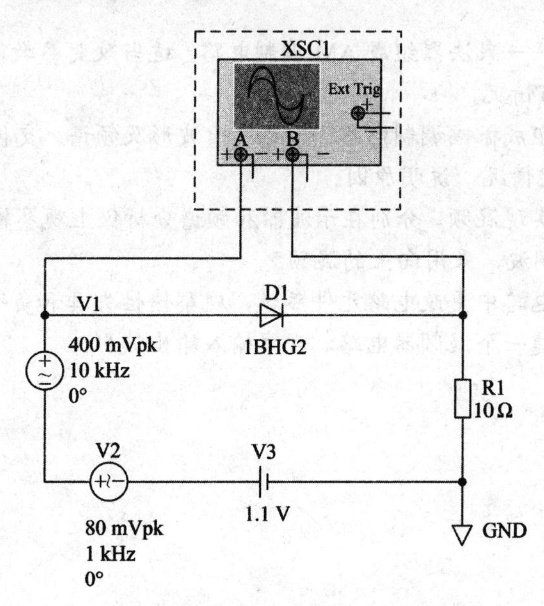

图 9-25　非线性电路的时变分析电路

(2) 运行仿真开关，打开示波器显示面板，得到波形如图 9-26 所示。可以看到输入、输出信号经过非线性电路后，频谱结构发生了变化，这与理论分析结果相一致。

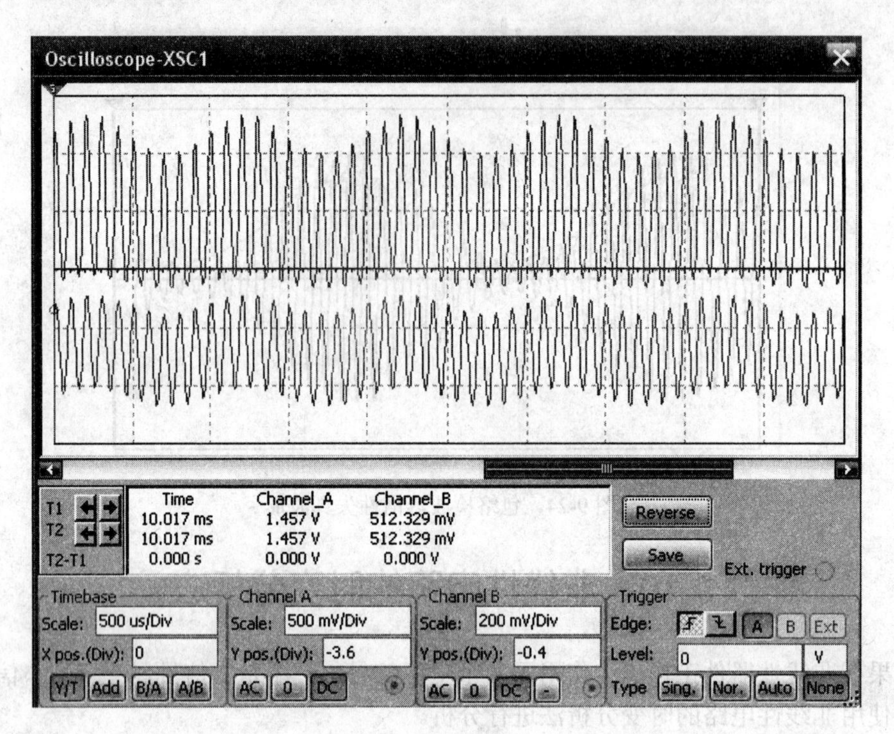

图 9-26　非线性电路的输入、输出波形

习　题

1. 用非线性器件——乘法器组成 AM 调制电路。适当改变参数，观察恰调幅和过调幅波形，并观察频谱分布情况。

2. 用二极管电路组成振幅调制电路，观察输出波形及频谱。交换调制信号和载波信号位置，再观察结果变化情况，说明原因。

3. 用二极管电路实现混频，分别在示波器和频谱分析仪上观察输出波形和频谱分布情况。要求输入 AM 已调波，采用向上的混频。

4. 在包络检波器电路中更改电路元件参数，观察惰性失真和负峰切割失真。

5. 用场效应管创建一个混频器电路，观察输入输出波形。

第10章　Multisim在大学生电子竞赛中的应用

Multisim作为一款常用的EDA仿真软件在大学生电子设计竞赛中得到了广泛的使用。本章作者结合多年指导大学生电子设计竞赛的经验，通过分析2009年和2010年的两道竞赛题，对Multisim在电子系统设计中的应用作进一步的介绍。

10.1　低频功率放大器

(2009年全国大学生电子竞赛—高职高专组G题)

10.1.1　低频功率放大器的设计要求及评分标准

1．任务

设计并制作一个低频功率放大器，要求末级功放管采用分立的大功率MOS晶体管。

2．要求

1) 基本要求

(1) 当输入正弦信号电压有效值为5 mV时，在8 Ω电阻负载(一端接地)上，输出功率不小于5W，输出波形无明显失真。

(2) 通频带为20 Hz～20 kHz。

(3) 输入电阻为600 Ω。

(4) 输出噪声电压有效值U_{on}≤5 mV。

(5) 尽可能提高功率放大器的整机效率。

(6) 具有测量并显示低频功率放大器输出功率(正弦信号输入时)、直流电源的供给功率和整机效率的功能，测量精度优于5%。

2) 发挥部分

(1) 低频功率放大器通频带扩展为10 Hz～50 kHz。

(2) 在通频带内低频功率放大器失真度小于1%。

(3) 在满足输出功率不小于5 W、通频带为20 Hz～20 kHz的前提下，尽可能降低输入信号幅度。

(4) 设计一个带阻滤波器，阻带频率范围为40～60 Hz。在50 Hz频率点输出功率衰减不小于6 dB。

(5) 其他。

3．说明

(1) 不得使用 MOS 集成功率模块。

(2) 本题输出噪声电压定义为输入端接地时，在负载电阻上测得的输出电压，测量时使用带宽为 2 MHz 的毫伏表。

(3) 本题功率放大电路的整机效率定义为：功率放大器的输出功率与整机的直流电源供给功率之比。电路中应预留测试端子，以便测试直流电源供给功率。

(4) 发挥部分(4)制作的带阻滤波器通过开关接入。

(5) 设计报告正文中应包括系统总体框图、核心电路原理图、主要流程图、主要测试结果。完整的电路原理图、重要的源程序用附件给出。

4．评分标准(见表 10-1)

表 10-1　竞赛题一的评分标准

	项　目	主要内容	满分
设计报告	系统方案	总体方案设计	4
	理论分析与设计	电压放大电路设计 输出级电路设计 带阻滤波器设计 显示电路设计	8
	电路与程序设计	总体电路图；工作流程图	3
	测试方案与测试结果	调试方法与仪器 测试数据完整性 测试结果分析	3
	设计报告结构及规范性	摘要；设计报告正文的结构 图表的规范性	2
	总分		20
基本要求	实际制作完成情况		50
发挥部分	完成第(1)项		10
	完成第(2)项		10
	完成第(3)项		15
	完成第(4)项		10
	其他		5
	总分		50

10.1.2　低频功率放大器设计与 Multisim 仿真

1．方案设计

1) 系统总体框图

本系统由前级小信号放大电路、前置及功率放大电路、检测电路、单片机测量电路、LED 数字显示器等构成。系统主要模块如图 10-1 所示。

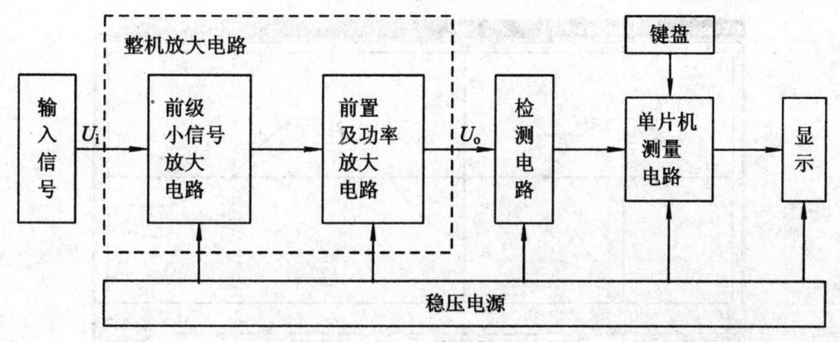

图 10-1　系统框图

2) 方案论证

(1) 方案一：全部采用分立元件，如果电路选择得好，元器件性能优越，则性能指标可能高过集成元件，但电路复杂，调试困难。

(2) 方案二：前级放大电路采用合适的集成运放电路，比如选择集成运放 OP37，后级按题目要求采用大功率的 MOS 管。与方案一相比，本方案可以使后级电路相对简单，易于调试。

综上所述，采用方案二能更好地完成本题目的要求。

2．电路设计与 Multisim 仿真

1) 前级小信号放大电路

根据题目要求，当输入正弦信号电压有效值为 5 mV 时，在 8 Ω 电阻负载上，输出功率不小于 5 W。由于输出功率 $P_o = (1/2) \times (U_{om}^2 / R_L)$，则计算出 $U_{om} \geqslant 8.95$ V，即输出电压的有效值大于 6.3 V，那么整个系统的电压放大倍数 $A_V \geqslant 6.3/0.005 = 1260$，即 $A_V \geqslant 62$ dB。考虑到整个系统的增益问题，要留有一定的富余量，前级小信号放大电路的电压放大倍数约取 100 倍，功放的前置放大电路的电压放大倍数约为 15 倍，所以前级小信号放大电路采用由集成运放 OP37AL 组成的放大电路实现。依据理论分析，前级小信号放大电路的仿真电路如图 10-2 所示，其仿真结果如图 10-3 所示。

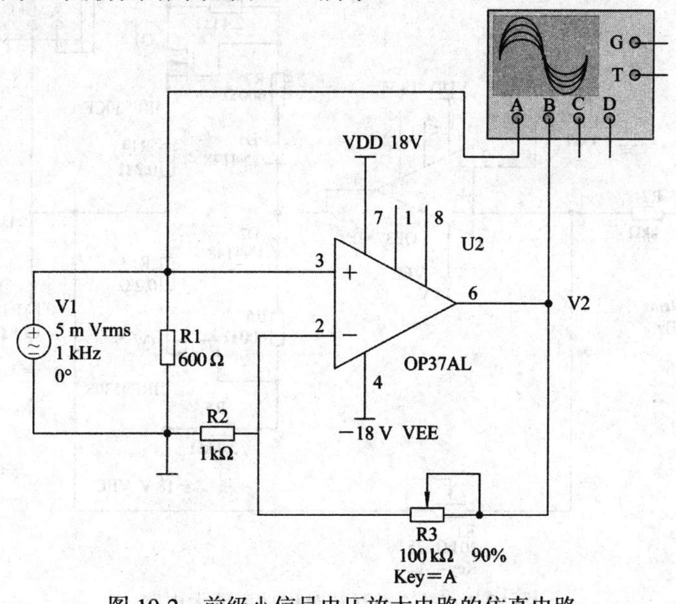

图 10-2　前级小信号电压放大电路的仿真电路

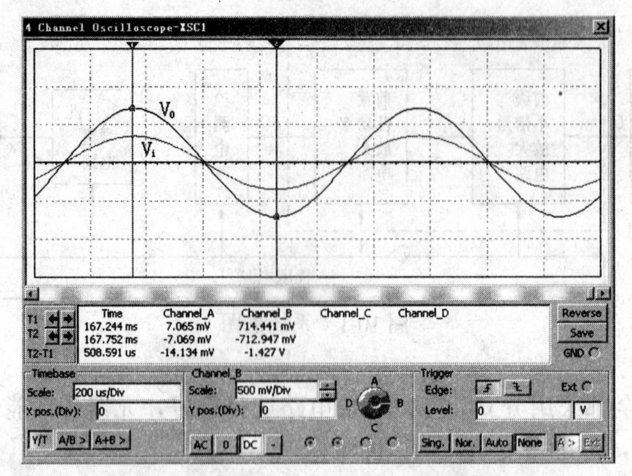

图 10-3　前级小信号电压放大电路输出波形

从输出波形图可以看出，当 A 通道的输入正弦信号电压有效值为 5 mV 时，B 通道的输出信号幅度可以达到 714.441 mV(有效值约为 505 mV)，因此前级小信号放大电路的电压放大倍数约为 101 倍，达到了理论设计要求。

2) 前置及功率放大电路的设计

由于题目要求末级功放管采用分立元件，考虑到效率及失真度等因素，决定采用甲乙类互补对称功率放大电路来实现。在两个功率管加适当的基极偏置电压，使两管在静态时处于微导通状态。动态时，由于二极管 D1、D2 的交流电阻很小，管压降接近零，因此对称管两基极之间可视为等电位点，两只管轮流导通，在负载上可得到完整的正弦波。整个系统功放的前置放大电路的电压放大倍数约为 15 倍，末级功率放大部分采用 IRF530 和 IRF9530 组成对管，构成的甲乙类互补对称功率放大电路如图 10-4 所示，仿真输出波形如图 10-5 所示。

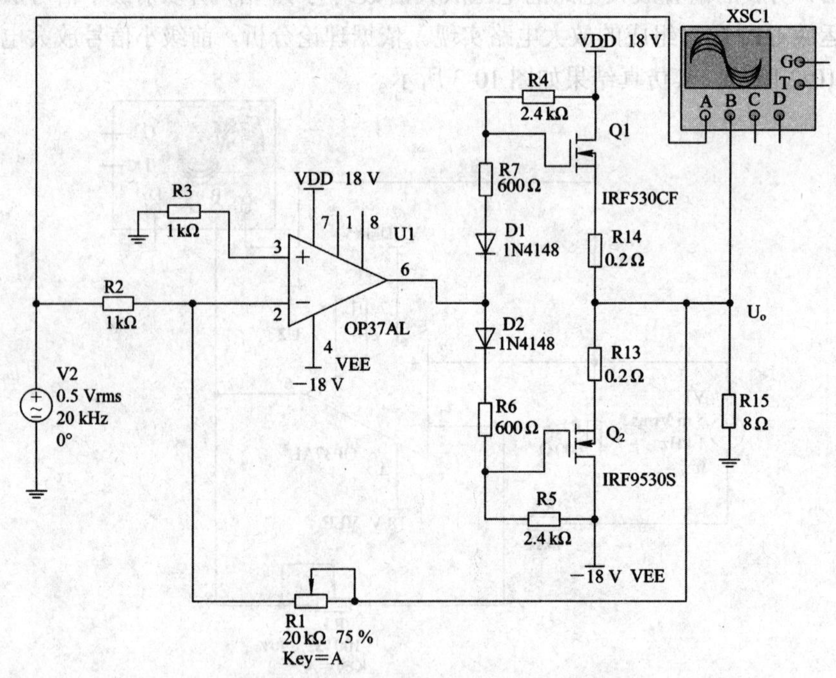

图 10-4　甲乙类互补对称功率放大电路

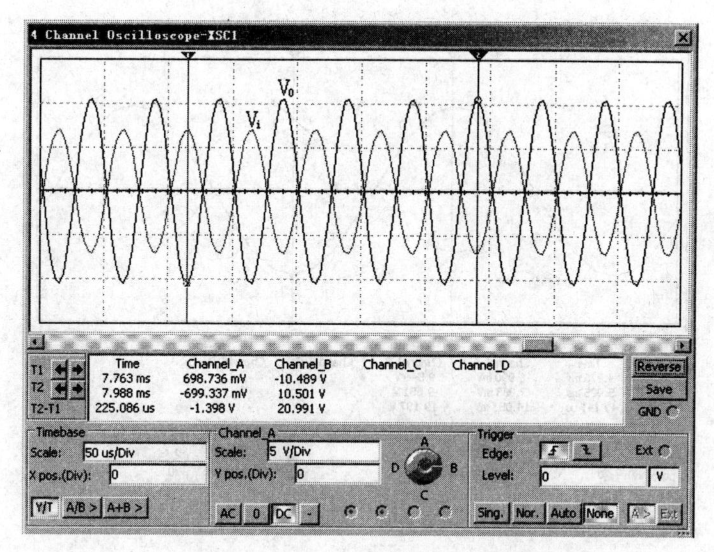

图 10-5 功率放大电路仿真输出波形

从输出波形可以看出，当 A 通道的输入正弦信号电压为 699.337 mV(有效值为 500 mV)时，B 通道的输出信号幅度可以达到 10.501 V(有效值约为 7.42 V)，因此前置及功率放大电路的电压放大倍数约为 15 倍，达到了理论设计要求。

3) 整机放大电路的设计

整机放大电路采用由 OP37AL 组成的两级电压放大电路，其功率放大部分用 IRF530CF 和 IRF9530S 组成对管。整机放大电路的 Multisim 仿真电路如图 10-6 所示，仿真输出波形如图 10-7 所示。

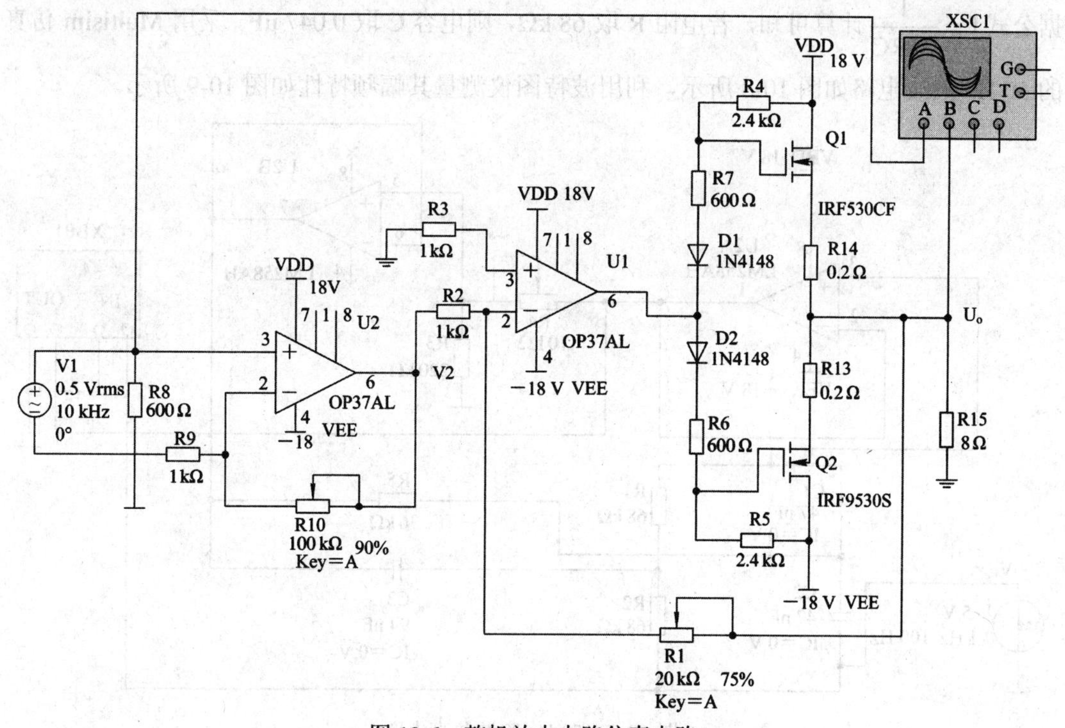

图 10-6 整机放大电路仿真电路

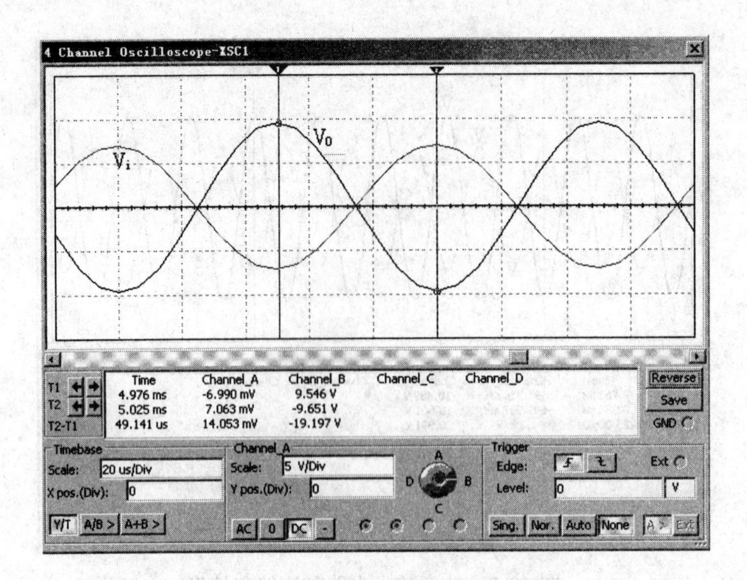

图 10-7　整机放大电路仿真输出波形

从输出波形可以看出，当 A 通道的输入正弦信号电压为 7.063 mV(有效值为 5 mV)时，B 通道的输出信号幅度可以达到 9.651 V(有效值约为 6.83 V)，因此放大电路的电压放大倍数约为 1366 倍，在 8 Ω 电阻负载上，输出功率不小于 5 W。所以该电路达到了理论设计要求。

4) 带阻滤波器设计(发挥部分，选做)

采用双 T 型 RC 选频网络和运放构成带阻滤波器，带阻频率范围为 40～60 Hz。为了使 50 Hz 频率点的输出功率衰减最大(要求 50 Hz 频率点的输出功率衰减不小于 6 dB)，根据公式 $f=\dfrac{1}{2\pi RC}$ 计算可知，若电阻 R 取 68 kΩ，则电容 C 取 0.047 μF。采用 Multisim 仿真的 50 Hz 陷波电路如图 10-8 所示，利用波特图仪测量其幅频特性如图 10-9 所示。

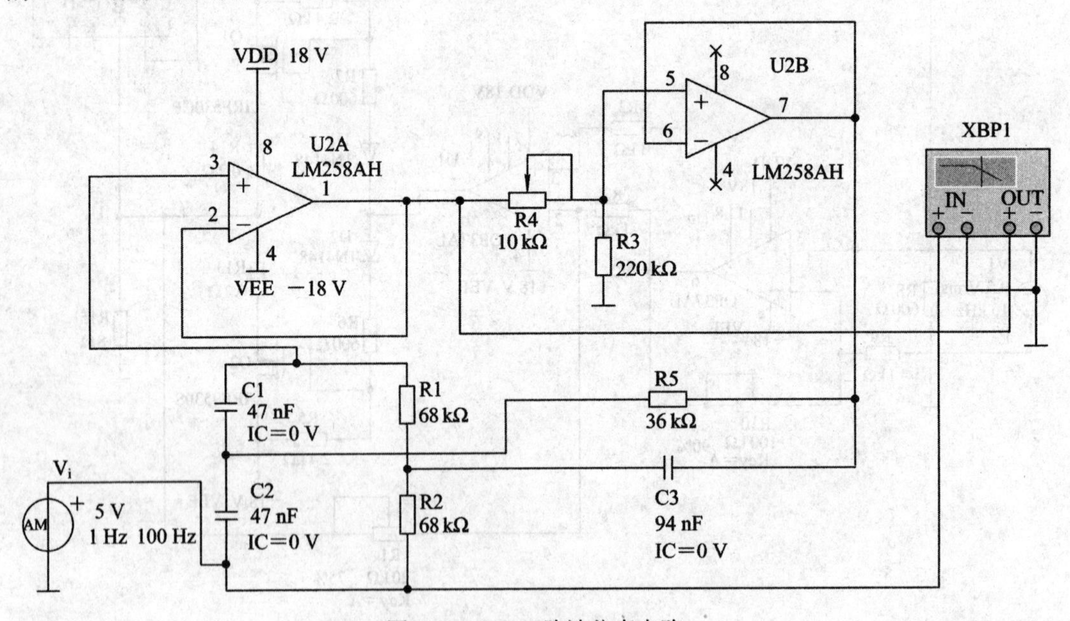

图 10-8　50 Hz 陷波仿真电路

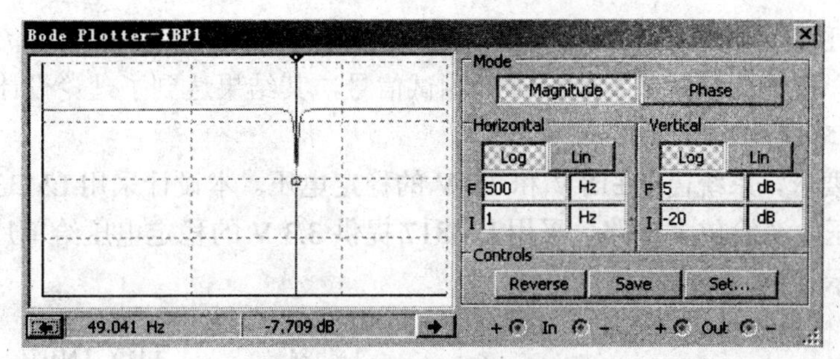

图 10-9　陷波电路幅频特性

从幅频特性波形可以看出，在 50 Hz 频率点的输出衰减最大。调整电位器 R4，就可以调整衰减幅度。

5) 检测电路设计

根据题目要求，需要对电压、电流、功率进行测量并以数字形式显示，而单片机采集的信号为直流信号，因此需要采用精密整流电路，为单片机提供合适的测试信号(保证整流输出的电压范围为 0～3.3 V)。精密半波整流电路的 Multisim 仿真电路如图 10-10 所示，仿真波形如图 10-11 所示。

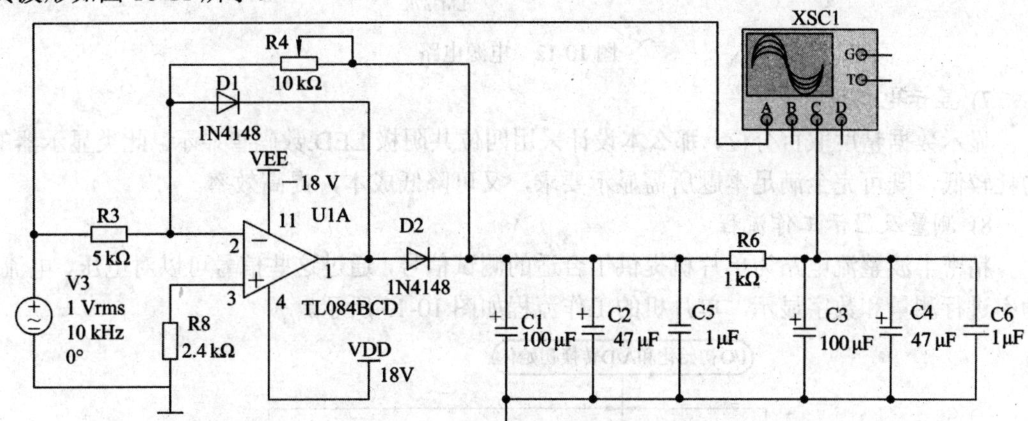

图 10-10　精密半波整流仿真电路

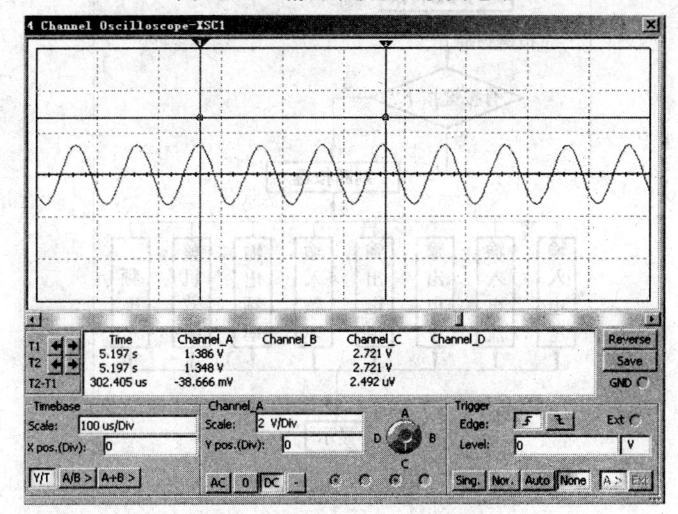

图 10-11　精密半波整流电路仿真波形

从输出波形图可以看出，C 通道的输出信号为 2.721 V，保证了整流输出的电压在0～3.3 V 范围，能够为单片机提供合适的测试信号，其结果达到了理论设计要求。

6) 电源电路设计

依据设计要求，系统需要±18 V 和 3.3 V 的稳定电压。本设计采用 LM337、LM1084 提供±18 V 的稳压电源给放大电路，采用 LM317 提供 3.3 V 的稳定电压给单片机供电。电路如图 10-12 所示。

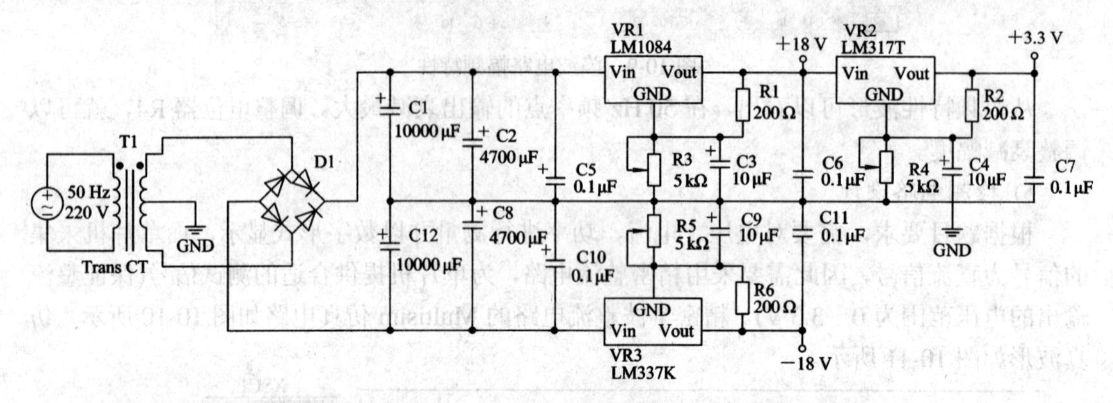

图 10-12　电源电路

7) 显示电路设计

显示数据精度取百分位，那么本设计采用四位共阴极 LED 数码管显示。此类显示器的功耗较低，既可完全满足本题所需显示要求，又可降低成本，提高效率。

8) 测量及显示工作流程

精密半波整流电路为单片机提供了合适的测试信号，通过这些信号可以对电压、电流、功率进行测量和数字显示。单片机的工作流程如图 10-13 所示。

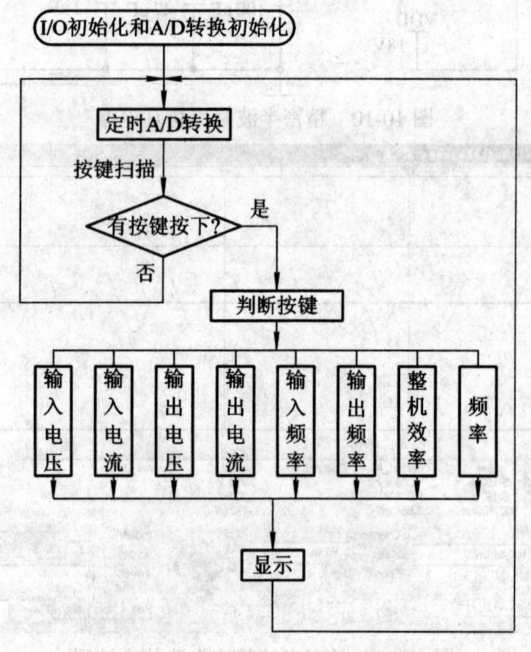

图 10-13　单片机工作流程图

3. 样机测试方案与测试结果

采用 Multisim 仿真大大缩短了设计周期，为实际电路的设计搭建提供了理论依据。但是 Multisim 仿真都是按照理想情况处理信号的，而实际电路在许多时候是非理想情况，而且可能还会出现自激振荡、焊点虚焊等问题。

样机测试采用的仪器设备包括 KH4116 失真器、DW3061(DT9205)数字万用表、DS1052E 示波器、F40 数字信号发生器、DF2170A 毫伏表。测量数据及方法如下。

1) 功率和通频带测试

在功率放大电路输出端加上 8 Ω 负载，用数字信号发生器 F40 在输入端加上 5 mV 正弦信号，调节两个衰减电位器 R10、R1，使输出波形刚好不失真，用数字万用表 DT9205 测得输出电压，如表 10-2 所示。

表 10-2　功率测试数据(条件：$R_L = 8\ \Omega$，$U_i = 5$ mV)

f_{in}/Hz	10	20	50	100	200	500
U_o/V	10.9	10.8	10.7	10.5	10.2	10.3
波形	均无明显失真					
f_{in}/Hz	1 k	2 k	5 k	10 k	20 k	50 k
U_o/V	10.0	9.7	9.5	9.4	9.3	9
波形	均无明显失真					

由测试数据可以看出，$U_{om} \geq 9$ V，由功率输出公式 $P_o = \frac{1}{2} \times (\frac{U_{om}^2}{R_L})$ 可得，在 8 Ω 电阻负载上的输出功率不小于 5 W。由测试波形可以看出输出均无明显失真，因此功率和通频带(10 Hz～50 kHz)均满足题目要求。

2) 失真度测试

方法：用失真器 KH4116 测量出失真度。测试数据如表 10-3 所示。

表 10-3　失真度测试数据(条件：$R_L = 8\ \Omega$，$U_i = 5$ mV)

f_{in}/Hz	10	20	50	100	200	500
失真度	0.98%	0.99%	0.97%	0.94%	0.97%	0.96%
f_{in}/Hz	1 k	2 k	5 k	10 k	20 k	50 k
失真度	0.96%	0.95%	0.98%	0.96%	0.97%	0.98%

由测试数据可知，在通频带内的失真度可以达到小于 1%的指标。

3) 噪声测量

把信号输入端短路，用毫伏表测量输出端电压。测试数据如表 10-4 所示。

表 10-4　噪声测量数据

f_{in}/Hz	10	20	50	100	500	1 k
U_o/mv	5.2	4.8	4.7	4.5	4.3	4
f_{in}/Hz	2 k	5 k	10 k	20 k	50 k	
U_o/mv	4.1	4.3	4.3	4.4	4.2	

题目要求输出噪声电压有效值 U_{on} 不大于 5 mV，由测试数据可以看出，输出噪声基本达到要求。

4) 陷波电路

输入电压 $U_i=5$ V，用示波器观察输出波形得到如表 10-5 所示数据。

表 10-5　50Hz 陷波测试数据

频率/Hz	10	20	30	40	50	60	70	80
输出/V	4.4	4.4	4.0	2	400 m	2	4.1	3.68

题目要求阻带频率范围为 40～60 Hz，在 50 Hz 频率点的输出功率衰减不小于 6 dB。由测试数据可以看出，陷波电路已达到要求。

5) 效率

当 $U_{om}=10.4$ V，f = 500 Hz，VDD=18 V 时，电源供给功率为

$$P_E=\frac{2}{\pi}\frac{U_{om}}{R_L}VDD=14.9\ W$$

输出功率为

$$P_o=\frac{1}{2}\times\frac{U_{om}^2}{R_L}=6.8\ W$$

效率为

$$\eta=\frac{P_o}{P_E}=45.6\%$$

4. 总结

综合上述测试结果可以发现，本设计不仅完成了题目基本部分的要求，还较好地完成了题目发挥部分的要求，整个系统没有出现自激，工作稳定、可靠。

10.2　信号波形合成实验电路

(2010 年 TI 杯模拟电子系统专题邀请赛 C 题)

10.2.1　信号波形合成实验电路试题

1. 任务

设计制作一个电路，能够产生多个不同频率的正弦信号，并将这些信号合成为近似方波和其他信号。电路示意图如图 10-14 所示。

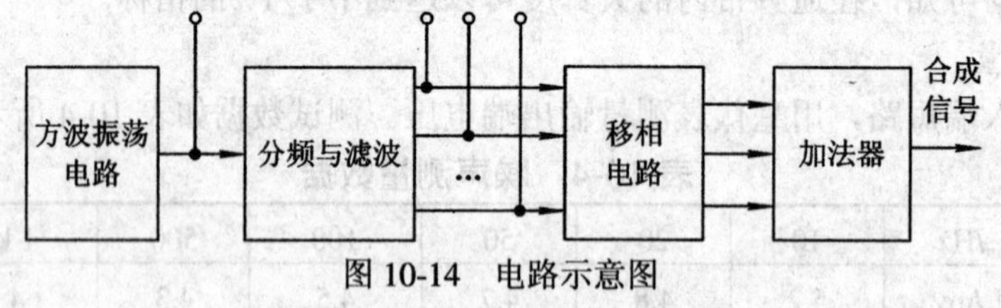

图 10-14　电路示意图

2. 要求

1) 基本要求

(1) 方波振荡器的信号经分频与滤波处理，同时产生频率为 10 kHz 和 30 kHz 的正弦波信号，这两种信号应具有确定的相位关系。

(2) 产生的信号波形无明显失真，幅度峰峰值分别为 6 V 和 2 V。

(3) 制作一个由移相器和加法器构成的信号合成电路，将产生的 10 kHz 和 30 kHz 正弦波信号，作为基波和 3 次谐波，合成为一个近似方波，波形幅度为 5 V。合成波形的形状如图 10-15 所示。

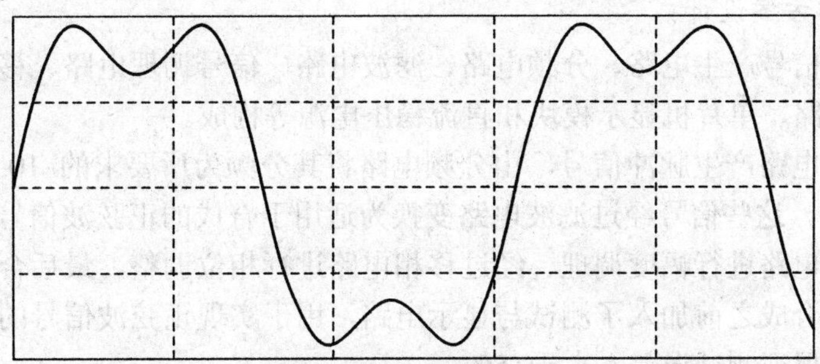

图 10-15 利用基波和 3 次谐波合成的近似方波

2) 发挥部分

(1) 再产生 50 kHz 的正弦信号作为 5 次谐波，参与信号合成，使合成的波形更接近于方波。

(2) 根据三角波谐波的组成关系，设计一个新的信号合成电路，将产生的 10 kHz、30 kHz 等各个正弦信号，合成为一个近似的三角波形。

(3) 设计制作一个能对各个正弦信号的幅度进行测量和数字显示的电路，测量误差不大于±5%。

(4) 其他。

3. 评分标准(见表 10-6)

表 10-6 竞赛题二的评分标准

	项 目	分数
设计报告	系统方案	2
	理论分析与计算	9
	电路与程序设计	8
	测试方案与测试结果	8
	设计报告结构及规范性	3
	小 计	30
基本要求	完成第(1)项	12
	完成第(2)项	12
	完成第(3)项	26
	小 计	50
发挥部分	完成第(1)项	10
	完成第(2)项	20
	完成第(3)项	15
	完成第(4)项	5
	小 计	50
总 分		130

10.2.2 信号波形合成电路设计与 Multisim 仿真

1. 方案设计

1) 系统总体方案设计

系统主要由信号产生电路、分频电路、滤波电路、信号调理电路、移相电路、信号合成电路、检测电路、单片机显示模块和直流稳压电源等构成。

首先由振荡电路产生脉冲信号，由分频电路将其分频为所要求的 10 kHz、30 kHz、50 kHz 方波信号，这些信号经过滤波电路变换为适用于合成的正弦波信号，然后正弦波信号通过信号调理电路进行幅度调理、经过移相电路进行相位调整，最后合成为近似方波和三角波。在波形合成之前加入了测试与显示电路，用于实现正弦波信号的幅值测试及结果的显示功能，且保证测试误差不大于±5%。

系统框图如图 10-16 所示。

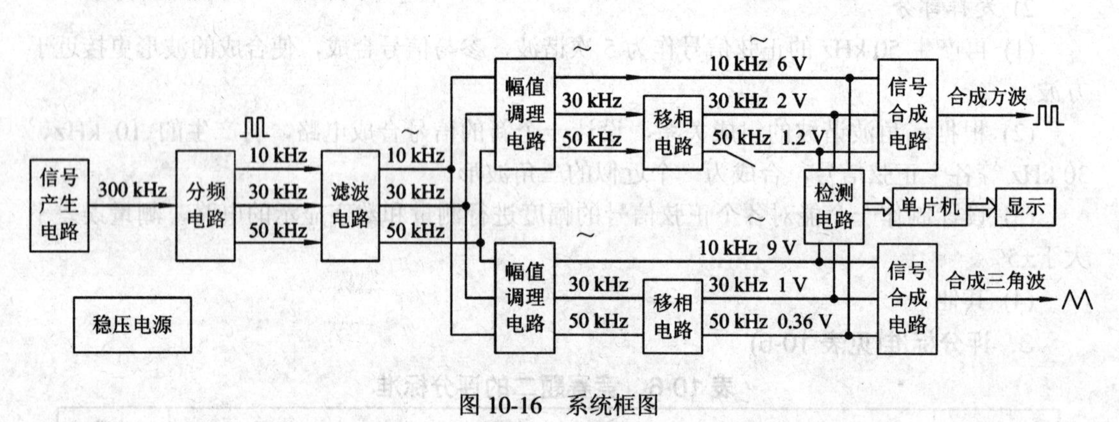

图 10-16 系统框图

2) 系统的稳定性

系统采用了抗干扰措施来提高稳定性，这些措施包括：系统大部分采用印制板，减小寄生电容和寄生电感，印制板采用铜板大面积接地，减小地回路；级间采用同轴电缆相连，避免级间干扰和高频自激。这些措施大大提高了系统的稳定性。

2. 电路设计与 Multisim 仿真

1) 信号产生电路

方案一：采用 N555 定时器构成多谐振荡器。其频率 $f = 0.7(R_1+2R_2)C$。

方案二：采用与非门(或者非门)与 RC 反馈支路构成多谐振荡器。它由两级与非门/非门和电容构成，依靠电容的充放电引起输入端阈值的变化来输出矩形脉冲，其频率 $f = \dfrac{1}{2.2RC}$。

方案三：采用 ICL8038 单片压控函数发生器产生设计中要求的方波。改变 ICL8038 的调制电压，可以实现数控调节，其振荡范围为 0.001 Hz～300 kHz，且外围电路较为简单，成本较低。

综上所述，选择方案三比较合适。

根据题目要求，波形合成需要 10 kHz、30 kHz、50 kHz 的对称方波。因为 10、30、50 的公倍数为 150，而波形合成需要对称方波，所以振荡电路需要产生 $150\times2=300$ kHz 的脉冲信号。

现选择以 ICL8038 为核心的信号发生电路，则输出信号频率与电路外围电阻、电容的关系为

$$f=\frac{1}{t_1+t_2}=\frac{1}{\dfrac{R_A C}{0.66}\left(1+\dfrac{R_B}{2R_A-R_B}\right)}$$

现选择：$R_A=R_B$，则 $f=\dfrac{0.33}{RC}$。经计算，$R\approx1.62\ \text{k}\Omega$，$C=680$ pF。

振荡电路如图 10-17 所示。

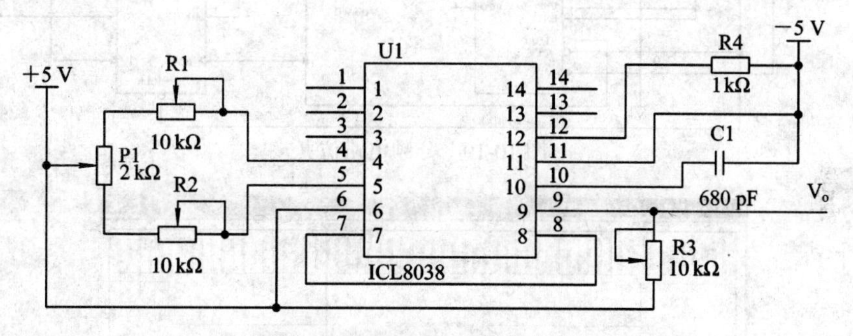

图 10-17　ICL8038 振荡电路

经检测，该电路稳定性好，输出信号的频率、幅度均满足题目要求。

2) 分频电路

既然信号产生电路产生的是脉冲信号，那么可采用计数器分频，其电路简单且精度高。

15 分频、5 分频、3 分频电路由计数器 74LS161 实现，2 分频电路由 D-FF 实现，其原理如图 10-18 所示。

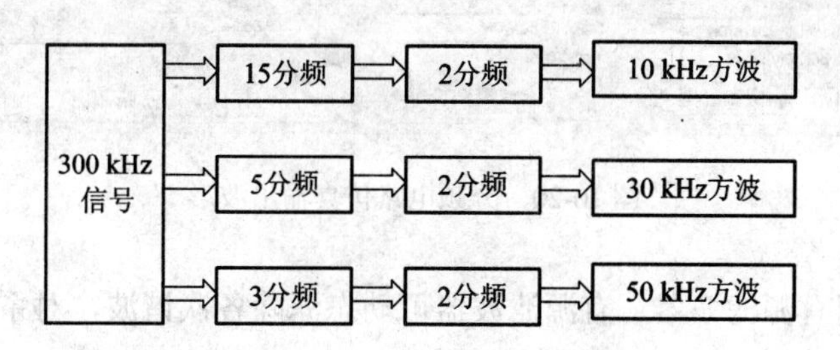

图 10-18　分频电路原理图

采用 Multisim 进行仿真的电路如图 10-19 所示，其中“Key=A”为清零开关。仿真输出波形如图 10-20 所示。

从输出波形可以看出，当输入 300 kHz 信号时，从 B 通道输出 10 kHz 信号，从 C 通道输出 30 kHz 信号，从 D 通道输出 50 kHz 信号，分频结果达到了理论设计要求。

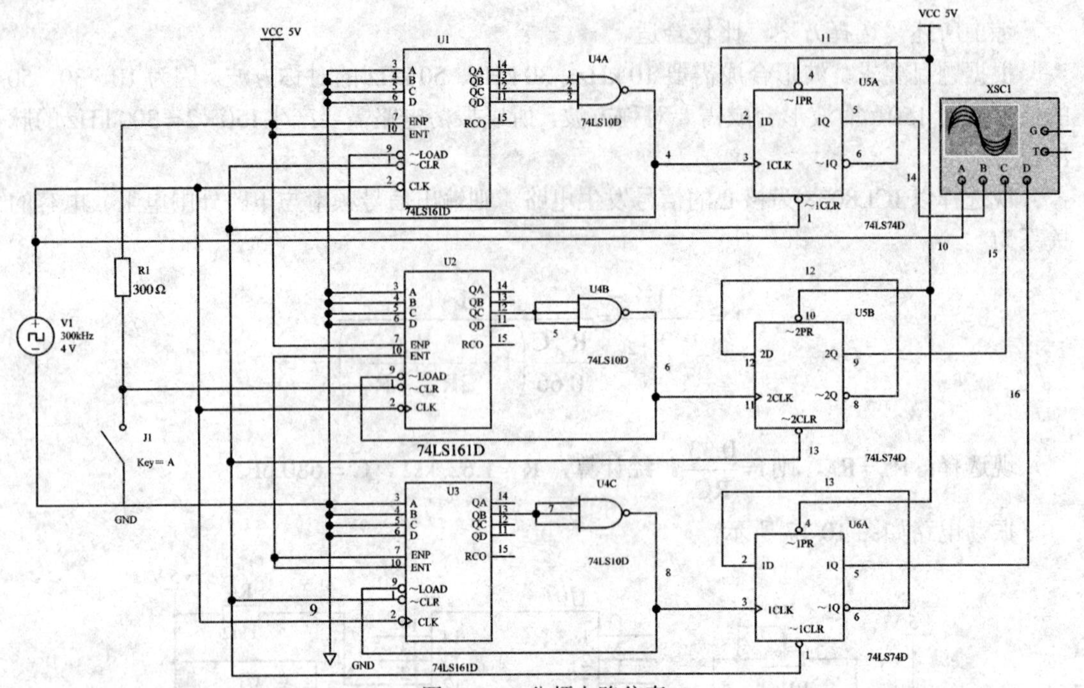

图 10-19　分频电路仿真

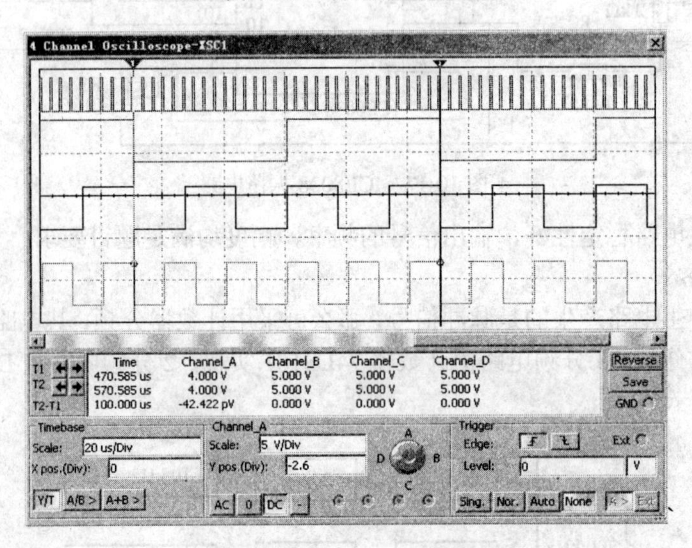

图 10-20　分频电路仿真输出波形

3) 滤波电路

方案一：采用有源滤波器。有源滤波器可动态滤除各次谐波，对系统内的谐波能够完全吸收，不会产生谐振。

方案二：采用 LC 滤波器。LC 滤波器无需额外提供电源，但滤波电路较为复杂，不易实现。

综上所述，选择方案一，由 TL084 低通滤波器实现滤波。

由谐振条件知，$\omega C = {}^{1}\!/_{\omega L}$，$C = {}^{1}\!/_{\omega^2 L} = {}^{1}\!/_{(2\pi f)^2 L}$，当 f = 10 kHz 时，如果取 L=1 mH，

则电容 C ≈ 253 nF=(220+33) nF。采用 Multisim 进行仿真滤波的电路如图 10-21 所示，仿真输出波形如图 10-22 所示。

当频率为 30 kHz，取 L=1 mH，则可计算出 30 kHz 滤波电路中的电容 C 大小。

当频率为 50 kHz，取 L=1 mH，则可计算出 50 kHz 滤波电路中的电容 C 大小。

只要计算好电路中器件的参数，就可以设计出 30 kHz 滤波电路和 50 kHz 滤波电路。

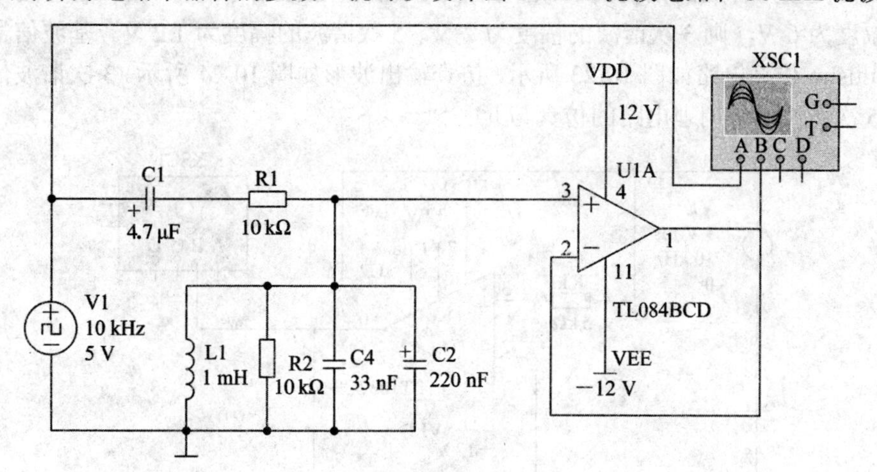

图 10-21　滤波仿真电路

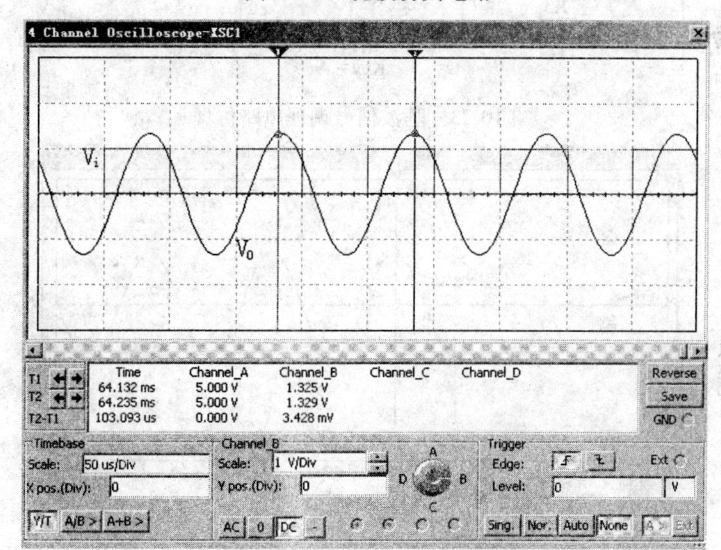

图 10-22　滤波电路的仿真输出波形

从输出波形可以看出，B 通道输出的正弦波达到了理论设计要求。

4) 信号调理电路

要合成近似方波，需借助傅立叶级数展开式。方波信号的傅立叶级数展开式为

$$f(t)=\frac{4}{\pi}\left[\sin(\omega t)+\frac{1}{3}\sin(3\omega t)+\frac{1}{5}\sin(5\omega t)+\cdots+\frac{1}{n}\sin(n\omega t)+\cdots\right], n=1,3,5,\cdots$$

由上式可以看出，基波、3 次谐波、5 次谐波是组成方波的主要频率，即只需求出 10 kHz、30 kHz、50 kHz 这三个频率的相位和幅度信息，即可合成近似方波。那么上面的傅立叶级

数展开式可以简化为

$$f=\frac{4}{\pi}\sin(\omega t)+\frac{4}{3\pi}\sin(3\omega t)+\frac{4}{5\pi}\sin(5\omega t)$$

所以，在合成方波时，要使基波、3 次谐波、5 次谐波的幅度满足 1∶1/3∶1/5 的比例。

为了满足波形合成的幅度要求，这里需要对三路正弦波信号进行调理。这里假设 10 kHz 基波的幅度为 6 V，则 3 次谐波的幅度为 2 V，5 次谐波的幅度为 1.2 V。基波信号调理电路的 Multisim 仿真电路如图 10-23 所示，仿真输出波形如图 10-24 所示。3 次谐波信号调理电路和 5 次谐波信号调理电路的仿真与此类似。

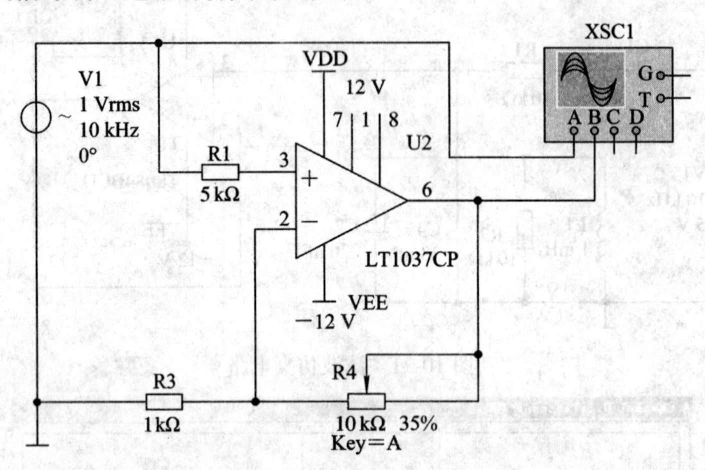

图 10-23　基波信号调理电路仿真

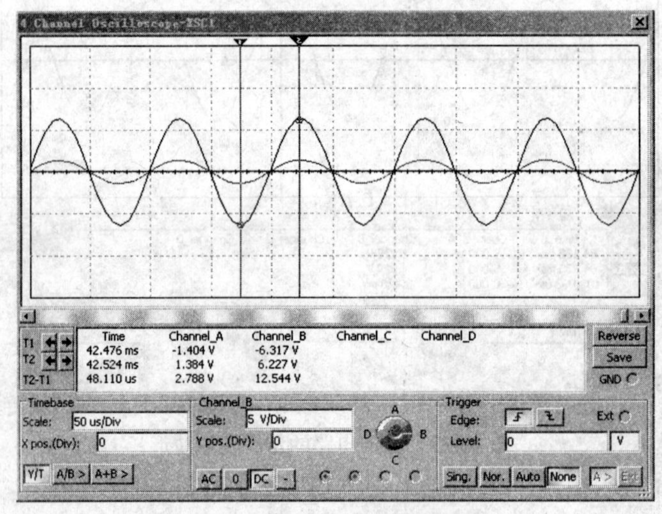

图 10-24　基波信号调理仿真输出波形

从输出波形可以看出，B 通道的输出信号可以达到 6.317 V，达到了理论设计的要求。

同理，当合成近似三角波时，三角波信号的傅立叶级数展开式为：

$$f(t)=\frac{8}{\pi^2}U_m\left(-\cos(\omega t)-\frac{1}{9}\cos(3\omega t)-\frac{1}{25}\cos(5\omega t)-\cdots\right)$$

其中，U_m 是三角波的幅值。不难得出所需的三个频率的相位和幅度信息。简化后的三角波

信号的傅立叶级数展开式为

$$f(t)=-\frac{8}{\pi^2}\cos(\omega t)-\frac{8}{9\pi^2}\cos(3\omega t)-\frac{8}{25\pi^2}\cos(5\omega t)$$

由理论分析可知，基波、3 次谐波、5 次谐波也是组成三角波的主要频率，在合成三角波时，要使基波、3 次谐波、5 次谐波幅度满足 1∶1/9∶1/25 的比例。同样为了满足波形合成的幅度要求，这里也需要对三路正弦波信号进行调理。这里假设 10 kHz 基波的幅度为 9 V，则 3 次谐波的幅度为 1 V，5 次谐波的幅度为 0.36 V。基波信号调理电路、3 次谐波信号调理电路、5 次谐波信号调理电路与图 10-23 所示电路类似。

5) 移相电路

由于电路存在附加相移，由前面的理论分析可知，波形合成的初相为零，因此必须添加移相电路。这里采用简单的 RC 移相电路，利用开关可选择相位超前或滞后的信号。基波、3 次谐波、5 次谐波信号的移相电路如图 10-25 所示，仿真输出波形如图 10-26 所示。

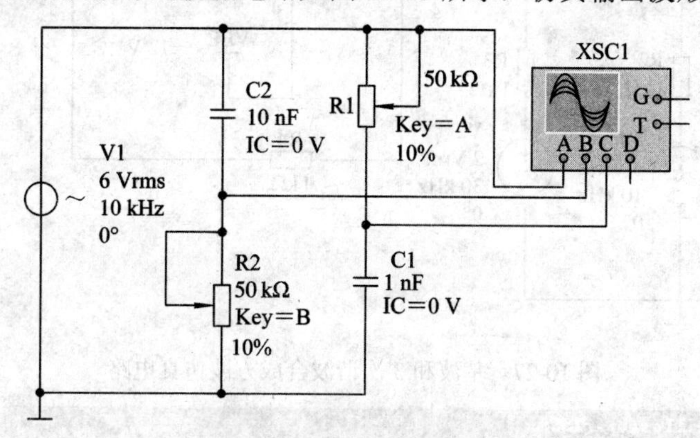

图 10-25　移相仿真电路

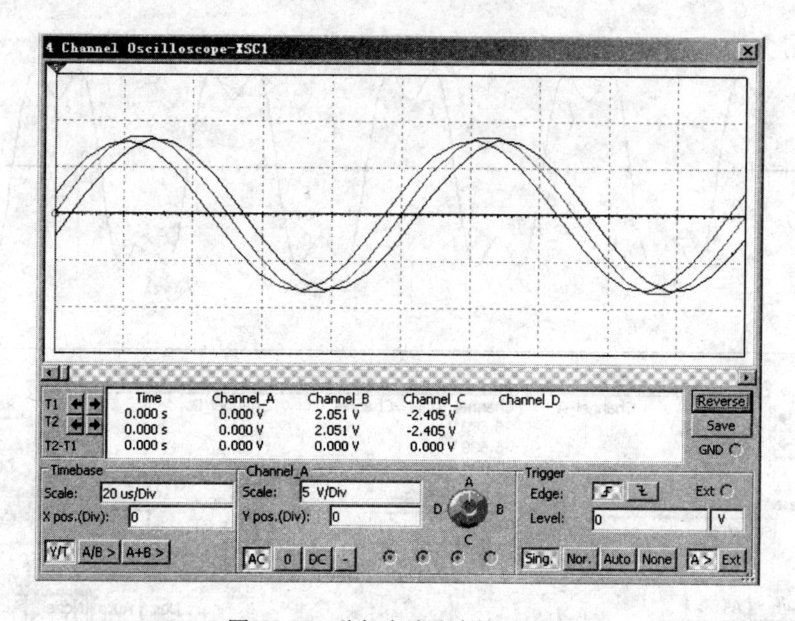

图 10-26　移相电路仿真输出波形

从输出波形可以看出，B 通道输出信号的相位超前 A 通道，而 C 通道输出信号的相位滞后 A 通道。通过调节电位器来调整相位，可使信号在合成时具有相同的初相。

6) 信号合成电路

采用由运放构成的反相加法器，可实现信号的合成，其电路简单。

(1) 将产生的 10 kHz 和 30 kHz 正弦波信号作为基波和 3 次谐波，合成一个近似方波，采用 Multisim 仿真的电路如图 10-27 所示，仿真输出波形如图 10-28 所示。

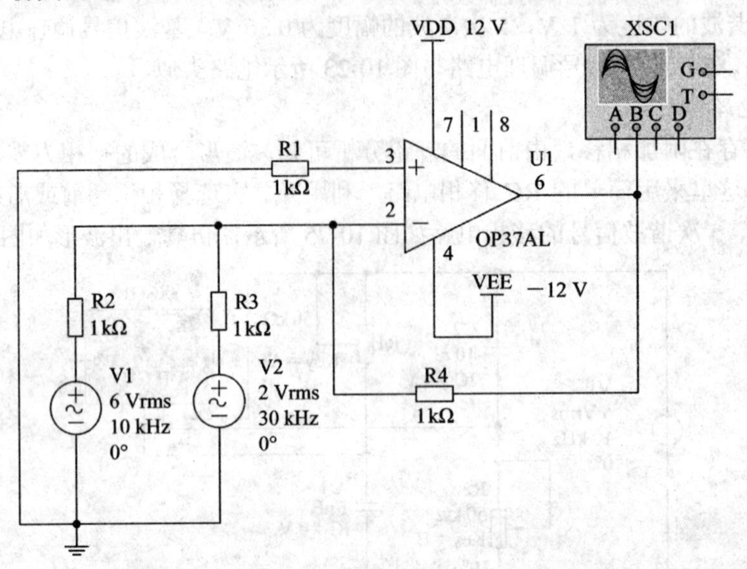

图 10-27　基波和 3 次谐波合成方波仿真电路

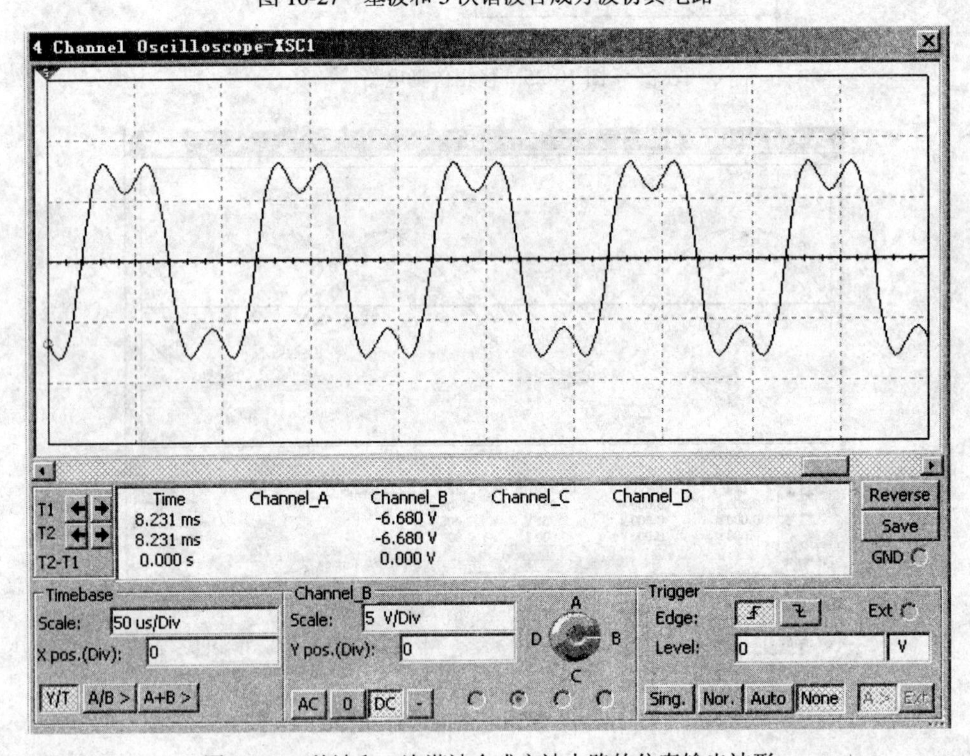

图 10-28　基波和 3 次谐波合成方波电路的仿真输出波形

(2) 将产生的 10 kHz 和 30 kHz 正弦波信号作为基波和 3 次谐波，再将产生 50 kHz 的正弦信号作为 5 次谐波，参与信号合成，使合成的波形更接近于方波，采用 Multisim 仿真的电路如图 10-29 所示，仿真输出波形如图 10-30 所示。

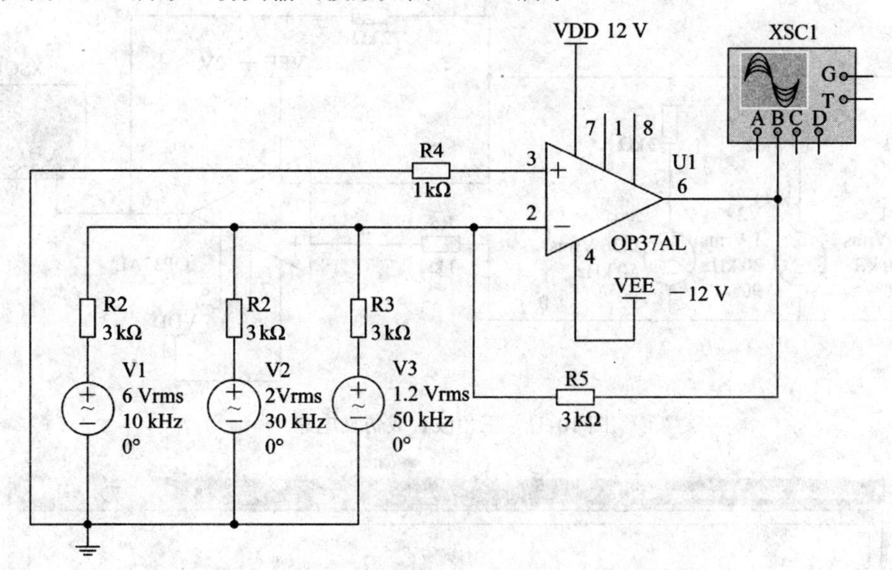

图 10-29　基波、3 次谐波和 5 次谐波合成方波仿真电路

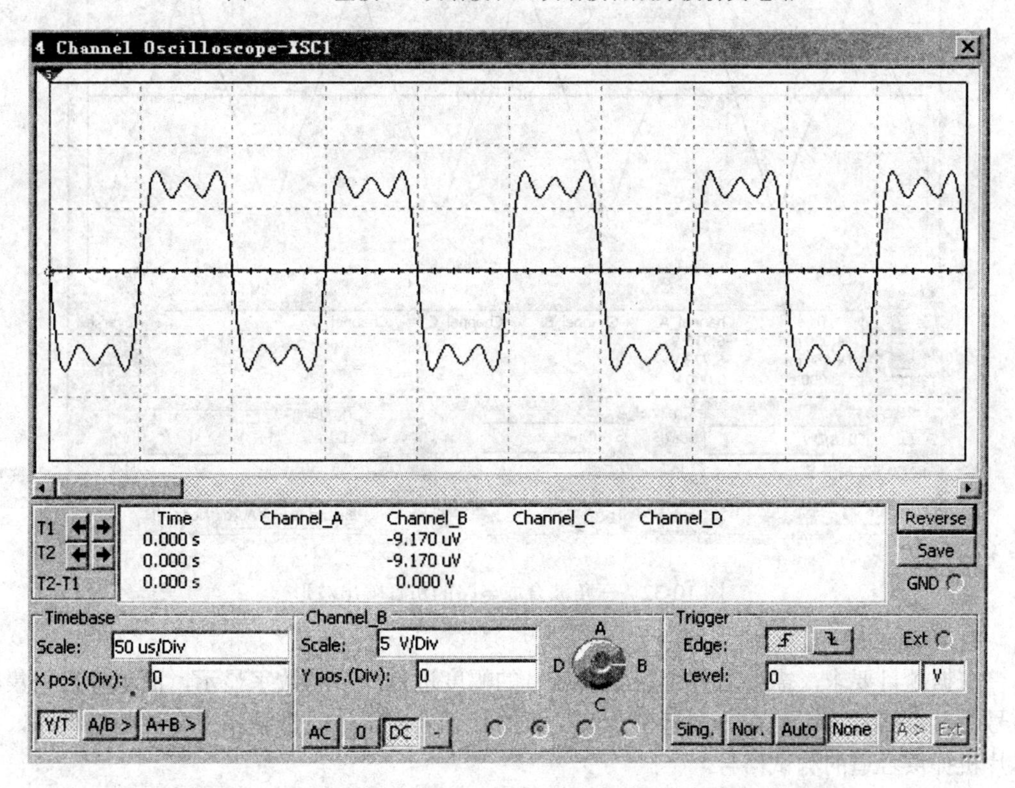

图 10-30　基波、3 次谐波和 5 次谐波合成方波电路的仿真输出波形

(3) 根据三角波谐波的组成关系，将产生的 10 kHz、30 kHz、50 kHz 正弦波信号合成

一个近似三角波形，采用 Multisim 仿真的电路如图 10-31 所示，仿真输出波形如图 10-32 所示。

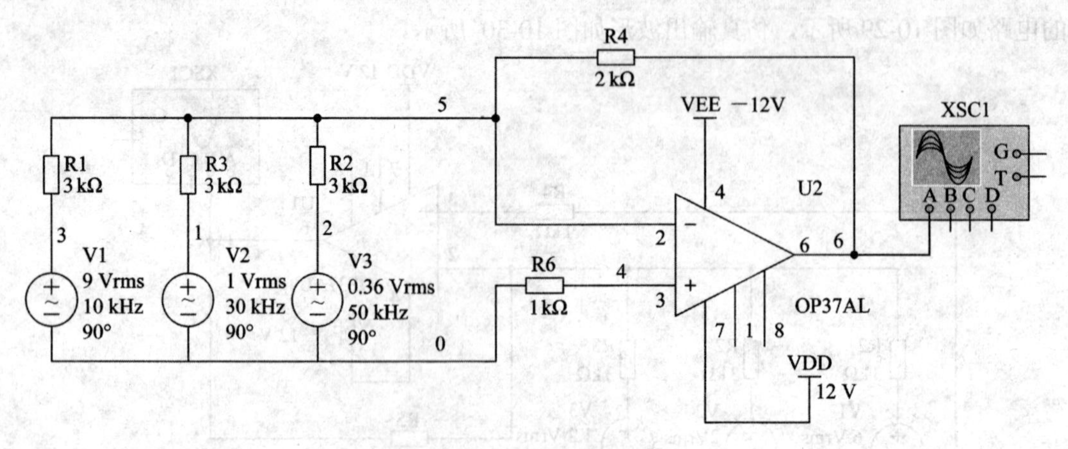

图 10-31　三角波合成仿真电路

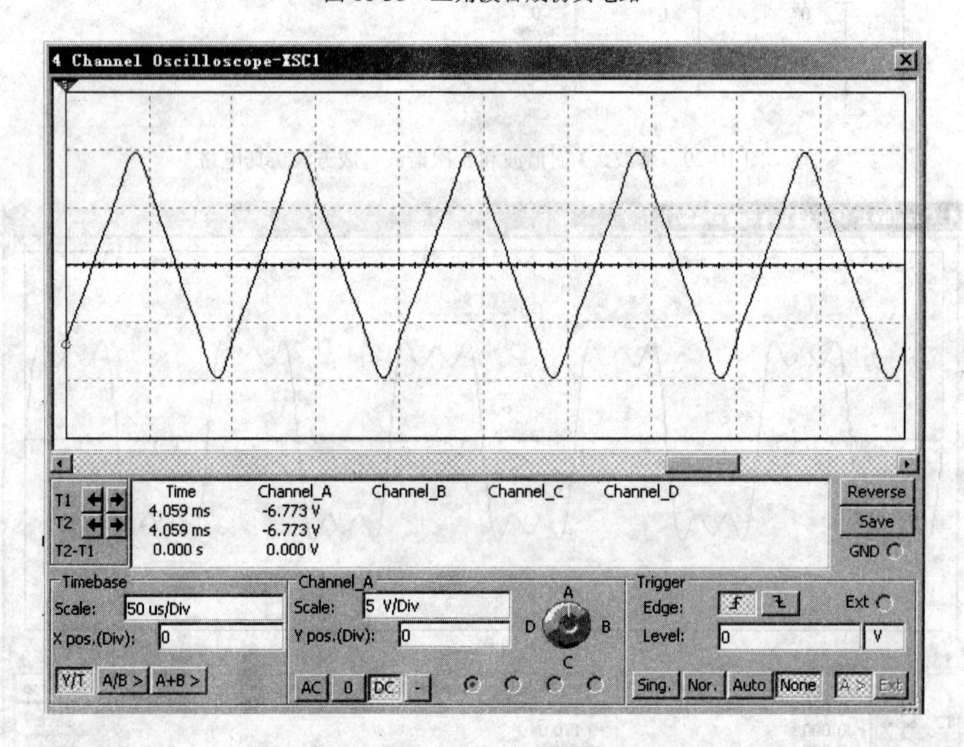

图 10-32　三角波合成电路的仿真输出波形

7) 检测电路

根据题目要求，需要对各个正弦波信号的幅度进行测量和数字显示，而单片机采集的信号为直流信号，因此在典型精密全波整流的基础上需设计改进型精密全波整流电路，为单片机提供合适的测试信号。

系统中的检测电路采用 TL084BCD 宽带精密全波整流，该电路的整流频率已达到 50 kHz，且该电路的非线性误差趋近于零，消除了二极管的死区，并具有较好的温度稳定性。采用 Multisim 仿真的电路如图 10-33 所示，仿真输出波形如图 10-34 所示。

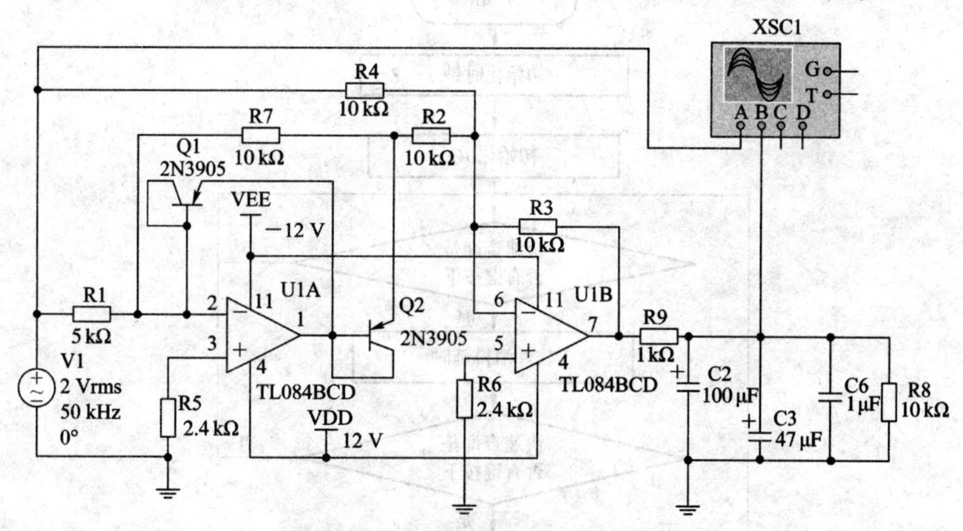

图 10-33　精密全波整流仿真电路

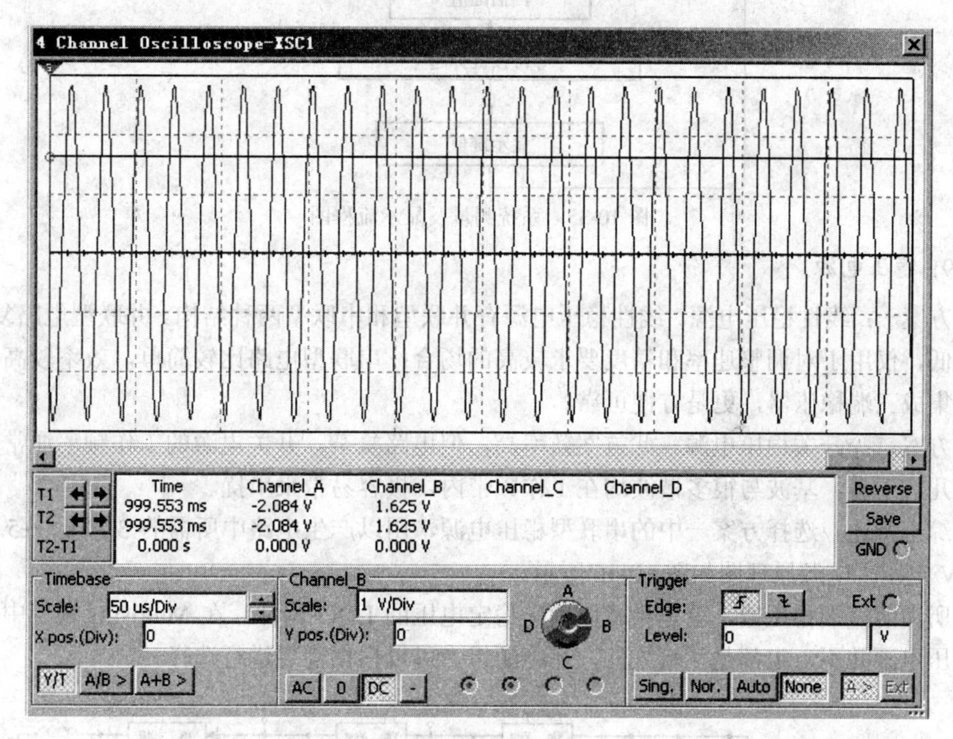

图 10-34　精密全波整流仿真输出波形

从输出波形可以看出，B 通道的输出信号为 1.625 V，保证了整流输出的电压在 0～3.3 V 范围内，为单片机提供了合适的测试信号，其结果达到了理论设计要求。

8) 测量及显示设计

用单片机 MSP430F169 进行检测和显示。其工作流程如图 10-35 所示。

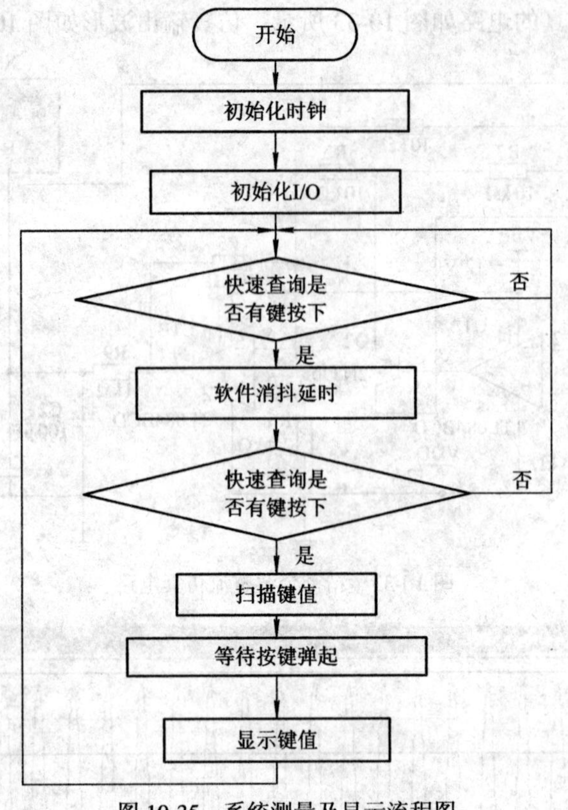

图 10-35　系统测量及显示流程图

9) 稳压电源

方案一：线性稳压电源。线性稳压电源有并联型和串联型两种结构。并联型电路复杂，效率低，仅用于对调整速率和精度要求较高的场合；串联型电路比较简单，效率较高，尤其是集成三端稳压器，更是方便可靠。

方案二：开关稳压电源。此方案效率高，但电路复杂，开关电源的工作频率通常为几十至几百千赫，基波与很多谐波均在工作频带内，极容易带来串扰。

综上所述，选择方案一中的串联型稳压电源，用以产生电路中所需的 3.3 V、±5 V、±12 V 电压。电源原理图如图 10-36 所示。

所谓的三端稳压器，就是指可以输出稳定电压的 LDO 器件。在 Multisim 软件中，集成稳压电源并不一定都是三端式的，在电源组中可以根据需要进行选择。

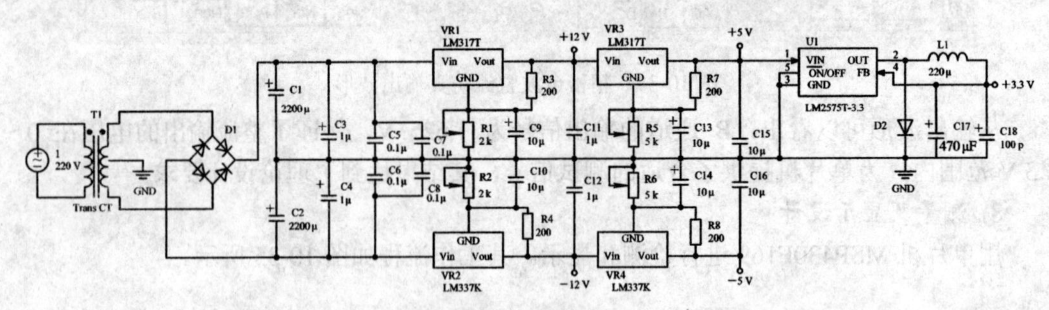

图 10-36　稳压电源

3. 样机测试方案与测试结果

1) 测试仪器

双踪示波器 INSTEK GDS-806S。

2) 合成近似方波信号的测试框图(如图 10-37 所示)

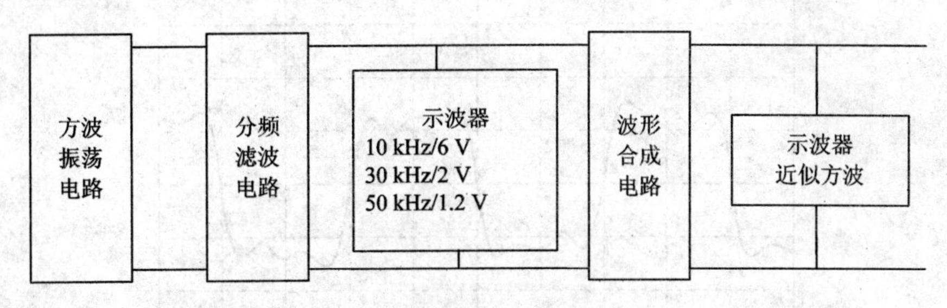

图 10-37 测试框图

3) 合成近似方波信号的测试方法及结果

(1) 用示波器测试滤波后产生的频率为 10 kHz/6 V、30 kHz/2 V、50 kHz/1.2 V 的正弦波信号，观察无失真，读出单片机上显示的幅值并计算误差。测试数据如表 10-7 所示。

表 10-7 测 试 数 据

f/kHz	U/V	U(单片机显示)	误差
10	6.03	6.00	1%
30	2.00	1.90	
50	1.19	1.20	

(2) 用示波器测试合成的近似方波信号 1。

输入频率为 10 kHz/6 V、30 kHz/2 V 的正弦波信号，用示波器测试合成信号，观察波形并读出波形幅度。该合成波形的幅度为 6.08 V，波形如图 10-38 所示。

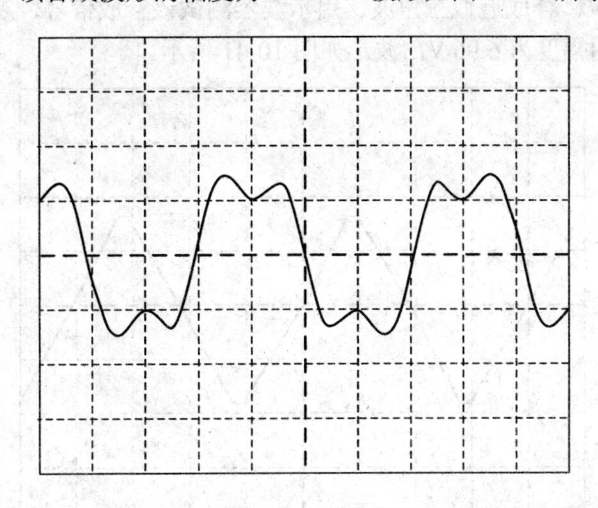

图 10-38 10 kHz、30 kHz 正弦波信号合成的近似方波

(3) 用示波器测试合成的近似方波信号 2。输入频率为 10 kHz/6 V、30 kHz/2 V、50 kHz/1.2 V 的正弦波信号，用示波器测试合成信号，观察波形并读出波形幅度。该合成波形的幅度为 5.68 V，波形如图 10-39 所示。

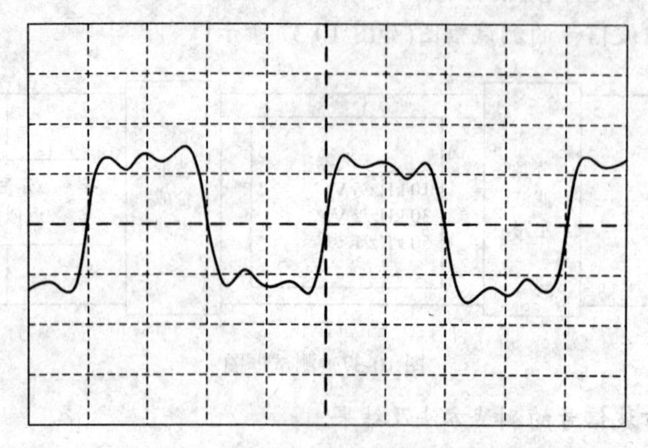

图 10-39　10 kHz、30 kHz、50 kHz 正弦波信号合成的近似方波

(4) 合成近似三角波信号的测试框图(如图 10-40 所示)。

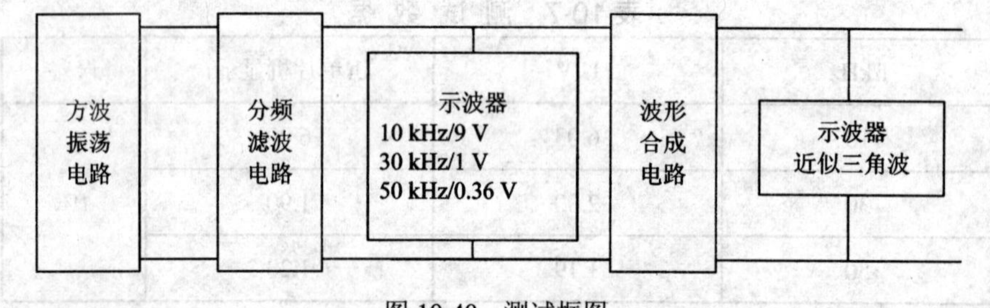

图 10-40　测试框图

(5) 用示波器测试合成近似三角波信号。

输入频率为 10 kHz、30 kHz、50 kHz 的正弦波信号，调节输入信号的幅值，使其分别为 9 V、1 V、0.36 V，合成近似三角波。用示波器测试该合成信号，观察波形并读出波形幅度。该合成波形的幅度为 6.96 V，波形如图 10-41 所示。

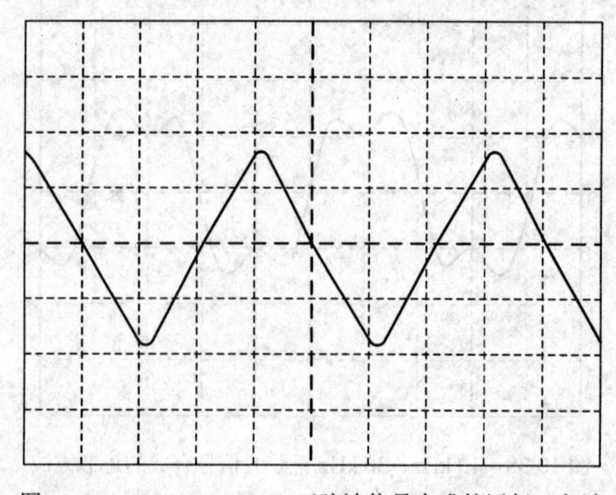

图 10-41　10 kHz、30 kHz 正弦波信号合成的近似三角波

4．总结

综合上述测试结果可以发现，本设计不仅完成了题目基本部分的要求，还较好地完成了题目发挥部分的要求，整个系统工作可靠、稳定。

附录 网络资源

NI 官方院校资源主页——http://www.ni.com/academic/zhs(软件下载)
Multisim 官方主页——http://www.ni.com/multisim/zhs
Multisim 与电子学平台的更新资源——http://www.ni.com/nielvis/zhs
从理论到实现的教学平台和理念——http://www.ni.com/nielvis/zhs/
电路设计仿真教学资源——http://zone.ni.com/devzone/cda/tut/p/id/8171
Multisim 11.0.1 为教师提供的新增功能——http://zone.ni.com/devzone/cda/tut/p/id/12627
Multisim 互动论坛——http://bbs.gsdzone.net/showforum-11.aspx
NI 工程创新微博——http://www.t.sina.com.cn/doengineering
电子学教育平台实验教程：ELVIS，Multisim，LabVIEW 介绍——
ftp://ftp.ni.com/pub/devzone/epd/323777d01ch.zip
Multisim 如何牵手 LabVIEW——
http://lumen.ni.com/nicif/zhs/EKITMULTILV/content.xhtml
使用炫酷的 Multisim 3D 虚拟 ELVIS 功能——
http://lumen.ni.com/nicif/zhs/INFOMULTIVIRTL3D/content.xhtml
NI 技术支持邮箱——china.support@ni.com
NI 院校计划邮箱——china.academic@ni.com
4000 系列资料——http://www.mcu51.com/download/digitpdf/40xx/
4500 系列资料——http://www. mcu51.com/download/digitpdf/45xx/
7400 系列资料——http://www. mcu51.com/download/digitpdf/74xx/
RS485 的资料——http://www. mcu51.com/download/RS485note.pdf
常用三极管资料——http://www.wilar.com/download/files/jtg.zip
传感器大全——http://www.sensor-is.com
21IC 中国电子网——http://www.21ic.com(最新的电子技术和产品信息、IC 资料和购买方式)
电子工程专辑——http://www.eetchina.com(最新工业和科技趋势)
电子系统设计网——http://www.ed-china.com
电子工程世界——http://www.eeworld.com.cn
电子设计应用——http://www.eaw.com.cn
自由电子论坛——http://www.51armdsp.com
电子查询网——http://www.b2bic.com
Amine 嵌入式系统开发——http://amine.nease.net

参考文献

[1] Interactive Image Technology Ltd.. Multisim User Guide. Canada，2001

[2] 郑步生，吴渭. Multisim 2001 电路设计及仿真入门与应用. 北京：电子工业出版社，2002

[3] 钱聪. 电子线路分析与设计. 西安：陕西教育出版社，2000

[4] 韩力，吴海霞. Electronics Workbench 应用教程. 北京：电子工业出版社，2001

[5] 韦思健. 电脑辅助电路设计. 北京：中国铁道出版社，2002

[6] 赵世强，等. 电子电路 EDA 技术. 西安：西安电子科技大学出版社，2000

[7] 李东生，王晓翔，解明祥. 信号与电子系统原理及 EDA 仿真. 合肥：中国科技大学出版社，2000

[8] 孙肖子，张企民. 模拟电子技术基础. 西安：西安电子科技大学出版社，1994

[9] 谢嘉奎. 电子线路. 北京：高等教育出版社，1999

[10] 邱关源. 电路. 北京：高等教育出版社，1999

[11] 吴大正. 电路基础. 西安：西安电子科技大学出版社，1999

[12] 王丽敏，邓舒勇. 电路仿真与实验. 哈尔滨：哈尔滨工程大学出版社，2000

[13] 程勇. 实例讲解 Multisim 10 电路仿真. 北京：人民邮电出版社，2010

[14] 聂典，丁伟. Multisim 10 计算机仿真在电子电路设计中的应用. 北京：电子工业出版社，2009

[15] http://www.ni.com/academic/zhs

[16] http://www.ni.com/nielvis/zhs/

[17] http://www.ni.com/multisim/zhs

[18] http://zone.ni.com/devzone/cda/tut/p/id/7094

[19] http://www.ni.com/multisim/zhs/whatis.htm